"十二五"江苏省高等学校重点教材

首批江苏省本科优秀培育教材

高等学校物理实验教学示范中心系列教材

大学物理实验（第三版）

主编

吴泉英　姚庆香　朱爱敏

副主编

王　帆　樊丽娜　施积兵

王　军　沙金巧　范君柳

DAXUE WULI SHIYAN

中国教育出版传媒集团

高等教育出版社·北京

内容提要

本书第一版根据教育部高等学校物理学与天文学教学指导委员会编制的《理工科类大学物理实验课程教学基本要求》(2010 年版)编写。第二版根据 2013 年江苏省启动的"十二五"高等学校重点教材立项建设工作的要求修订。第三版根据《"十三五"江苏省高等学校重点教材建设实施方案》的文件精神修订,并把数字化教学资源以二维码的形式嵌入教材之中,打造新型立体化的融合教材,方便读者通过多种终端阅读。

图书在版编目(CIP)数据

大学物理实验 / 吴泉英,姚庆香,朱爱敏主编;王帆等副主编. -- 3 版. -- 北京:高等教育出版社,2022.8

ISBN 978-7-04-058876-7

Ⅰ. ①大… Ⅱ. ①吴… ②姚… ③朱… ④王… Ⅲ. ①物理学-实验-高等学校-教材 Ⅳ. ①O4-33

中国版本图书馆 CIP 数据核字(2022)第 106060 号

"十二五"江苏省高等学校重点教材编号:2013-1-153

DAXUE WULI SHIYAN

策划编辑 张琦玮　责任编辑 吴 荻　封面设计 李小璐　版式设计 马 云
责任绘图 邓 超　责任校对 刘丽娴　责任印制 朱 琦

出版发行	高等教育出版社	网　址	http://www.hep.edu.cn
社　址	北京市西城区德外大街 4 号		http://www.hep.com.cn
邮政编码	100120	网上订购	http://www.hepmall.com.cn
印　刷	涿州市京南印刷厂		http://www.hepmall.com
开　本	787 mm × 1092 mm 1/16		http://www.hepmall.cn
印　张	19.5	版　次	2012 年 2 月第 1 版
字　数	430 千字		2022 年 8 月第 3 版
购书热线	010-58581118	印　次	2022 年 12 月第 3 次印刷
咨询电话	400-810-0598	定　价	39.80元

物 料 号 58876-00

大学物理实验

(第三版)

主编
吴泉英　姚庆香
朱爱敏

副主编
王　帆　樊丽娜
施积兵　王　军
沙金巧　范君柳

1 计算机访问http://abook.hep.com.cn/1249644，或手机扫描二维码、下载并安装Abook应用。
2 注册并登录，进入“我的课程”。
3 输入封底数字课程账号（20位密码，刮开涂层可见），或通过Abook应用扫描封底数字课程账号二维码，完成课程绑定。
4 单击“进入课程”按钮，开始本数字课程的学习。

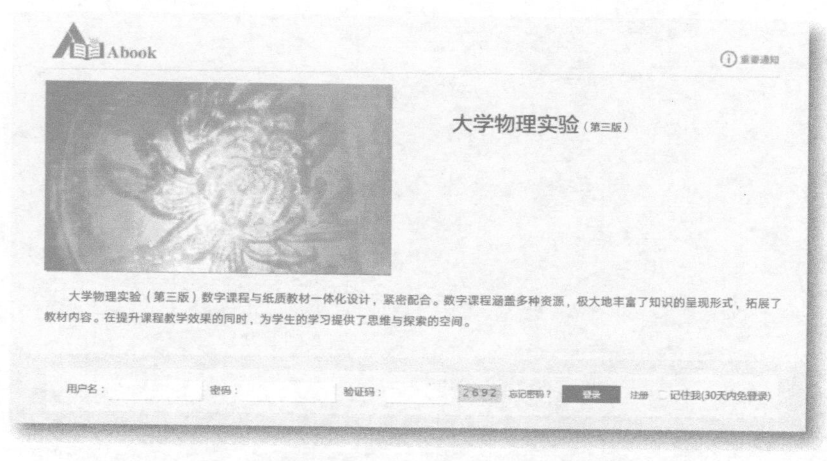

课程绑定后一年为数字课程使用有效期。受硬件限制，部分内容无法在手机端显示，请按提示通过计算机访问学习。

如有使用问题，请发邮件至abook@hep.com.cn。

http://abook.hep.com.cn/1249644

第三版前言

本教材第三版是根据江苏省教育厅发布的《“十三五”江苏省高等学校重点教材建设实施方案》,同时在对使用第二版教材的师生开展的充分调研的基础上修订而成的。本教材以激发学生创造性思维、提升学生综合实践技能、培养学生创新能力为目的,具有以下四方面的特色:

1. 教材与育人元素相融合

将物理实验中蕴含的科学精神、工匠精神、合作意识、民族自豪感等育人元素融入教材中,培养学生勇于创新、严谨求实、诚实守信的科学实验态度。

2. 实验数据分析及处理方法与国标接轨

为使学生掌握国际统一的测量结果质量的评定方法,教材参考 JJF 1059.1—2012《测量不确定度评定与表示》,在物理实验中,突出实验数据的不确定度评定与表示。

3. 体现“两性一度”的实验课程设计

本教材符合“两性一度”的标准要求,充分体现教学内容的高阶性、创新性和挑战度。本书将实验分为基础性、综合性和设计研究性三类,通过对基础性实验的知识点进行拓展、融合、提升,将其转化为综合性或设计研究性实验。

4. 教学资源与教材相匹配

本教材中加入了新形态资源,增加了教学视频 16 个,操作视频 12 个,学生通过扫描二维码学习实验内容,可以更好地掌握实验相关的知识和操作技能,拓展了大学物理实验的学习空间。

本教材共分四章,分别为第 1 章物理实验的基本知识、第 2 章基础性实验、第 3 章综合性实验、第 4 章设计研究性实验。

本教材第三版主要修订内容如下。把数字化教学资源以二维码的形式嵌入教材之中,打造新型立体化的融合教材,方便读者通过手机、电脑等终端浏览;第 1 章中数据处理部分新增:附录　常用计算器的使用方法;第 3 章新增综合性实验项目:(1)实验 3.19　太阳能电池基本特性的测量,(2)实验 3.20　液晶电光效应综合实验,(3)实验 3.21　红外物理特性及应用;第 4 章新增设计研究性实验项目:实验 4.32　手机摄像头焦距的测量。

本教材第三版由吴泉英、姚庆香、朱爱敏担任主编,王帆、樊丽娜、施积兵、王军、沙金巧、范君柳担任副主编。另有秦长发、何顺、陈宝华、罗宏、唐运海等老师参与了修订,编者在此深表谢意!

编者

2022 年 3 月

第二版前言

本版在第一版的基础上，根据2013年江苏省教育厅启动的“十二五”江苏省高等学校重点教材建设方案的要求进行了修订。

教材修订小组经充分研讨，决定以培养学生创新能力、激发学生创造性思维、提升学生对科技发展的适应能力为目的开展修订工作。为此我们在改革思路和特色与创新方面作了提炼。

一、改革思路

(1) 为使学生掌握最新的、国际统一的测量结果质量的评定方法，本教材在物理实验的数据处理中，完善了误差理论，突出了不确定度的分析和计算。

(2) 为培养学生的创新能力，激发学生的创造性思维，我们在教材中增加了多项设计研究性实验，让学生自主设计实验方案，规划实验步骤，以有效地锻炼学生的自主创新能力。

(3) 为提升学生对社会和科技发展的适应性，在教材中增加了与科学技术发展息息相关的物理实验项目，如利用霍耳效应法测量半导体材料的电学参量、利用霍耳传感器测量重力加速度等，使学生可以在物理实验课堂上接触到科技实验问题，培养学生解决实际问题的能力。

(4) 为便于物理学类专业学生继续专业课的学习，我们在教材中增加了与后续课程相关的设计性物理实验，例如利用白光偏振干涉测量光学玻璃内应力、利用塔尔博特效应测量光栅常量等，通过理论与实验的结合，有效地提高了学生的学习效率。

二、特色与创新

(1) 提出了“应用导向、服务专业、多方结合、提升素质”的物理实验教学理念。物理实验教学应重视学生应用能力的培养，通过多方结合的途径，全面提高学生的综合素质。

(2) 从实验模块、实验层次和应用创新能力培养等三个方面构建立体化的实验教学体系，学生通过物理实验训练，实现从理论思维到工程思维的转变过程，为应用型人才的培养打下扎实的基础。

(3) 结合与本教材配套的物理实验多媒体课件，运用现代化教育技术与多元的教学手段，提高学生学习的兴趣和效果。

此次教材修订原则是在原有实验内容的基础上，调整实验内容的框架结构，完善相应章节的内容，全书分为4章及附录五个部分：

第1章为物理实验的基本知识，介绍了测量、误差处理、不确定度评定、有效数字运算以及常用的数据处理方法等知识。

第2章为基础性实验，系统地阐述了包含在物理实验中的基本方法和基本技术，编入力学、热学、光学和电磁学等基础性实验项目21个。对照大学物理课程中关于振动、波动方面的理论知识，第一版中相关实验较少，这次修订时增加了“弦振动的研究”实验。

增加和调整了“示波器的使用”实验中实验原理部分，修订后示波器的原理更加清晰，更利于学生理解和掌握。完善了“分光计的调节和三棱镜折射率的测定”实验，增加了望远镜和平行光管的结构图及介绍，增加了测量顶角的原理。调整“固体密度的测定”和“重力加速度的测定”为设计研究性实验，等等。

第3章为综合性实验，实验内容涉及多学科的物理知识，运用了综合的实验方法和手段，共编入综合性实验18个。增加了“用准稳态法测比热容和导热系数”实验中关于导热模型的物理过程的分析，更便于理工科学生掌握该原理。修订了“超声波声速的测量”实验，对驻波形成和特点的内容进行了更形象的解释。

第4章为设计研究性实验，介绍了设计研究性实验的目的和任务、实验方案的选择和实验仪器的配套、教学方式及基本要求，共编入设计研究性实验项目34个。其中新增“固体密度的测定”“重力加速度的测定”“利用霍耳效应法测量半导体材料的电学参量”“利用霍耳传感器测量重力加速度”“分光计上的综合设计性实验”“利用白光偏振干涉测量光学玻璃内应力”“利用塔尔博特效应测量光栅常量”7个实验项目。

本书精选的70多个实验项目，既相互独立，又循序渐进、相互配合，形成了一个完整的体系。本书在内容安排上充分考虑到理工科大学相关专业特点及基础课教学的需要，其内容涉及面广，实用性强，基础性实验和综合性实验为学生提供了较为详尽的基本原理、实验装置、实验过程与操作步骤，以及实验过程中可能会遇到的问题等方面的信息。设计研究性实验中，既有经过长期教学实践、内容比较成熟的实验，又有自行研发的新实验，以加强学生在实验方法、实验技术方面的训练，以及对学生个性发展和创新能力的培养。本书可作为高等学校理工科各专业大学物理实验课程的教材或参考书，也可供相关科技工作者参考。

本书由吴泉英、姚庆香、朱爱敏担任主编，参加修订的有：吴泉英、姚庆香、朱爱敏、施积兵、王帆、樊丽娜、马煜、王军、沙金巧、罗宏、范君柳、秦长发等，另有臧涛成、钱先友、刘永奇等老师提出了不少很好的建议，编者在此特表感谢。

在此次修订工作中我们获得东南大学杨永宏教授与周雨青教授的指导，在此表示衷心的感谢！

由于时间匆促、经验欠缺和水平有限，书中难免存在疏漏，编者恳切希望任课老师和读者不吝指教，以便更正。

本书的再版获“十二五”江苏省高等学校重点教材（修订）项目资助。

编者

2014年12月

第一版前言

大学物理实验是理工类高校对学生进行科学实验基本训练的基础必修课程，是本科生接受系统实验方法和实验技能训练的开端。本书是在多年使用的物理实验讲义的基础上，经多次修改而成的，这次修改主要根据《理工科类大学物理实验课程教学基本要求》(2010年版)，结合苏州科技学院实际情况，并按照江苏省高等学校基础课实验教学示范中心建设要求，对原有实验内容进行了筛选、整合、更新，减少了验证性实验的比例，增加了有启发性并能激发学生创造性思维的综合性、设计研究性实验。

本教材具有以下特点：

(1) 根据国际上测量不确定度量化表示的进展，结合物理实验教学的实际情况，实行用不确定度评定实验结果。

(2) 根据学生的认知规律和一般教学规律，按基础性实验、综合性实验和设计研究性实验的顺序来编排。

(3) 设计研究性实验与基础性和综合性实验相关性较强，学生可以结合已学的知识和实验来完成设计研究性实验，从而促进学生创新能力的培养和锻炼。

(4) 在实验内容方面，引进了一些反映科技新成果的实验，在有些实验中增加了更为丰富的内容，在有的实验中采用计算机处理实验数据。

本书充分吸收了苏州科技学院在物理实验方面的多年教学实践的经验，并反映了我们的教学特色。苏州科技学院是以工科为主，工、理、文、管协调发展的多学科综合性大学，对不同专业人才因培养目标不同，我们设置了不同平台的实验。学生可根据各学科对物理实验的教学要求和教学课时的不同，选择不同层次的实验，以达到因材施教和开阔眼界、拓宽思维的目的。各平台必做实验按难易程度进行编排，依照认知规律，对学生进行阶梯式的强化训练，在学生实验能力达到一定要求后，再开设各个类别的综合设计性提高实验，让学生根据自己的专业、能力、兴趣和爱好，上网自由预约选做自己感兴趣的实验。物理实验逐步实行开放式教学和网络化教学管理。

参加本书编写的有：苏州科技学院物理实验中心姚庆香(实验2.1、3.8、4.1、4.2、4.3、5.11、5.14、6.9、6.10、6.11)、施积兵(实验4.5、5.4、5.12、5.16、5.17、6.1)、杨伯成(实验3.2、3.3、3.4、4.4、5.2)、朱爱敏(实验2.2、3.1、3.6、3.9、5.13、6.4、6.6、6.18)、樊丽娜(实验2.3、2.4、2.6、2.7、5.1、5.9、6.3)、马煜(实验5.5、5.6、5.7、5.8、6.19)、王帆(实验5.18、5.19、5.20、6.21、6.22、6.23)、高雪萍(实验2.5、3.5、5.3、6.2、6.7)、吴泉英(第1章，实验3.7、5.10、5.15、6.5、6.8、6.12、6.13、6.14、6.15)、秦长发(实验6.24、6.25)、范君柳(实验6.20、6.26)。另有刘永奇、罗宏、沙金巧、钱先友、王军等同志也参与了本书的编写工作，作出了不少贡献。

本书凝聚了苏州科技学院物理实验中心几代人的集体智慧，融入了物理实验中心全体教职员工多年来教学改革的实践经验，参考了许多兄弟院校的相关教材和仪器开发技术人员提供的技术资料，吸收了广大实验教学工作者教学改革的经验和做法，编者在此对所有相关人员表示衷心感谢！同时，我们在编写本书过程中得到了苏州科技学院数理学院领导以及朱培庆等老师的关心与帮助，在此也一并表示感谢！

由于编者水平有限，实践经验不足，书中难免存在疏漏，恳请读者批评和指正，提出宝贵的意见和建议。

编者

2011 年 11 月

目录

绪论

1. 大学物理实验课程的地位、作用和任务

物理学本质上是一门实验科学.物理学的概念、规律和理论的形成、建立与发展,都以物理实验为基础并受到实验的检验.物理学在自然科学其他领域的广泛应用也离不开实验.历史上每次重大技术革命都来源于物理学上的重大突破.热学、热力学的研究(18 世纪下半叶)导致蒸汽机的发明和广泛应用,引发了第一次工业革命,使人类进入了热机、蒸汽机时代.电磁感应的研究、电磁学理论的建立(19 世纪中叶)导致发电机、电动机的发明及无线电通信的发展,从而引发了第二次工业革命,人类从此步入了电气化时代.相对论、量子力学的建立(1900—1930 年)使物理学进入了高速、微观领域;核物理的研究和发展导致核能的释放和应用成为现实;原子、分子物理的研究和发展导致了激光的发明和应用;半导体、固体物理、材料科学的研究和发展导致了晶体管、大规模集成电路、新材料、电子计算机的发明和广泛应用.人们把新能源、新材料、激光技术、信息技术的发展称为第三次工业革命.物理实验的思想、方法和技术已广泛应用于其他学科和生产实践中,成为推动科学技术发展的强有力的工具.

大学物理实验是高等学校对理工科学生进行科学实验基本训练的必修基础课程,是本科生接受系统实验方法和实验技能训练的开端.

大学物理实验课程覆盖面广,具有丰富的实验思想、方法,同时能提供综合性很强的基本实验技能训练,是培养学生科学实验能力、提高科学素质的重要手段.它在培养学生严谨的治学态度、活跃的创新意识、理论联系实际和适应科技发展的综合应用能力等方面具有其他实践类课程不可替代的作用.

大学物理实验课程的基本任务是:

(1) 培养学生基本科学实验技能,提高学生科学实验基本素质,使学生初步掌握实验科学的思想和方法.

(2) 培养学生科学思维和创新意识,使学生掌握实验研究的基本方法,提高学生分析能力和创新能力.

(3) 提高学生科学素养,培养学生理论联系实际和实事求是的科学作风,认真严谨的科学态度,积极主动的探索精神,遵守纪律、团结协作、爱护公共财物的优良品德.

通过大学物理实验课程的学习, 学生应培养与提高科学实验能力,其中包括:

(1) 通过阅读实验教材或资料,能概括出实验原理和方法的要点,做好实验前的准备工作.

(2) 借助教材或仪器说明书正确使用常用实验仪器,掌握基本物理量的测量方法和实验操作技能.

(3) 掌握对实验进行误差分析和不确定度评定的基本方法,正确记录和处理实验数据,绘制曲线,分析实验结果,撰写规范的实验报告.

(4) 完成设计研究性实验,为以后独立设计实验方案和解决新的实验课题奠定基础.

(5) 提高进行科学实验工作的综合能力,包括实际动手能力、分析判断能力、独立思考能力、革新创造能力、归纳总结能力和口头表达能力等.

2. 大学物理实验课程的教学环节

(1) 实验预习

实验前必须认真阅读教材及有关资料,着重理解实验原理,明确实验目的,了解测量方法和主要实验步骤,并在上课前写好预习报告.预习报告的内容主要包括:实验名称、实验目的、实验原理(画出电路图、光路图或设备示意图)和实验数据记录表格.

(2) 实验操作

首先应根据教材或仪器说明书熟悉仪器,在教师指导下了解仪器的正确使用方法,对照仪器明确要测什么物理量,弄清先测什么、再测什么、最后测什么、如何测等,做到心中有数,不可盲目动手.

实验中应集中精力仔细观察、认真分析观察到的物理现象;正确读数,及时将采集到的实验数据和观察到的现象如实地记录下来,尤其是对所谓反常现象更要仔细观察分析,不要单纯追求实验“顺利”,要养成对观察到的现象和所测得的数据随时进行判断的习惯;在教师指导下,对实验过程中出现的故障要学会及时排除.

实验结束后,要将测得的数据和进行数据处理后的实验结果交给教师检查,检查合格并整理好仪器,关闭水、电开关后,方可离开实验室.

(3) 撰写实验报告

写实验报告是为了培养和训练学生以书面形式总结工作或报告科研成果的能力,一份完整的实验报告一般包括以下内容:①实验名称和实验者班级、姓名、学号、日期等;②实验目的;③实验仪器及装置(仪器应标明规格、型号);④实验原理(包括简要的实验理论依据、实验方法,应画出实验的原理图、电路图、光路图等,并列出测量和计算所依据的公式,设计研究性实验要求提供自拟的实验方案、设计的实验线路、选择的仪器等);⑤主要实验步骤(实验中关键的调整方法和测量技巧应着重写出);⑥完整的实验数据;⑦数据处理及结果分析(要求写出数据处理的主要过程、绘制曲线、估算误差和评定不确定度,并给出最后结果);⑧误差分析;⑨总结讨论(包括对实验现象的分析、实验中存在的问题、实验改进建议、思考题的回答等).

实验报告要求努力做到内容简明扼要,文理通顺,书写清晰,字迹端正,数据记录整洁,图表合格.实验报告一律用物理实验报告纸书写.

第1章 物理实验的基本知识

所谓实验，就是在理论思想指导下，由实验者选用一定的仪器设备，在一定的条件下，人为地控制或模拟自然现象，使它以比较纯粹和典型的形式表现出来，再通过对某些物理量的观察和测量去探索客观规律的过程.在实践中，由于实验方法的不完善，且仪器都有一定的准确度，测量条件并非总能满足理论上假定的或测量仪器所规定的使用条件，因此任何测量都不可能是绝对准确的.进行一项实验，除了要懂得如何正确获取应有的数据外，正确处理实验中得到的数据，正确地表达测量结果，并给出对测量结果的可靠性评价(合理估计出误差范围或不确定度)，也是实验工作者必须掌握的基本知识.

本章将针对上述内容，通过实例，简要地介绍物理实验的基本知识.本章主要内容包括：测量与误差、误差的处理、实验结果的不确定度、有效数字及其运算、数据处理的基本方法.

1.1 测量与误差

1.1.1 测量及其分类

1. 测量

将待测量与选作法定标准的同类计量单位进行比较，从而确定待测量是标准单位的若干倍，这一过程称为测量.显然，测量值(结果)应包含数值和单位两部分，两者缺一不可.我国采用的单位是以国际单位制为基础的法定计量单位.测量得到的数值称为测量值.

2. 测量的分类

(1) 直接测量和间接测量

用测量仪器能直接获得结果的测量称为直接测量，相应的物理量称为直接测量量，直接测量是实验中最基本、最常见的一种测量方式.例如，用米尺量物体的长度，用天平称物体的质量等.

实际上很多物理量是不能用仪器直接测量的，往往是通过若干可直接测量的物理量经过一定的函数关系运算后获得结果的，这种测量称为间接测量，相应的物理量称为间接测量量.如测圆柱体的密度时，可以用游标卡尺或螺旋测微器量出它的高度 h 及直径 d (从而测出圆柱体的体积 V)，用天平称出它的质量 m，则圆柱体的密度为

$$\rho=\frac{m}{V}=\frac{4m}{\pi d^2 h}$$

值得指出的是，同一物理量由于选用的测量方法不同，它可以是直接测量量，也可以是间接测量量.例如，采用上述方法测出的圆柱体体积为间接测量量，若改用量筒排水法测量，它又成为直接测量量了.

（2）等精度测量与不等精度测量

对某一物理量进行多次重复测量，并且每次的条件都相同（同一观察者、同一组仪器、同一种实验方法、同一实验环境等），测得一组数据（$x_1, x_2, \cdots, x_n$），尽管各次测得的结果有所不同，但是我们没有充足的理由可以判断某次测量比另一次测量更精确，这样只能认为每次测量的精确程度是相同的，于是我们将这种同等精确程度的测量称为等精度测量，测得的一组数据称为测量列.在诸测量条件中，只要有一个条件发生变化，这时所进行的测量就成为不等精度测量.

严格来讲，在物理实验中，保持测量条件完全相同的多次测量是极其困难的，但当某一条件的变化对测量结果影响不大，甚至可以忽略时，仍可视这种测量为等精度测量.在本章中，除了特别指明外，我们所讨论的测量均为等精度测量.

1.1.2 误差及其分类

1. 真值与误差

（1）真值

真值：指在一定的客观条件下，被测量的物理量具有的客观的真实数值，用“X”表示.

（2）误差

误差：测量值与真值之差称为测量量的测量误差，简称“误差”.误差的大小反映了测量的准确程度.误差的大小可以用绝对误差表示，也可用相对误差表示.

绝对误差为测量值与真值之差，即

$$\Delta x=x-X \tag{1.1-1}$$

相对误差 $=\dfrac{\text{绝对误差}}{\text{真值}}$，即

$$E_r=\frac{\Delta x}{X}\times 100\% \tag{1.1-2}$$

一般表示测量值的误差用绝对误差，评价测量的精确程度则需用相对误差.绝对误差可正可负.

测量的目的就是力图得到真值.在具体测量时，由于各种条件限制（仪器、测量者、环境条件、实验方法等），测量不可能绝对准确.由于真值不能确切地知道，所以测量误差实际上也不能确切地知道，只能对它进行合理的估算.真值可以从以下几种情况得出：

（1）理论值.如三角形三个内角的和为180°等.

（2）公认值.世界公认的一些常量值，如普朗克常量等.

（3）相对真值.用准确度高一个数量级的仪器校准的测定值.规定：校准仪器的误差应比测量仪器的误差至少小一个数量级.

(4) 测量的算术平均值.对一个不变的量进行 n 次测量后,其算术平均值可视为真值的最佳近似值.

2. 误差的分类

为了得到尽可能接近真值的测量结果,测量者必须分析和研究误差的来源和性质,有针对性地采用适当措施,尽可能地减小误差.

误差按其特征和表现形式可以分为系统误差、随机误差(偶然误差)两大类.

(1) 系统误差及其来源

系统误差的特点是,在同一条件下(实验方法、仪器、环境和观察者等不变),每次测量同一物理量时,误差的大小和符号始终保持恒定或按一定的规律变化.

系统误差的来源有以下几个方面:

① 仪器的固有缺陷.如刻度不准,零点没调准,仪器水平或竖直未调整好等.

② 实验方法不完善,实验所依据的原理不尽完善,公式的近似性或实验条件达不到理论公式所要求的条件而引起的误差.如称重时未考虑空气浮力,忽略摩擦、接触电阻等.

③ 环境条件的变化.外界环境(如温度、湿度、电磁场等)发生变化或不满足测量仪器规定的使用条件所造成的误差.如标准电池是以 20 ℃时的电动势作为标准值的,若在 5 ℃时使用而不加修正就引入了系统误差.

系统误差的数值和符号(正、负)一般来说是定值或按某种规律变化,因此系统误差是可以被发现、减小、消除或修正的,但不能通过多次测量来减小或消除.对操作者来说,系统误差的规律及其产生原因可能知道,也可能不知道.大小和符号已被确切掌握的系统误差称为可定系统误差;大小和符号不能被确切掌握的系统误差称为未定系统误差.前者一般可以在测量过程中采取措施予以消除或在测量结果中进行修正;而后者一般难以作出修正,只能估计出它的极限范围.

(2) 随机误差(偶然误差)及其特征

在一定条件下,每次测量同一物理量时,测量值仍会出现一些似乎毫无规律的起伏,这种大小和符号随机变化的误差,称为随机误差,又称偶然误差.随机误差可能的来源是:人们的感官(如听觉、视觉、触觉)的分辨能力不尽相同,表现为每个人的估读能力不一致;外界的干扰(如温度不均匀、振动、气流、噪声等)既不能消除又无法精确估算;所有影响的次要因素不尽可知等,这种误差是无法控制的.随机误差的出现,就某一测量值来说是没有规律的,其大小和方向都是不能预知的,但在同一条件下对同一物理量进行多次测量时,随机误差的分布显示出一定的统计规律,大多数情况下服从正态分布,如图 1.1-1 所示.横坐标表示误差 $\Delta = x - X$,纵坐标表示与误差出现的概率有关的概率密度函数 $f(\Delta)$.应用概率论的数学方法可导出

$$f(\Delta)=\frac{1}{\sigma\sqrt{2\pi}}\mathrm{e}^{-\frac{\Delta^2}{2\sigma^2}} \qquad (1.1-3)$$

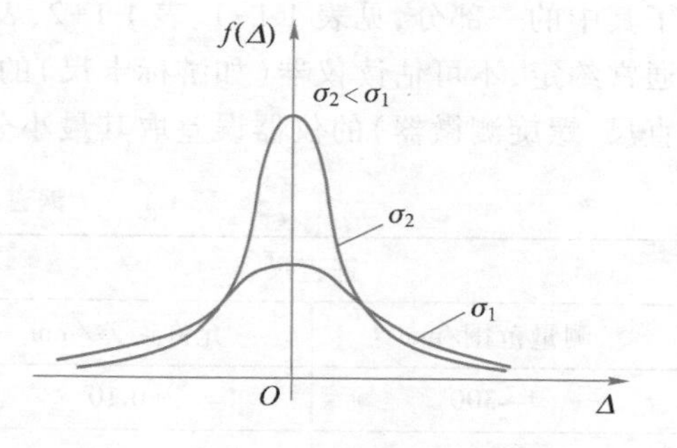

图 1.1-1 随机误差的正态分布

式(1.1-3)中 σ 的数学表达式为

$$\sigma = \lim_{n\to\infty}\sqrt{\frac{\sum_{i=1}^{n}\Delta_i^2}{n}} = \lim_{n\to\infty}\sqrt{\frac{\sum_{i=1}^{n}(x_i - X)^2}{n}} \tag{1.1-4}$$

式(1.1-4)表示 σ 值是无穷多次测量所产生的随机误差的方均根值,称为标准误差.服从正态分布的随机误差具有下面一些特征:

① 单峰性.绝对值小的误差出现的概率比绝对值大的误差出现的概率大.

② 对称性.绝对值相等的正负误差出现的概率相同.

③ 有界性.在一定的测量条件下,误差的绝对值不超过一定限度.

④ 抵偿性.随机误差的算术平均值随着测量次数的增加而越来越趋向于零,即

$$\lim_{n\to\infty}\frac{1}{n}\sum_{i=1}^{n}\Delta_i = 0 \tag{1.1-5}$$

3. 仪器误差

任何测量都需要借助一定的仪器或装置进行,任何仪器在制造或装配过程中都难免有一些缺陷,如轴承摩擦、游丝不匀、分度不匀、检测标准本身的误差等,即使在正确使用的情况下,这种缺陷也会带来误差.仪器误差或允许误差是在正确使用仪器的条件下,测量所得结果和被测量的真值之间可能产生的最大误差,它包含了在规定条件下可定系统误差、未定系统误差和随机误差的总效果.如数字仪表是通过对被测信号进行适当放大(或衰减)后作量化计数给出数字显示的,其中由于放大(或衰减)系数和量化单位不准造成的误差属于可定系统误差,测量过程中电子系统的信号漂移产生的误差属于未定系统误差,而量化过程的尾数截断造成的误差又具有随机误差的性质.

对照通用的国家标准,按允许出现的误差的大小,我们将仪器分级称为准确度等级.使用时根据仪器的量程和准确度等级就可计算出该仪器误差.结合物理实验的特点,下面作一简单的介绍.

(1) 长度测量类

物理实验中最基本的长度测量工具是米尺、游标卡尺和螺旋测微器(又称千分尺).在物理实验中长度测量工具的仪器误差按下列办法确定:仪器说明书已规定的取其给定的数值;无仪器说明书或仪器说明书中未明确规定的,查有关标准和规定.本书摘录了其中的一部分,见表 1.1-1、表 1.1-2、表 1.1-3.既没有仪器说明书,又不能查表得出的,通常约定,不可估读仪器(如游标卡尺)的仪器误差取其最小分度值,而可估读仪器(如钢直尺、螺旋测微器)的仪器误差取其最小分度值的一半.

表 1.1-1　钢直尺和钢卷尺的允许误差

钢直尺		钢卷尺	
测量范围/mm	允许误差/mm	准确度等级	示值允许误差
1～300	±0.10	Ⅰ级	±(0.1+0.2L)mm
>300～500	±0.15	Ⅱ级	±(0.3+0.2L)mm

续表

钢直尺		钢卷尺	
测量范围/mm	允许误差/mm	准确度等级	示值允许误差
>500～1000	±0.20	注：式中 L 是以米为单位的长度，当长度不是米的整数倍时，取最接近的较大的整"米"数.	
>1000～1500	±0.27		
>1500～2000	±0.35		

表 1.1-2 游标卡尺的示值误差

测量范围/mm	示值误差/mm		
	分度值 0.02 mm	分度值 0.05 mm	分度值 0.10 mm
0～150	±0.02	±0.05	±0.10
>150～200	±0.03	±0.05	
>200～300	±0.04	±0.08	
>300～500	±0.05	±0.08	
>500～1000	±0.07	±0.10	±0.15

表 1.1-3 螺旋测微器的示值误差

测量范围/mm	示值误差/mm
0～25，25～50	±0.004
>50～75，75～100	±0.005
>100～125，125～150	±0.006
>150～175，175～200	±0.007

(2) 质量测量类

物理实验中称衡质量的主要工具是天平.天平的仪器误差应当包括示值变动性误差、分度值误差和砝码误差等.单杠杆天平按精度分为十级，砝码的精度分为五等，一定精度等级的天平要配用精度等级相当的砝码.在简单实验中，通常取天平分度值的一半作为仪器误差.表 1.1-4 给出了物理实验中常用的几种天平的感量及其示值误差.

表 1.1-4 天平的示值误差

型号		最大称量/g	感量/mg	不等臂偏差/mg	示值误差/mg
物理天平	WL	500	20	60	20
	WL	1000	50	100	50
	TW-02	200	20	<60	<20
	TW-05	500	50	<150	<50
	TW-1	1000	100	<300	<100

续表

型号		最大称量/g	感量/mg	不等臂偏差/mg	示值误差/mg
精密天平	TG504	1000	2	≤4	≤2
	TG604	1000	5	≤10	≤5
分析天平	TG628A	200	1	3	1

(3) 时间测量类

秒表是物理实验中最常用的计时仪表,属于不可估读仪器,较短时间内通常取其最小分度值作为仪器误差.对石英电子秒表,其最大偏差小于等于$\pm(1.58\times10^{-5}t+0.01\ \mathrm{s})$,其中 t 是时间的测量值,单位为 s.

(4) 温度测量类

物理实验中常用的测量仪器包括水银温度计、热电偶和电阻温度计等,本书中约定水银温度计的仪器误差按其最小分度值的一半计算,不同量程下的热电偶和电阻温度计的仪器误差,读者可自行查阅有关手册.

(5) 电学测量类

根据国家标准,电学仪器按照其准确度大小被划分为若干等级,其基本误差限可通过准确度等级的有关公式算出.

① 电磁仪表(指针式电流表、电压表)

在规定条件下使用时,电表的仪器误差的最大限为

$$\Delta_{仪}=量程\times准确度等级/100=N_{m}\times a\% \tag{1.1-6}$$

式中,N_{m} 是电表的量程,a 是电表的准确度等级,共分为 0.1、0.2、0.5、1.0、1.5、2.5、5.0 七级.

例如,0.5 级电表量程为 3.0 V 时,

$$\Delta_{仪}=\frac{3.0\times0.5}{100}\ \mathrm{V}=0.015\ \mathrm{V}\approx0.02\ \mathrm{V}$$

② 直流电阻器

实验室常用的直流电阻器包括标准电阻和电阻箱.直流电阻器准确度等级可分为 0.0005、0.001、0.002、0.005、0.01、0.02、0.05、0.1、0.2、0.5 十级.

标准电阻在某一温度下的电阻值可由下式给出:

$$R_{x}=R_{20}\left[1+\alpha(t-20)+\beta(t-20)^{2}\right] \tag{1.1-7}$$

式中,20 ℃时的电阻值 R_{20} 和一次、二次温度系数 α、β 可由产品说明书查出.在规定的使用范围内标准电阻的基本误差限由准确度等级和电阻值乘积决定.

实验室常用的另一种直流电阻器是电阻箱.它的优点是阻值可调,但接触电阻的变化要比固定的标准电阻大一些,其仪器误差可按下式估算:

$$\Delta_{仪}=\sum_{i}a_{i}\%\times R_{i}+R_{0} \tag{1.1-8}$$

式中,R_{0} 是残余电阻(即各度盘开关取 0 时连接点的电阻值),R_{i} 是第 i 个度盘的示值,a_{i} 是相应电阻度盘的准确度等级.

实际测量中,只要最高位或次高位度盘的示值不为零,$\Delta_{仪}$ 可以按这两挡的准确度等级(两挡相同)a_{0} 做简化处理:

$$\Delta_{仪}=a_0\%\times R \tag{1.1-9}$$

式中,R 为电阻箱的总示值.

③ 直流电位差计(箱式)

直流电位差计的基本误差为

$$\Delta_{仪}=a\%\times U_x+b\Delta U \tag{1.1-10}$$

式中,a 是电位差计的准确度等级;U_x 为测量度盘读数值;ΔU 为测量度盘最小步进值(或分度值);b 为附加误差项系数,实验型电位差计一般取 $b=0.5$,便携式电位差计一般取 $b=1$.

④ 直流电桥(箱式)

$$\Delta_{仪}=C(a\%\times R_0+b\Delta R) \tag{1.1-11}$$

式中,C 为电桥比例臂比值;R_0 是电桥比较臂度盘示值;a 是电桥的准确度等级;b 为附加误差项系数,它与 a 有关(当 a 为 0.01 和 0.02 时,b 为 0.03;当 a 为 0.05 和 0.1 时,b 为 0.2;当 a 为 0.2、0.5 和 1 时,b 为 1);ΔR 为电桥比较臂度盘最小步进值.

⑤ 数字仪表

随着科学技术的发展,数字仪表得到了越来越广泛的应用.数字仪表的仪器误差有几种表达式,下面给出两种:

$$\Delta_{仪}=a\%\times N_x+b\%\times N_m \tag{1.1-12}$$

$$\Delta_{仪}=a\%\times N_x+k\text{ 字} \tag{1.1-13}$$

式(1.1-12)中 a 是数字仪表的准确度等级;N_x 是显示的读数;b 是某个常数,称为误差的绝对项系数;N_m 是仪表的满度值.式(1.1-13)中 k 代表仪器固定项误差,相当于最小量化单位的倍数,只取 1、2、3 等数字.例如,某数字电压表 $\Delta_{仪}=a\%\times U_x+2$ 字,则固定项误差是最小量化单位的 2 倍;若取 2 V 量程时数字显示为 1.4786 V,最小量化单位是 0.0001 V,于是 $\Delta U=(0.02\%\times1.4786+2\times0.0001)\text{ V}\approx5\times10^{-4}\text{ V}$

(6) 仪器的等价标准误差

仪器误差也同样包含系统误差和随机误差两部分,究竟哪个因素为主,需要具体分析.一般等级较高的仪表(如 0.2 级)的仪器误差主要是随机误差,等级较低的或工业用仪表的仪器误差则主要是系统误差,实验室常用仪表(0.5 级)的仪器误差则两者都有,且数值相近.如何确定仪器的等价标准误差,它与上述仪器最大示值误差间的关系又如何呢?

一般仪器误差的概率分布函数服从均匀分布,即在其误差范围[$-\Delta_{仪}$,$+\Delta_{仪}$]内各种误差(不同大小和符号)出现的概率都相同,区间外出现的概率为零.如数字仪表的读数显示、仪器度盘或其他传动齿轮的回差、机械秒表的读数等,由于小于其最小分度值的数值不能显示,所以在一定区间内的读数是一个定值,由此引入的误差显然服从均匀分布.还有游标卡尺的读数误差、指零仪表判断平衡的视差以及数据截尾引起的舍入误差等都遵从均匀分布.根据统计规律可以证明,服从均匀分布的仪器误差的等价标准误差可表示为

$$\sigma_{仪}=\frac{\Delta_{仪}}{\sqrt{3}} \tag{1.1-14}$$

值得注意的是,仪器误差提供的是在正常条件下误差绝对值的极限值,并不是测量的真实误差,也无法确定其符号,因此它属于不确定度的范畴,实际上测量误差 Δ 应当满足 $|\Delta|\leqslant\Delta_{仪}$.

1.2 误差的处理

分析和消除系统误差是一个比较复杂的问题,任何一个实验者都应在实验前、实验中和实验后对可能产生的或已经产生的系统误差加以分析和研究.但由于系统误差的分析很难脱离具体的实验内容,在此仅作一简单介绍,以后的不确定度评定中还将涉及.

1.2.1 系统误差的发现与处理

1. 系统误差的发现

如前所述,系统误差的数值和符号(正、负)一般来说是定值或是按某种规律变化的,因此系统误差不能单纯通过重复测量来发现或消除.下面介绍几种常用的分析系统误差的方法.

(1) 理论分析

测量过程中因理论公式的近似性等原因所造成的系统误差常常可以从理论上作出判断并估计其量值.如用伏安法测电阻时,电流表内接时测量值偏大而产生正误差.

(2) 将实验结果与公认值或相对真值比较

对已经调好的仪器或系统,可通过测量已有公认值或相对真值的物理量来发现该仪器或系统是否存在重大的系统误差.如在光学实验中,常常通过测量波长已知的钠双线(波长 589.0 nm 和 589.6 nm)或氦氖激光器发出的红光(波长 632.8 nm)等检查测量系统的准确度.

(3) 进行不同测量方法的比较测量

比较用不同的测量方法或设备去测量同一物理量所得出的结果,也可以判断是否存在系统误差.如用两种不同型号的天平来测量某物体的质量,用两个不同的电流表先后测量某电路的电流值等.

(4) 进行不同实验条件的比较测量

改变产生某项系统误差的具体条件进行比较测量,常常可以发现有关的系统误差.如用电位差计来测量某电池的电动势时,可以通过改变辅助电源的电压来突出电阻丝不均匀所带来的影响.

2. 系统误差的消除或修正

发现系统误差之后需要对测量的各个环节进行全面的分析,进一步验证并找出其产生的具体原因,才有可能作出针对性的处理.

(1) 通过理论公式引入修正值

如伏安法测电阻时,电流表内接或外接必须分别考虑电流表和电压表的内阻等.

(2) 消除造成某些系统误差的因素

如在弹性模量和简谐振动的研究等实验中,钢丝和弹簧的自然状态几乎均非完全伸直,常常采用加起始载荷的方法来消除这类“起始”误差.

(3) 改进测量方法

例如，质量称衡时，用复称法或交换法来消除天平的不等臂误差；用分光计测量三棱镜的顶角等实验中，采用对径读数法来消除度盘的偏心差；光栅实验中，采用±1 级衍射角取平均值的办法来改善光束偏离垂直入射造成的测角误差；在电表校准实验中，用高级别的电表来对低级别的电表示值作出修正，以改善其可定系统误差.

（4）实验曲线的内插、外推和补偿

如采用多管法做测定液体的黏度实验时，测出同一钢球在不同内径的管子中经过相同距离时所用的时间，再作出 $\frac{d}{D}-t$ 曲线，然后外推到管子内径 $D\to\infty$ 时的极限时间值等.

（5）系统误差的随机化处理

改变测量条件时，系统误差也将时大时小，时正时负，平均的结果可实现系统误差的部分抵偿，因此对有些系统误差，可在均匀改变测量状态下进行多次测量，并取测量的平均值来削弱.例如，使用测微目镜测间距，测微丝杆的螺距不可能做得绝对均匀，测量中有意利用丝杆的不同部位进行测量，螺距不均匀所造成的系统误差在一定程度上被随机化了，用平均值来表达测量结果就较为准确；在圆柱或钢丝的不同截面、不同方位进行直径测量，可以部分抵偿因材质和加工等原因造成的试样直径不均匀或形状不规则所带来的微小误差.在以下讨论中，我们认为系统误差已消除，只考虑随机误差.

1.2.2 随机误差的统计处理

对某一物理量 x 进行多次直接测量后，我们得到的是一组含有误差的数据，如何从这组数据中获得待测量及其误差的最佳估计值呢？

从前面的讨论中可知，随机误差具有抵偿性，即随机误差的算术平均值随着测量次数的增加而逐渐趋向于零，见式(1.1-5)，为此我们可以用增加测量次数的办法来减小随机误差，当测量次数 $n\to\infty$ 或足够多时，测量列的随机误差趋于零，此时各次测量结果的算术平均值就趋近于真值.

1. 近真值

如果在相同条件下对某物理量进行了 n 次（等精度）重复测量，测量值分别为 $x_1,x_2,x_3,\cdots,x_n$，其算术平均值为

$$\bar{x}=\frac{1}{n}(x_1+x_2+\cdots+x_n)=\frac{1}{n}\sum_{i=1}^{n}x_i \tag{1.2-1}$$

根据误差理论，在一组 n 次测量的测量列中算术平均值最接近真值，因此定义 $\bar{x}$ 为测量结果的最佳值或近真值.测量值与最佳值的差称为偏差.由于真值永远得不到，所以只能得到近真值来进行误差估算，严格说来应是偏差估算（两者在测量次数 $n\to\infty$ 或足够多时一致）.在以后的讨论中，本书不再严格区分误差和偏差.

2. 误差估算

物理实验中，多次测量的误差可用算术平均绝对误差或标准误差（方均根误差）来表示.另外，误差估算时还会用到极限误差.

（1）算术平均绝对误差

n 次测量(等精度)中,每次测量值 x_i 与 $\bar{x}$ 的差为 $\delta_i=x_i-\bar{x}$,定义算术平均绝对误差为

$$\delta=\frac{1}{n}(|\delta_1|+|\delta_2|+\cdots+|\delta_n|)=\frac{1}{n}\sum_{i=1}^{n}|\delta_i| \tag{1.2-2}$$

根据误差理论可算出,误差出现在$(-\delta,\delta)$区间内的概率为 57.5%,可见算术平均绝对误差的物理意义是:任何一次测量,测量值的误差在$-\delta\sim\delta$之间的可能性为 57.5%.

(2) 标准误差(方均根误差)

前面已约定,每次测量的随机误差的分布服从正态分布,其概率密度函数 $f(\Delta)$ 的特征量 σ 即为标准误差,见式(1.1-4),式中 X 为真值.用误差的概率密度函数可以得出误差出现在$(-\sigma,\sigma)$区间内的概率为

$$P(-\sigma<\Delta<\sigma)=\int_{-\sigma}^{\sigma}f(\Delta)\,\mathrm{d}\Delta=\int_{-\sigma}^{\sigma}\frac{1}{\sigma\sqrt{2\pi}}\mathrm{e}^{-\frac{\Delta^2}{2\sigma^2}}\mathrm{d}\Delta \tag{1.2-3}$$

查拉普拉斯积分表可得:$P(-\sigma<\Delta<\sigma)=68.3\%$.

可见,标准误差 σ 所表示的意义是:任何一次测量,测量误差落在$(-\sigma,\sigma)$区间内的可能性为 68.3%.这就提供了一个以一定概率包含被测量真值的量值范围来表达测量结果精度的方法,区间$(-\sigma,\sigma)$称为置信区间,在给定置信区间内包含真值的概率($P=68.3\%$)称为置信概率.真值实际上得不到,但当测量次数 $n\to\infty$ 或足够多时,$\bar{x}\to X$,此时标准误差 σ_x 的计算式应为

$$\sigma_x=\sqrt{\frac{\sum\Delta_i^2}{n}}=\sqrt{\frac{\sum(x_i-\bar{x})^2}{n}}\quad(n\to\infty\text{ 或足够多}) \tag{1.2-4}$$

当测量次数 n 有限时,$\bar{x}\neq X$,我们只能得到偏差,此时只能根据偏差来估算误差.由误差理论可以证明,此时可以把

$$S_x=\sqrt{\frac{\sum\delta_i^2}{n-1}}=\sqrt{\frac{\sum(x_i-\bar{x})^2}{n-1}}\quad(n\text{ 有限时}) \tag{1.2-5}$$

作为 σ_x 的最佳估计,S_x 称为测量列的标准偏差,式(1.2-5)即为贝塞尔公式.不难发现,当 $n>10$ 时,式(1.2-4)与式(1.2-5)计算出的结果已很接近.实验教学中,测量次数 n 都是有限的,一般 $5\leqslant n\leqslant 10$,故常用式(1.2-5)来估算测量值的随机误差,并近似认为测量次数不是很少(10 次左右)时,测量列中任一测量值的误差落在$(-S_x,S_x)$区间内的概率仍在 68%左右.在本书中,若未特别注明,就认为置信概率是 68%.

另外,查拉普拉斯积分表可得:$P(-2\sigma<\Delta<2\sigma)=95.4\%$,$P(-3\sigma<\Delta<3\sigma)=99.7\%$,它表明任一次测量时,测量值的误差落在$(-3\sigma,3\sigma)$区间内的概率为 99.7%,即在 1000 次测量中只有 3 次测量其误差绝对值会超出 3σ,而一般测量中次数很少超过几十次,可以认为测量值误差超出$\pm3\sigma$ 范围的概率是极小的,故称 3σ 为极限误差.

(3) 算术平均值的标准偏差

如上所述,对物理量 x 进行了 n 次等精度测量后,通常取其平均值 $\bar{x}$ 作为最佳值.显然,$\bar{x}$ 比任何一次测量值 x_i 更可靠,那么其可靠性如何呢?

根据误差理论,算术平均值 $\bar{x}$ 的标准偏差 $S_{\bar{x}}$ 可写成

$$S_{\bar{x}}=\frac{S_x}{\sqrt{n}}=\sqrt{\frac{\sum(x_i-\bar{x})^2}{n(n-1)}} \tag{1.2-6}$$

上式表明算术平均值的标准偏差是测量列的标准偏差的$\frac{1}{\sqrt{n}}$.可以证明,算术平均值的误差落在$(-S_{\bar{x}},S_{\bar{x}})$区间内的概率为68.3%.

如果直接测量中系统误差已减至最小,待测量是稳定的,并且对它作了多次测量,那么就应该用算术平均值作为测量值的最佳估计值,用算术平均值的标准偏差$S_{\bar{x}}$作为标准偏差的最佳估计.

必须指出的是,S_x和$S_{\bar{x}}$是作为σ_x和$\sigma_{\bar{x}}$的估计值出现的,它们都不是原来意义上的误差,而属于不确定度的范畴.另外,算术平均绝对误差δ、测量列的标准偏差S_x和算术平均值的标准偏差$S_{\bar{x}}$都与测量值有相同的单位,都没有考虑待测量的大小,是以误差的绝对值来表示测量值的误差,都属于绝对误差.但由于算术平均绝对误差δ反映的是每次测量误差绝对值的平均值,显然夸大了误差,且不能反映随机误差的统计特性,一般仅在极粗略的误差估计时才用到.

以上讨论是针对随机误差而言的,对未定系统误差,如果通过改变测量条件使之呈现某种随机变化的特征,式(1.2-5)和式(1.2-6)仍然有效.

(4) t分布

当测量次数很少时,样本的平均值$\bar{x}$与标准偏差S_x可能会严重偏离总体正态分布的真值X和标准误差σ_x.根据误差理论,如果令$t=\frac{\bar{x}-X}{S_{\bar{x}}}$,$t$作为一个统计量将遵从另一种分布——$t$分布,也称为"学生分布".由$t$分布提供一个系数因子,简称$t$因子,用这个$t$因子乘以小样本的标准偏差作为置信区间,仍能保证在这个置信区间内有68.3%的置信概率.表1.2-1中列出几个常用的t因子.

表 1.2-1　t因子表(表中n表示测量次数)

n	2	3	4	5	6	7	8	9	10
$t_{0.683}$	1.84	1.32	1.20	1.14	1.11	1.09	1.08	1.07	1.06
$t_{0.95}$	4.30	3.18	2.78	2.57	2.45	2.36	2.31	2.26	2.23
$t_{0.99}$	9.92	5.84	4.60	4.03	3.71	3.50	3.36	3.25	3.17

从表中可见,$t_{0.683}$因子随测量次数的增加而趋向于1,即t分布在$n\to\infty$时趋向正态分布,于是在测量次数很少时,把测量结果表示成:$\bar{x}\pm t_{0.683}\cdot S_{\bar{x}}(P=68.3\%)$,$\bar{x}\pm t_{0.95}\cdot S_{\bar{x}}(P=95\%)$或$\bar{x}\pm t_{0.99}\cdot S_{\bar{x}}(P=99\%)$.

1.3　实验结果的不确定度

1.3.1 不确定度

在不确定度的概念确定之前,人们用"测量误差"来评定测量结果的准确程度.但是由于测量误差是一个理想化的概念，实际中难以准确定量.考虑到测量误差在实际评定中存在难以克服的缺陷，1993 年，国际标准化组织(ISO)、国际计量局(BIPM)等 7 个国际组织联合发布了具有国际指导性的《测量不确定度表示指南》.1999 年，我国制定了《测量不确定度评定与表示》(JJF 1059—1999，后被 JJF 1059.1—2012 代替)，作为我国统一准则对测量结果进行评定、表示和比较.本章节可使学生了解不确定度基本概念，掌握一些常用的估算方法.在今后工作和学习中如需要进一步深入研究或参考，可阅读有关文献.

不确定度是对待测量的真值所处量值范围的评定，表征了由于测量误差的存在使得待测量值不能确定的程度.不确定度的大小，体现着测量质量的高低，不确定度小，表示测量数据集中，测量结果的可信程度高；不确定度大，表示测量数据分散，测量结果的可信程度低.

1. 不确定度的 A 类分量和 B 类分量

测量结果的不确定度一般包含几个分量，按评定方法，这些分量可归入以下两类.

A 类：用统计方法计算的分量 u_A，以算术平均值的标准偏差 $S_{\bar{x}}$表征.

B 类：用其他方法计算的分量 u_B，求这类分量的数值时，不是对测量数值直接进行统计计算，而是用其他方法先估计(包括查阅资料和手册)极限误差，并确定该项误差服从的分布，然后用下式计算：

$$u_B=\frac{\Delta_{仪}}{K}$$

式中，$\Delta_{仪}$为仪器的误差限；K 为置信系数(修正因子)，其值因分布不同而异.几种常用的仪器误差分布函数及 K 值为：对于均匀分布，$K=\sqrt{3}$；对于正态分布，$K=3$；对于反正弦分布(如分光计等仪器上的圆形度盘由于偏心差造成的误差分布函数等)，$K=\sqrt{2}$；对于三角分布，$K=\sqrt{6}$.

2. 合成不确定度

将不确定度的 A 类分量和 B 类分量合成，即得到合成不确定度.由下式给出：

$$u=\sqrt{\sum S_{\bar{x}}^2+\sum u_B^2+2\sum_{i<j}\sigma_{ij}} \tag{1.3-1}$$

式中，σ_{ij}为任意两分量的协方差，当各分量无关时 $u=\sqrt{\sum S_{\bar{x}}^2+\sum u_B^2}$.

3. 扩展不确定度

合成不确定度 u 对应于标准误差，测量结果 $x\pm u$ 含真值的概率为 68%.在一些实际工作中要求置信概率较大，以使真值以高概率落在相应区间中，为此将合成不确定度乘以置信因子 k(表 1.3-1)，求出扩展不确定度.

扩展不确定度：$U=ku$(k 为置信因子).

表 1.3-1 正态分布情况下概率 P 与置信因子 k 间的关系

P	0.50	0.68	0.90	0.95	0.9545	0.99	0.9973
k	0.675	1	1.645	1.960	2	2.576	3

4. 相对不确定度

合成不确定度与 $\Delta_{仪}$ 均未考虑待测量的大小，表示的是一组多次测量的数据中各个数据之间的离散程度,表征的是测量的精密范围,但不能表征测量结果接近真值的程度,因此合成不确定度不足以表征测量结果的精确程度(准确度).

为了全面评价测量优劣,还需要考虑待测量本身的大小.例如,有两个测量对象,测量结果为 $x_{甲}=(2.00\pm0.02)$ cm, $x_{乙}=(20.00\pm0.02)$ cm,虽然两者的合成不确定度均为 0.02 cm,但是由于待测量的大小不同,很明显,两者测量优劣不相同,在此例中乙优于甲.

为了区分或评价测量的优劣,常用相对不确定度表示,相对不确定度定义为

$$相对不确定度=\frac{合成不确定度}{测量最佳值}$$

如上式中甲、乙两种测量:

$$E_{甲}=\frac{0.02}{2.00}\times100\%=1\%,\quad E_{乙}=\frac{0.02}{20.00}\times100\%=0.1\%$$

可见,后者比前者的测量精度高,故完整表示测量结果时,应在用合成不确定度表示不确定度范围的同时,再用相对不确定度表示测量的精度.

5. 测量结果表示和不确定度估计

实验中要求表示出的测量结果,既要包含待测量的近真值 $\bar{x}$,又要包含测量结果的不确定度 u,并写成物理含义深刻的标准表达式,即

$$\begin{cases} x=\bar{x}\pm u \\ E_u=\dfrac{u}{\bar{x}}\times100\% \end{cases}$$

式中,x 为待测量,$\bar{x}$ 是测量的近真值,u 是合成不确定度,一般保留一至两位有效数字.

1.3.2 直接测量结果的不确定度评定

前面我们分别介绍了处理系统误差和随机误差的原则.考虑到在实际测量中,对带入测量结果的已定系统误差分量进行修正以后,其余各种未定系统误差因素和随机误差因素将共同影响测量结果的不确定度,在大学物理实验中,我们对直接测量能掌握的不确定度信息主要是所使用仪器的准确度和多次测量所获得的测量值.

1. 单次测量的结果表示

有些物理量是在动态下测量的,不允许重复多次测量;有些仪器的精密度不高,测量条件比较稳定,多次测量结果相近;有些是间接测量,某一个物理量对结果影响不大.在这些情况下,对待测量可以只进行一次测量.单次测量时,$x_{最佳值}=x_{测}$,测量结果的不确定度为

$$u=u_{B}=\frac{\Delta_{仪}}{\sqrt{3}}$$

$$x=x_{测}\pm u$$

式中,u 为仪器的等价标准误差,一般取 1~2 位有效数字,尾数只进不舍;$x_{测}$ 的最后一位应与 u 的末位对齐.

例 1.3-1 用级别为 0.5 级,量程为 75 mV 的电压表测量某电路的电压时,电表指针指在 127.2 格(满刻度为 150 格),试写出该电压值的测量结果.

解：$\Delta_{仪}=0.5\%\times75\ \text{mV}=0.375\ \text{mV}$，$u=\dfrac{0.375}{\sqrt{3}}\text{mV}\approx0.216\ \text{mV}\approx0.3\ \text{mV}$

$$U_{测}=\frac{127.2}{150}\times75\ \text{mV}=63.6\ \text{mV},E_u=\frac{u}{U_{测}}\times100\%=\frac{0.3}{63.6}\times100\%=0.5\%$$

$$\begin{cases}U=(63.6\pm0.3)\,\text{mV}\\E_u=0.5\%\end{cases}$$

2. 直接测量结果的不确定度A类分量(A类不确定度)估算

若测量次数在5次以上,测量结果以平均值$\bar{x}$表示,其不确定度A类分量可以直接用算术平均值的标准偏差表示,即

$$u_A=S_{\bar{x}}=\frac{S_x}{\sqrt{n}}=\sqrt{\frac{\sum_{i=1}^{n}(x_i-\bar{x})^2}{n(n-1)}} \tag{1.3-2}$$

若测量次数在5次以下,为了保证标准不确定度的置信概率水平,应考虑把算术平均值的标准偏差乘以$t_{0.683}$因子,见表1.2-1,即

$$u_A=t_{0.683}\times\frac{S_x}{\sqrt{n}} \tag{1.3-3}$$

3. 直接测量结果的不确定度B类分量(B类不确定度)估算

首先根据所用仪器及测量条件估计测量结果可能产生的误差限$\Delta_{仪}$.一般$\Delta_{仪}$值可直接采用仪器的示值误差或最大允许误差.在没有仪器准确度资料的特殊情况下,也可采用仪器的最小分度值.

为了从误差限计算出近似的相当于标准偏差的不确定度B类分量,需要估计仪器误差的可能统计分布.可以假设实际产生的误差在误差限$\Delta_{仪}$内是均匀分布的,这种假设对多种情况是适用的,于是,标准不确定度B类分量可以简化,按下式估算:

$$u_B=\frac{\Delta_{仪}}{\sqrt{3}} \tag{1.3-4}$$

4. 直接测量结果的合成不确定度

直接测量结果的合成不确定度可表示为

$$u=\sqrt{u_A^2+u_B^2}=\sqrt{S_{\bar{x}}^2+\left(\frac{\Delta_{仪}}{\sqrt{3}}\right)^2}\quad(P=68\%) \tag{1.3-5}$$

测量结果则为

$$x=\bar{x}\pm u,\quad E_u=\frac{u}{\bar{x}}\times100\%\quad(P=68\%) \tag{1.3-6}$$

如果采用高置信概率的扩展不确定度表达测量结果,也可以直接采用下式计算扩展不确定度:

$$U=ku\quad(P\geqslant95\%) \tag{1.3-7}$$

测量结果表示为

$$x=\bar{x}\pm U,\quad E_u=\frac{U}{\bar{x}}\times100\%\quad(P\geqslant95\%) \tag{1.3-8}$$

例 **1.3-2** 用 50 分度的游标卡尺测量某圆柱体的直径共 10 次，数据如下表所示.试给出测量结果.

次数	1	2	3	4	5	6	7	8	9	10
d/mm	19.78	19.80	19.70	19.78	19.74	19.76	19.72	19.68	19.80	19.72

解:先计算直径的算术平均值:

$$\overline{d}=\frac{\sum_{i=1}^{10}d_i}{10}=19.75\ \text{mm}$$

直径的算术平均值的标准偏差为

$$S_{\overline{d}}=\sqrt{\frac{\sum_{i=1}^{10}(d_i-\overline{d})^2}{10\times 9}}\approx 0.014\ \text{mm}$$

游标卡尺的仪器标准差为

$$\sigma_{仪}=\frac{0.02}{\sqrt{3}}\ \text{mm}\approx 0.012\ \text{mm}$$

合成不确定度为

$$u=\sqrt{S_{\overline{d}}^2+\sigma_{仪}^2}=\sqrt{0.014^2+0.012^2}\ \text{mm}\approx 0.018\ \text{mm}\approx 0.02\ \text{mm}$$

$$E_u=\frac{u}{\overline{d}}\times 100\%=\frac{0.02}{19.75}\times 100\%\approx 0.2\%$$

直径的测量结果为

$$\begin{cases}d=\overline{d}\pm u=(19.75\pm 0.02)\ \text{mm}\\ E_u=0.2\%\end{cases}$$

5. 直接测量结果不确定度的评定步骤

（1）尽可能把测量中的各种系统误差减至最小.例如，采用适当的测量方法予以消除，或改变测量条件使之随机化，或确定出修正值加以修正.

（2）确定并记录仪器的型号、量程、最小分度值、示值误差限和灵敏阈.

（3）当准备好测量时，小心地取 3~4 个观测值并注意其偏差情况.如果偏差几乎不存在，或与仪器的示值误差限相比很小，那就不必进行多次测量，而以其中任一次测量值表示测量结果，其不确定度只以仪器示值误差限计算.

（4）若发现测量结果偏差较大，可与测量的误差限相比拟或更大，则要取 5~10 次的测量值，以平均值表示测量结果，其不确定度应该以 A 类分量和 B 类分量的合成不确定度表示.

1.3.3 间接测量结果的不确定度

在很多实验中，我们进行的测量都是间接测量.间接测量的结果是由直接测量的结果根据一定的数学公式计算出来的.这样一来，直接测量结果的不确定度就必然影响到间接测量结果，这种影响的大小也可以由相应的数学公式计算出来.间接测量结果是由一个或几个直接测量值经过公式计算得到的.直接测量值的不确定度要传递给间接测量结果，这就是不确定度的传递与合成问题.

1. 间接测量值由单一直接测量值决定时的不确定度传递关系

设直接测量值 x 是通过函数关系 $y=f(x)$ 与间接测量结果 y 相联系的.若 x 的不确定度为 u_x，y 的不确定度为 u_y，u_x 及 u_y 都是很小量，可以把它们当成自变量 x 的增量 Δx 引起函数值的增量 Δy 来对待，因而它们之间的关系可以用函数的导数 $f'(x)$ 联系起来，$f'(x)$ 称为传递系数.它的数值大小表示间接测量结果的不确定度受直接测量结果不确定度影响的敏感程度.

例 1.3-3 钢球的体积 V 可以通过测量钢球的直径 d 求得，若测得 $d=(5.893\pm0.026)\text{ mm}(P\approx68\%)$，求钢球体积的测量结果.

解：
$$V=\frac{1}{6}\pi d^3=\frac{1}{6}\times3.1416\times5.893^3\text{ mm}^3=107.154\text{ mm}^3\approx107.2\text{ mm}^3$$

V 对 d 的导数为 $\frac{1}{2}\pi d^2$，于是

$$u_V=\frac{\pi d^2}{2}\cdot u_d=3.1416\times\frac{5.893^2}{2}\times0.026\text{ mm}^3=1.42\text{ mm}^3\approx1.5\text{ mm}^3$$

$$E_u=\frac{u_V}{V}\times100\%=\frac{1.5}{107.2}\times100\%=1.4\%$$

钢球体积的测量结果为

$$\begin{cases}V=(107.2\pm1.5)\text{ mm}^3 \quad (P\approx68\%)\\ E_u=1.4\%\end{cases}$$

从这个例子中我们还应注意到：在计算间接测量值的公式中，如果有像 π 这样的常数时，为了不使计算结果受 π 的截尾误差的影响，其有效数字应比直接测量结果至少多取一位.

2. 由两个以上直接测量值决定的间接测量结果的不确定度的传递与合成

前面已经提到，间接测量是通过测量与待测量有函数关系的其他量，才能得到待测量值的测量方法.设待测量为 y，与它有函数关系的量分别为 $x_1,x_2,\cdots,x_k$，函数关系为

$$y=f(x_1,x_2,\cdots,x_k) \tag{1.3-9}$$

由于各直接测量量 x_i 均有各自的不确定度，这就必然使得 y 也有其不确定度.本节研究的问题就是，当各 x_i 的合成不确定度 u_{x_i} 或扩展不确定度 U_{x_i} 已知，且函数关系 f 已知时，怎样评定 y 的不确定度 u_y 或扩展不确定度 U_y.

假设各 x_i 间相互独立，则有

$$u_y=\sqrt{\left(\frac{\partial f}{\partial x_1}\right)^2u_{x_1}^2+\left(\frac{\partial f}{\partial x_2}\right)^2u_{x_2}^2+\cdots}=\sqrt{\sum_{i=1}^{k}\left(\frac{\partial f}{\partial x_i}\right)^2u_{x_i}^2} \tag{1.3-10}$$

$$\frac{u_y}{y}=\sqrt{\left(\frac{\partial\ln f}{\partial x_1}\right)^2u_{x_1}^2+\left(\frac{\partial\ln f}{\partial x_2}\right)^2u_{x_2}^2+\cdots}=\sqrt{\sum_{i=1}^{k}\left(\frac{\partial\ln f}{\partial x_i}\right)^2u_{x_i}^2} \tag{1.3-11}$$

$$U_y=\sqrt{\left(\frac{\partial f}{\partial x_1}\right)^2U_{x_1}^2+\left(\frac{\partial f}{\partial x_2}\right)^2U_{x_2}^2+\cdots}=\sqrt{\sum_{i=1}^{k}\left(\frac{\partial f}{\partial x_i}\right)^2U_{x_i}^2} \tag{1.3-12}$$

$$\frac{U_y}{y}=\sqrt{\left(\frac{\partial \ln f}{\partial x_1}\right)^2 U_{x_1}^2+\left(\frac{\partial \ln f}{\partial x_2}\right)^2 U_{x_2}^2+\cdots}=\sqrt{\sum_{i=1}^{k}\left(\frac{\partial \ln f}{\partial x_i}\right)^2 U_{x_i}^2} \qquad (1.3-13)$$

这些公式都是合成不确定度和扩展不确定度传递的基本公式.对于和差形式的函数,用式(1.3-10)和式(1.3-12)比较方便;对于积商以及乘方、开方形式的函数,用式(1.3-11)和式(1.3-13)比较方便.本课程中通常采用合成不确定度 u,因此实际应用式(1.3-10)和式(1.3-11).

用式(1.3-10)和式(1.3-11)推导出的某些常用函数的不确定度传递公式如表 1.3-2 所示.

表 1.3-2 某些常用函数的不确定度传递公式

函数形式	不确定度传递公式
$N=x_1+x_2$	$u_N=\sqrt{u_{x_1}^2+u_{x_2}^2}$
$N=x_1-x_2$	$u_N=\sqrt{u_{x_1}^2+u_{x_2}^2}$
$N=x_1x_2$	$\frac{u_N}{N}=\sqrt{\left(\frac{u_{x_1}}{x_1}\right)^2+\left(\frac{u_{x_2}}{x_2}\right)^2}$
$N=x_1/x_2$	$\frac{u_N}{N}=\sqrt{\left(\frac{u_{x_1}}{x_1}\right)^2+\left(\frac{u_{x_2}}{x_2}\right)^2}$
$N=kx$	$u_N=ku_x,\ \frac{u_N}{N}=\frac{u_x}{x}$
$N=\frac{x_1^l x_2^m}{x_3^n}$	$\frac{u_N}{N}=\sqrt{l^2\left(\frac{u_{x_1}}{x_1}\right)^2+m^2\left(\frac{u_{x_2}}{x_2}\right)^2+n^2\left(\frac{u_{x_3}}{x_3}\right)^2}$
$N=\sqrt[k]{x}$	$\frac{u_N}{N}=\frac{u_x}{kx}$
$N=\sin x$	$u_N=u_x\cos x$
$N=\ln x$	$u_N=\frac{u_x}{x}$

表中这些函数关系,在实验中遇到的机会较多,因此应该熟记这些函数形式下的不确定度传递公式.

下面通过几个例子来说明不确定度在物理实验中的应用.

例 1.3-4 用精度为 0.02 mm 的游标卡尺测出一个圆柱体的直径 D 和高度 H 的值列于表 1.3-3 中,求其体积 V,并用不确定度评定测量结果.

表 1.3-3　圆柱体的测量数据和不确定度

次数	D/mm	H/mm
1	60.04	80.96
2	60.02	80.94
3	60.06	80.92
4	60.00	80.96
5	60.06	80.96
6	60.00	80.94
7	60.06	80.94
8	60.04	80.98
9	60.00	80.94
10	60.00	80.96
平均值	60.028	80.950
u_A	0.009	0.006
u_B	0.012	0.012
u	0.015	0.014

解：分别计算求得 $\overline{D}$ 和 $u_{\overline{D}A}$ 以及 $\overline{H}$ 和 $u_{\overline{H}A}$，再根据 $u=\sqrt{u_{xA}^2+\left(\frac{\Delta_{仪}}{\sqrt{3}}\right)^2}$，求得 $u_{\overline{D}}$ 和 $u_{\overline{H}}$. 计算过程如下：

$$\overline{D}=60.028\ \text{mm},\quad \overline{H}=80.950\ \text{mm}$$

$$u_{\overline{D}A}=S_{\overline{D}}=\sqrt{\frac{\sum_{i=1}^{10}(D_i-\overline{D})^2}{10\times(10-1)}}=\sqrt{\frac{0.00656}{10\times 9}}\ \text{mm}\approx 0.009\ \text{mm}$$

$$u_{\overline{D}}=\sqrt{S_{\overline{D}}^2+\left(\frac{\Delta_{仪}}{\sqrt{3}}\right)^2}=\sqrt{0.009^2+0.012^2}\ \text{mm}=0.015\ \text{mm}$$

$$u_{\overline{H}A}=S_{\overline{H}}=\sqrt{\frac{\sum_{i=1}^{10}(H_i-\overline{H})^2}{10\times(10-1)}}=\sqrt{\frac{0.0026}{10\times 9}}\ \text{mm}\approx 0.006\ \text{mm}$$

$$u_{\overline{H}}=\sqrt{S_{\overline{H}}^2+\left(\frac{\Delta_{仪}}{\sqrt{3}}\right)^2}=\sqrt{0.006^2+0.012^2}\ \text{mm}\approx 0.014\ \text{mm}$$

此题体积的测量是间接测量，函数关系为

$$\overline{V}=\frac{\pi}{4}\overline{D}^2\overline{H}$$

不确定度的传递公式为

$$\frac{u_{\overline{V}}}{\overline{V}}=\sqrt{\left(\frac{\partial\ln V}{\partial D}\right)^2u_{\overline{D}}^2+\left(\frac{\partial\ln V}{\partial H}\right)^2u_{\overline{H}}^2}=\sqrt{\left(\frac{2u_{\overline{D}}}{\overline{D}}\right)^2+\left(\frac{u_{\overline{H}}}{\overline{H}}\right)^2}$$

$$=\sqrt{\left(\frac{2\times0.015}{60.028}\right)^2+\left(\frac{0.014}{80.950}\right)^2}=\sqrt{2.50\times10^{-7}+2.99\times10^{-8}}$$

$$=\sqrt{2.799\times10^{-7}}\approx5.3\times10^{-4}\approx0.06\%$$

$$\overline{V}\approx2.2909\times10^5\ \text{mm}^3$$

$$u_{\overline{V}}=\overline{V}\times\frac{u_{\overline{V}}}{\overline{V}}\approx1.4\times10^2\ \text{mm}^3$$

$$\begin{cases}V=\overline{V}\pm u_{\overline{V}}=(2.291\pm0.002)\times10^5\ \text{mm}^3\\E_u=0.06\%\end{cases}$$

例 1.3-5 利用函数关系 $\rho=\dfrac{m}{m-m_1}\rho_0$，通过间接测量测出固体的密度 ρ，若 m、m_1、ρ_0 及它们的合成不确定度 u_m、u_{m_1}、u_{ρ_0} 均已知，试导出 u_ρ 的表达式.

解：本题的函数关系既非简单的加减关系，又非简单的乘除关系，下面分别按式(1.3-10)和式(1.3-11)，用两种不同方法求解.

解法一：

$$u_\rho=\sqrt{\left(\frac{\partial\rho}{\partial m}\right)^2u_m^2+\left(\frac{\partial\rho}{\partial m_1}\right)^2u_{m_1}^2+\left(\frac{\partial\rho}{\partial\rho_0}\right)^2u_{\rho_0}^2}$$

$$=\sqrt{\left[\frac{-m_1\rho_0}{(m-m_1)^2}\right]^2u_m^2+\left[\frac{m\rho_0}{(m-m_1)^2}\right]^2u_{m_1}^2+\left(\frac{m}{m-m_1}\right)^2u_{\rho_0}^2}$$

$$=\frac{m}{m-m_1}\rho_0\sqrt{\left[\frac{-m_1}{m(m-m_1)}\right]^2u_m^2+\left(\frac{1}{m-m_1}\right)^2u_{m_1}^2+\left(\frac{1}{\rho_0}\right)^2u_{\rho_0}^2}$$

解法二：

$$\ln\rho=\ln m-\ln(m-m_1)+\ln\rho_0$$

$$\frac{u_\rho}{\rho}=\sqrt{\left(\frac{\partial\ln\rho}{\partial m}\right)^2u_m^2+\left(\frac{\partial\ln\rho}{\partial m_1}\right)^2u_{m_1}^2+\left(\frac{\partial\ln\rho}{\partial\rho_0}\right)^2u_{\rho_0}^2}$$

$$=\sqrt{\left[\frac{-m_1}{m(m-m_1)}\right]^2u_m^2+\left(\frac{1}{m-m_1}\right)^2u_{m_1}^2+\left(\frac{1}{\rho_0}\right)^2u_{\rho_0}^2}$$

$$u_\rho=\rho\times\frac{u_\rho}{\rho}=\frac{m}{m-m_1}\rho_0\sqrt{\left[\frac{-m_1}{m(m-m_1)}\right]^2u_m^2+\left(\frac{1}{m-m_1}\right)^2u_{m_1}^2+\left(\frac{1}{\rho_0}\right)^2u_{\rho_0}^2}$$

用两种解法得出的结果是一致的.由于函数关系中乘除运算所占的成分较大，所以用解法二计算较为方便.

1.3.4 测量结果的书写表示规范

如果测量结果是最终结果，不确定度用一位或两位有效数字表示均可；如果是作为间接测量的中间结果，不确定度最好用两位有效数字表示.相对不确定度用一至两位有效数字的百分数表示.

不确定度值截取时，采用"只入不舍"的方法，以保证其置信概率水平不降低.例如，计算得到不确定度为0.2414，截取两位为0.25，截取一位为0.3.

测量结果的最末位以与保留的不确定度的末位相对齐来确定并截取，测量值的截取采用通常的"修约法则"（见1.4节）.例如，某测量数据计算的平均值为1.83549 m，其标准不确定度计算得0.01347 m，则测量结果表示为

$$L=(1.835\pm0.014)\,\mathrm{m},\quad E_u=0.8\%\quad(P\approx68\%)$$

$$L=(1.84\pm0.02)\,\mathrm{m},\quad E_u=1.1\%\quad(P\approx68\%)$$

为了清楚地区分测量结果表示中是标准不确定度，还是高概率不确定度，在测量结果后一律用括号注明置信概率的近似值.

1.4 有效数字及其运算

1.4.1 有效数字

1. 有效数字的定义

任何测量必定存在误差，作为测量结果的数值如何与误差联系起来呢？例如，测得某物体的长度$\overline{L}=45.671$ cm，算得合成不确定度为$u_{\overline{L}}=0.06$ cm，L的最后结果应如何表示呢？从$u_{\overline{L}}$可知，该测量在"0.06"这一数中的"6"为欠准数，故上述$\overline{L}$值中的"7"已是有误差的欠准数，表示L结果的后面一位"1"已不必写上，应写成$\overline{L}=45.67$ cm.也就是说，表示测量结果的数字中，只保留一个欠准数，即数字的最后一位是欠准数，其余数字均为可靠数.

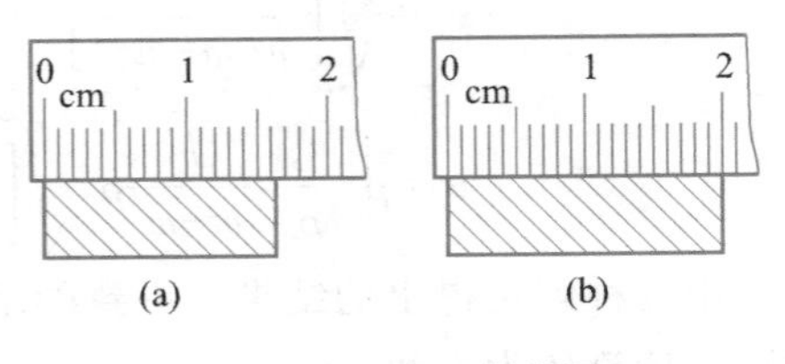

图1.4-1 米尺刻线图

用实验仪器对某物理量进行测量时，指针或物体的末端一般不是正好指在某条刻线上，而是指在两条刻线之间，测得的数据只能是近似数，如图1.4-1(a)和(b)所示.根据仪器刻线准确读出的数字称为可靠数；两条刻线之间的位置可用一位估读数字表示，这位估读数字就称为欠准数（或称可疑数）.可疑数虽然不可靠，但在一定程度上反映了实际情况，因此也是有意义的.但由于可疑数毕竟不可靠，所以一般只取一位，多取毫无意义.如图1.4-1(a)中读出的数应为1.64 cm，其中"1.6"为可靠

数，“4”为欠准数（估读数）.有些仪器，例如数字式仪表或游标卡尺，是不可能估计出最小刻度以下一位数字的，那么我们就不去估计，而把直接读出的数字记录下来，仍然认为最后一位数字是存疑的.

定义：测量结果中所有可靠数和一位欠准数统称为有效数字.

2. 需要注意的问题

（1）从量具上或仪表上直接读出的有效数字称为直接有效数字，它可直观地反映仪器分度值，如 $L=32.00$ cm，说明所用量具的最小分度值是 1 mm.

经运算而获得的有效数字称为间接有效数字，它不能反映测量仪器的分度值.如用分度值为 0.1 s 的秒表测单摆的周期，常采用连续测若干个周期（如 100 个）来确定周期，若 $100\ T=189.2$ s，则 $T=1.892$ s，显然这里 T 已经不能反映所用量具的最小分度值.

（2）有效数字的位数不能任意增减，且跟小数点的位置无关，在十进制单位中不因单位变换而改变.如 $L=15.03$ cm $=150.3$ mm $=0.1503$ m；进行非十进制单位变换时，测量结果的有效数字位数应由相应的绝对误差来确定，如 $t=(1.8\pm0.1)$ min $=(108\pm6)$ s.

（3）出现在数中间的“0”及末位的“0”均为有效数字.图 1.4-1（b）中正确读数应为 2.00 cm，有效数字有三位.$L=12.04$ cm 有四位有效数字.

（4）因单位换算而产生的“0”不是有效数字，所以牵涉到单位换算时，为避免有效数字位数的改变，常采用科学记数法.例如

$$32.4\ \text{mm}=3.24\ \text{cm}=0.0324\ \text{m}=0.0000324\ \text{km}=32400000\ \text{nm}$$

上式在数学上是严格恒等的，但用来表示测量结果则不行，上式中“3、2、4”前面及后面的“0”实际上都不是有效数字，应用科学记数法表示如下：

$$32.4\ \text{mm}=3.24\ \text{cm}=3.24\times10^{-2}\ \text{m}=3.24\times10^{-5}\ \text{km}=3.24\times10^{7}\ \text{nm}$$

如果用国际单位制词头表示测量结果，习惯上不用科学记数法，例如，用 1.2 μs 而不用 1.2×10^{-6} s，用 1.3 kg 而不用 1.3×10^{3} g.

（5）运算公式中的常数如“π”“1/3”“$\sqrt{2}$”等，运算中需要几位就取几位，但最后结果的有效数字位数应由各直接测量量的有效数字的位数来定.

（6）关于不确定度的有效数字，由于合成不确定度的数字里无可靠数，故本书规定在最后结果中，合成不确定度保留一到两位有效数字，当首位较小时（如 1、2 和 3 时）可保留两位.相对不确定度有效数字一般不超过两位.

（7）测量结果的有效数字的位数（保留到哪一位）应由合成不确定度来决定；运算过程的中间数据可以多保留一位；最后结果按尾数舍入法保留（四舍、六入、五入奇）；最后结果的有效数字末位应与合成不确定度的末位对齐.

1.4.2 有效数字的运算规则

实验中所有直接测量结果都只能是近似值，由这些近似值通过计算而求得的间接测量值也是近似值.显然，几个近似值的运算不可能使运算结果更准确些，而只会增大其误差，因此近似值的表示和计算都有一些规则，以便确切地表示记录和运算结果的近似性.间接测量量是通过直接测量量运算得到的，运算过程和运算结果中取几位有效数字需要根据有效数字的运算规则来确定.

1. 加减运算(加下划线的数字代表欠准数)

统一单位后几个不同精度的有效数字相加减时,其和(或差)在小数点后所应保留的位数,跟参与运算的诸数中小数点后位数最少的一个相同.

为了简化运算,也可以以小数点后位数最少的为准,把其余各数用尾数舍入法舍去多余的位数(或多保留一位),再进行运算.例如

$$1.389\underline{1}+17.\underline{2}+8.64\underline{1}-5.3\underline{2}=21.9101\approx 21.\underline{9}$$

可简化为

$$1.\underline{4}+17.\underline{2}+8.\underline{6}-5.\underline{3}=21.\underline{9}$$

2. 乘除运算

几个精度不同的有效数字作乘除运算时所得结果的有效数字应与参加运算的各数中位数最少的那个相同.

为了简化运算,也可以取有效数字位数最少的因子为基准,将其他因子的位数修约到与它的位数相同(或多保留一位),再进行运算.例如

$$\frac{603.2\underline{1}\times 0.3\underline{2}}{4.00\underline{1}}=48.2447\approx 4\underline{8}$$

可简化为

$$\frac{6.\underline{0}\times 10^{2}\times 0.3\underline{2}}{4.\underline{0}}=4\underline{8}$$

3. 乘方与开方

乘方(或开方)的有效数字位数应与其底数的有效数字位数相同.例如

$$\sqrt{19.3\underline{8}}\approx 4.40\underline{2},\quad 25.2\underline{5}^{2}\approx 637.\underline{6}$$

4. 初等函数、指数、对数和三角函数运算

对于这些函数运算,只要在自变量的末位+1(或-1),比较两个运算结果最先出现差异的那一位,便应是测量结果的末位.

例 1.4-1 52°13′有四位有效数字,经正弦运算后得几位有效数字?

解:关键是在1′位上有波动,对正弦值影响到哪一位,哪一位就是欠准数所在位.根据微分在近似计算中的应用,可知

$$\Delta y=\frac{\mathrm{d}y}{\mathrm{d}x}\cdot\Delta x=\cos x\cdot\Delta x=\cos 52^{\circ}13'\times\frac{1}{60}\times\frac{\pi}{180}\approx 0.0002$$

由于 $\sin 52^{\circ}13'\approx 0.7903$,所以第四位为欠准数位.

5. 间接测量结果的有效数字

间接测量结果的有效数字应由不确定度来确定,具体步骤是:先运用有关不确定度传递公式决定函数值的合成不确定度(只保留一位),再使函数值的运算结果的最后一位与合成不确定度的末位对齐.

例 1.4-2 已知 $\bar{x}\pm u_{\bar{x}}=1988\pm 3$,$y=\lg x$,求 y.

解:查对数表或用计算器得出:

$$\bar{y}=\lg 1988=3.2984163$$

按不确定度传递公式可知

$$u_{\bar{y}}=\frac{u_{\bar{x}}}{\bar{x}\ln 10}=\frac{3}{1988\times\ln 10}=6.554\times10^{-4}\approx7\times10^{-4}$$

故 $y=3.298\underline{4}\pm0.000\underline{7}$.

例 1.4-3 已知 $\bar{\theta}\pm u_{\bar{\theta}}=60°00'\pm0°02'$,$y=\sin\theta$,求 y.

解:$\bar{y}=\sin\bar{\theta}=\sin 60°00'=0.8660254$,由不确定度传递公式知,$u_{\bar{y}}=|\cos\theta|u_{\bar{\theta}}$,将 θ 值用角度、$u_{\bar{\theta}}$化为弧度值代入可得

$$u_{\bar{y}}=|\cos 60°00'|\frac{2\times\pi}{180\times60}=0.5\times5.818\times10^{-4}\approx3\times10^{-4}=0.0003$$

故 $y=0.866\underline{0}\pm0.000\underline{3}$.

6. 修约法则

对测量结果的有效数字,四舍、六入、五入奇,不得连续修约,即当被舍去的第一位数小于 5 时舍去,不进位;大于 5 时,在舍去的同时进一位;要舍去的数正好是 5 时,若被保留的最后一位数为奇数,则舍去 5 的同时进一位,若被保留的最后一位数为偶数(0 视为偶数),则舍去 5 不进位,但是 5 的后面不是 0 时仍然要进位.

例如,将下列数据修约到千分位.

$3.14169\rightarrow3.142$, $3.1435\rightarrow3.144$, $0.3765\rightarrow0.376$, $4.51050\rightarrow4.510$,
$5.81252\rightarrow5.813$, $2.71839\rightarrow2.718$

对于不确定度,无论是合成不确定度,还是相对不确定度,本书规定,采用只入不舍的原则.例如

$u=0.0215\rightarrow0.03$, $E_u=1.34\%\rightarrow1.4\%$, $E_u=0.54\%\rightarrow0.6\%$

1.5 数据处理的基本方法

在科研工作中常常需要探索两个或更多物理量之间的相互关系,这时可用实验的方法测量它们之间的对应数据组,再应用适当的数学方法对这些数据进行处理,从而可求出物理量之间的函数关系(经验公式).本书介绍数据处理的基本方法,即列表法、作图法、逐差法、最小二乘法和线性拟合以及计算机处理实验数据.

1.5.1 列表法

实验中需采集大量实验数据,为了研究方便,表示实验数据最好的方法是列表法.通过列表,可使数据一目了然,便于检查和核对.对于简单情形,从列表数据就可看出相关量间的关系,及时发现实验中存在的问题.列表没有固定的格式,可根据实验的具体情况和实验者的偏好进行设计.设计数据表格一般应遵循下列原则:简单明了,成列成行,便于核对.

各栏目要写出物理量的符号,并在符号后注明单位.如果全表单位一样,可在表的右上角统一注明单位.

表序(表号)和表名(表题)写在表的上方.

栏目排列的顺序要与测量顺序、计量顺序相对应,数据应排列整齐并能正确反映有效数字的位数."0"表示实测为零,空格表示未测量,表内不允许出现"同上""同左"等字样.

测量条件加括号写在表名下,必要的说明写在表的下方,说明文字要简短.

1.5.2 作图法

作图法不仅是一种处理数据的方法,而且常常是实验方法不可分割的一部分,实验作图以实用为目的,需按一定规则精心描绘.

1. 作图规则

(1) 坐标纸的大小要选择合适,应根据实验数据的位数和数值范围确定.原则上是图上的最小分格应和测量仪器的分度值相当,使数据中的可靠数在图上读出时也是可靠的.

(2) 合理确定坐标轴和坐标轴的标度

通常以横轴代表自变量,纵轴代表因变量,坐标轴的起点不一定从"0"开始,可选小于最小实验数据的某一整数作为起点,原则是使所绘图线尽可能占据整个图纸而不至于偏在图纸的一角.

在两坐标轴的轴端或旁边应分别写上该轴所代表的物理量和单位,物理量的符号在前,单位的符号在后,两者用斜杠区分,如 U/V、I/mA 等.

坐标轴的标度分度选择应便于读数,应让格值代表"1""2""5"等,不应代表"3""7"等,标度应选等间隔的数值.

(3) 标点要准确,连线要光滑

在图纸上找到每个实验点的位置,用削尖的铅笔在图纸上准确地点出,为了醒目和连线时不至于把实验点盖掉,常用小圆圈"○"将点圈起,或用"×""+"等符号作标志,同一张图上属于不同图线的实验点,应分别使用不同的标志符号,以免连线时发生差错.

连线必须使用工具,描绘得光滑匀整,并尽可能多地通过实验点.由于测量误差的存在,有些实验点很可能不在图线上,连线应尽量使它们分布在图线的两侧并且数目大体相等,同时两侧各点到图线的距离之和大体相等.

为使绘出的图线能较精确地反映实际规律,图线转弯处的实验点应密集一些.

图线如果是直线,作图法是将实验数据拟合成直线的一种方法.由所作图线求出斜率和截距,就可写出物理量之间的函数关系,即该直线的方程.

(4) 写图名、加注解和作说明

图名要写在图纸的明显位置,如单摆实验的 T^2-L 图,电阻的 $I-U$ 特性图.图名下还可写出必不可少的实验条件,图上的所有文字必须认真书写.

2. 作图示范

研究通过一段导体的电流和加在其两端电压的关系,实验测得如表 1.5-1 所示的数据.

表 1.5-1 通过一段导体的电流与加在其两端电压的关系

U/V	0.50	1.00	1.50	2.00	2.50	3.00	3.50	4.00	4.50	5.00
I/mA	0.82	1.62	2.45	3.20	4.01	4.80	5.60	6.41	7.20	7.93

图 1.5-1 是按照上述方法和表 1.5-1 所列数据作出的实验图线，即电阻的 $I-U$ 特性图，由图线可知物理量 U 和 I 成线性关系.

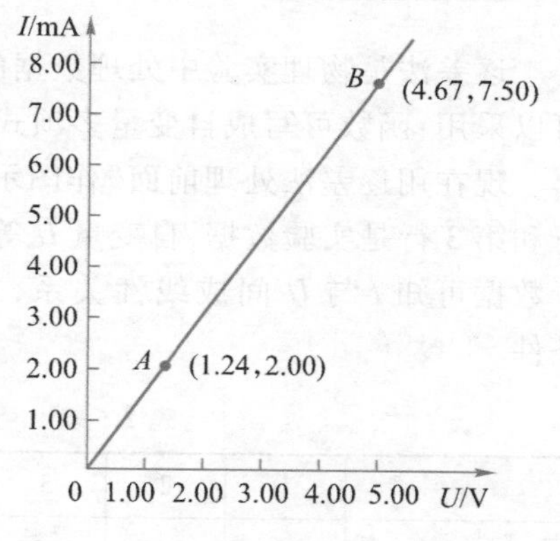

图 1.5-1 电阻的 $I-U$ 特性图

3. 图解法求图线参数

(1) 求直线的斜率和截距

如果图线为直线，可设此直线的方程为：$I=a+bU$，只要定出系数 a 和 b（截距和斜率），则 I 和 U 的关系就确定了.为此我们在图线上任意找两点 $A(1.24,2.00)$ 和 $B(4.67,7.50)$，这两点的距离尽可能地远些，然后将这两点的坐标值代入方程，得

$$\begin{cases}2.00=a+b\times1.24\\7.50=a+b\times4.67\end{cases}$$

联立解得

$$a=0.03\ \text{mA}$$

$$b=1.60\ \text{mA}\cdot\text{V}^{-1}=1.60\times10^{-3}\ \text{A}\cdot\text{V}^{-1}$$

于是 I 和 U 的关系式为 $I=0.03\ \text{mA}+(1.60\ \text{mA}\cdot\text{V}^{-1})U$.

这个由实验数据用作图法回归得到的关系式就是物理量 I 和 U 的经验公式.斜率 b 的物理意义是电阻的倒数，故得电阻 $R=\dfrac{1}{b}=625\ \Omega$.

作图拟合直线的方法基于描点连线，但是由于实验点连线有一定任意性，所以用作图法回归得到的经验公式精确性较差.同样，用作图法求得的电阻 R 的精确度也较差，计算误差没有太大意义，只用有效数字粗略地表示测量结果就可以了.

(2) 外推法

已知直线的斜率，就可以利用“外推法”求得测量范围外的数据点.所谓“外推法”，就是把图线向外延伸，对应于某一自变量 x 值，去求得函数值 y 的方法.例如，测量电阻温度系数时，可把直线延长外推而求得 0 ℃时的电阻 R.应注意的是，使用“外推法”时，必须假定物理关系在外延范围内也成立.

4. 函数关系的线性化和曲线改直

实际测量时，许多物理量之间的关系都不是线性的，但经过适当的变换，可以使它们之间具有线性关系，这种方法为函数关系的线性化.如果原来的函数关系是用曲线关系表示的，则函数关系线性化后，就可以用直线来表示，称为“曲线改直”.现举例如下：

(1) $y=ax^b$，其中 a、b 均为常量.两边取对数得 $\lg y=\lg a+b\lg x$，若以 $\lg x$ 为自变量，$\lg y$ 为因变量，则得斜率为 b，截距为 $\lg a$ 的直线.

(2) $y^2=2bx$，其中 b 为常量.将上式改写为 $y=\pm\sqrt{2bx}$，则自变量 $\sqrt{x}$ 与函数 y 成线性关系，斜率为 $\pm\sqrt{2b}$.

(3) $pV=C$,其中 C 为常量.把上式改写为 $p=\frac{C}{V}$,则 p 为$\frac{1}{V}$的线性函数.

1.5.3 逐差法

逐差法是物理实验中处理数据的一种常用方法,但是只有在具备下列两个条件时才可以采用:函数可写成自变量多项式的形式;自变量等间距变化.

现在用逐差法处理前面“作图示范”所举的实例,求电阻 R.为此作表1.5–2,表中第2行和第3行是实验数据,自变量 U 等间距变化,对因变量 I 依次逐差,得第4行数据,从此行数据可知 I 与 U 间成线性关系,自变量可写成多项式的形式,即满足使用逐差法的条件.

表1.5–2 用逐差法处理表1.5–1中的 U 和 I

i	1	2	3	4	5	6	7	8	9	10
U_i/V	0.50	1.00	1.50	2.00	2.50	3.00	3.50	4.00	4.50	5.00
I_i/mA	0.82	1.62	2.45	3.20	4.01	4.80	5.60	6.41	7.20	7.93
$(I_{i+1}-I_i)$/mA	0.80	0.83	0.75	0.81	0.79	0.80	0.81	0.79	0.73	
$(I_{i+5}-I_i)$/mA	3.98	3.98	3.96	4.00	3.92					

将变量 I 的测量数据分为两组:一组 i 从1到5,一组 i 从6到10,然后依次隔5项逐差,即求 $I_6-I_1,I_7-I_2,\cdots,I_{10}-I_5$,得表中的第5行数据,求它们的平均值,得

$$\overline{\delta_5 I}=\frac{3.98+3.98+3.96+4.00+3.92}{5}\ \text{mA}=3.968\ \text{mA}$$

跟这一电流间隔对应的电压间隔为

$$\delta_5 U=5\times0.50\ \text{V}=2.50\ \text{V}$$

于是

$$R=\frac{\delta_5 U}{\overline{\delta_5 I}}=\frac{2.50}{3.968}\ \text{V/mA}=0.630\ \text{V/mA}=630\ \Omega$$

1.5.4 最小二乘法和线性拟合

从一组实验数据找出一条最佳的拟合直线(或曲线),或总结出经验公式,最常用的方法是最小二乘法,所得的变量之间的相关函数关系称为回归方程.因此用最小二乘法进行的线性拟合又称为线性回归.

本书仅用最小二乘法拟合最佳直线来说明最小二乘法的原理及其应用.有些变量之间虽成非线性关系,但经过一定的变量变换之后,新的变量之间成线性关系,仍然可以用最小二乘法来进行线性拟合.对于一般的非线性关系,则必须用最小二乘法进行非线性拟合,求出函数关系.有关非线性拟合的问题,本书不作讨论,有兴趣的读者请另行查阅有关专业书籍.

最小二乘法原理是:若能找到一条最佳的拟合直线,那么该拟合直线上各相应点的值与测量值之差的平方和在所有拟合直线中是最小的.

假定所研究的两个变量 x 与 y 之间存在线性关系,即成直线关系,回归方程形式为

$$y=a+bx \tag{1.5-1}$$

今测得一组数据 x_i、$y_i(i=1,2,\cdots,n)$,下面根据这组数据来确定式(1.5-1)中的系数 a 和 b.

本书讨论最简单的情况,即每个数据点的测量都是等精度的而且假定 x_i、y_i 中只有 y_i 存在测量误差.实际处理问题时,若 x_i、y_i 均有误差,可将相对误差较小的变量作为 x,对于 x_i、y_i 的误差都要考虑的情况,读者可另行查阅有关专业书籍.

测得的 x_i、y_i 不可能完全落在式(1.5-1)所表示的直线上,与某一个 x_i 相对应的 y_i 与直线在 y 方向的偏差为

$$\varepsilon_i=y_i-y=y_i-a-bx_i$$

如图 1.5-2 所示,相应有

$$u=\sum_{i=1}^{n}\varepsilon_i^2=\sum_{i=1}^{n}(y_i-a-bx_i)^2$$

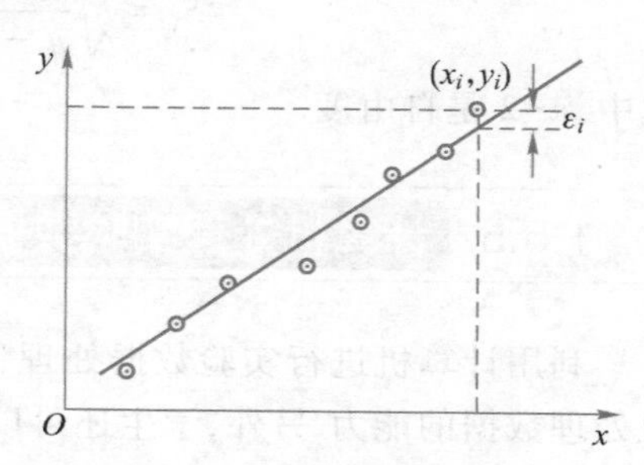

图 1.5-2 电阻的 I-U 特性最小二乘法拟合图

根据最小二乘法原理,要使 u 得到极小值解,必须把 a 和 b 当成变量,并根据极值条件要求

$$\frac{\partial u}{\partial a}=0,\quad \frac{\partial u}{\partial b}=0$$

即

$$\begin{cases}\dfrac{\partial u}{\partial a}=-2\sum\limits_{i=1}^{n}(y_i-a-bx_i)=0\\[2ex]\dfrac{\partial u}{\partial b}=-2\sum\limits_{i=1}^{n}(y_i-a-bx_i)x_i=0\end{cases} \tag{1.5-2}$$

由上式可解出

$$\begin{cases}a=\dfrac{\sum y_i}{n}-b\dfrac{\sum x_i}{n}=\overline{y}-b\overline{x}\\[2ex]b=\dfrac{n\sum(x_iy_i)-\sum x_i\sum y_i}{n\sum x_i^2-(\sum x_i)^2}=\dfrac{\overline{x}\overline{y}-\overline{xy}}{\overline{x}^2-\overline{x^2}}\end{cases} \tag{1.5-3}$$

式中,$\overline{x}$、$\overline{y}$、$\overline{xy}$以及$\overline{x^2}$为 n 组数据对应的 x_i、y_i、x_iy_i 及 x_i^2 的平均值.

由式(1.5-2)进一步对 a、b 求二阶微商,可知 $u=\sum\limits_{i=1}^{n}\varepsilon_i^2$ 的极小值,即对应于用最小二乘法拟合直线所得的截距和斜率两个参量的估计值,于是就得到了直线的回归方程式(1.5-1).

最小二乘法处理数据的优点在于理论上比较严格,在函数形式确定后,结果是唯一的,不会因人而异,这是作图法所不能做到的.根据统计理论,还可进一步计算出 a 和 b 的估计值的标准偏差 S_a 和 S_b.

$$S_a=\sqrt{\frac{\sum_{i=1}^{n}x_i^2}{n\sum_{i=1}^{n}x_i^2-\left(\sum_{i=1}^{n}x_i\right)^2}}S_y=\sqrt{\frac{\overline{x^2}}{n(\overline{x^2}-\bar{x}^2)}}S_y \tag{1.5-4}$$

$$S_b=\sqrt{\frac{n}{n\sum_{i=1}^{n}x_i^2-\left(\sum_{i=1}^{n}x_i\right)^2}}S_y=\sqrt{\frac{1}{n(\overline{x^2}-\bar{x}^2)}}S_y \tag{1.5-5}$$

$$S_y=\sqrt{\frac{\sum_{i=1}^{n}\varepsilon_i^2}{n-2}}=\sqrt{\frac{\sum_{i=1}^{n}(y_i-a-bx_i)^2}{n-2}} \tag{1.5-6}$$

式中,$n-2$ 是自由度.

1.5.5 计算机处理实验数据

利用计算机进行实验数据处理,使学生在学习物理实验课程的同时,也锻炼了计算机处理数据的能力.另外,学生还可以学习用更多的方法和手段分析实验数据,不必进行繁杂的手工计算和画图的过程,有更多时间思考实验本身.例如,在用霍耳效应法测磁场的实验中,我们引入了用计算机记录和处理实验数据的方法,与传统的处理实验数据方法相比,不仅克服了人工计数精确度不高的缺点,同时用计算机处理实验数据、分析实验误差,大大地减轻了学生数值计算的负担.另一方面,把先进的教学方法和手段引入物理实验中,也能激发学生学习的积极性和求知欲.学生将实验数据输入计算机,借助程序来完成数据处理过程,在计算机上可学习曲线拟合、最小二乘法等多种数据处理方法.

附录　常用计算器的使用方法

利用计算器进行实验数据的处理,能够大大缩短运算时间,明显地提高学习效率.

在选购计算器时,要注意它的使用功能.根据物理实验数据处理的需要,计算器应具备如下三种功能:普通运算、统计运算和双变量线性回归运算(以下简称回归运算).如SC-106A、CASIO fx-180P、CASIO fx-82TL 等型号的计算器都具备上述三种功能.

也有如 SHARP EL-5812、CASIO fx-140 等型号的计算器,只具备普通运算和统计运算功能,而不具备回归运算功能,选购时应予注意.如果已经有了这类计算器,为了降低学习成本,也可以勉强使用.

电子计算器使用键盘符号的汇编语言,可直接用按键输入,运算结果由显示器显示,可直接读出.

下面分别以不同型号的计算器为例,简要介绍统计运算和回归运算的键盘操作程序.

1. 统计运算

今有一测量列:1.23、1.23、1.22、1.21、1.23、1.25、1.24、1.23、1.23、1.24.试求:

算术平均值 $\bar{x}$;

测量列的标准偏差 S_x;

算术平均值的标准偏差 $S_{\bar{x}}$.

(1) 使用 SHARP EL-5812 型计算器

先按“2ndF”和“STAT”键，使计算器处于“STAT”（统计运算）状态、操作程序如附表 1.5-1 所示.

附表 1.5-1　SHARP EL-5812 型计算器统计运算的操作程序

操作	显示	注解
2ndF　STAT	STAT　0	计算器进入统计运算状态
1.23　M+	1	第 1 个数据输入完毕
1.23　M+	2	第 2 个数据输入完毕
1.22　M+	3	第 3 个数据输入完毕
1.21　M+	4	第 4 个数据输入完毕
1.23　M+	5	第 5 个数据输入完毕
……	……	继续输入第 6、第 7、第 8、第 9 个数据
1.24　M+	10	第 10 个数据输入完毕
x	1.231	算术平均值
s	0.011005	测量列的标准偏差
$\div\sqrt{10}=$	0.00348	算术平均值的标准偏差

(2) 使用 SC-106A 型计算器

先按“SHIFT”（按键第二功能）和“KAC”（清零）键，然后按“MODE”和“3”键（状态选择），使计算器进入“SD”（统计运算）状态，操作程序如附表 1.5-2 所示.

附表 1.5-2　SC-106A 型计算器统计运算的操作程序

操作	显示	注解
SHIFT　KAC	0	清零
MODE　3	SD　0	统计运算状态
1.23　DATA	1.23	第 1 个数据输入完毕
1.23　DATA	1.23	第 2 个数据输入完毕
1.22　DATA	1.22	第 3 个数据输入完毕
……	……	继续输入第 4、第 5、第 6、第 7、第 8、第 9 个数据
1.24　DATA	1.24	第 10 个数据输入完毕
X	1.231	算术平均值
S_x	0.011005	测量列的标准偏差
$\div\sqrt{10}=$	0.00348	算术平均值的标准偏差

(3) 使用 CASIO fx-82TL 型计算器

先按“MODE”和“2”键,使计算器处于统计运算状态,操作程序如附表 1.5-3 所示.

附表 1.5-3 CASIO fx-82TL 型计算器统计运算的操作程序

操作	显示	注解
MODE 2	SD 0	进入统计运算状态
SHIFT Scl=	Scl 0	清零
1.21 DT	1.21	输入 1.21 一次
1.22 DT	1.22	输入 1.22 一次
1.23 SHIFT;5 DT	1.23;5	输入 1.23 共五次
1.24 DT DT	1.24	输入 1.24 共两次
1.25 DT	1.25	输入 1.25 一次
SHIFT X =	1.231	算术平均值
SHIFT $x\sigma_{n-1}$	0.011005	测量列的标准偏差
$\div\sqrt{10}=$	0.00348	算术平均值的标准偏差

2. 回归运算

使用 SHARP EL-5812 和 CASIO fx-140 型计算器也可以进行回归运算,但键盘操作比较复杂,既要用到普通运算功能,又要用到统计运算功能,费力又费时.若使用SC-106A或 CASIO fx-82TL 等型号的计算器进行回归运算,则十分快捷.只要将数据按规定的程序输入计算器,再按相应的按键,运算结果会立刻显示出来.下面举例说明.

设铁棒的长度与温度成线性关系,测量数据如附表 1.5-4 所示,试求回归常量 A、回归系数 B 和相关系数 r.

附表 1.5-4 测量数据

t/℃	10	15	20	25	30
L/mm	1003	1005	1008	1010	1014

(1) 使用 SC-106A 型计算器

先按“MODE”和“2”键,使计算器处于“LR”(回归运算)状态,操作程序如附表 1.5-5 所示.

附表 1.5-5 SC-106A 型计算器回归运算的操作程序

操作	显示	注解
MODE 2	LR	进入回归运算状态
KAC	0	清零
10 $X_D Y_D$ 1003 DATA	1003	输入第 1 对数据
15 $X_D Y_D$ 1005 DATA	1005	输入第 2 对数据

续表

操作	显示	注解
20 $X_D Y_D$ 1008 DATA	1008	输入第 3 对数据
25 $X_D Y_D$ 1010 DATA	1010	输入第 4 对数据
30 $X_D Y_D$ 1014 DATA	1014	输入第 5 对数据
SHIFT A	997.2	回归常量
SHIFT B	0.54	回归系数
SHIFT r	0.9925	相关系数

（2）使用 CASIO fx-82TL 型计算器

CASIO fx-82TL 型计算器有多种类型的回归运算功能，包括线性回归、对数回归、指数回归、反回归、二次回归.首先按“MODE”“3”键，使计算器进入回归运算状态，再按“1”键，选择线性回归运算.操作程序如附表 1.5-6 所示.显示屏为双行显示，为排版方便，附表 1.5-6 中将显示屏上的内容以单行来表示.

附表 1.5-6　CASIO fx-82TL 型计算器回归运算的操作程序

操作	显示	注解
MODE 3 1	REG 0	进入线性回归运算状态
SHIFT Scl	Scl 0	清零
10 , 1003 DT	101003 10	输入第 1 对数据
15 , 1005 DT	151005 15	输入第 2 对数据
20 , 1008 DT	201008 20	输入第 3 对数据
25 , 1010 DT	251010 25	输入第 4 对数据
30 , 1014 DT	301014 30	输入第 5 对数据
SHIFT A =	A 997.2	回归常量
SHIFT B =	B 0.54	回归系数
SHIFT r =	r 0.9925397	相关系数
18 SHIFT $\ddot{y}$	$\ddot{y}$ 1006.92	18 ℃时铁棒的长度
1000 SHIFT x	x 5.185185	铁棒长 1000 mm 时的温度

练习题

1. 测量结果的标准偏差和不确定度有何区别？有何联系？

2. 有甲、乙、丙、丁 4 人，用螺旋测微器测量一钢球的直径，各人所得的结果是：甲为(1.2832±0.0002) cm；乙为(1.283±0.0002) cm；丙为(1.28±0.0002) cm；丁为(1.3±0.0002) cm.问哪个人表示的结果正确？其他人的结果表达式错在哪里？

3. 用米尺测量一物体长度，测得的数据为98.98 cm、98.94 cm、98.96 cm、98.97 cm、99.00 cm、98.95 cm及98.97 cm，试求其平均值、合成不确定度及相对不确定度，并给出完整的测量结果.

4. 用米尺测量正方形的边长为$a_1=2.01$ cm，$a_2=2.00$ cm，$a_3=2.04$ cm，$a_4=1.98$ cm，$a_5=1.97$ cm，试分别求正方形周长C和面积S的平均值、合成不确定度及相对不确定度，给出周长和面积的测量结果.

5. 一个铅质圆柱体，测得其直径为$d=(2.040\pm0.001)$ cm，高度为$h=(4.120\pm0.001)$ cm，质量为$m=(149.10\pm0.05)$ g.试求：

(1) 铅的密度；

(2) 铅密度的合成不确定度及相对不确定度；

(3) 表示出铅密度的测量结果.

6. 按照误差理论和有效数字运算法则改正以下错误：

(1) $m=(25.355\pm0.02)$ g；

(2) $V=(8.931\pm0.107)$ cm^3；

(3) $L=(20500\pm400)$ km；

(4) $L=28$ cm$=280$ mm；

(5) 有人说0.02070有五位有效数字，有人说有四位有效数字，也有人说只有三位有效数字，请给出正确答案并说明原因；

(6) $\overline{S}=0.0221\times0.0221=0.00048841$；

(7) $\overline{N}=\dfrac{400\times1500}{12.60-11.6}=600000$.

7. 试用有效数字运算法则计算下列各式，要求写出计算过程.

(1) $98.754+1.3$；

(2) $107.50-2.5$；

(3) 111×0.100；

(4) $\dfrac{76.000}{40.000-2.0}$；

(5) $\dfrac{50.000\times(18.30-16.3)}{(103-3.0)\times(1.00+0.001)}$；

(6) $\dfrac{100.0\times(5.6+4.412)}{(78.00-77.0)\times110.0}+110.0$.

8. 已知$y=\tan\theta$，$\theta=\overline{\theta}\pm u_{\overline{\theta}}=44^\circ47'\pm0^\circ02'$，求$y$.

9. 写出下列测量关系式的合成不确定度的传递公式.

(1) $N=2x-\dfrac{1}{4}y+3z$，其中$x=\overline{x}\pm u_{\overline{x}}$，$y=\overline{y}\pm u_{\overline{y}}$，$z=\overline{z}\pm u_{\overline{z}}$；

(2) $g=\dfrac{4\pi^2L}{T^2}$，其中$L=\overline{L}\pm u_{\overline{L}}$，$T=\overline{T}\pm u_{\overline{T}}$；

(3) $N=\frac{x-y}{x+y}$，其中 $x=\bar{x}\pm u_{\bar{x}}$，$y=\bar{y}\pm u_{\bar{y}}$.

10. 用分度值为 0.01 mm 的有螺旋测微装置的移测显微镜测量玻璃毛细管的直径 d，先利用镜筒中的叉丝切于毛细管的一侧，读出镜筒位置的三次测量读数为 72.325 mm、72.340 mm、72.312 mm；当叉丝切于毛细管的另一侧时三次读数为 72.753 mm、72.771 mm、72.749 mm，试求两个位置的平均值和不确定度（要用 t 因子），并求毛细管直径 d 的测量结果（0.01 mm 螺旋测微装置无准确资料，可取最小分度值作为仪器的误差限 Δ 值）.

11. 用一只 0.5 级电压表（满刻度为 150 格）去测一电阻两端的电压，量程选用 75 mV，此时电压表指针指在 137 格整刻度处.试求：

(1) 电表的仪器误差；

(2) 该电压值的测量结果.

第2章
基础性实验

本章实验内容是整个实验课程的基础,做好这些实验对大学物理实验课程的学习至关重要.学生通过严格训练,才能打好基础,基础训练主要反映在以下几个方面.

(1) 基础性实验包含了力学、热学、电磁学和光学等物理学分支的实验.实验内容涉及上述分支中的多种基本物理量的测量.常用仪器有游标卡尺、螺旋测微器、秒表、电桥、示波器、光具座、读数显微镜和分光计等.本章将学习这些基本物理量的测量方法,使学生了解相关仪器设备的结构原理,正确地掌握仪器的调节和使用,并且能够根据测量要求选用合适的仪器和测量方法.

(2) 有效数字的概念,数据的记录和计算,测量值的误差估算,实验结果的正确表达以及图线绘制等一整套数据处理方法,学生只有结合实验内容,通过多次实践才能逐步地掌握和正确地运用.

(3) 实验技能的训练除了包括上述内容以外,还有实验装置的调整和操作、实验条件的控制、现象的观察、数据的测量、故障的分析与排除等.这些基础性实验有着丰富的训练内容,通过实验有助于经验的积累和实验技能的提高.

(4) 计算机在基础性实验中的应用,例如实验数据的检查和数据模拟,既有利于教学效果的提高,也拓宽了学生的眼界.

(5) 通过亲自体验实验的全过程:预习与准备—做实验—撰写实验报告,学生能初步体会到怎么才能做好一个物理实验,甚至一个科学实验.

每部分基础性实验对学生实验技能培养的重点略有不同.

力学、热学实验是通过在不同量程、精度条件下对基本力学、热学量的测量,使学生熟悉一些基本测量器具的性能、参量和使用方法,学习误差分析与仪器选择;熟悉实验的基本过程,注意观察和记录实验中的异常现象,学会排除错误的数据;重视原始数据的记录,注意有效数字,学会撰写实验报告,学习对实验结果进行数据分析和误差分析.

电磁学实验通过学习一些基本电磁学量(如电流、电压、电阻、电动势和磁感应强度等)的典型测量方法,例如模拟法、伏安法、电桥法、补偿法、示波法与冲击法等,培养学生如下实验能力:看懂电路图,正确接线,排除电路常见故障,正确测量、读取并处理数据,分析结果,撰写实验报告以及按实验要求设计简单线路等.

光学实验的主要特点有:①在基本技能的训练上,着重于光学仪器的调节技术和光路的调整技术;②对实验中的光学现象进行认真的观察、比较、思考和判断,然后才能进行定性分析或定量测量;③实验中使用的光学仪器一般较为精密和贵重,光学元件大都为玻璃制品,较易损坏;④实验常在较暗环境或暗室中进行.为此学生应注意以下注意事项:

（1）实验前必须做好预习，了解各种仪器的正确使用方法，不得违章操作.

（2）在实验中，手指或其他物体不得触及各种光学元件的光学表面或镀膜表面，拿取时，手指应拿住磨砂面或边缘.

（3）对光学表面、镀膜表面要注意防止水汽、灰尘的沾染，也不能对着这些表面讲话.如要进行表面清洁，应在教师指导下用吹气球或擦镜纸、清洁剂进行处理.

（4）转动或调节仪器各个部件时，要缓慢均匀，并注意有关锁紧螺钉的配合使用.

（5）实验数据经检查后，方能拆除光路，整理仪器.

（6）在暗室做实验时，首先要熟悉有关仪器、用具的位置，拿取或放回各种物品时一定要小心谨慎.另外一定要注意人身安全，防止触电.

实验 2.1　长度的测量

长度是最基本的物理量.各种各样的测量仪器外观虽然不同，但其标度大多是按照一定的长度来划分的.我们用温度计来测量温度，就是确定水银柱面在温度标尺上的位置；测量电流或电压，就是确定指针在电流表或电压表刻度盘上的位置……总之，科学实验中的许多测量可以归结为长度的测量，可以说长度测量是一切测量的基础，是最基本的物理量测量之一.

测量长度的量具，常用而又简单的有米尺、游标卡尺和螺旋测微器.这三种量具测量长度的范围和准确度各不相同，须视测量的对象和条件加以选用.当长度在 10^{-3} cm 以下时，须用更精密的长度测量仪器（如比长仪等）或者采用其他的方法（如利用光的干涉或衍射等）来测量.

一、实验目的

1. 进一步了解误差、不确定度和有效数字的基本概念，掌握有效数字的运算规则.
2. 掌握游标的原理，学会正确使用游标卡尺.
3. 了解螺旋测微器的结构和原理，并学会正确使用.
4. 学会正确记录和处理数据的一般方法及表示测量结果的方法.

二、仪器设备

游标卡尺、螺旋测微器、待测金属空心圆柱体、小钢球等.

三、实验原理

1. 游标卡尺

游标卡尺的结构如图 2.1-1 所示，它可以用来测量物体的长、宽、高、深和圆环的内、外直径，测量的准确度至少可达 0.1 mm.

游标卡尺主要由主尺和游标两部分组成.

卡尺的主尺 D 是一根钢制的毫米分度尺，主尺头上有钳口 A、刀口 A′.卡尺上套有一个滑框，其上装有钳口 B、刀口 B′和尾尺 C，滑框上刻有游标 E.当钳口 A 和 B 靠拢时，游

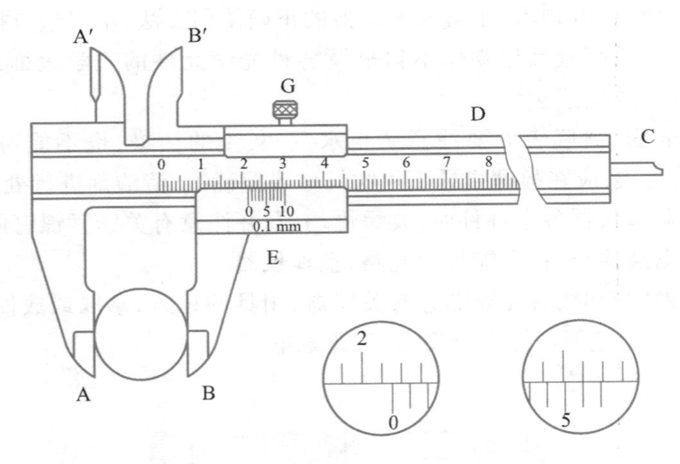

图 2.1-1　游标卡尺

标的零线刚好与主尺上的零线对齐，这时的读数是“0”.测量物体的外部尺寸时，可将物体放在 A、B 之间，用钳口 A、B（也叫外卡）轻轻夹住物体，这时游标零线在主尺上的指示数值就是被测长度.同理，测量物体的内径时，可以用刀口 A′、B′（也叫内卡）；用尾尺 C 可以测量物体内部尺寸和小孔的深度.G 是游标 E 的紧固螺钉.

在游标卡尺上读数时，利用游标至少可以直接读出毫米以下一位小数而不必估计.在 10 分度的游标中，10 个游标分度的总长度等于主尺上 9 个最小分度（1 mm）的长度，这样每个游标分度的长度比主尺的最小分度短 0.1 mm.当游标对在主尺上的某一位置时（图 2.1-2），被测物体的尺寸为 $y+\Delta x$，毫米以上的整数部分 y 可以从主尺上读出.在图 2.1-2 中 $y=21$ mm.读毫米以下的小数部分 Δx 时要细心寻找游标上那一根与主尺上的刻线对得最齐的线.例如，图 2.1-2 中游标上第 6 根线对得最齐，要读的 Δx 就是 6 个主尺最小分度与 6 个游标分度的长度差.因为 6 个主尺最小分度之长是 6 mm，6 个游标分度之长是 6×0.9 mm，故

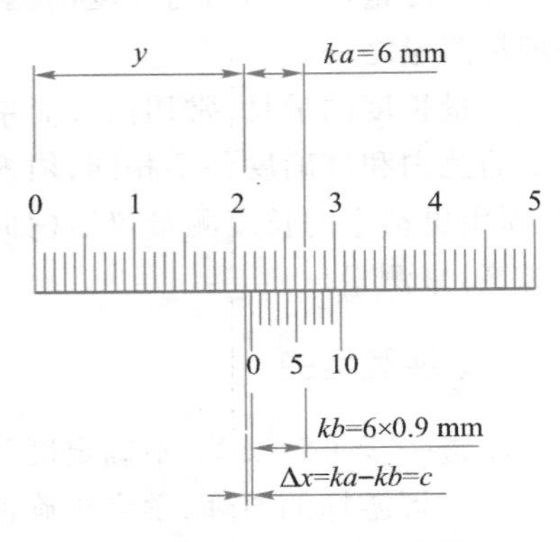

图 2.1-2　游标卡尺读数

$$\Delta x=[6-(6\times0.9)]\ \text{mm}=6\times(1-0.9)\ \text{mm}=6\times0.1\ \text{mm}=0.6\ \text{mm}$$

同理，如果游标上第 4 根线对得最齐，那么 $\Delta x=4\times0.1$ mm $=0.4$ mm.以此类推，当游标上第 k 根线对得最齐时，Δx 就是 $k\times0.1$ mm.这就是 10 分度游标的读数方法.

为了使读数精确，在很多测量仪器上都使用了游标装置，有 10 分度、20 分度、30 分度、50 分度等，但它们的读数原理是一样的.如果用 a 表示主尺上最小分度的长度，用 n 表示游标的分度数并且取 n 个游标分度与主尺 $n-1$ 个最小分度总长相等，则每一个游标分度的长度为

$$b=\frac{(n-1)a}{n}$$

这样，主尺最小分度与游标分度的长度差为

$$a-b=a-\frac{n-1}{n}a=\frac{a}{n}$$

这个差值刚好就是游标分度数除主尺最小分度的长度.在测量时,如果游标第 k 条线与主尺上的刻线对齐,那么游标零线与主尺上相邻左边的刻线的距离就是

$$\Delta x=ka-kb=k(a-b)=k\frac{a}{n}$$

根据上面的关系,对于任何一种游标,只要弄清了它的分度数与主尺最小分度的长度,就可以直接利用它来读数.常用的游标卡尺有 10 分度、20 分度和 50 分度之分.除了游标卡尺外,许多测量仪器也常用到游标读数装置,除直尺游标外还有圆弧状游标(如分光计用的角游标).

游标卡尺是最常用的精密量具,使用时应注意维护.推游标时用力不要过大;测量中不要弄伤刀口和钳口;用完后应立即放回盒内,不可随便放在桌上,更不可放在潮湿的地方.只有这样才能保持它的准确度,延长其使用的期限.

2. 螺旋测微器

螺旋测微器也称千分尺.它是比游标卡尺更精密的仪器,在实验室中常用它来测量球的直径、细丝的直径和薄板的厚度等,其准确度至少可达到 0.01 mm.

螺旋测微器(图 2.1-3)的主要部分是测微螺旋,它是由一根精密的测微螺杆(5)和螺母套管(10)(其螺距为 0.5 mm)组成的,测微螺杆的后端还带一个具有 50 分度的微分筒(8).当微分筒(8)相对于螺母套管(10)转过一周时,测微螺杆(5)就会在螺母套管(10)内沿轴线方向前进或后退 0.5 mm.同理,当微分筒(8)转过一个分度时,测微螺杆(5)就会前进或后退 0.5×1/50 mm(即 0.01 mm).因此,从微分筒(8)转过的刻度就可以准确地读出测微螺杆(5)沿轴线移动的微小长度.为了读出测微螺杆(5)移动的毫米数,在固定套管(7)上刻有毫米分度尺.

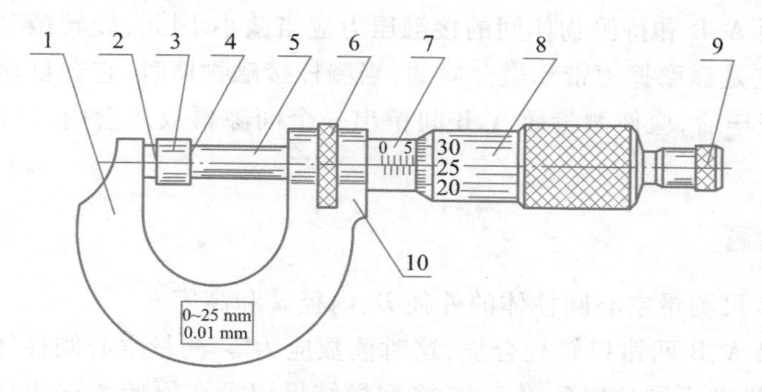

1—尺架;2—测量面 A;3—待测物体;4—测量面 B;5—测微螺杆;
6—锁紧装置;7—固定套管;8—微分筒;9—测力装置;10—螺母套管.

图 2.1-3　螺旋测微器

在螺旋测微器上,有一弓形尺架(1),在它的两端安装了测砧和测微螺杆(5),它们正好相对.当转动测力装置(9)使测量面 A、B 刚好接触时,微分筒锥面的端面就与固定套管上的零线对齐,同时微分筒上的零线也应与固定套管上的水平线对齐,这时的读数是 0.000 mm,如图 2.1-4(a)所示.

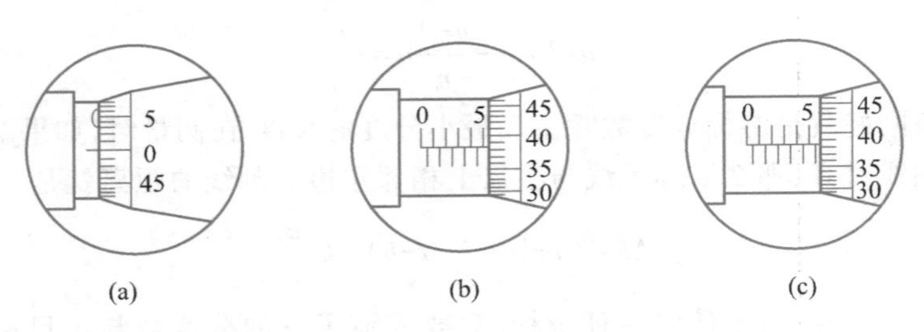

图 2.1-4　螺旋测微器的读数

测量物体尺寸时，应先将测微螺杆（5）退开，把待测物体（3）放在测量面 A 与 B 之间，然后轻轻转动测力装置（9），使测量面 A、B 刚好与物体接触，这时根据固定套管（7）的毫米分度尺和微分筒（8）上的读数就可得待测物体的长度，读数时应从毫米分度尺上读整数部分（读到 0.5 mm），从微分筒上读小数部分（估读到最小分度的十分之一，即千分之一毫米），然后两者相加.例如，图 2.1-4（b）中的读数是 5.383 mm；图 2.1-4（c）中的读数是 5.883 mm.两者的差别就在于微分筒端面的位置，前者没有超过 5.5 mm，而后者超过了 5.5 mm.

测微螺旋装置在很多精密仪器上都能见到，它们的螺距可能是不一样的.通常有 0.5 mm和 1 mm 的，也有 0.25 mm 的.在微分筒上的分度也不同，上面三种螺距对应的微分筒分度，一般是 50 分度、100 分度和 25 分度.使用测微螺旋之前，应先考察测微螺杆螺距和微分筒分度，确定读数关系.

螺旋测微器是精密仪器，使用时必须注意下列各项：

（1）测量前应检查零点读数.零点读数就是当测量面 A、B 刚好接触时的读数.如果零点读数不是零，就应将数值记下来.进行测量时，测出的读数应减去这一零点读数.如果零点读数是负值，在测量时同样要减去（实际上就是加上这个数的绝对值）.

（2）测量面 A、B 和待测物体间的接触压力应当微小.因此，旋转微分筒时，必须利用测力装置（9），它是靠摩擦力带动微分筒的，当测杆接触物体时，它会自动打滑.

（3）测量完毕后，应使测量面 A、B 间留出一个间隙再放入盒内，以避免因热膨胀而损坏螺纹.

四、实验内容

1. 用游标卡尺测量空心圆柱体的外径 D、内径 d 和高度 h

将游标卡尺 A、B 两钳口轻轻合拢，这时读数应为零.测量空心圆柱体的外径 D、内径 d、高度 h 时，分别在不同位置各测 5 次，将测量结果记录在原始数据表格（表 2.1-1）中，并计算空心圆柱体体积及其不确定度，最后写出完整的测量结果.

2. 用螺旋测微器测量小钢球的直径 d

了解螺旋测微器的结构并掌握其读数方法，注意考察微分筒分度及测微螺杆的螺距，记下零点读数 d_0，注意其正负.测量小钢球的直径 d，在不同方位测量 5 次，将测量结果记录在原始数据表格（表 2.1-2）中，并计算小钢球体积及其不确定度，最后写出完整的测量结果.

五、实验数据及处理

1. 测量空心圆柱体

表 2.1-1

单位:mm

测量次数	外径 D	内径 d	高度 h
1			
2			
3			
4			
5			
平均值			

(1) 对外径 D 的计算

A 类不确定度

$$u_{\bar{D}\mathrm{A}} = S_{\bar{D}} = \sqrt{\frac{\sum_{i=1}^{5}(D_i - \bar{D})^2}{5 \times (5-1)}} = \_\_\_\_\_\_\_\_ \mathrm{mm}$$

B 类不确定度

$$u_{\bar{D}\mathrm{B}} = \frac{\Delta_{仪}}{\sqrt{3}} = \_\_\_\_\_\_\_\_ \mathrm{mm}$$

合成不确定度

$$u_{\bar{D}} = \sqrt{u_{\bar{D}\mathrm{A}}^2 + u_{\bar{D}\mathrm{B}}^2} = \_\_\_\_\_\_\_\_ \mathrm{mm}$$

(2) 对内径 d 的计算

A 类不确定度

$$u_{\bar{d}\mathrm{A}} = S_{\bar{d}} = \sqrt{\frac{\sum_{i=1}^{5}(d_i - \bar{d})^2}{5 \times (5-1)}} = \_\_\_\_\_\_\_\_ \mathrm{mm}$$

B 类不确定度

$$u_{\bar{d}\mathrm{B}} = \frac{\Delta_{仪}}{\sqrt{3}} = \_\_\_\_\_\_\_\_ \mathrm{mm}$$

合成不确定度

$$u_{\bar{d}} = \sqrt{u_{\bar{d}\mathrm{A}}^2 + u_{\bar{d}\mathrm{B}}^2} = \_\_\_\_\_\_\_\_ \mathrm{mm}$$

(3) 对高度 h 的计算

A 类不确定度

$$u_{\bar{h}\mathrm{A}} = S_{\bar{h}} = \sqrt{\frac{\sum_{i=1}^{5}(h_i - \bar{h})^2}{5 \times (5-1)}} = \_\_\_\_\_\_\_\_ \mathrm{mm}$$

B 类不确定度

$$u_{\bar{h}B}=\frac{\Delta_{仪}}{\sqrt{3}}=\_\_\_\_\_\_\_\_\_\text{ mm}$$

合成不确定度

$$u_{\bar{h}}=\sqrt{u_{\bar{h}A}^2+u_{\bar{h}B}^2}=\_\_\_\_\_\_\_\_\_\text{ mm}$$

(4) 对空心圆柱体体积的计算

$$\bar{V}=\frac{1}{4}\pi(\bar{D}^2-\bar{d}^2)\bar{h}=\_\_\_\_\_\_\_\_\_\text{ mm}^3$$

$$u_{\bar{V}}=\sqrt{\left(\frac{\partial V}{\partial D}\right)^2u_{\bar{D}}^2+\left(\frac{\partial V}{\partial d}\right)^2u_{\bar{d}}^2+\left(\frac{\partial V}{\partial h}\right)^2u_{\bar{h}}^2}=\_\_\_\_\_\_\_\_\_\text{ mm}^3$$

$$E_u=\frac{u_{\bar{V}}}{\bar{V}}\times100\%=\_\_\_\_\_\_\_\_\_$$

空心圆柱体体积的测量结果：$\begin{cases}V=\bar{V}\pm u_{\bar{V}}=\_\_\_\_\_\_\_\_\_\text{ mm}^3\\E_u=\_\_\_\_\_\_\_\_\_\end{cases}$

2. 测量小钢球

表 2.1-2

d_0 = ________ mm，单位：mm

测量次数	1	2	3	4	5	平均值
测量值 d'_i						
直径 $d_i=d'_i-d_0$						

对小钢球直径 d 的计算：

A 类不确定度

$$u_{\bar{d}A}=S_{\bar{d}}=\sqrt{\frac{\sum_{i=1}^{5}(d_i-\bar{d})^2}{5\times(5-1)}}=\_\_\_\_\_\_\_\_\_\text{ mm}$$

B 类不确定度

$$u_{\bar{d}B}=\frac{\Delta_{仪}}{\sqrt{3}}=\_\_\_\_\_\_\_\_\_\text{ mm}$$

合成不确定度

$$u_{\bar{d}}=\sqrt{u_{\bar{d}A}^2+u_{\bar{d}B}^2}=\_\_\_\_\_\_\_\_\_\text{ mm}$$

小钢球的体积

$$\bar{V}=\frac{1}{6}\pi\bar{d}^3=\_\_\_\_\_\_\_\_\_\text{ mm}^3$$

$$u_{\bar{V}}=\left(\frac{\mathrm{d}V}{\mathrm{d}d}\right)u_{\bar{d}}=\_\_\_\_\_\_\_\_\_\text{ mm}^3$$

$$E_u = \frac{u_{\bar{V}}}{\bar{V}} \times 100\% = \_\_\_\_\_\_\_\_$$

小钢球体积的测量结果：$\begin{cases} V = \bar{V} \pm u_{\bar{V}} = \_\_\_\_\_\_\_\_ \text{mm}^3 \\ E_u = \_\_\_\_\_\_\_\_ \end{cases}$

注意：在进行上述计算时，要注意各值的单位和有效数字位数.

六、思考题

1. 试推导空心圆柱体体积的相对不确定度传递公式.
2. 试确定下列几种游标卡尺的测量准确度，并将它填入表 2.1-3 的空白处.

表 2.1-3

游标分度数	10	10	20	20	50
与游标分度数对应的主尺读数/mm	9	19	19	39	49
测量准确度/mm					

3. 已知游标卡尺的测量准确度为 0.01 mm，其主尺的最小分度为 0.5 mm，试问游标的分度数（格数）为多少？以毫米作为单位，游标的总长度可能取哪些值？

4. 用误差限值为 0.02 mm 和 0.05 mm 的游标卡尺，分别测得数据为 4.72 mm、4.7 mm、4.75 mm、4.70 mm、4.694 mm 和 4.76 mm、4.730 mm、4.75 mm、4.71 mm、4.80 mm.你能判断出这些数据中哪些数据肯定是错误的吗？

5. 用米尺测得一铜棒长 $L=(98.25\pm0.05)$ cm，用螺旋测微器测得一铜丝直径 $d=(0.0618\pm0.0004)$ cm，问这两个结果中哪个相对不确定度小？

实验 2.2　牛顿第二定律的验证

一、实验目的

1. 熟悉气垫导轨的构造和光电计时系统的工作原理.
2. 学会用光电法测量速度和加速度.
3. 验证牛顿第二定律.

二、仪器设备

气垫导轨及附件、MUJ-4B 型计时器、游标卡尺、架盘天平等.

1. 气垫导轨

气垫导轨结构如图 2.2-1 所示，其主体是一根平直、光滑的空心三角导轨，导轨工作面长度为 1500 mm，其斜面上均匀地钻有许多小孔，当连通气源时，气源喷出的空气进入导轨内腔，并通过导轨表面小孔向外喷射.若将滑块放置在导轨上，在滑块与导轨之间便形成一定厚度的气膜，一般气膜厚度在 10~200 μm 之间，气膜的厚度取决于气垫导轨的制造精度、滑块的重量和气源流量的大小.气膜厚度过大时,滑块在运动时会产生左右摇摆的现象,使测量数据不够准确.

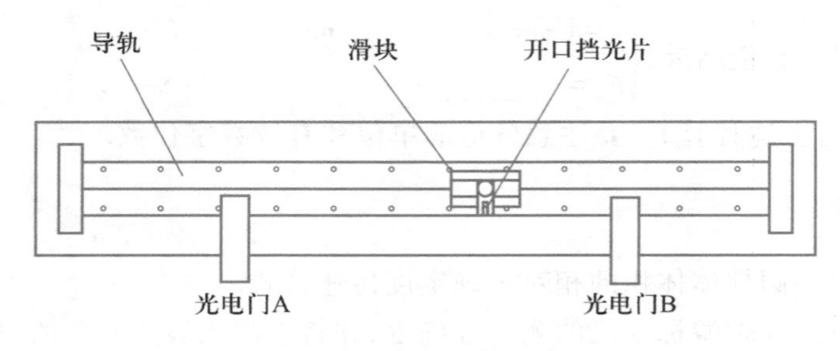

图 2.2-1　气垫导轨示意图

气垫导轨使用注意事项:

(1) 气垫导轨表面与滑块的工作面必须保持平整、清洁,尤其应防止小孔堵塞,使用前应用纱布蘸酒精擦拭.

(2) 在气源不供气的情况下,滑块不得在导轨面上推动,以防止划伤导轨和滑块的工作面,应轻拿轻放,防止碰伤导轨.

(3) 实验完毕,切勿将滑块放在导轨上,以免引起导轨变形.

2. 气源

本实验中导轨的供气装置,由电动机带动风叶轮将空气通过塑料管送入导轨空腔,风量约 1.2 $m^3 \cdot s^{-1}$.由于电动机转速高,易发热,所以不宜长时间工作,实验结束后,应立即关闭电源.

3. 光电门和 MUJ-4B 型计时器

(1) 本实验所用 L-QG-T-1500 型气垫导轨的光电门采用单臂结构,其光线的对中性更好,操作更方便.当采用单臂结构的光电门时,滑块上装的挡光片应水平放置;仔细将光电门的位置调好,以使滑块上的挡光片顺利通过且起到挡光作用.

(2) 本装置中配有挡光片(分为开口和不开口两种).测定速度和加速度时,必须使用开口挡光片.Δs 为挡光片两个挡光前沿的宽度(图 2.2-2),使用前必须用游标卡尺测量 Δs.

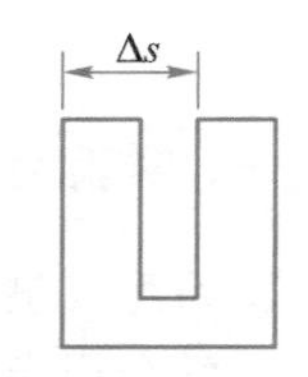

图 2.2-2　开口挡光片示意图

当挡光片随滑块一起在导轨上运动,经过光电门时,将产生两次挡光现象而先后输出两个脉冲,计时器显示的时间即是挡光的时间间隔 Δt(第一次挡光开始计时,第二次挡光停止计时),也就是挡光片运动距离 Δs 所需的时间,因此滑块的平均速度为

$$\bar{v}=\frac{\Delta s}{\Delta t}$$

当速度变化不大时,这个平均速度就可以认为是滑块通过光电门的瞬时速度.

(3) MUJ-4B 型计时器,以单片机为核心,配有控制程序,具有计时 1、计时 2、测量碰撞、加速度、重力加速度、周期、计数等功能.使用时,应根据测量需要选择合适的功能.

三、实验原理

按照牛顿第二定律,对于一定质量 m 的物体,其所受合外力 $\boldsymbol{F}$ 和物体所获得的加速度 $\boldsymbol{a}$ 之间存在如下关系:

$$\boldsymbol{F}=m\boldsymbol{a} \tag{2.2-1}$$

验证此定律的实验步骤如下:

(1) 验证物体质量 m 一定时,物体的加速度 a 和其所受合外力 F 成正比;

(2) 验证合外力 F 一定时,物体加速度 a 和其质量 m 成反比.

将水平导轨上的滑块和砝码盘相连并挂在气垫导轨滑轮上,如图 2.2-3 所示,由滑块和砝码盘(包括砝码)构成一个力学系统,其所受合外力的大小等于砝码和砝码盘的重力 G(略去阻力).因此牛顿第二定律可表述为

$$G=(m_1+m_2)a \tag{2.2-2}$$

式中,m_1 是滑块的质量(包括在实验过程中改变滑块质量的配重块的质量),m_2 是悬挂的砝码盘的质量(包括添加砝码的质量),$G=m_2g$ 是悬挂物体的重力.

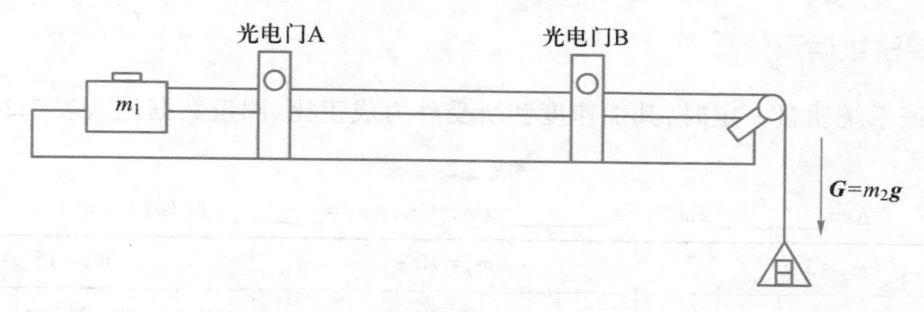

图 2.2-3　验证牛顿第二定律原理图

本实验选用计时器测"加速度"的功能.每次测量完成,计时器会循环显示 t_1(光电门 A 测量值)、t_2(光电门 B 测量值)和 Δt(光电门 A 至 B 测量值).只有再按功能键清零后,方可进行新的测量.

根据开口挡光片的 Δs 和时间 t_1、t_2,可计算得到滑块通过光电门 A、B 的速度:$v_1=\dfrac{\Delta s}{t_1}$,$v_2=\dfrac{\Delta s}{t_2}$,根据公式

$$a=\frac{v_2-v_1}{\Delta t}=\frac{\dfrac{\Delta s}{t_2}-\dfrac{\Delta s}{t_1}}{\Delta t} \tag{2.2-3}$$

即可计算得到滑块运动的加速度.

四、实验内容

1. 验证系统质量一定时,其加速度和所受合外力成正比

(1) 调平导轨.首先用纱布蘸少许酒精擦拭导轨表面,然后启动气源,将一滑块放置在导轨的中间及距两端四分之一处,如果滑块静止或做不定向移动,则说明导轨已处于水平状态.如果滑块只朝一个方向运动,则可通过调节导轨端部的旋钮,将导轨调平.

(2) 调节计时系统,在教师指导下,选择计时器的功能;同时检查两光电门,可使两

光电门相距50~60 cm,距导轨两端大致相等,看滑块是否在第一次挡光时开始计时,再次挡光时停止计时.

(3) 用游标卡尺测量挡光片上两前沿间的距离Δs,使两光电门相距约50 cm,并利用导轨上标尺准确测量这一距离s.

(4) 将轻质胶带(或细线)一端系在滑块上,另一端跨过滑轮挂一质量为5 g的砝码盘.并将两个5 g的小砝码放在滑块上,将滑块置于光电门A外侧,使挡光片处于离光电门B一定距离外,注意每次将滑块置于同一起始位置,松开滑块,测量通过两光电门的速度,并计算加速度.重复测量5次,记录数据并求其平均值.

(5) 逐次从滑块上取下5 g砝码放到砝码盘上,重复上述步骤.

2. 验证所受合外力一定时,系统的加速度和其质量成反比

(1) 取悬挂砝码(包括砝码盘)为20 g,测量质量为m_1的滑块在导轨上运动的速度、加速度,重复测量5次.

(2) 保持悬挂砝码不变,将质量为m_3的配重加到滑块上,测量滑块和配重运动的速度、加速度,重复测量5次.

五、实验数据及处理

1. 验证系统质量一定时,其加速度和所受外力成正比,测量数据记入表2.2-1中.

表2.2-1

Δs=________cm,　s=________cm,　m_1+m_2=________g(保持一定)

次数	$m_2=5$ g				$m_2=10$ g				$m_2=15$ g			
	t_1/ms	t_2/ms	Δt/ms	a/(m·s^{-2})	t_1/ms	t_2/ms	Δt/ms	a/(m·s^{-2})	t_1/ms	t_2/ms	Δt/ms	a/(m·s^{-2})
1												
2												
3												
4												
5												
$\bar{a}$												

2. 验证所受合外力一定时,系统加速度和其质量成反比,测量数据记入表2.2-2中.

表2.2-2

Δs=________cm,　$m_2=20$ g,　s=________cm,　m_1=________g,　m_3=________g

次数	$m=m_1+m_2$				$m=m_1+m_2+m_3$			
	t_1/ms	t_2/ms	Δt/ms	a/(m·s^{-2})	t_1/ms	t_2/ms	Δt/ms	a/(m·s^{-2})
1								
2								
3								

续表

次数	$m=m_1+m_2$				$m=m_1+m_2+m_3$			
	t_1/ms	t_2/ms	Δt/ms	$a/(\mathrm{m}\cdot\mathrm{s}^{-2})$	t_1/ms	t_2/ms	Δt/ms	$a/(\mathrm{m}\cdot\mathrm{s}^{-2})$
4								
5								
$\bar{a}$								

六、思考题

1. 分析滑块在气垫导轨上的受力情况,本实验中忽略了哪些力的影响?
2. 如果导轨没有调到水平状态,对本实验结果会有什么影响?

实验 2.3 表面张力系数的测定

由于分子间有引力,所以液体表面有尽量缩小的趋势,这种沿着表面使液面收缩的力称为表面张力.液体的许多现象都与表面张力有关,比如泡沫的形成、润湿和毛细现象等.

液体表面张力系数的测量有很多方法,本实验介绍焦利秤拉脱法.

一、实验目的

1. 用拉脱法测定室温下水的表面张力系数.
2. 学习焦利秤的使用方法.

二、仪器设备

焦利秤、金属线框、砝码、玻璃容器(如烧杯)、游标卡尺.

焦利秤外形如图 2.3-1 所示,它实际上是一个精细的弹簧秤,常用于测量微小的力.与普通弹簧秤不同,普通弹簧秤上端固定,在下端加负载后则向下伸长;焦利秤则与之相反,它控制下端的位置保持一定,加负载后,向上拉伸弹簧确定伸长量.在一直立的可上下移动的金属杆 A 的横梁上悬挂一根细弹簧 S,弹簧下端挂一小镜 M,上有水平刻线 L_1,小镜 M 下端有一小钩,可用来悬挂砝码盘或金属线框.小镜 M 通过一个固定的玻璃管 G,管上也有水平刻线 L_2.带有毫米刻度的金属杆 A 套在金属空管内,金属空管上附有游标 V 和可移动的平台 B,转动旋钮 C 可使金属杆 A 上下移动,因而也就调节了弹簧的升降.

使用时,应将小镜上的水平刻线 L_1 和玻璃管上的刻线 L_2 对齐,并要求刻线 L_1、刻线 L_2 和刻线 L_2 在小镜中的像(以下简称三线)对齐.用这种方法可保证弹簧下端的位置是固定的,而弹簧的伸长量 Δx 便可由金属杆 A 上的刻度和游标 V 来测读(即弹簧伸长前后两次读数之差值).

根据胡克定律,在弹性限度范围内,弹簧的伸长量 Δx 和所加外力 F 成正比,即

$$F=k\Delta x \tag{2.3-1}$$

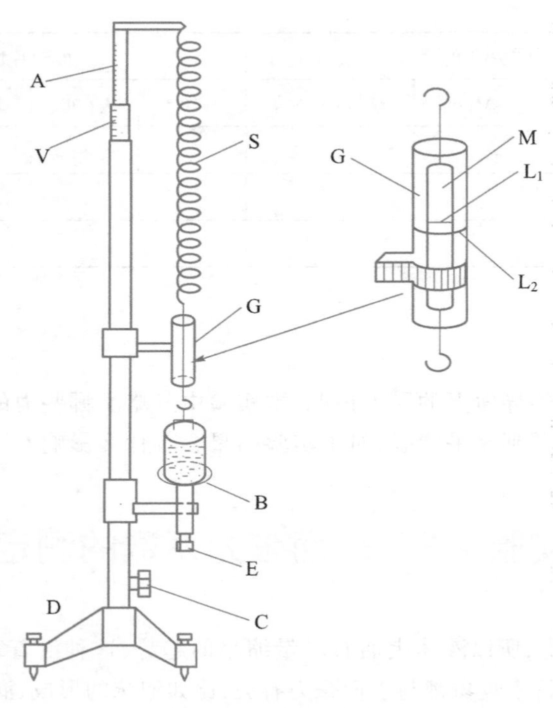

图 2.3-1　焦利秤外形

式中，k 是弹簧的弹性系数，对于一个特定的弹簧，k 值是一定的，如果我们将已知重量的砝码加入砝码盘，测出弹簧伸长量，由式(2.3-1)即可计算该弹簧的 k 值.

k 值确定后，只要测出弹簧的伸长量，就可算出作用于弹簧上的外力 F.

三、实验原理

液体表面(厚度等于分子的作用半径，约 10^{-10} m)的分子所处的环境同液体内部的分子不同.液体内部每个分子都被同类的其他分子所包围，它受到周围分子作用力的合力为零，而对于液体表面层内的分子，上方气相层的分子数很少，它受到的向上引力小于向下的引力，其合力指向液体内部，分子有从液面挤入液体内部的倾向，使液体表面自然收缩，因此液体表面好像一层张紧的弹性薄膜，存在的这种张力称为表面张力.设想在液面上取一长为 l 的线段，张力 F_T 的作用表现在线段两侧，液面以一定的力相互作用，实验表明：力的方向与线段垂直，其大小与线段长 l 成正比，即

$$F_T=\sigma l \qquad (2.3-2)$$

比例系数 σ 称为液体的表面张力系数，它与液体的种类、温度和上方的气体成分有关，其单位为 $N \cdot m^{-1}$.

本实验中，我们用一"Π"形金属线框浸入水中后慢慢拉出水面，在线框下将带起一层水膜，如图 2.3-2 所示.当水膜将被拉断时，则有

$$F=W+2\sigma l \qquad (2.3-3)$$

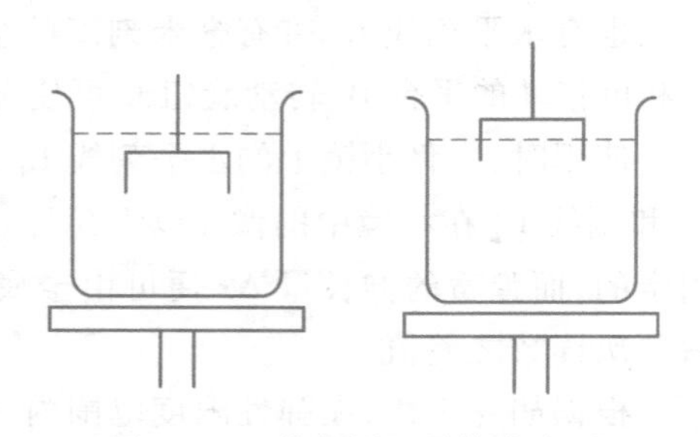

图 2.3-2　线框浸入及拉出水面

式中，F 为向上的拉力，W 是线框所受重力和浮力之差.由于水膜有前后两面，所以表面张力为 $2\sigma l$，从式（2.3-3），可得

$$\sigma=\frac{F-W}{2l} \tag{2.3-4}$$

本实验就是用焦利秤测量 $F-W$ 之值，用式（2.3-4）计算表面张力系数 σ 之值.

四、实验内容

1. 测定弹簧的弹性系数

（1）按图 2.3-1，将弹簧 S 挂在金属杆 A 的横梁上，弹簧下端挂上小镜（穿过玻璃管 G）和砝码盘，调节底座上的螺丝 D，使小镜处于垂直位置（上下移动时不能和玻璃罩相碰）.

（2）在砝码盘中加上 0.50 g 砝码，转动旋钮 C，使三线（刻线 L_1、刻线 L_2 和刻线 L_2 在镜中的像）对齐，从游标上读出位置坐标 X_1；以后在砝码盘中逐次添加 0.50 g 砝码，直至加到 4.00 g 后，以后逐次减少砝码，依次读出位置坐标 X_i.

（3）用逐差法处理数据，求出弹簧的弹性系数 k.

2. 测定液体（本实验中用自来水）的表面张力系数

（1）从小镜下端取下砝码盘，用镊子夹住“Π”形金属线框，在酒精中仔细清洗（或用酒精灯烧烤），然后挂在镜子下端小钩上（以后不得再用手接触）.清洗烧杯，盛好自来水后放在平台 B 上，使金属线框浸入水中.

（2）调节平台旋钮 E，使线框浸入水中并离水面 2~3 mm，同时调节旋钮 C，使三线对齐，使用游标记下金属杆上位置坐标 X_0.

（3）继续转动旋钮 E 使平台徐徐下降，起初因没有表面张力作用，三线仍保持对齐.当三线开始分离，同时转动旋钮 C 使金属杆 A 慢慢上升以保持三线始终对齐，直到线框上产生的水膜被拉破为止，此时再记下金属杆上的读数 X.则弹簧伸长量为 $\Delta X=X-X_0$.

（4）重复步骤（2）、（3），测量 5 次.

（5）用游标卡尺测量线框宽度 l，共测量 5 次.

（6）记下实验时水温 t.

五、实验数据及处理

1. 测定弹簧的弹性系数，数据记入表 2.3-1 中.

表 2.3-1

m/g	0.50	1.00	1.50	2.00
X_i/cm 逐次添加				
X_i/cm 逐次减少				
X_i 平均值				
m/g	2.50	3.00	3.50	4.00
X_i/cm 逐次添加				
X_i/cm 逐次减少				

续表

X_i 平均值				
$\Delta X(=X_{4+i}-X_i)$/cm				
平均值 $\Delta\overline{X}$				

求 $\Delta X(\Delta X=X_{4+i}-X_i)$ 的平均值，则 $k=\dfrac{\Delta mg}{\overline{\Delta X}}$.

2. 测定水的表面张力系数，数据记入表 2.3-2 中.

表 2.3-2

水温：t=________℃

次数	X_0/cm	X/cm	$\Delta X(=X-X_0)$/cm	l/cm
1				
2				
3				
4				
5				
平均值			$\overline{\Delta X}$=	$\bar{l}$=

水的表面张力系数 $\sigma=\dfrac{k\,\overline{\Delta X}}{2\bar{l}}$=________.

将表面张力系数测定值与该温度下的理论值相比较.

六、思考题

1. 测金属线框的宽度 l 时，应测量内宽还是外宽？为什么？
2. 若金属空管不竖直，对测量结果有何影响？

实验 2.4 刚体转动惯量的测定

转动惯量是刚体转动时惯性大小的量度，是表征刚体特性的一个物理量.刚体转动惯量除了与物体质量有关外，还与转轴的位置和质量分布(即形状、大小和密度分布)有关.如果刚体形状简单，且质量分布均匀，可以直接计算出它绕特定轴的转动惯量.对于形状复杂、质量分布不均匀的刚体，计算将极为复杂，通常采用实验方法来测定，例如机械部件、电动机转子和枪炮的弹丸等.

转动惯量的测量，一般都是使刚体以一定形式运动，通过表征这种运动特征的物理量与转动惯量的关系，进行间接测量.本实验通过扭摆装置测量刚体的摆动周期，并结合其他参量来计算刚体的转动惯量.

一、实验目的

1. 用扭摆测定弹簧的抗扭劲度和几种不同形状物体的转动惯量,并与理论值进行比较.

2. 验证转动惯量平行轴定理.

二、仪器设备

1. 扭摆及几种待测物体

待测物体包括空心金属圆柱体、实心塑料圆柱体、木球、验证转动惯量平行轴定理用的金属细杆(杆上配有两块可以自由移动的金属滑块).

2. 转动惯量测试仪(含扭摆、待测物体等附件)

由主机和光电传感器两部分组成.

主机采用单片机控制系统,用于测量物体转动和摆动的周期以及旋转体的转速,能自动记录、存储多组实验数据,并能够精确地计算多组实验数据的平均值.

光电传感器主要由红外发射管和红外接收管组成,将光信号转换成脉冲电信号,送入主机工作.因人眼无法直接观察仪器工作是否正常,可用遮光物体往返遮挡光电探头发射光束通路,检查计时器是否开始计数,到预定周期数时是否停止计数.为防止过强光线对光探头的影响,光电探头不能放置在强光下,实验时采用窗帘遮光,确保计时的准确性.

3. 仪器使用方法

(1) 调节光电传感器在固定支架上的高度,使待测物体上的挡光杆能自由地往返通过光电门,再将光电传感器的信号传输线插入主机输入端(位于转动惯量测试仪背面).

(2) 开启主机电源,摆动指示灯亮,参量指示为“P1”,数据显示为“…”.

(3) 仪器默认扭摆的周期数为 10,如要更改,可重新设定.更改后的周期不具记忆功能,一旦切断电源或按“复位”键,便恢复原来的默认的周期数.

(4) 按“执行”键,数据显示为“000.0”,表示仪器已处在等待测量状态,当往复摆动物体上的挡光杆第一次通过光电门时开始计时,仪器自行计算周期 T_1 予以存储,以供查询和多次测量求平均值.

(5) 按“执行”键,“P1”变为“P2”,数据显示又回到“000.0”,仪器处在第二次待测状态,本机设定重复测量的最多次数为 5 次,即 P1,P2,…,P5.通过“查询”键,可知各次测量的周期值 $T_i(i=1,2,\cdots,5)$ 以及它们的平均值 $\overline{T}$.

三、实验原理

扭摆的构造如图 2.4-1 所示,在垂直轴 1 上装有一根薄片的螺旋弹簧 2,用以产生回复力矩.在轴的上方可以装上各种待测物体.垂直轴与支座间装有轴承,以降低摩擦力矩.3 为水平仪,用来调整系统水平.

将物体在水平面内转过一角度 θ 后,在弹簧的回复力矩作用下物体就开始绕垂直轴

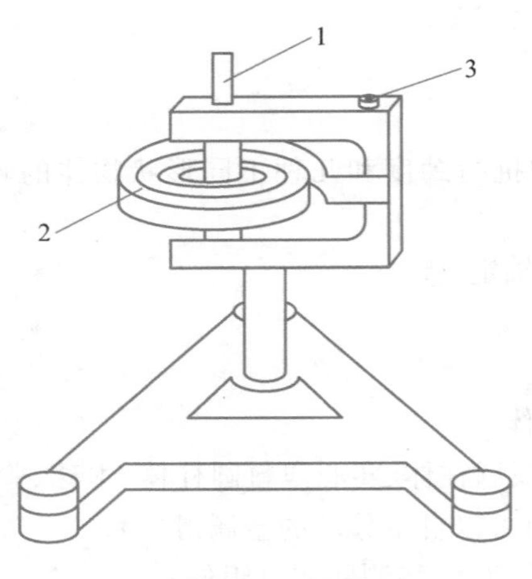

图 2.4-1 扭摆

做往返扭转运动.根据胡克定律,弹簧因扭转而产生的回复力矩 M 与所转过的角度 θ 成正比,即

$$M=-K\theta \tag{2.4-1}$$

式中,K 为弹簧的抗扭劲度,根据转动定律,有

$$M=J\alpha$$

式中,J 为物体绕转轴的转动惯量,α 为角加速度.由上式得

$$\alpha=\frac{M}{J} \tag{2.4-2}$$

令 $\omega^2=\frac{K}{J}$,忽略轴承的摩擦力矩,由式(2.4-1)、式(2.4-2)得

$$\alpha=\frac{\mathrm{d}^2\theta}{\mathrm{d}t^2}=-\frac{K}{J}\theta=-\omega^2\theta$$

上述方程表示扭摆运动具有简谐振动的特性:角加速度与角位移成正比,且方向相反.此方程的解为

$$\theta=A\cos(\omega t+\phi)$$

式中,A 为简谐振动的角振幅,ϕ 为初相位,ω 为圆频率,此简谐振动的周期为

$$T=\frac{2\pi}{\omega}=2\pi\sqrt{\frac{J}{K}} \tag{2.4-3}$$

由式(2.4-3)可知,只要实验测得物体的摆动周期,已知 J 和 K 中任一个量,即可计算出另一个量.

本实验先测定一个几何形状规则的物体的相关量(它的转动惯量可以根据它的质量和几何尺寸用理论公式直接计算得到),可算出弹簧的抗扭劲度 K.若要测定其他形状物体的转动惯量,只需将待测物体安放在仪器顶部的各种夹具上,测定其摆动周期,由式(2.4-3)即可算出该物体绕转轴的转动惯量.

理论分析证明,若质量为 m 的物体绕质心轴的转动惯量为 J_C,当转轴平行移动距离 x 时,物体对新转轴的转动惯量为 J_C+mx^2,这称为转动惯量平行轴定理.

四、实验内容

1. 熟悉扭摆的构造及使用方法以及转动惯量测试仪的使用方法.

2. 测定弹簧的抗扭劲度 K.

3. 测定实心塑料圆柱体、空心金属圆柱体、木球与金属细杆的转动惯量,并与理论值比较,求其相对误差.

4. 改变滑块在金属细杆上的位置,验证转动惯量平行轴定理.

五、实验步骤

1. 测出实心塑料圆柱体的外径,空心金属圆柱体的内、外径,木球直径,金属细杆长度及各物体质量(各测量 3 次).

2. 调整扭摆基座底脚螺丝,使水平仪的气泡位于中心.

3. 装上金属载物盘,并调整光电探头的位置,使载物盘上的挡光杆处于其缺口中央且能遮住发射、接收红外光线的小孔.使载物盘自由摆动,幅度在 90°~120°之间,测量其摆动周期 T_0.

4. 将实心塑料圆柱体垂直放在载物盘上,测定摆动周期 T_1.

5. 用空心金属圆柱体代替塑料圆柱体,测定摆动周期 T_2.

6. 取下金属载物盘、装上木球,测出其摆动周期 T_3(在计算木球的转动惯量时,应扣除支座的转动惯量).

7. 取下木球,装上金属细杆(金属细杆中心必须与转轴重合),测定摆动周期 T_4(在计算金属细杆的转动惯量时,应扣除细杆夹具的转动惯量).

8. 验证转动惯量平行轴定理.测量滑块质量,将滑块对称放置在金属细杆两边已刻好的凹槽内(图 2.4-2),使滑块质心离转轴的距离分别为 5.00 cm、10.00 cm、15.00 cm、20.00 cm、25.00 cm,测定不同距离时的摆动周期 T,并计算相应的转动惯量,验证转动惯量平行轴定理(在计算转动惯量时,应扣除支架的转动惯量).

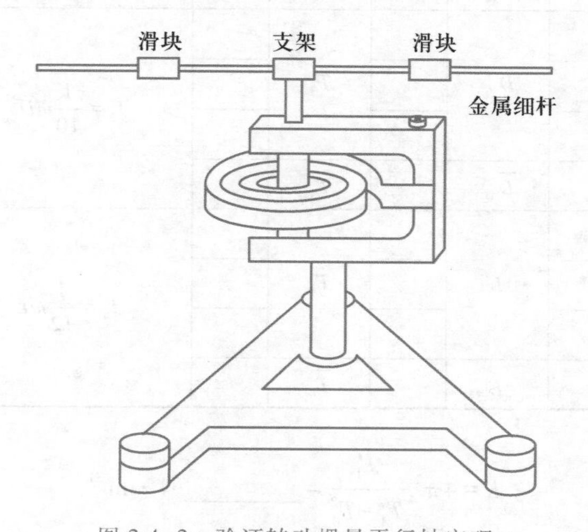

图 2.4-2　验证转动惯量平行轴定理

六、实验数据及处理

将相关测量数据填入表 2.4-1 和表 2.4-2 中.

表 2.4-1

物体名称	质量/kg		几何尺寸/ (10^{-2}m)		周期/s		转动惯量理论值 /(kg·m²)	实验值 /(kg·m²)
金属载物盘					T_0			$J_0=\frac{J'_1T_0^2}{T_1^2-T_0^2}$
					$\overline{T}_0$			
实心塑料圆柱体	m		D_1		T_1		$J'_1=\frac{1}{8}mD_1^2$	$J_1=\frac{KT_1^2}{4\pi^2}-J_0$
	$\overline{m}$		$\overline{D}_1$		$\overline{T}_1$			
空心金属圆柱体	m		$D_{外}$		T_2		$J'_2=\frac{1}{8}m(D_{外}^2+D_{内}^2)$	$J_2=\frac{KT_2^2}{4\pi^2}-J_0$
			$\overline{D}_{外}$					
			$D_{内}$					
	$\overline{m}$				$\overline{T}_2$			
			$\overline{D}_{内}$					
木球	m		$D_{直}$		T_3		$J'_3=\frac{1}{10}mD_{直}^2$	$J_3=\frac{KT_3^2}{4\pi^2}-J_{支座}$
	$\overline{m}$		$\overline{D}_{直}$		$\overline{T}_3$			
金属细杆	m		L		T_4		$J'_4=\frac{1}{12}mL^2$	$J_4=\frac{KT_4^2}{4\pi^2}-J_{夹具}$
	$\overline{m}$		$\overline{L}$		$\overline{T}_4$			

$$K=4\pi^2\frac{J'_1}{T_1^2-T_0^2}=\_\_\_\_\_\_\_\_\ \text{N}\cdot\text{m}^{-1}$$

表 2.4-2

滑块 $m=$________ kg

$x/(10^{-2}\ m)$	5.00	10.00	15.00	20.00	25.00
摆动周期 T/s					
$\overline{T}/s$					
实验值/$(10^{-4}kg\cdot m^2)$ $J=\frac{K}{4\pi^2}T^2$					
理论值/$(10^{-4}kg\cdot m^2)$ $J'=J_4+2mx^2+J_5$					
百分差					

七、注意事项

1. 弹簧的抗扭劲度 K 值不是固定常量，它与摆动角度略有关系，摆角在 90°左右时基本相同，在小角度时变小.

2. 为了降低实验时摆动角度变化过大带来的系统误差，在测定各种物体的摆动周期时，摆角不宜过小，摆幅也不宜变化过大.

3. 光电探头宜放置在挡光杆平衡位置处，挡光杆不能和它相接触，以免增大摩擦力矩.

4. 基座应保持水平状态，调整基座底脚螺丝，使水平仪中的气泡居中.

5. 在安装待测物体时，其支架必须全部套入扭摆主轴，并将止动螺丝旋紧，否则扭摆不能正常工作.

6. 在称金属细杆与木球的质量时，必须将支架取下，否则会带来极大误差.

八、思考题

试推导弹簧的抗扭劲度 K 的公式.

九、附录

细杆夹具转动惯量实验值：

$$J=\frac{K}{4\pi^2}T^2-J_0=\left(\frac{3.567\times10^{-2}}{4\pi^2}\times0.741^2-4.929\times10^{-4}\right)kg\cdot m^2$$
$$=3.21\times10^{-6}kg\cdot m^2$$

木球支座转动惯量实验值：

$$J=\frac{K}{4\pi^2}T^2-J_0=\left(\frac{3.567\times10^{-2}}{4\pi^2}\times0.740^2-4.929\times10^{-4}\right)kg\cdot m^2$$
$$=1.87\times10^{-6}kg\cdot m^2$$

两滑块通过滑块中心转轴的转动惯量理论值为

$$J_5' = 2\left[\frac{1}{8}m(D_{外}^2 + D_{内}^2)\right] = 2\left[\frac{1}{8}\times 0.239\times(3.50^2+0.60^2)\times 10^{-4}\right]\ \text{kg}\cdot\text{m}^2$$

$$= 7.53\times 10^{-5}\ \text{kg}\cdot\text{m}^2$$

测单个滑块与载物盘的转动周期为 $T=0.767\text{s}$,则可得到

$$J = \frac{K}{4\pi^2}T^2 - J_0 = \left(\frac{3.567\times 10^{-2}}{4\pi^2}\times 0.767^2 - 4.929\times 10^{-4}\right)\ \text{kg}\cdot\text{m}^2$$

$$= 3.86\times 10^{-5}\ \text{kg}\cdot\text{m}^2$$

$$J_5 = 2J = 7.72\times 10^{-5}\ \text{kg}\cdot\text{m}^2$$

实验2.5　弦振动的研究

一、实验目的

1. 观察弦振动时形成的横驻波的特性.
2. 通过不同途径,测量弦线上横波的传播速度,比较测得的结果.
3. 研究弦振动时波长与张力的关系.

2.5　教学视频

二、仪器设备

WZB-4 型驻波实验仪、弦线、天平.

WZB-4 型驻波实验仪如图 2.5-1 所示,该实验仪用金属导线作为弦线,由信号发生器提供低频信号(频率可以改变),在金属导线下面放一块磁铁,这样载流导体在磁场中因受安培力的作用,按信号频率做横向振动而产生横波,再由入射波和反射波相干而形成驻波.图中 AA′、BB′为连接弦线和信号发生器的两对接线柱,A 和 A′,B 和 B′已经连接好.C 为定位杆,上有小孔,弦线穿过小孔,可以定位弦线的位置.R_1、R_2 为两块劈形滑块,用以调整弦线的振动区长度 l(简称弦长).D 为一测量标尺,用以测量滑块之间的距离.M 为磁铁,E 为滑轮,以挂钩连接砝码,每组有 3 个砝码:10 g、20 g、40 g 砝码各 1 个.

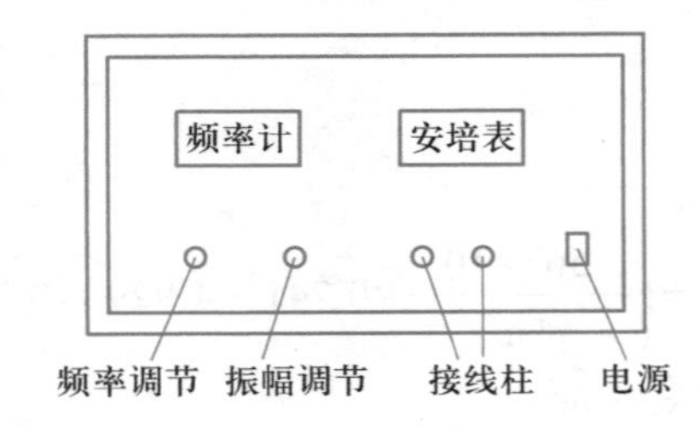

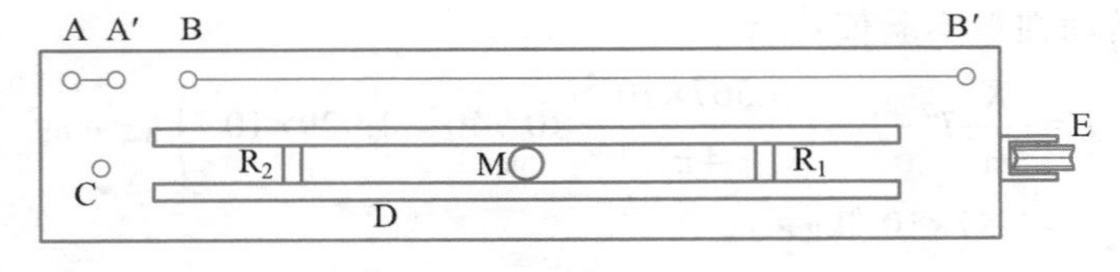

图 2.5-1　WZB-4 型驻波实验仪的结构

三、实验原理

1. 驻波

驻波是由振幅、频率和传播速度都相同的两列相干波，在同一直线上沿相反方向传播时叠加而成的一种特殊形式的干涉现象. 如图 2.5-2 所示，设有两列频率相同、振幅相同、初相位为零的简谐波，分别沿 Ox 轴正方向和 Ox 轴负方向传播，它们的波动方程分别为

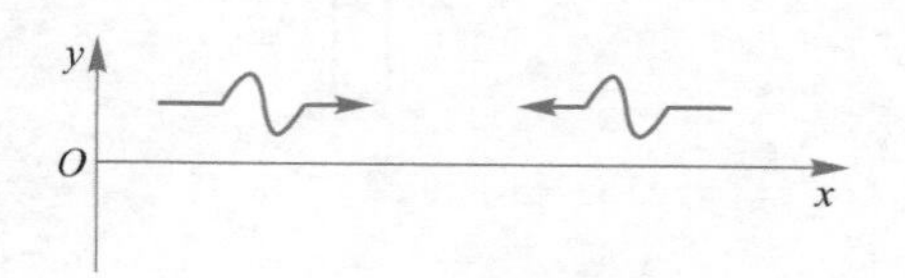

图 2.5-2　驻波形成示意图

$$y_1=A\cos 2\pi\left(\nu t-\frac{x}{\lambda}\right) \tag{2.5-1}$$

$$y_2=A\cos 2\pi\left(\nu t+\frac{x}{\lambda}\right) \tag{2.5-2}$$

式中，A 为波的振幅，ν 为频率，λ 为波长. 两波在任意时刻叠加产生的合位移为

$$\begin{aligned} y &= y_1+y_2 \\ &= A\cos 2\pi\left(\nu t-\frac{x}{\lambda}\right)+A\cos 2\pi\left(\nu t+\frac{x}{\lambda}\right) \\ &= \left(2A\cos\frac{2\pi}{\lambda}x\right)\cos 2\pi\nu t \end{aligned} \tag{2.5-3}$$

这就是驻波的波函数，常称为驻波方程. 式中 $2A\cos\frac{2\pi}{\lambda}x$ 是各点的振幅，它只与 x 有关. 上式表明，当形成驻波时，弦线上的各点做振幅为 $\left|2A\cos\frac{2\pi}{\lambda}x\right|$，频率为 ν 的简谐振动.

当 $x=\pm(2K+1)\frac{\lambda}{4}$ 时（其中 $K=0,1,2\cdots$），这些点的振动幅度始终为零，称为波节. 当 $x=\pm K\frac{\lambda}{2}$ 时（$K=0,1,2\cdots$），这些点的振幅达到最大值 $2A$，称为波腹. 相邻两波节（或波腹）之间的距离恰为 $\frac{\lambda}{2}$. 因此在驻波实验中，只要测得相邻两波节（或波腹）间的距离，就可以确定波长.

2. 弦线上横波的传播速度

如图 2.5-3 所示，将弦线的一端穿过定位杆 C 的小孔固定，另一端跨过滑轮 E 系以砝码 W，并接通正弦信号源. 在磁铁 M 的作用下，通有电流的弦线就会受到与电流垂直的安培力的作用，当弦线上通有正弦交变电流时，安培力也随之呈现正弦变化. 可认为磁铁 M 所在处对应的弦线为振源，振动向两边传播，在劈形滑块 R_1 和 R_2 两处反射后又沿着各自相反的方向传播而发生干涉. 由于固定弦线的两端是由劈形滑块 R_1 和 R_2 支撑的，故两端点为波节，只有当 R_1 和 R_2 之间的距离（即弦长 l）等于半波长的整数倍时，才能形成驻波，这就是均匀弦振动产生驻波的条件.

设正弦信号频率为 ν，则波速为

$$v=\nu\lambda \tag{2.5-4}$$

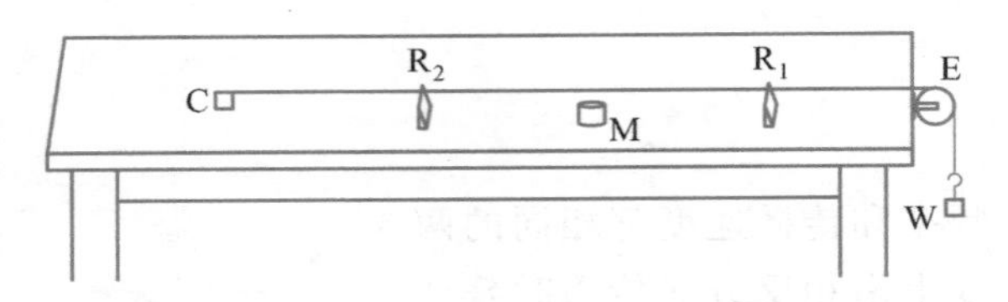

图 2.5-3 实验装置图

若这个时候 R_1 与 R_2 之间的距离为半波长的 n 倍，则波长 $\lambda=\frac{2l}{n}$，弦线上的波速为

$$v=\nu\frac{2l}{n} \tag{2.5-5}$$

可以证明（见附录）在线密度（单位长度的质量）为 ρ、张力为 F_T 的弦线上，横波的传播速度为

$$v=\sqrt{\frac{F_T}{\rho}} \tag{2.5-6}$$

波长为

$$\lambda=\frac{1}{\nu}\sqrt{\frac{F_T}{\rho}} \tag{2.5-7}$$

四、实验内容

1. 测定弦线的线密度

取约两米长的漆包线，在天平上称其质量 m，求出线密度 ρ（或者由实验室预先称好给出）.

2. 观察弦线上的驻波

(1) 刮去漆包线两端的漆层，穿过定位杆 C 的小孔，接到接线柱 A′.另一端跨过滑轮 E 系上砝码 W，然后再接到接线柱 B′，构成一个导电回路.

系砝码时请注意，从砝码到接线柱 B′间的弦线要松些，不能紧绷.信号发生器的输出端接到接线柱 A 和 B.

(2) 将弦长 l 设置为一定长度.在砝码钩上增减砝码，改变弦线的张力 F_T，仔细调节信号频率 ν 和信号强度，使弦线上产生若干个波形清晰、稳定的驻波.

(3) 选定砝码质量和信号频率，仔细调节弦长 l，使弦线上产生若干个波形清晰、稳定的驻波.

3. 测量弦线上横波的传播速度

(1) 在弦线张力不变，弦长 l 也不变的条件下，调节振动频率 ν，测量弦线上横波的传播速度.

(2) 改变弦线张力，重复步骤(1).

(3) 在弦线张力不变，振动频率 ν 也不变的条件下，调节弦长 l，测量弦线上横波的传播速度.

(4) 改变弦线张力，重复步骤(3).

4. 研究弦线上横波的波长与张力的关系

在弦线振动频率 ν 不变的条件下，改变弦线中张力，仔细调节弦长 l，使波形清晰、稳定.

对式(2.5-7)求对数得

$$\ln \lambda = \frac{1}{2}\ln F_T + \ln\left(\frac{1}{\nu\sqrt{\rho}}\right) \tag{2.5-8}$$

可见 $\ln \lambda$ 和 $\ln F_T$ 成线性关系.作 $\ln \lambda - \ln F_T$ 图，求出直线的斜率 a 和截距 b.检验是否和式(2.5-8)相吻合.

改变振动频率，重复以上实验.

五、实验数据及处理

1. 测量弦线上横波的传播速度，数据记录在表 2.5-1 和表 2.5-2 中.

(1) 固定弦长 l.

表 2.5-1

张力 F_T=________ N　　　　弦长 l=________ m

n							平均值
ν/Hz							
$v\left(=\nu\frac{2l}{n}\right)/(\mathrm{m\cdot s^{-1}})$							

注：改变张力，表格同表 2.5-1.

(2) 固定频率.

表 2.5-2

张力 F_T=________ N　　　　频率 ν=________ Hz

n							平均值
l/m							
$v\left(=\nu\frac{2l}{n}\right)/(\mathrm{m\cdot s^{-1}})$							

注：改变张力，表格同表 2.5-2.

2. 研究弦线上横波的波长与张力的关系，数据记录在表 2.5-3 中.

表 2.5-3

线密度 ρ=________ kg·m^{-1}　　　　频率 ν=________ Hz

砝码质量 $m/(10^{-3}\mathrm{kg})$							
张力 F_T/N							
半波数 n							
弦长 l/m							

续表

波长 λ/m							
$\ln \lambda$							
$\ln F_T$							

注:改变频率,表格同表 2.5-3.

作 $\ln \lambda - \ln F_T$ 图,根据图求

斜率 a=________　　　　理论值 a=________

截距 b=________　　　　理论值 b=________

六、注意事项

1. 改变砝码后,要使砝码稳定后再进行测量.
2. 在移动劈形滑块调整弦长时,磁铁应在两劈形滑块之间,且不能处于波节位置.
3. 当驻波波形稳定且振幅最大时,记录数据.

七、思考题

1. 什么是驻波?驻波形成的条件是什么?
2. 在弦振动形成稳定驻波的情况下,移动磁铁驻波有何变化?

八、附录

在传播驻波的弦线上,截取一微线元 ds,其线密度为 ρ.该线元的两端 1 与 2 处,分别受张力 $\boldsymbol{F}_{T1}$ 和 $\boldsymbol{F}_{T2}$ 的作用,方向沿弦线的切线方向,如图 2.5-4 所示.$\boldsymbol{F}_{T1}$、$\boldsymbol{F}_{T2}$ 与 Ox 轴的夹角分别为 α_1 和 α_2.因线元仅在 Oy 轴方向振动,Ox 轴方向的合力为零,得

$$F_{T2} \cos \alpha_2 - F_{T1} \cos \alpha_1 = 0 \qquad (2.5-9)$$

由牛顿第二定律得

$$F_{T2} \sin \alpha_2 - F_{T1} \sin \alpha_1 = \rho ds \frac{d^2 y}{dt^2} \qquad (2.5-10)$$

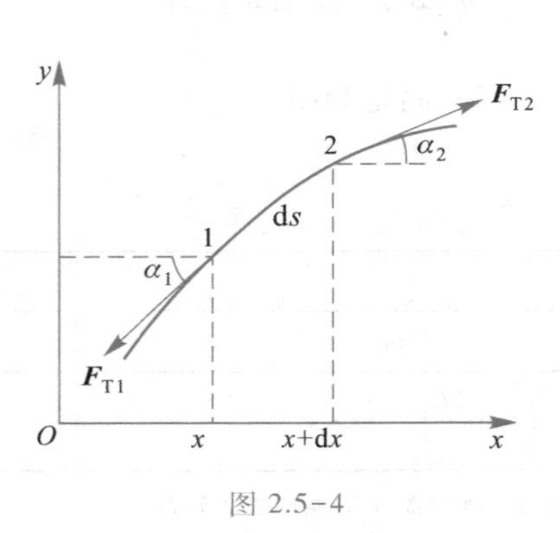

图 2.5-4

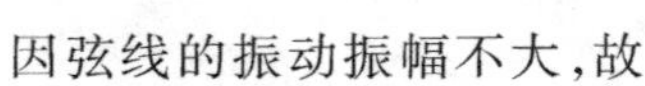

因弦线的振动振幅不大,故

$$ds \approx dx, \quad \cos \alpha_1 \approx \cos \alpha_2 \approx 1$$

$$\sin \alpha_1 \approx \tan \alpha_1 = \left(\frac{dy}{dx}\right)_x, \quad \sin \alpha_2 \approx \tan \alpha_2 = \left(\frac{dy}{dx}\right)_{x+dx}$$

由式(2.5-9)得

$$F_{T2} \approx F_{T1} \approx F_T$$

由式(2.5-10)得

$$F_T\left(\frac{dy}{dx}\right)_{x+dx} - F_T\left(\frac{dy}{dx}\right)_x = \rho dx \frac{d^2 y}{dt^2} \qquad (2.5-11)$$

将上式中的首项进行泰勒展开并略去二级小项,得

$$\left(\frac{\mathrm{d}y}{\mathrm{d}x}\right)_{x+\mathrm{d}x}=\left(\frac{\mathrm{d}y}{\mathrm{d}x}\right)_x+\left(\frac{\mathrm{d}^2y}{\mathrm{d}x^2}\right)_x\mathrm{d}x \tag{2.5-12}$$

由式(2.5-11)、式(2.5-12)得

$$F_{\mathrm{T}}\left(\frac{\mathrm{d}^2y}{\mathrm{d}x^2}\right)_x\mathrm{d}x=\rho\mathrm{d}x\frac{\mathrm{d}^2y}{\mathrm{d}t^2} \tag{2.5-13}$$

即

$$\frac{\mathrm{d}^2y}{\mathrm{d}t^2}=\frac{F_{\mathrm{T}}}{\rho}\frac{\mathrm{d}^2y}{\mathrm{d}x^2} \tag{2.5-14}$$

与波动方程

$$\frac{\mathrm{d}^2y}{\mathrm{d}t^2}=v^2\frac{\mathrm{d}^2y}{\mathrm{d}x^2} \tag{2.5-15}$$

比较可得

$$v=\sqrt{\frac{F_{\mathrm{T}}}{\rho}}$$

实验 2.6　固体线膨胀系数的测定

一、实验目的

1. 学习望远镜的调节和使用方法.
2. 学会用光杠杆法测定固体长度的微小变化.
3. 测量金属杆的线膨胀系数.

2.6　教学视频

二、仪器设备

固体线膨胀系数测定仪(含尺读望远镜、光杠杆、温度计)、卷尺、待测铜棒等.

三、实验原理

固体由于热膨胀而发生长度的变化称为固体的线膨胀.固体长度变化的大小取决于温度改变的大小、材料的种类和它的原有长度.实验表明,原长度为 L 的固体受热后,其相对伸长量正比于温度的变化,即

$$\frac{\Delta L}{L}=\alpha\Delta t$$

式中,比例系数 α 是固体的线膨胀系数.对于确定的固体材料,它是具有确定值的常量;一般材料不同,α 值也不同.设在温度 0 ℃时,固体的长度为 L_0,当温度升高 t 时,其长度为 L_t,则有

$$\frac{L_t-L_0}{L_0}=\alpha t$$

或

$$L_t = L_0(1+\alpha t) \tag{2.6-1}$$

可见，固体的长度随着温度的升高线性地增大.

如果在温度 t_1 和 t_2 时，铜棒的长度分别为 L_1、L_2，则可写出

$$L_1 = L_0(1+\alpha t_1) \tag{2.6-2}$$

$$L_2 = L_0(1+\alpha t_2) \tag{2.6-3}$$

将式(2.6-2)代入式(2.6-3)，化简后得

$$\alpha = \frac{L_2 - L_1}{L_1\left(t_2 - \dfrac{L_2}{L_1}t_1\right)} \tag{2.6-4}$$

因 L_2 与 L_1 非常接近，故$\dfrac{L_2}{L_1}\approx 1$.于是式(2.6-4)可写成

$$\alpha = \frac{L_2 - L_1}{L_1(t_2 - t_1)} \tag{2.6-5}$$

只要测出 L_1、L_2、t_1 和 t_2，就可以求得 α 值.

通常情况下铜棒受热膨胀而产生的长度增量 L_2-L_1 是很小的，本实验利用光杠杆对这一微小增量进行测量.

光杠杆是一种应用光放大原理测量待测物体微小长度变化的装置，它有直观、简便和精度高的特点，其原理在许多高灵敏度仪器中都有应用.实验所用装置如图 2.6-1 所示.装置由反射镜 M、标尺 S 和望远镜 T 构成光学放大系统，铜棒放在电热管中加热，其上升温度由插入铜棒中的温度计读出.光杠杆见图 2.6-2，反射镜应垂直于它的底座，底座下有三个足尖，两个前足尖放在线胀仪平台上的凹槽中，其后足尖立在铜棒顶端，当铜棒因受热而伸长时，后足尖被顶起 ΔL 的高度，相应地反射镜转过一个 φ 角，稍远处望远镜中的十字叉丝对准的标尺上前后两次读数分别为 n_1 和 n_2，由图可看出

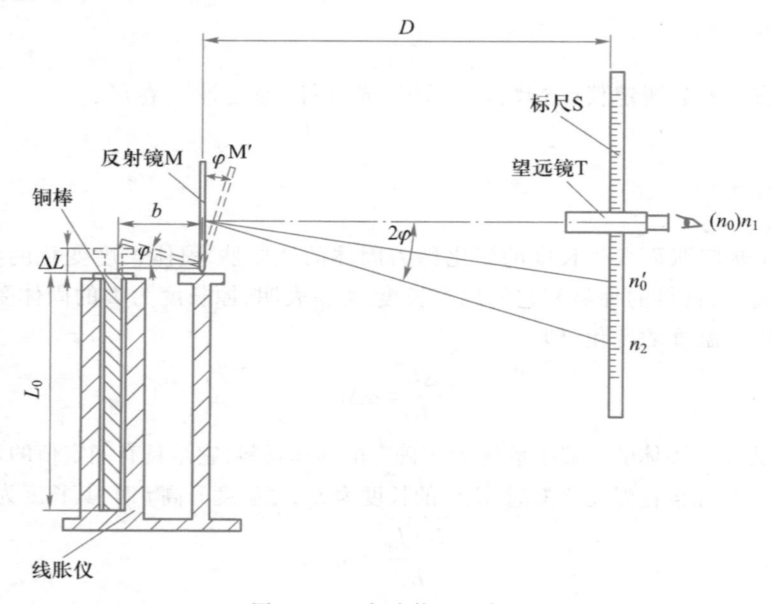

图 2.6-1　实验装置示意图

$$\tan 2\varphi=\frac{n_2-n_1}{D}$$

当角度很小时，近似有 $\tan 2\varphi\approx 2\varphi$，又有 $\varphi\approx\frac{\Delta L}{b}$，此时的微小伸长量

$$\Delta L=L_2-L_1=\frac{b}{2D}(n_2-n_1) \qquad (2.6-6)$$

式中，b 为光杠杆前后足尖的垂直距离，D 为光杠杆镜面到望远镜标尺间的距离，n_1 及 n_2 为温度 t_1 及 t_2 时望远镜中标尺的读数. 将式(2.6-6)代入式(2.6-5)得

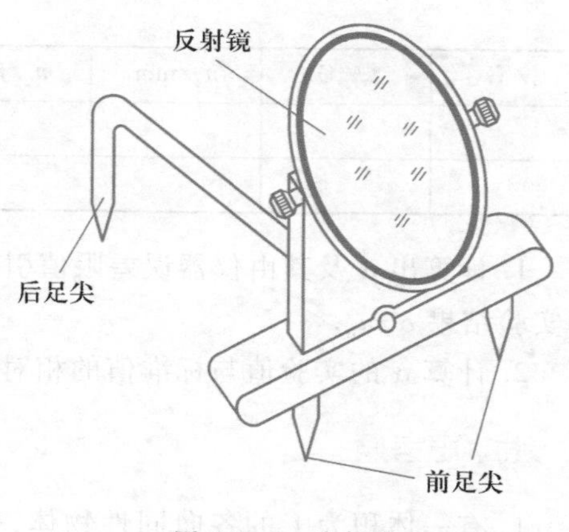

图 2.6-2 光杠杆

$$\alpha=\frac{b(n_2-n_1)}{2DL_1(t_2-t_1)} \qquad (2.6-7)$$

如果测得 L_1、t_1、t_2、n_1、n_2、b 及 D，便可按式(2.6-7)求出 α 值.

四、实验内容

1. 取出待测铜棒，用卷尺测量其长度，然后将铜棒插入固体线膨胀系数测定仪（简称线胀仪），确定铜棒底部与线胀仪底座可靠接触.

2. 将光杠杆放在线胀仪的平台上，光杠杆的后足尖落在待测铜棒的顶端. 调整光杠杆上反射镜面与桌面大致垂直.

3. 调整望远镜与光杠杆的距离为 1.5~2 m，并使望远镜光轴与反射镜法线尽量同轴等高，能从望远镜上部的瞄准器中（三角缺口）看到反射镜中的标尺像. 再将望远镜先消视差（轻轻地转动目镜调节圈，以使目镜中的十字叉丝清晰），调节目镜使十字叉丝横线水平，然后调焦，直至看清标尺刻度，记下加热前的温度 t_1 和标尺读数 n_1.

4. 打开线胀仪"加热"开关，开始加热，当温度计上的温度达到约 90 ℃时关掉线胀仪（注意不要使温度上升过高），等温度不再上升，望远镜中的标尺读数也不再变化时记下此时的温度 t_2 和标尺读数 n_2.

5. 等温度下降后，用卷尺量出光杠杆反射镜 M 到标尺 S 的垂直距离 D.

6. 取下光杠杆，将光杠杆三个构成等腰三角形的足尖放在白纸上轻轻按一下，以便得到三个支点的位置. 通过作图，再量出等腰三角形的高 b.

将测得的各量代入式(2.6-7)，算出铜棒的线膨胀系数 α，并与标准值比较，估算实验结果的误差.

五、注意事项

在加热过程中，仪器不得再进行调整或移动位置. 否则，实验应从头做起.

六、实验数据及处理

将测量数据填入表 2.6-1 中.

表 2.6-1

t_1/℃	t_2/℃	n_1/mm	n_2/mm	L_1/mm	b/mm	D/mm	α/℃$^{-1}$

1. 计算出 α 及其由仪器误差限值引起的不确定度 u_α、相对不确定度 E_{u_α}，并给出正确的实验结果 $\alpha \pm u_\alpha$.

2. 计算 α 的实验值与标准值的相对误差.

七、思考题

1. 有一体积为 V 的各向同性物体，受热后其体积的相对增量跟温度的变化量成正比，即 $\frac{\Delta V}{V}=\gamma \Delta t$，其中 γ 是比例系数，称为物体的体膨胀系数.试证明物体的体膨胀系数为线膨胀系数的 3 倍，即 $\gamma=3\alpha$.

2. 光杠杆有什么优点？怎样提高光杠杆测量微小长度变化的灵敏度？

3. 用光杠杆法测量线膨胀系数中，哪个直接测量量对测量结果的不确定度影响较大？

实验 2.7　液体黏度的测定

当液体内部有相对运动时，接触面之间存在内摩擦力，阻碍液体间的相对运动，这种性质称为液体的黏性.黏性力的大小与接触面积以及接触面处的速度梯度成正比，比例系数 η 称为黏度.黏度的大小取决于液体的性质与温度，温度升高，黏度将迅速减小.因此，测定液体在不同温度下的黏度有很大的实际意义，欲准确测量液体的黏度，必须精确控制其温度.

测定液体黏度的方法有多种，落球法（也称斯托克斯法）是最基本的一种.它是利用液体对固体的摩擦阻力来确定黏度的，可用来测量黏度较大的液体.当物体在液体中运动时，物体将会受到液体施加的与运动方向相反的摩擦阻力的作用，这种阻力即为黏性力，是由附着在物体表面并随物体一起运动的液体层与周围液层间的摩擦而产生的.黏性力的大小与液体的性质、物体的形状和运动速度等因素有关.

一、实验目的

1. 观察液体中的内摩擦现象.
2. 了解 PID（比例-积分-微分）温控实验仪的工作原理和使用方法.
3. 掌握用斯托克斯法测定液体黏度的原理和方法.

二、仪器设备

变温黏度实验仪、PID 温控实验仪、待测液体、小钢球若干、电子秒表、游标卡尺、读数显微镜.

1. 变温黏度实验仪

变温黏度实验仪的外形如图 2.7-1 所示，待测液体装在细长的样品管中，能使液体温度较快地与加热水温度达到平衡，样品管壁上有刻度线，便于测量小球下落的距离. 样品管外的加热水套连接到 PID 温控实验仪，通过热循环水加热样品. 底座下的调节螺钉用来调节样品管的竖直.

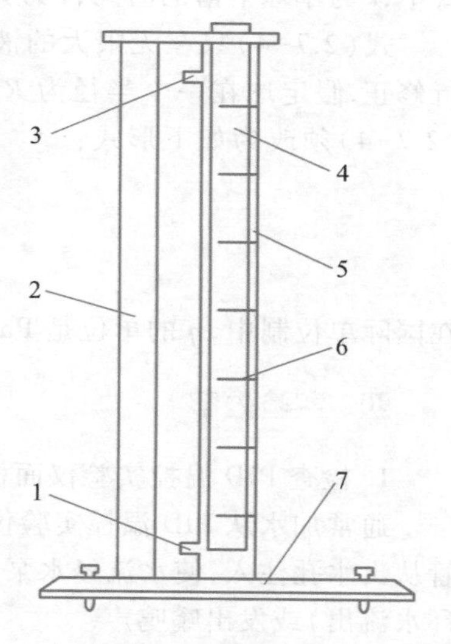

1—进水孔;2—支架;3—出水孔;
4—样品管;5—加热水套;
6—刻度线;7—底座.

图 2.7-1　变温黏度实验仪

2. PID 温控实验仪

PID 温控实验仪包含水箱、水泵、加热器、控制及显示电路等部分.

开机后，水泵开始运转，显示屏显示操作菜单，可选择工作方式，输入序号及室温，设定温度及 PID 参量. 使用◀、▶键选择项目，▲、▼键设置参量，按确认键进入下一屏，按返回键返回上一屏.

进入测量界面后，屏幕上方的数据栏从左至右依次显示序号、设定温度、初始温度、当前温度、当前功率、调节时间等参量. 图形区以横坐标代表时间，纵坐标代表温度（以及功率），并可用▲、▼键改变温度坐标值. 仪器每隔 15 s 采集 1 次温度及加热功率值，并将采得的数据标示在图上. 温度达到设定值并保持 120 s 内温度波动小于 0.1 ℃，仪器自动判定达到平衡，并在图形区右边显示过渡时间 t_s、动态偏差 σ、静态偏差 e. 一次实验完成退出时，仪器自动将屏幕按设定的序号存储（共可存储 10 幅），以供必要时查看、分析和比较.

三、实验原理

一个小球在静止液体中下落时，受到重力、浮力和黏性力三个力的作用. 如果小球的速度 v 很小，且液体可以看成在各方向上都是无限广延的，则根据流体力学的基本方程可以导出表示黏性力的斯托克斯公式：

$$F_r = 6\pi\eta rv \tag{2.7-1}$$

式中，η 为液体的黏度，r 为小球的半径.

设小球的质量为 m，体积为 V，液体密度为 ρ_0，则小球在液体中下落的运动方程可表示为

$$mg-\rho_0 Vg-F_r = ma \tag{2.7-2}$$

式中，a 为小球下降的加速度. 在开始时，小球具有下降的加速度 a，但黏性力随速度增加而变大，在黏性很大的液体中，很快可以达到三力平衡，小球就以速度 v 匀速下落. 即

$$(m-\rho_0 V)g-F_r = 0$$

$$6\pi\eta rv = (m-\rho_0 V)g = (\rho-\rho_0)Vg \tag{2.7-3}$$

由式（2.7-3）可解出液体的黏度为

$$\eta = \frac{(\rho-\rho_0)gV}{6\pi rv} = \frac{(\rho-\rho_0)gV}{6\pi r}\times\frac{t}{s} \tag{2.7-4}$$

式中,t 为小球下落的时间,s 为 t 时间内小球下落的距离.

式(2.7-4)只在无限大的液体的情况下才适用,对于有限大的容器,需要对此式进行修正.假定球在一个半径为 R 的竖直圆柱形管中沿轴线下降,考虑到器壁的影响,式(2.7-4)须改为如下形式:

$$\eta=\frac{(\rho-\rho_0)gV}{6\pi rs}\times\frac{t}{\left(1+\frac{2.4r}{R}\right)} \tag{2.7-5}$$

在国际单位制中,η 的单位是 Pa·s(帕秒).

四、实验内容

1. 检查 PID 温控实验仪面板上的水位管,加水到适当位置.

通常加水从 PID 温控实验仪顶部的注水孔注入.若水箱排空后第一次加水,应该用软管从出水孔注入,使水流经水泵加入水箱,以便排出水泵内的空气,避免水泵空转(无循环水流出)或发出嗡鸣声.

2. 设定温度.

通过设置 PID 温控实验仪的 PID 参量,设定实验温度.

3. 用游标卡尺测量样品管内筒直径 D(半径 $R=D/2$).

4. 用读数显微镜测量小钢球直径 d(半径 $r=d/2$),相关数据记录于表 2.7-1 中,读数显微镜的构造和使用方法参考实验 2.18.

5. 测定小钢球在液体中的下落速度并计算液体黏度.

PID 温控实验仪显示温度达到设定值后,再过 10 min,样品管中待测液体的温度与加热水温达到基本一致,才能进行测量.

用镊子(或小勺)取一个小钢球,并将其在样品管的中央位置释放,观察小钢球是否一直沿中心轴线下落,如果样品管倾斜,应调节底座螺钉使其竖直.测量过程中尽量避免对液体的扰动.

用电子秒表测量小钢球经过刻度 N_1、N_2 所需时间 t,注意 N_1 的位置必须选在小钢球已做匀速运动的位置上,记下刻度 N_1、N_2 间距离 s,计算小钢球匀速运动的速度 v,重复测量 5 次,利用式(2.7-5)计算黏度.

6. 改变液体温度,重复上述步骤.

7. 在坐标纸上作液体黏度随温度的变化曲线.

8. 将测量值与表 2.7-2 中列出的标准值进行比较,并计算相对不确定度.

五、注意事项

1. 小钢球运动时,必须沿样品管中央轴线竖直下落,正式测量前可先练习几次.

2. 待测液体必须静止,小钢球表面要干净.

3. 实验完成后,用磁铁将小钢球吸引至样品管口,用镊子从待测液体中夹出,并保存,以备下次实验使用.

六、实验数据及处理

室温:

样品管内筒直径：D=________

钢球密度：ρ=________

待测液体密度：ρ_0=________

表 2.7-1 小钢球直径的测量

单位：mm

次数	1	2	3	4	5	平均值
$x_{左}$						
$x_{右}$						
d						

表 2.7-2 液体黏度的测定

温度/℃	时间/s						速度/(m·s^{-1})	η/(Pa·s) 测量值	η/(Pa·s) 标准值
	1	2	3	4	5	平均			
10									2.41
15									1.56
20									0.99
25									0.60
30									0.45
35									0.31
40									0.23
45									0.15
50									0.06

注：可根据具体情况选择不同温度.

七、思考题

1. 如果投入的小钢球偏离样品管中心轴线，将产生什么影响？
2. 如果用实验的方法求补正项的补正系数 2.4，应如何进行？

实验 2.8 用模拟法测绘静电场

在一些科学研究和生产实践中，我们往往需要了解带电体周围的静电场分布.在一般情况下，用数学方法求解静电场比较复杂和困难，直接用实验方法测绘静电场的分布也很困难.因为静电场空间不存在任何运动电荷，所以就不能简单地采用磁电式仪表直接进行测量，仪表的引入也会导致原来电场发生变化.因此，人们常采用“模拟法”间接测绘静电场分布.

一、实验目的

1. 了解用模拟法测绘静电场的原理,并掌握其测绘方法.
2. 加深对电场强度和电位概念的理解.

二、仪器设备

静电场描绘仪、静电场描绘电源、数显式交直流电压表、坐标纸等.

三、实验原理

静电场与恒定电流场本是两种不同的场,但是两者在一定条件下具有相似的空间分布,即两种场遵守的规律在数学形式上相似.引入电位 U,则电场强度 $\boldsymbol{E}=-\nabla U$;电场强度 $\boldsymbol{E}$ 和电流密度都遵从高斯定理.对于静电场,电场强度在无源区域内满足以下积分关系:

$$\oint_S \boldsymbol{E}\cdot \mathrm{d}\boldsymbol{S}=0,\quad \oint_l \boldsymbol{E}\cdot \mathrm{d}\boldsymbol{l}=0$$

对于恒定电流场,电流密度 $\boldsymbol{J}$ 在无源区域内也满足类似的积分关系:

$$\oint_S \boldsymbol{J}\cdot \mathrm{d}\boldsymbol{S}=0,\quad \oint_l \boldsymbol{J}\cdot \mathrm{d}\boldsymbol{l}=0$$

由此可见,$\boldsymbol{E}$ 和 $\boldsymbol{J}$ 在各自区域中所遵从的物理规律有同样的数学表达形式.若恒定电流场空间均匀充满了电导率为 σ 的不良导体,则不良导体内的电场强度 $\boldsymbol{E}'$ 与电流密度 $\boldsymbol{J}$ 之间遵循欧姆定律:$\boldsymbol{J}=\sigma\boldsymbol{E}'$.因而,$\boldsymbol{E}$ 和 $\boldsymbol{E}'$ 在各自的区域中也满足同样的数学规律.在相同边界条件下,由电动力学的理论可以严格证明:具有相同边界条件的相同方程,解的形式也相同.

因此,可以用恒定电流场来模拟静电场.也就是说静电场的电场线和等位线与恒定电流场的电流线和等位线具有相似的分布,测定出恒定电流场的电位分布也就求得了与它相似的静电场的电场分布.

但模拟方法的使用需有一定的条件和范围,不能随意推广.条件可以归纳为下列三点:

(1) 恒定电流场中的电极形状应与被模拟的静电场中的带电体的几何形状相同.

(2) 恒定电流场中的导电介质应是不良导体且电导率分布均匀,并满足 $\sigma_{电极} \gg \sigma_{导电介质}$,才能保证电流场中的电极(良导体)的表面近似是一个等位面.

(3) 模拟所用的系统与被模拟电极系统的边界条件相同.

实验装置如图 2.8-1 所示,在底板 A 上放有导电水槽,在水槽内放有两电极,在两电极上方架设橡皮板 B.实验时,在板 B 上放置一张方格纸 P′,上方还有一个探针 D′,探针 D′和 D 固定在同一柱体 L 上.用手移动柱体 L 时,探针 D′和 D 始终保持在同一竖直线上,因此两探针运动的轨迹形状是一样的.当下面探针 D 与导电水接触时的电压就是探针所在的电位.我们想测绘哪一条等位线,就使探针 D 沿这条等位线移动.同时按动上探针 D′,在方格纸上打出对应这条等位线的一系列小孔,用笔连接这一系列小孔所得曲线就是所要测绘的等位线.

1. 两点电荷的电场分布

如图 2.8-2 所示,两点电荷 A、B 各带等量异号电荷,其电位分别为 $+U$ 和 $-U$,由于对

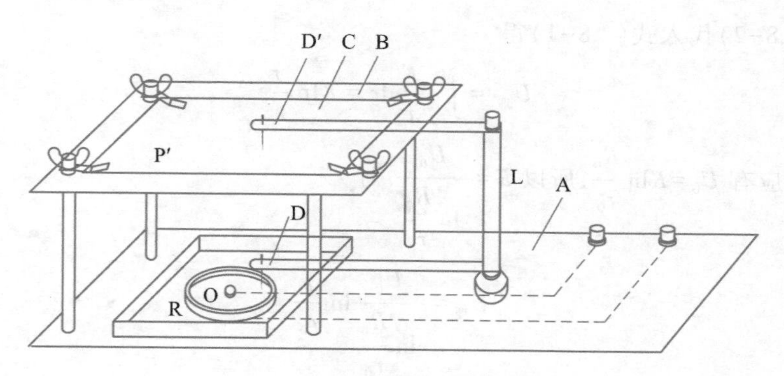

图 2.8-1　用模拟法测绘静电场实验装置

称性，等位面也是对称分布的，电场分布见图 2.8-2.

做实验时，是以电导率很好的自来水填充在水槽电极之间.若在电极上加一定电压，可以测出自来水中两点电荷的电场分布，它与长直平行导线的电场分布相同.

2. 同轴柱面的电场分布

在图 2.8-3 中，O 为中心电极，R 为同轴圆环电极，两电极间充有自来水（导电介质），当 O、R 之间加上电压后（圆环电极接高电位，中心电极接低电位），由于电极的对称性，电流从圆环电极沿半径流向中心电极，显然两个电极之间导电介质上的等位线是一个一个的同心圆，它和一个无限长均匀带电的同轴圆柱（如同心电缆）所形成的等位面是相似的.测绘了导电介质中的等位线，也就等于测出了同轴面间的等位面.在这里，我们就利用了电流场和静电场的相似性质，只要电极形状相似，电流场和静电场的电位分布是一致的.

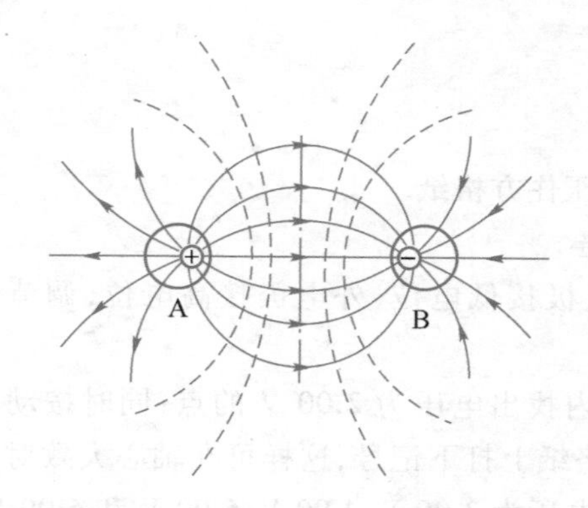

图 2.8-2　两带等量异号电荷的点电荷的电场分布图

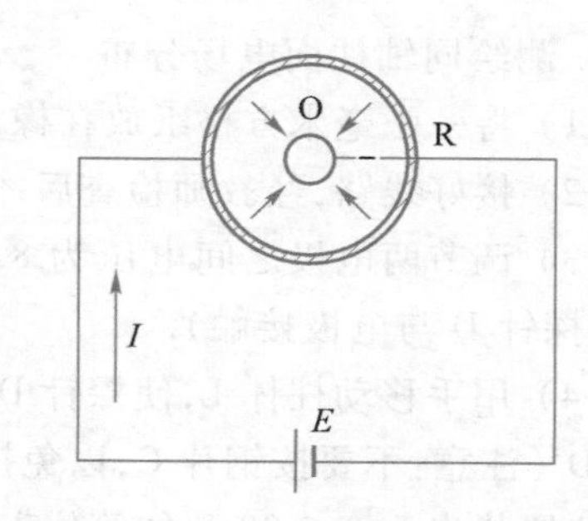

图 2.8-3　同轴柱面的电场分布原理图

设内电极的半径为 r_0，外电极的半径为 R_0，则电场中距离轴心为 r 处的电位 $U_{理}$ 可表示为

$$U_{理}=\int_{r_0}^{r}E\mathrm{d}r \tag{2.8-1}$$

根据高斯定理，则圆柱内 r 点的电场强度为

$$E=\frac{K}{r}\quad (r_0<r<R_0) \tag{2.8-2}$$

式中，K 由圆柱的电荷线密度决定.

将式(2.8-2)代入式(2.8-1)得

$$U_{理}=\int_{r_0}^{r}\frac{K}{r}\mathrm{d}r=K\ln\frac{r}{r_0}$$

在 $r=R_0$ 处,应有 $U_0=K\ln\frac{R_0}{r_0}$,所以 $K=\frac{U_0}{\ln\frac{R_0}{r_0}}$.则

$$U_{理}=\frac{U_0}{\ln\frac{R_0}{r_0}}\ln\frac{r}{r_0}$$

3. 聚焦电极的电场分布

示波管的聚焦电场是由第一聚焦电极 A_1 和第二加速电极 A_2 组成的.A_2 的电位比 A_1 的电位高,电子经过此电场时,受到电场力的作用,使电子聚焦和加速.做模拟实验时,如图 2.8-4 所示的两电极固定在水槽内,并在两电极上加适当的电压,便能得到如图 2.8-4 所示的电场分布.

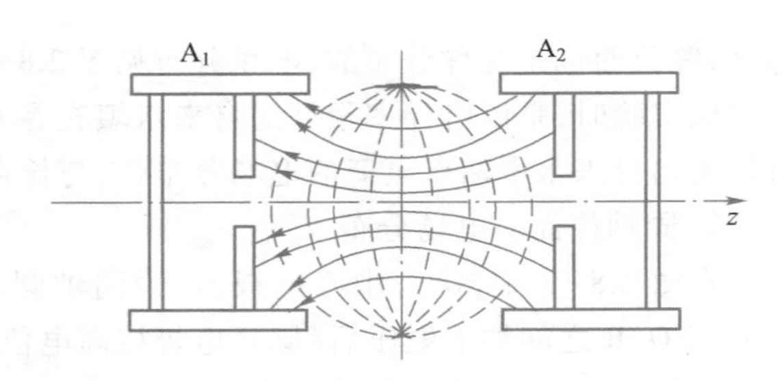

图 2.8-4　聚焦电极的电场分布

当电极接上交流电时,产生交流电场的瞬时值是随时间变化的,但交流电压的有效值与直流电压是等效的,因此在交流电场中用交流毫伏表测量有效值的等位线与在直流电场中测量同值的等位线,其效果和位置完全相同.

四、实验内容

1. 测绘同轴柱面电场分布

(1) 将一张毫米方格纸放在橡皮板 B 上,压住方格纸.

(2) 接好线路,经教师检查后才能通电测绘.

(3) 调节两电极之间电压为 8.00 V(内电极接低电位,外电极接高电位,调节电压时,将探针 D 与电极接触).

(4) 用手移动柱体 L,使探针 D 在导电水内找出电压为 2.00 V 的点,同时按动上面探针 D′(注意:不要按钢片 C,以免按弯)在方格纸上打下记号,这样可在轴心大致对称的不同位置找出八个 2.00 V 的等位点.然后再取电压为 3.00 V、4.00 V、5.00 V 和 6.00 V,各找八个等位点.由于很难保证上下两探针准确地处在同一条竖直线上,所以移动柱体 L 时,应尽量保持平移.

(5) 取下方格纸.由 2.00 V 的各点,求出圆心,用圆规把等位线上的各点连接起来(所取半径为八个点对应的半径的平均值),这样就得到所要描绘的等位线,如图 2.8-5 所示.根据等位线的分布,画出电场线(对称的八条).

(6) 测量每条等位线的半径 r,以 $\ln\frac{r}{r_0}$ 为横坐标(r_0 为内电极半径),电位 $U_{实}$ 为纵坐标,在方格纸上画出图线,如图 2.8-6 所示.根据静电学知识,此图线应为一直线.

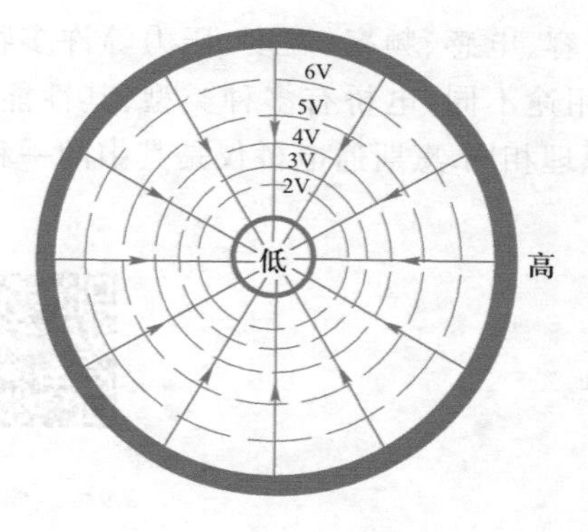

图 2.8-5　同轴柱面电场分布

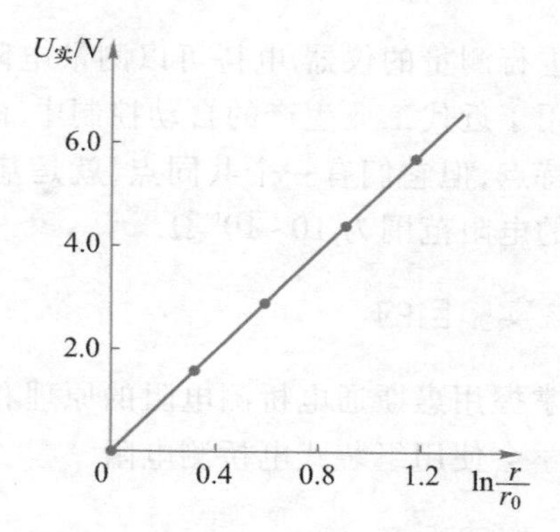

图 2.8-6　同轴柱面 $U_{实}-\ln\frac{r}{r_0}$ 关系

2. 测绘平行板电场的分布

选用相应的电极,运用上述相同的方法作五条等位线,画出电场线(对称的八条).不要求对测量结果进行定量的计算和验证,但要注意等位线分布的规律.试解释其物理意义.

五、实验数据及处理

将测量数据记录在表 2.8-1 中.

r_0 =__________ mm, R_0 =__________ mm, U_0 =__________ V

表 2.8-1

$U_{实}$/V	r/mm	$\frac{r}{r_0}$	$\ln\frac{r}{r_0}$	$U_{理}$/V	$\left\|\frac{U_{实}-U_{理}}{U_{理}}\right\|\times100\%$
2.00					
3.00					
4.00					
5.00					
6.00					

六、思考题

1. 实验使用的电源电压加倍或减半,电场的分布形状会不会有变化?为什么?
2. 为什么在本实验中要求电极的电导率远大于导电介质的电导率?
3. 通过本实验的学习,你对模拟法有何认识?它的适用条件是什么?是否只有电学量的测量才能使用?

实验 2.9　用惠斯通电桥测电阻

电桥在电磁测量技术中得到了极其广泛的应用.利用桥式电路制成的电桥是一种用

比较法进行测量的仪器.电桥可以测量电阻、电容、电感、频率、温度、压力等许多物理量,广泛应用于近代工业生产的自动控制中.根据用途不同,电桥有多种类型,其性能和结构也各有特点,但它们有一个共同点,就是基本原理相同.惠斯通电桥仅是其中的一种,它可以测量的电阻范围为 $10\sim10^6\ \Omega$.

2.9 教学视频

一、实验目的

1. 掌握用惠斯通电桥测电阻的原理和方法.
2. 学会使用组装式电桥测电阻.

二、仪器设备

FB513 型组装式直流单、双臂电桥(图 2.9-1)集检流计、工作电源、标准电阻、待测电阻、电源换向装置等于一体,不需外界任何附件,接通 220 V 市电即可进行实验。本实验使用的 FB513 型组装式直流单、双臂电桥的实际电路图(单臂电桥)如图 2.9-2 所示。

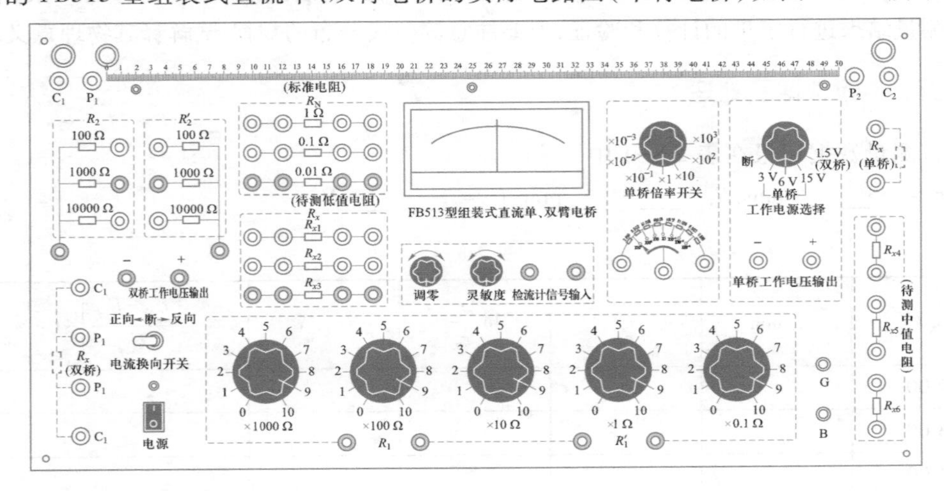

图 2.9-1 FB513 型组装式直流单、双臂电桥面板图

三、实验原理

用伏安法测电阻时,除了因使用的电流表和电压表准确度不高带来的误差外,线路本身不可避免地会带来的误差.在伏安法线路基础上经过改进形成的电桥线路克服了这些缺点.它不用电流表和电压表(因而与电表的准确度无关),而是将待测电阻和标准电阻相比较以确定待测电阻是标准电阻的多少倍.由于标准电阻的误差很小,所以用电桥法测电阻可达到很高的准确度.

如图 2.9-3 所示,将待测电阻 R_x 与可调的标准电阻 R_s 并联在一起.因并联时电阻两端的电压相等,于是有

$$I_x R_x = I_s R_s$$

$$\frac{R_x}{R_s} = \frac{I_s}{I_x} \tag{2.9-1}$$

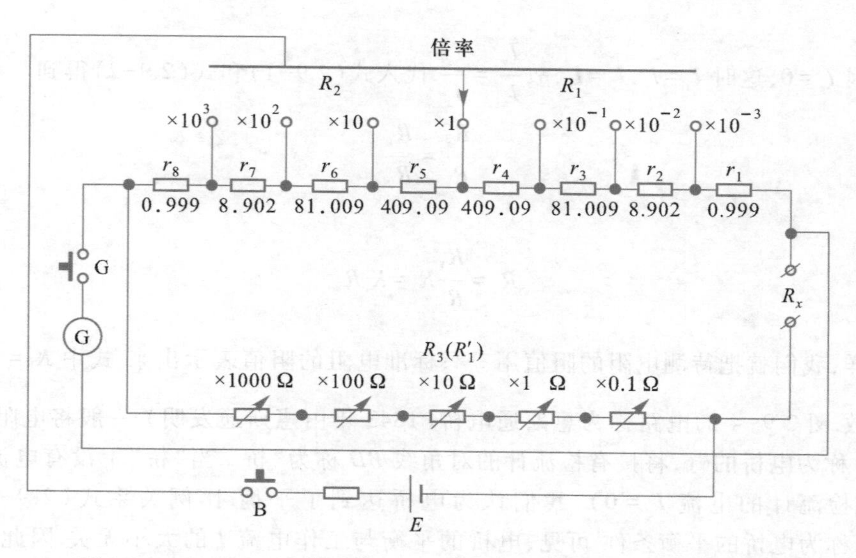

图 2.9-2 FB513 型组装式直流单、双臂电桥实际电路图(单臂电桥)

这样,待测电阻 R_x 与标准电阻 R_s 就通过电流比 $\frac{I_s}{I_x}$ 联系在一起.

但是要测得 R_x,还需测量电流 I_s 和 I_x.为了避免测这两个电流,采用如图 2.9-4 所示的电路,图中 R_1、R_2 也是可调的两个标准电阻.从图 2.9-4 看出,线路中 R_x 和 R_s 的右端(C 点)仍然连接在一起,因而具有相同的电位,它们的左端(B、D 点)则通过检流计连在一起.当我们调节 R_1、R_2 和 R_s 的阻值,使检流计中的电流 I_g 等于零时,则 B、D 两点电位相同,也就是说 R_x 和 R_s 左端虽然分开了,但仍保持同一电位.因而式(2.9-1)仍然成立.

对于 R_1 和 R_2,同样有

$$I_1R_1=I_2R_2$$

或

$$\frac{R_1}{R_2}=\frac{I_2}{I_1} \tag{2.9-2}$$

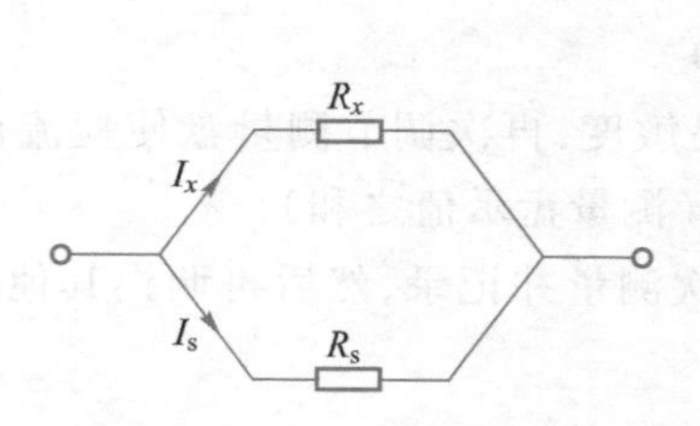

图 2.9-3 电阻并联时两端的电压相等

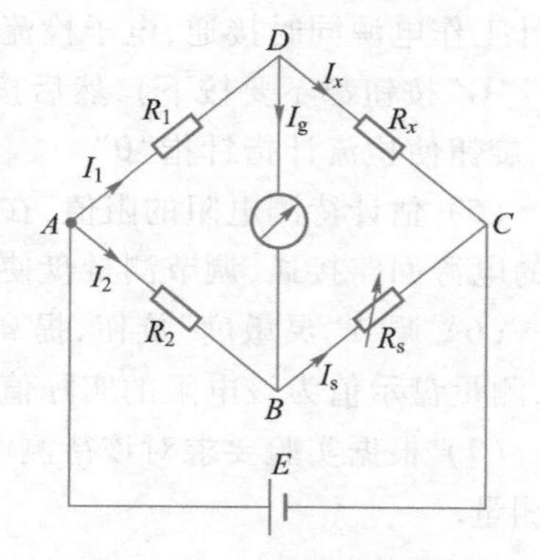

图 2.9-4 惠斯通电桥原理图

又因 $I_g=0$，这时 $I_1=I_x$，$I_2=I_s$，故 $\frac{I_s}{I_x}=\frac{I_2}{I_1}$．代入式（2.9−1）和式（2.9−2）得到

$$\frac{R_x}{R_s}=\frac{R_1}{R_2} \tag{2.9-3}$$

或

$$R_x=\frac{R_1}{R_2}R_s=K_r R_s \tag{2.9-4}$$

这样，我们就把待测电阻的阻值用三只标准电阻的阻值表示出来．式中 $K_r=\frac{R_1}{R_2}$，称为比例系数．图 2.9−4 的电路称为惠斯通电桥（1843 年由惠斯通发明）．一般将电阻 R_1、R_2、R_s 和 R_x 称为电桥的臂，将接有检流计的对角线 BD 称为“桥”．当“桥”上没有电流通过时（即通过检流计的电流 $I_g=0$），我们认为电桥达到了平衡．比例关系式（2.9−3）或式（2.9−4）称为电桥的平衡条件．可见，电桥的平衡与工作电流 I 的大小无关．因此，调节电桥达到平衡有两种方法：一是取比例系数 K_r 为某一值（通称为倍率），调节比较臂 R_s；二是保持比较臂 R_s 不变，调节比例系数 K_r（倍率）的值．后一种方法准确度很低，几乎已不使用．目前广泛采用前一种具有特定比例系数值的电桥调节方法．

四、实验内容

用 FB513 型组装式直流单、双臂电桥测量电阻．

FB513 型组装式直流单、双臂电桥中倍率由“单桥倍率开关”旋钮选定，测量盘 R_1 或 R_1' 作为比较臂，在测量时为提高结果的准确度，应充分利用测量盘的五个旋钮，即对于不同待测电阻应选取适当的倍率，使测量盘电阻保持在千欧姆的数量级，并且测量结果有五位有效数字．

（1）按图 2.9−2 所示并选择待测电阻后连接线路．

（2）选择合适的倍率及工作电压．

（3）将检流计“灵敏度”调节电位器置于中间位置（即检流计灵敏度不处于最高位置）．

（4）开启电源开关（指示灯亮），将“工作电源选择”开关打至 3 V 或 6 V、15 V 挡，检流计工作电源同时接通，电子检流计工作，调节“调零”旋钮使检流计指针指“0”（此时，“B”“G”按钮都不要按下），然后按下“G”按钮，线路中的检流计回路接通，再次调节“调零”旋钮使检流计指针指“0”．

（5）估计待测电阻的阻值，在测量盘上打好相应的指示值，然后按下“B”按钮，线路中的电源回路接通，调节测量盘使检流计指“0”．

（6）调节“灵敏度”旋钮，提高检流计的灵敏度，再次调节测量盘使检流计指“0”，此时，测量盘示值为该电阻的实际值：R_x = 倍率 ×（测量盘示值之和）．

（7）根据实验要求对该待测电阻进行多次测量并记录，然后再调换其他待测对象进行测量．

五、注意事项

1. 按下开关“B”“G”的时间不能太长．

2. 调节比较臂 R_s 的电阻旋钮时,应由大到小调节.当大阻值的旋钮转过一格,检流计的指针从一边越过零点偏到另一边时,说明阻值改变范围太大,应调节较小阻值的旋钮.旋动旋钮时,要用电桥的平衡条件作指导,不得随意乱旋.

3. 测量完毕后,必须打开"B"和"G",并将检流计锁扣推上.

六、实验数据及处理

自拟数据表格,计算测量值的不确定度.

七、思考题

1. 电桥有哪几个组成部分?电桥的平衡条件是什么?

2. 如何选择工作电压及倍率?

3. 当电桥达到平衡后,若互换电源与检流计的位置,电桥是否仍保持平衡?试证明之.

实验 2.10 用双臂电桥测低电阻

电阻按阻值来分,大致可分为三类:1 Ω 以下的为低电阻,1 Ω ~ 100 kΩ 之间的为中电阻,100 kΩ 以上的为高电阻.不同阻值的电阻,测量的方法不尽相同,它们都有本身的特殊问题.例如,用惠斯通电桥测中电阻时,可以忽略导线本身的电阻和接点处的接触电阻(总称为附加电阻)的影响;但当测低电阻时,就不能忽略,必须对惠斯通电桥加以改进,于是人们发展出双臂电桥(又称开尔文电桥),它消除了附加电阻的影响,适用于测量低电阻.

一、实验目的

2.10 教学视频

1. 了解双臂电桥测低电阻的原理和方法.

2. 用组装式、滑线式和箱式双臂电桥测量导体的电阻和电阻率.

二、仪器设备

FB513 型组装式直流单、双臂电桥、SB-82 型滑线式直流双臂电桥、QJ44 型双臂电桥(箱式双臂电桥)、直流稳压电源、检流计、电流表、陶瓷电阻、待测金属棒、米尺、螺旋测微器等.

本实验中分别用组装式、滑线式和箱式双臂电桥测量低电阻.

1. 组装式双臂电桥

FB513 型组装式直流单、双臂电桥(图 2.10-1)集检流计、工作电源、标准电阻、待测电阻、四端测试架、电源换向装置等于一体,不需外接任何附件,接通 220 V 市电即可进行实验.

本实验使用的 FB513 型组装式直流单、双臂电桥的实际电路图(双臂电桥)如图 2.10-2 所示,R_1 和 R_1' 由五个十进制步进盘同轴调节,对应于面板图上五个旋钮.R_2 和

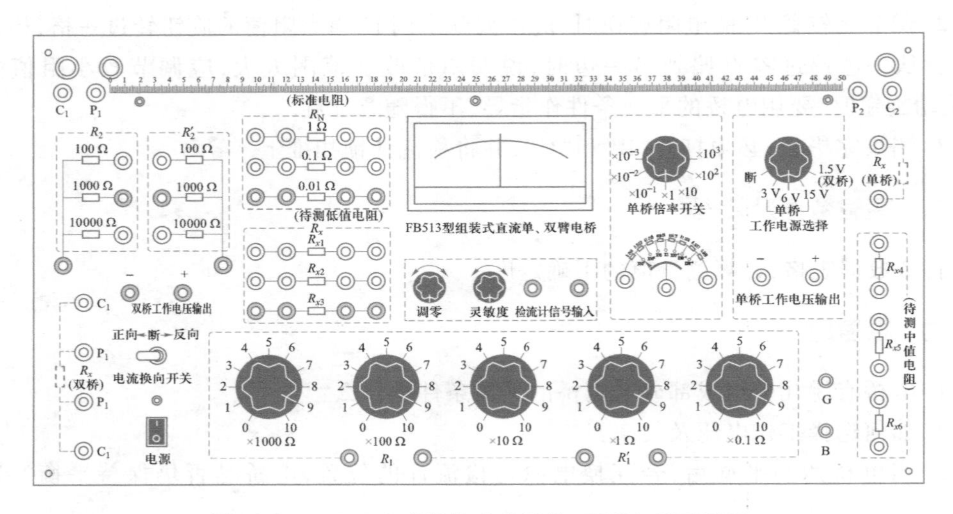

图 2.10-1　FB513 型组装式直流单、双臂电桥面板图

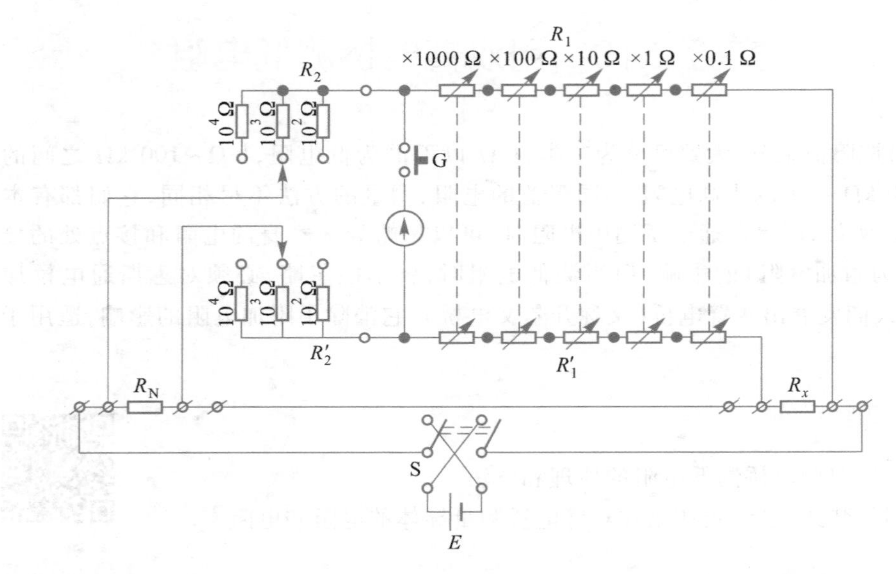

图 2.10-2　FB513 型组装式直流单、双臂电桥实际电路图(双臂电桥)

R_2'由阻值为100 Ω,1000 Ω,10000 Ω 的三对固定电阻组成,在使用 FB513 型组装式直流单、双臂电桥时,要始终保持 $R_1=R'_1$,$R_2=R'_2$,电路图中各部分与面板图一一对应.电子检流计的灵敏度可以调节,因此该电桥省去了检流计支路的保护电阻.在开始测量时,先把检流计的灵敏度降低,这样有利于把电桥粗调到平衡状态;然后再逐步提高检流计的灵敏度,直到检流计灵敏度最高时,调节检流计指零,此时电桥就达到精确平衡.

此外仪器还带有三根不同材料的金属棒,仪器面板上设有专用的四端测试架(连接装置),提供了另外一种形式的低电阻的测试方法.电桥平衡时 $R_x=\dfrac{R_1}{R_2}R_N$.其中 R_1、R_2、R_1'、R_2'以及 R_N 均可以直接从面板上读出.

2. 滑线式双臂电桥

SB-82 型滑线式直流双臂电桥是模拟式仪器，构造简单，直观易懂，其线路如图 2.10-3所示.图中 R_s 是一粗细均匀的金属棒，旁边有刻度尺，当滑动触点 C_2 在 R_s 上滑动时，B_4、C_2 间电阻值 R_s 可从刻度尺上读出，待测电阻夹紧在接线柱 A_1、B_1 间，并用弹簧片 A_2、B_3 压紧，检流计 G 可分别接在×0.1、×1 和×10 三对不同接线柱上，以改变电桥比例系数 N.例如，当接在×0.1 接线柱上，此时有 $R_1=100\ \Omega$，$R_3=100\ \Omega$，$R_2=(450+450+100)\ \Omega=1000\ \Omega$，$R_4=(450+450+100)\ \Omega=1000\ \Omega$，于是

$$N=\frac{R_1}{R_2}=\frac{R_3}{R_4}=\frac{1}{10}$$

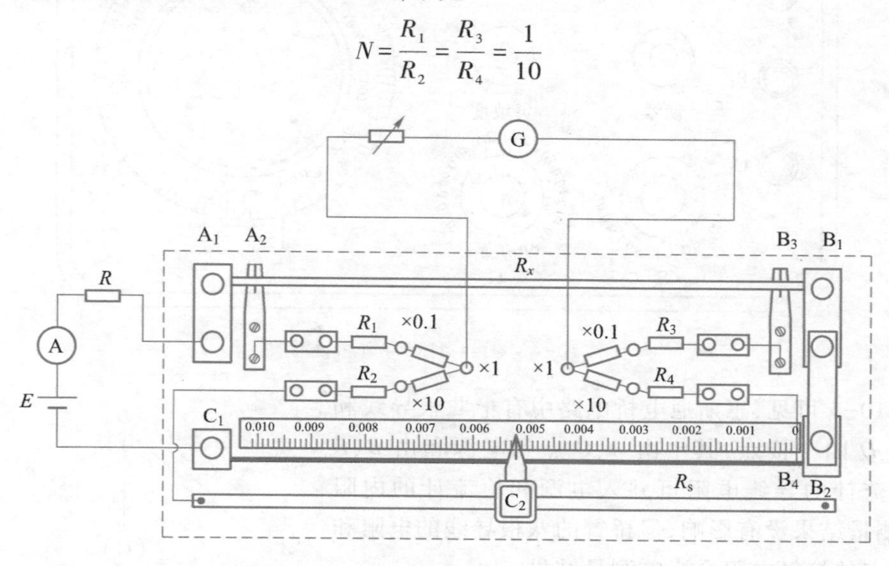

图 2.10-3 SB-82 型滑线式直流双臂电桥线路图(双臂电桥)

实验时，应根据待测电阻的大小，选择合适的比例系数，使 B_4、C_2 间电阻 R_s 在标尺允许范围内尽可能有较大的读数.

3. 箱式双臂电桥

它是一种实用的双臂电桥，为使用方便，将电阻 R_1、R_2、R_3、R_4、R_s 以及检流计 G、电源、开关等均安装在一个铁箱内，QJ44 型双臂电桥面板如图 2.10-4 所示.

面板左下角的旋钮称为比例盘，它调节电桥比例系数 N，分别可选择×100、×10、×1、$\times10^{-1}$、$\times10^{-2}$五个挡位，待测电阻 R_x 用四端接线法，箱面上 C_1、C_2 是电流端接线柱，P_1、P_2 是电压端接线柱.检流计 G 是调节电桥平衡用的指零仪表，其下侧有按钮开关 B、G，它们分别同电源和检流计连接.为保护电源及检流计，按钮应间歇使用，接通时先按 B，后按 G，断开时先松开 G，后松开 B.

通过调节比例盘、步进盘和滑线盘可使电桥达到平衡.电桥平衡时，电阻 R_s=步进盘读数+滑线盘读数，则待测电阻的阻值为 $R_x=NR_s$.

三、实验原理

图 2.10-5 是熟悉的惠斯通电桥原理图，在电桥平衡时有

$$R_x=\frac{R_1}{R_2}R_s$$

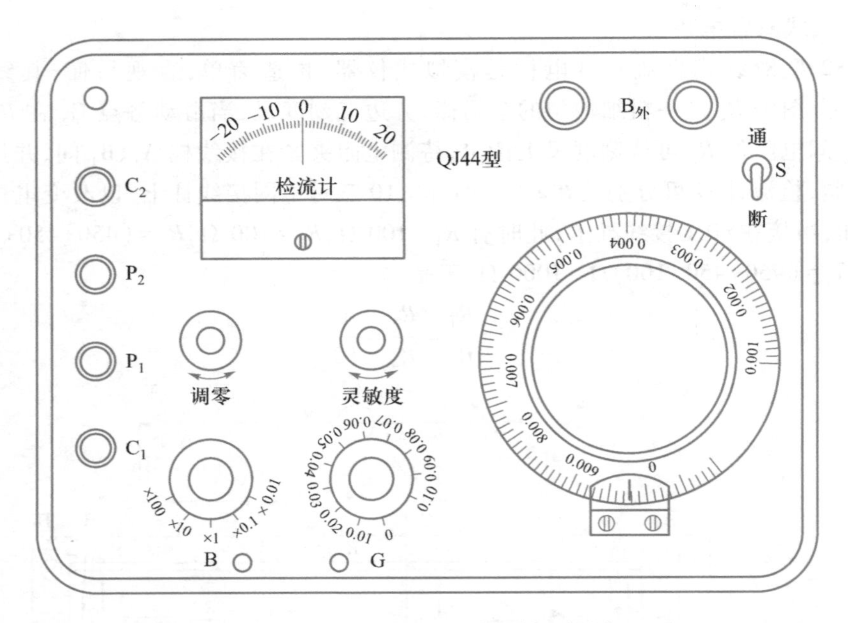

图 2.10-4 QJ44 型双臂电桥面板图

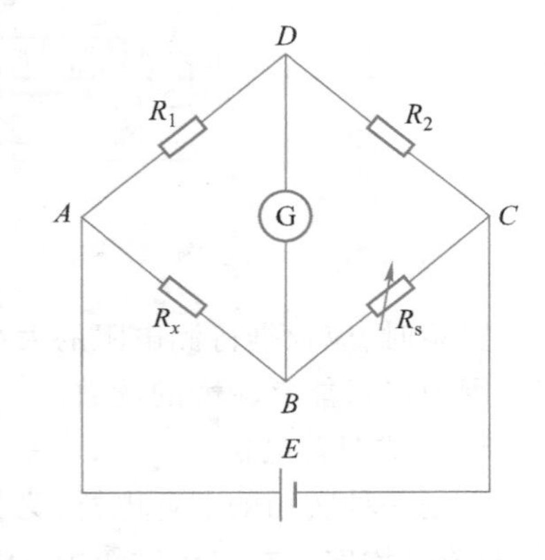

图 2.10-5 惠斯通电桥原理图

由图 2.10-5 可见，惠斯通电桥电路中有十二根导线和 A、B、C、D 四个接点，其中由 A、C 点到电源和由 B、D 点到检流计的导线电阻可并入电源和检流计的内阻里，对测量结果没有影响，但桥臂的八根导线的电阻和四个接点的接触电阻会影响测量结果.

在电桥中，由于比例臂 R_1 和 R_2 可用阻值较高的电阻，所以和这两只电阻串联的四根导线（即由 A 到 R_1、C 到 R_2 和由 D 到 R_1、D 到 R_2 的导线）的电阻不会对测量结果带来很大误差，可以略去不计.由于待测电阻 R_x 是一个低电阻，所以比较臂 R_s 也应该用低电阻，于是 R_x 和 R_s 相连的导线电阻及接点的接触电阻就会影响测量结果.

为了消除上述电阻的影响，我们采用图 2.10-6 的线路，可将图 2.10-5 中由 A 到 R_x 和由 C 到 R_s 的导线尽量缩短，最好缩短为零，使 A 点直接与 R_x 相接，C 点直接与 R_s 相接.要消去 A、C 点的接触电阻，进一步将 A 点分成 A_1、A_2 两点，C 点分成 C_1、C_2 两点，使 A_1、C_1 点的接触电阻并入电源的内阻，A_2、C_2 点的接触电阻并入 R_1、R_2 的电阻中.但图 2.10-5 中的 B 点的接触电阻和由 B 到 R_x 及由 B 到 R_s 的导线电阻就不能并入低电阻 R_x、R_s 中，因此需对惠斯通电桥加以改进，我们在线路中增加了 R_3 和 R_4 两只电阻，让 B 点移至跟 R_3、R_4 及检流计相连，这样就剩下与 R_x 和 R_s 相连的附加电阻了，同样我们把 R_x 和 R_s 相连的两个接点各自分工，分成 B_1、B_2 和 B_3、B_4，这时 B_3、B_4 的接触电阻并入到附加的两个高电阻 R_3、R_4 中，将 B_1、B_2 用粗导线相连，并设 B_1、B_2 间导线电阻与接触电阻的总和为 $R_{附}$，通过适当调节 R_1、R_2、R_3、R_4 和 R_s 的阻值，就可以消去附加电阻 $R_{附}$ 对测量结果的影响.

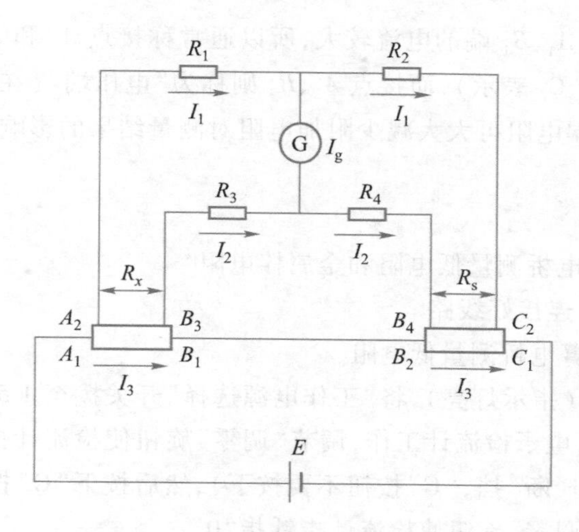

图 2.10-6　双臂电桥原理图

调节电桥平衡的过程，就是调整电阻 R_1、R_2、R_3、R_4 和 R_s，使检流计中的电流 I_g 等于零的过程.

当电桥达到平衡时，检流计中的电流 I_g 等于零，通过 R_1 和 R_2 的电流相等，以 I_1 表示；通过 R_3 和 R_4 的电流相等，以 I_2 表示；通过 R_x 和 R_s 的电流也相等，以 I_3 表示，因为 B、D 两点的电位相等，故有

$$I_1R_1 = I_3R_x + I_2R_3$$

$$I_1R_2 = I_3R_s + I_2R_4$$

$$I_2(R_3+R_4) = (I_3-I_2)R_{附}$$

联立求解，可得

$$R_x = \frac{R_1}{R_2}R_s + \frac{R_{附}\ R_4}{R_3+R_4+R_{附}}\left(\frac{R_1}{R_2} - \frac{R_3}{R_4}\right) \tag{2.10-1}$$

现在我们讨论上式右边第二项，如果 $\frac{R_1}{R_2} = \frac{R_3}{R_4}$，则上式右边第二项为零，这时式(2.10-1)变为

$$R_x = \frac{R_1}{R_2}R_s = NR_s \tag{2.10-2}$$

可见，当电桥平衡时式(2.10-2)成立的前提是 $\frac{R_1}{R_2} = \frac{R_3}{R_4}$，通常双臂电桥都采用一定结构，保证在电桥使用过程中始终能使 $\frac{R_1}{R_2} = \frac{R_3}{R_4}$.

我们在惠斯通电桥基础上增加了两个电阻 R_3、R_4，并使 R_3、R_4 分别随原有臂 R_1、R_2 做相同的变化，当电桥平衡时，就可消除附加电阻 $R_{附}$ 的影响，上述这种电路装置称为双臂电桥，式(2.10-2)是双臂电桥的平衡条件，根据式(2.10-2)就可计算低电阻 R_x.

还应指出，在双臂电桥中电阻 R_x(或 R_s)有四个接线端，采用这类接线方式的电阻称

为四端电阻.由于流过 A_1、B_1 端的电流较大,所以通常称接点 A_1 和 B_1 为“电流端”(在箱式电桥上常以符号 C_1、C_2 表示),而接点 A_2、B_3 则称为“电压端”(在箱式电桥上常以符号 P_1、P_2 表示),采用四端电阻可大大减少附加电阻对测量结果的影响.

四、实验内容

1. 用组装式双臂电桥测量低电阻和金属棒电阻

(1) 按图 2.10-6 连接好线路.

(2) 用组装式双臂电桥测量低电阻

① 开启电源开关(指示灯亮),将“工作电源选择”开关拨至 1.5 V(“双桥”)挡,检流计工作电源同时接通,电子检流计工作,调节“调零”旋钮使检流计指针指“0”(此时,“电源换向开关”拨到中间“断”挡,“G”按钮不要按下),然后按下“G”按钮,线路中的检流计回路接通,再次调节“调零”旋钮使检流计指针指“0”.

② 估计待测电阻的阻值,在测量盘上打好相应的指示值,然后将“电源换向开关”拨到“正向”方向,线路中的电源回路接通,调节测量盘使检流计指“0”.

③ 调节“灵敏度”旋钮,提高检流计的灵敏度,再次调节测量盘使检流计指“0”,此时,测量盘示值为该电阻的实际值.

④ 将“电源换向开关”拨到“反向”方向,重复测量一次,按实验要求,对该待测电阻多次进行正反向测量并记录数据于表 2.10-1 中.

(3) 用组装式双臂电桥测量金属棒电阻

① 选择待测金属棒,将棒穿入仪器面板上方三个固定立柱,利用左边两个及右边一个固定立柱将金属棒固定,仪器上方的“P_2”接线柱固定一带导线的夹子,待选择测量距离后,再将夹子夹在金属棒相应位置上.

② 测量方法同低电阻测量方法.

③ 每根金属棒可每隔 10 cm 测量一次,调换不同材质的金属棒再进行测量,并将测量结果记录于表 2.10-2 和表 2.10-3 中.

2. 用滑线式双臂电桥测金属棒电阻率

(1) 按图 2.10-3 连接线路,经教师检查无误后才能接通电源,根据待测金属棒的电阻值,电桥选取适当比例系数 N.

(2) 将待测金属棒(铜棒)以四端法接入电路中(将金属棒压在弹簧片 A_2、B_3 上,并将其两端用 A_1、B_1 处的旋钮固定),用米尺测量 A_2、B_3 间距离 l,用螺旋测微器测量金属棒不同位置的直径 d 各 3~5 次,数据记录于表 2.10-4 中.

(3) 接通电源,调节电源的输出电压,使电流 I 在 0.5 A 左右,调节滑动触点 C_2 使电桥达到平衡,记录电桥平衡时标准电阻阻值 R_s 于表 2.10-5 中.

(4) 逐步增大电流,在电流 I 为 1 A、1.5 A 时,微调滑动触点 C_2,使电桥再次平衡,从刻度尺上记下电阻值 R_s.

(5) 根据式(2.10-2)计算待测金属棒阻值 R_x.

实验表明,对于粗细均匀的导体,当导体材料的温度一定时,导体的电阻与其长度 l 成正比,与它的截面积 S 成反比,即

$$R_x=\rho\frac{l}{S} \tag{2.10-3}$$

式中，比例系数 ρ 称为电阻率，它与材料的性质有关，单位为 Ω · m.根据式

$$\rho=\frac{R_xS}{l}=\frac{R_x\pi d^2}{4l} \tag{2.10-4}$$

即可计算待测材料的电阻率 ρ，其中 d 为金属棒的直径.

3. 用箱式双臂电桥分别测量两个待测低电阻的阻值，数据记录于表 2.10-6 中.

五、注意事项

1. 连接待测电阻的导线应短而粗，各接头必须干净、压紧，避免接触不良.

2. 由于通过待测电阻的电流较大，所以在测试时动作要快，不应长时间接通电路.

3. 使用组装式双臂电桥时，应完全按接线图所示连接导线，不能搞错极性，否则会导致电桥无法调平衡.

4. 使用组装式双臂电桥测量电阻时，如待测电阻值 $R_x<0.001\ \Omega$，R_N 应选 0.01 Ω，$R_2=R'_2=10000\ \Omega$

六、实验数据及处理

1. 组装式双臂电桥测量低电阻和金属棒电阻

（1）用组装式双臂电桥测量低电阻

表 2.10-1

待测电阻实测值（R_{x1}）		待测电阻实测值（R_{x2}）		待测电阻实测值（R_{x3}）	
正向	反向	正向	反向	正向	反向

（2）用组装式双臂电桥测量金属棒电阻

表 2.10-2

次数	铜棒		不锈钢棒		合金铝棒	
	$d_{测}$/mm	$d(=d_{测}-d_0)$/mm	$d_{测}$/mm	$d(=d_{测}-d_0)$/mm	$d_{测}$/mm	$d(=d_{测}-d_0)$/mm
1						
2						
3						
4						
5						

表 2.10-3

测量距离/cm	铜棒电阻实测值(R_{x1})		不锈钢棒电阻实测值(R_{x2})		合金铝棒电阻实测值(R_{x3})	
	正向	反向	正向	反向	正向	反向
30						
40						
50						

(3) 确定电阻测量结果的不确定度

$$\Delta R_x = R_{max} \times \text{准确度等级}\%$$

FB513 型组装式直流单、双臂电桥的准确度等级是 0.1,R_{max}是所选用的比例臂电阻 R_1、R_2 及 R_N 的最大可测电阻值.最后把实验结果记为 $R_x \pm \Delta R_x$.

附:

待测金属棒——铜棒 ϕ2.74 mm, 电阻率约为 0.0177 μΩ · m

待测金属棒——不锈钢棒 ϕ3.94 mm, 电阻率约为 0.72 μΩ · m

待测金属棒——合金铝棒 ϕ4.00 mm, 电阻率约为 0.037 μΩ · m

2. 用滑线式双臂电桥测量金属棒的电阻率

表 2.10-4 测量金属棒的长度 l 和直径 d

螺旋测微器的零点读数 d_0=________ mm

次数	l/mm	$d_{测}$/mm	$d(=d_{测}-d_0)$/mm
1			
2			
3			
平均值			
不确定度			

表 2.10-5 测量金属棒的电阻 R_x

I/A	N	R_s/Ω	R_x/Ω	$\overline{R_x}$/Ω	$u_{\overline{R_x}}$/Ω
0.5					
1.0					
1.5					

根据公式

$$E_\rho = \sqrt{\left(\frac{u_{\overline{R_x}}}{\overline{R_x}}\right)^2 + \left(\frac{2u_{\bar{d}}}{\bar{d}}\right)^2 + \left(\frac{u_{\bar{l}}}{\bar{l}}\right)^2}$$

$$u_\rho = E_\rho \bar{\rho}$$

估算测量结果的不确定度.

3. 用箱式双臂电桥测两只低电阻的阻值

表 2.10-6

待测电阻	N	R_s/Ω	R_x/Ω	u_{R_x}/Ω
R_{1x}				
R_{2x}				

七、思考题

1. 双臂电桥与惠斯通电桥相比有哪些异同点？
2. 在双臂电桥电路中，如何消除导线本身的电阻和接触电阻的影响？

实验 2.11　用电位差计测电动势

电位差计是电学测量中应用最广泛的仪器之一，它不仅可用来测量电压、电流和电阻等，还可用来校准精密电表和直流电桥等直读式仪表，并能保证较高的准确度.现代精密电位差计，其准确度可达0.002%.用电位差计测量未知电动势（电压），就是将未知电压与电位差计上的已知电压相比较.这时被测的未知电压回路无电流，测量的结果仅仅依赖于准确度极高的标准电池、标准电阻以及高灵敏度的检流计.

一、实验目的

1. 了解补偿法的测量原理.
2. 理解并掌握电位差计测量电池电动势及其内电阻的原理和方法.

二、仪器设备

直流电位差计、饱和标准电池、检流计、直流电源、标准电阻、待测电池、开关等.

本实验中所用的电位差计，其工作电流调节电阻、调定电阻、测量盘电阻和开关都安装在一个木箱内，箱面布置如图 2.11-1 所示.面板上有十余个接线端钮，其中“电池”端钮接工作电源，“电计”端钮接检流计，“标准”端钮接标准电池，“未知 1”“未知 2”端钮接入待测电动势.图中 S_1 为选择开关，S_2 为检流计开关.

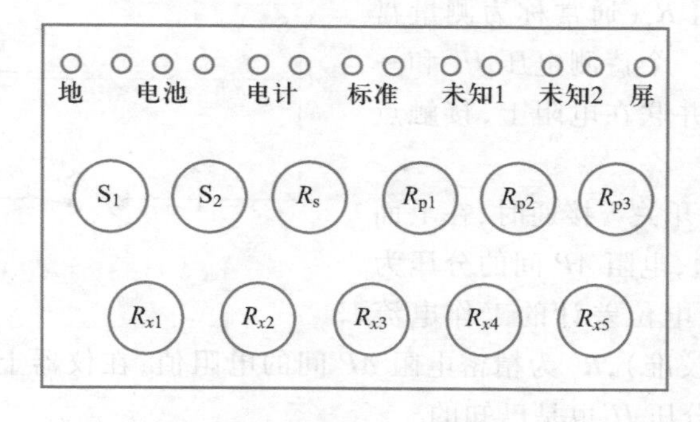

图 2.11-1　电位差计

使用时，先将选择开关 S_1 拨向“标准”位置，调节调定电阻 R_s，使其指示值等于标准电池电动势 E_s，然后调整工作电流，调节电阻 R_{p1}、R_{p2} 和 R_{p3}，适当使用检流计开关 S_2，使检流计指零.

其次，将选择开关 S_1 拨向“未知”位置，即拨向测量回路，调节测量盘电阻 R_{x1}，R_{x2}，…，R_{x5}，使检流计再次指零.

仪器在设计制造上，各测量盘的指示读数为其阻值的 1/10000.电位差计实际使用时是很方便的，当校准工作电流时，已知电位差计工作电流为

$$I_0=\frac{E_s}{R_s}=\frac{E_s}{10000\times E_s(\text{示值})}=\frac{1.01855}{10000\times 1.01855}\text{A}$$
$$=1.00000\times 10^{-4}\text{A}$$

当测量待测电动势 E_x 时，电位差计再次平衡，设各测量盘指示读数为 X，此时有

$$E_x=I_0\times R_x=1.00000\times 10^{-4}\times 10000\times(\text{读数 }X)\text{ V}$$
$$=(\text{读数 }X)\text{ V}$$

即可从测量盘读数直接测得待测电动势的大小.

本实验用的标准电池是便携式饱和标准电池，它的外形如图 2.11-2 所示，内部是一管形可逆原电池，具有正负两个电极，负极由镉汞齐组成，正极由水银及银组成，电解液为饱和硫酸镉溶液（其中含有过剩的硫酸镉晶体），电池的各种物质均密封在一玻璃容器中.电池本身安装在铝制圆筒内，盖上有正负极性标记的两个端钮，盖上还装有用于校对电池电动势的水银温度计.

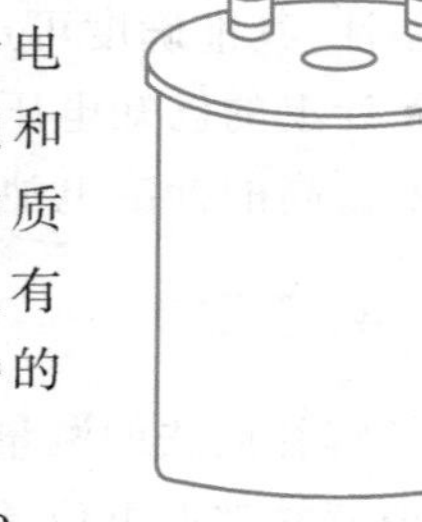

图 2.11-2 标准电池

本实验用的标准电池，在 20 ℃时其电动势为 1.01850～1.01870 V.

使用时要注意电流通过电池会引起电池电动势的变化，工作电流应小于 1 μA，并应间歇使用.

三、实验原理

图 2.11-3 是电位差计的原理图，在上面回路中有工作电源 E，串联一只调节电阻 R_p 和另一组精密电阻 R_x（通常称为测量盘电阻），在电阻下面，一个待测电压 U_x 和一个检流计 G 串联后，并联在电阻上，接触点 P 是可以移动的.

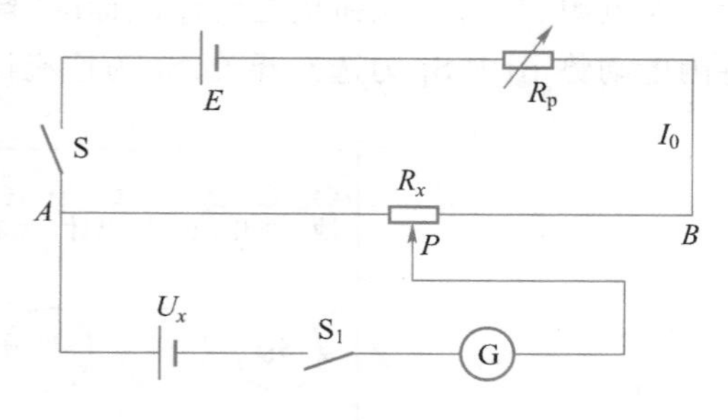

图 2.11-3 电位差计的原理图

当开关 S_1 断开、开关 S 接通时，在上面回路中有电流 I_0 流通，电阻 AP 间的分压为 $U_x'=I_0\times R_x$，式中 I_0 为电位差计的工作电流（可用标准电池进行校准），R_x 为精密电阻 AP 间的电阻值，在仪器上可直接读出.因上式右边都是已知量，故分压 U_x' 也是已知的.

当开关 S_1 接通后,有三种情况发生.

(1) $U_x<U_x'$:检流计 G 中有由左向右流通的电流.

(2) $U_x>U_x'$:检流计 G 中有由右向左流通的电流.

(3) $U_x=U_x'$:检流计 G 中无电流,称待测电压 U_x 被分压 U_x'所平衡或称电位差计达到平衡.

当电位差计平衡时,下列等式成立:

$$U_x=I_0\times R_x \tag{2.11-1}$$

这就是用电位差计测量未知电压的基本原理和公式,可再表述如下:

电位差计就是一个分压装置,各部分的分压值是已知量,将一个待测电压和电位差计上已知分压相平衡,可以测出待测电压.在电位差计平衡时,待测电压与电位差计相并联的电路上没有电流,这与一般电压表测量电压需用电流,以至影响原来电路的电压,是完全不同的.

以下我们再说明如何利用标准电池校准电位差计的工作电流.

图 2.11-4 是本实验用电位差计的线路原理图(E_s 为标准电池;E_x 为待测电动势或电压;R_p为工作电流调节电阻;R_s 为调定电阻;R_x 为测量盘电阻),当选择开关 S_1 拨向标准回路一侧时,标准电池 E_s 的电动势是准确已知的,如测量时温度为 20 ℃,其电动势 E_s 为 1.01855 V,可以选择调定电阻 R_s,使其阻值为标准电动势 E_s 的某一整数倍(本实验用仪器设计制造时定为 10000 倍.例如当 E_s 为 1.01855V 时,R_s 应调为 10185.5 Ω,但仪器上 R_s 指示值为使用方便仍为 1.01855),同时调节电阻 R_p,即改变工作电流的大小,直到检流计 G 指零为止(没有电流通过检流计),这时工作电流为

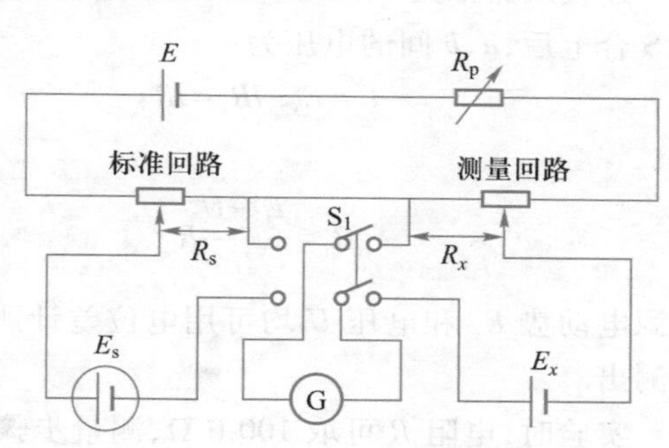

图 2.11-4　电位差计的线路原理图

$$I_0=\frac{E_s}{R_s}=\frac{1.01855}{10185.5}\text{A}=1.00000\times10^{-4}\ \text{A}$$

校准工作电流后,将开关 S_1 拨向测量回路一侧,调节电阻 R_x(通常称测量盘电阻)使检流计再次指零,根据阻值 R_x 由式(2.11-1)便可计算待测电动势 E_x 或某电路上的待测电压 U_x.

从上述可知,用电位差计测量电压时有如下两个特点:

(1) 电位差计达到平衡时,由于不从待测电路分出电流,所以待测电路的电压或电源电动势不受测量影响.

(2) 由于使用了标准电池、精密电阻,所以电位差计测量结果准确度可以很高.

四、实验内容

1. 测量干电池电动势

(1) 连接线路,将选择开关 S_1 和检流计开关都放在"断"的位置.电位差计上各端钮注意正负极分别接上工作电源、标准电池、待测电池和检流计,经教师检查后,才能操作

使用.

（2）调节工作电流，把调定电阻 R_s 指在和标准电动势 E_s 相同数值的位置上，将选择开关 S_1 拨向“标准”位置，检流计开关 S_2 先指在“粗”挡，用电阻 R_p 调节工作电流，使检流计指零.再将开关 S_2 指到“中”和“细”挡，重新调节工作电流.使检流计再次指零，此时工作电流调好为 1.00000×10^{-4} A，随即将检流计开关 S_2 放在“断”的位置.

（3）测量待测电动势，把选择开关 S_1 转到“未知”位置，预置五个测量盘电阻 R_x 的指示值约等于待测电动势的估计值，接通检流计（应将检流计开关 S_2 顺次放在“粗”“中”“细”挡，逐次测量），仔细调节测量盘电阻 R_x，使检流计指零，此时测量盘所指示数值即为待测电动势的准确值.

（4）重复测量待测电动势 3~5 次，注意在测量过程中应经常校对工作电流.

2. 测量干电池的内阻

连接线路如图 2.11-5 所示，设电源内阻为 R_i，开关 S 合上后，a、b 间的电压为

$$U=E_x-IR_i=IR$$

或

$$R_i=\frac{E_x-U}{U}R$$

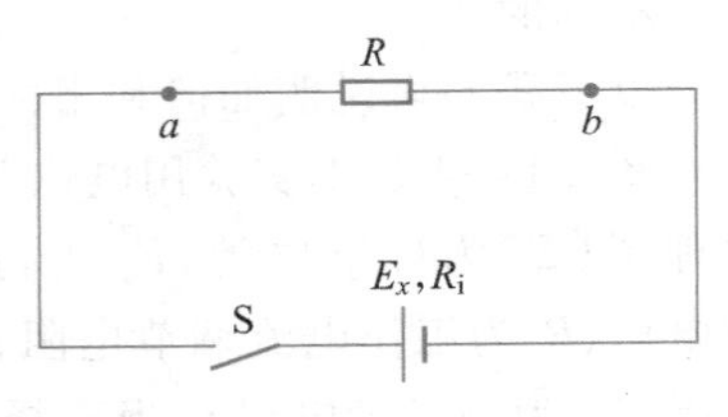

图 2.11-5 测量干电池的内阻

电源电动势 E_x 和电压 U 均可用电位差计测量，若电阻 R 为已知，则电源内阻 R_i 可从上式测出.

实验时，电阻 R 可取 100.0 Ω，测量步骤自拟.

五、实验数据及处理

将测量数据记录于表 2.11-1 中.

表 2.11-1

E_s = ________， R = ________

次数	E_x/V	U/V	R_i/Ω
1			
2			
3			
4			
⋮	…	…	…

电位差计在正常情况下，测量电压允许的基本误差为

$$\Delta_{仪}=a\%\times U_x+b\Delta U$$

式中，U_x 为测量盘指示值，ΔU 为测量盘最小分度值，a 为电位差计准确度等级，b 为附加误差项系数.本实验用电位差计 a 取 0.02，b 取 0.5.试计算电池电动势的合成不确定度、相对不确定度，并写出实验结果.

六、思考题

1. 电池的电动势和两极电位差有何区别？能否用电压表直接测读电池电动势？为什么？

2. 用电位差计测量电动势(或电压)，其工作原理是怎样的？这一测量方法有何特点？

3. 如果有一阻值已知的标准电阻，能否用电位差计来测量一未知电阻？试画出测量电路图.

实验 2.12 用霍耳效应法测量磁场

一、实验目的

1. 了解用霍耳效应法测量磁场的原理和方法.
2. 测定所用霍耳片的霍耳灵敏度.
3. 用霍耳效应法测量通电螺线管轴线上的磁场.
4. 用霍耳效应法测量通电线圈和亥姆霍兹线圈轴线上的磁场，验证亥姆霍兹线圈中央存在均匀磁场.

二、仪器设备

本实验所用霍耳效应实验仪分为电源和测试台两大部分.电源为仪器提供励磁电流和霍耳片工作电流，同时检测霍耳电压.测试台装有同轴的可以通电的螺线管和一对线圈，以及处于螺线管和线圈轴线上沿轴线方向位置可调的霍耳片，同时还有四只双刀双掷开关，用以控制通电方式.电源的面板如图 2.12-1 所示.电流显示转换开关上方为电流表，当该开关拨向右边时，电流表显示的是霍耳片工作电流，拨向左边时电流表显示的为励磁电流.励磁电流和霍耳片工作电流均可通过电位器在一定范围内调节(注意：霍耳片工作电流不得超过 3.5 mA，否则容易损坏霍耳片)，面板右侧的数字表用于显示霍耳电压.CZ_1 和 CZ_2 为两个航空插座.CZ_1 通过电缆将励磁电流导向测试台，CZ_2 通过电缆将霍耳片工作电流导向测试台上的霍耳片，同时将霍耳片上的霍耳电压引入电源，通过测量后加以显示.

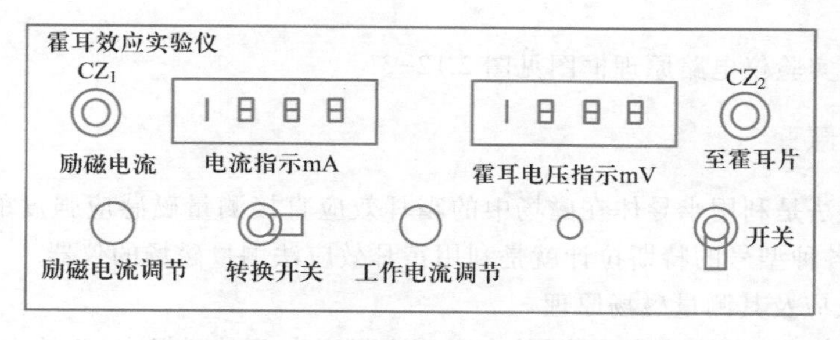

图 2.12-1 霍耳效应实验仪电源面板图

电源的主要技术参量如下.

励磁电流:调节范围 0~1.2 A(推荐使用值 1 A),电流稳定度±2‰.

霍耳片工作电流:调节范围 0~5 mA(实际使用时不得超过 3.5 mA,否则容易损坏霍耳片),电流稳定度±2‰.

以上两项电流值均通过 $3\frac{1}{2}$位数字电流表显示,单位为 mA,所显示的是电流的绝对值.霍耳电压 U 通过 $3\frac{1}{2}$位数字电压表显示,单位为 mV,在显示其绝对值的同时,还显示其正负符号.

测试台的俯视效果如图 2.12-2 所示.CZ_1'和 CZ_2'通过电缆分别与电源上的 CZ_1 和 CZ_2 相连通,L_3 为螺线管,其直径为 47 mm,单位长度匝数 $n=1400\ m^{-1}$.L_1 和 L_2 为两个相同的线圈,等效半径 $R=47$ mm,匝数 $N=100$,两线圈相距 $d=R$.如果 L_1 和 L_2 同时通以同向、相同大小的电流,就构成了亥姆霍兹线圈.安装时,L_1、L_2 和 L_3 保持同轴.

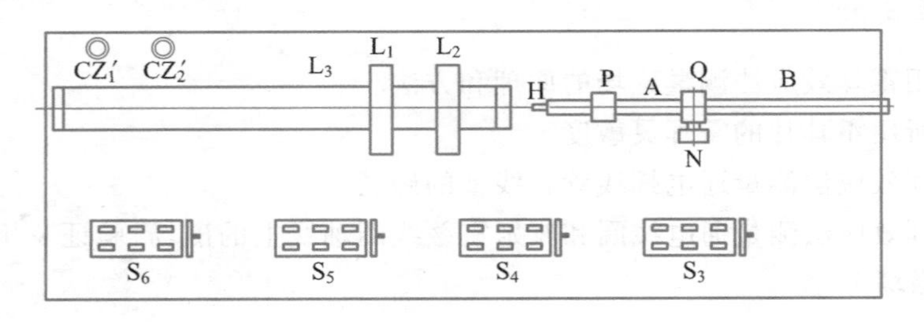

图 2.12-2　测试台的俯视图

S_3、S_4、S_5、S_6 用于控制通电方式.S_3 是霍耳片工作电流换向开关;S_4 是励磁电流换向开关.S_5 是螺线管接通或线圈接通开关,拨向"螺线管通"一侧,励磁电流只通过螺线管,而不通过线圈,拨向"线圈通"一侧,励磁电流不通过螺线管而通过线圈,至于通过哪个线圈,要由 S_6 控制.S_6 是线圈通电控制开关,仅 S_5 拨向"线圈通"一侧时才起作用.当 S_6 拨向左右两侧时,可分别选择左线圈 L_1 通或右线圈 L_2 通;S_6 处于中间位置,与闸刀两侧都不接触时,L_1 和 L_2 同时接通.

移动尺 A 装于支架 P 与 Q 上,且通过 L_1、L_2、L_3 的轴线.尺的左端贴有霍耳片 H,尺的侧面贴有标尺 B.支架 P 上有读数窗,窗下刻线所指示的标尺读数即为霍耳片到螺线管 L_3 右端的距离,H 在 L_3 内部时读数为正,H 在 L_3 外面时读数为负,支架 Q 上装有手轮 N,转动 N 可以调节移动尺沿左右方向移动,标尺最小分度为 1 mm,调节范围为-100~210 mm.

霍耳效应实验仪电路原理框图见图 2.12-3.

三、实验原理

霍耳效应法是利用半导体在磁场中的霍耳效应直接测量磁感应强度的方法.这种方法应用广泛,各种型号的特斯拉计就是利用霍耳效应法测量磁场的仪器.

1. 霍耳效应及其测量磁场原理

把一半导体薄片(锗片或硅片)放在磁感应强度为 $\boldsymbol{B}$ 的磁场中($\boldsymbol{B}$ 的方向沿 z 轴正方

向),如图 2.12-4 所示.在薄片的四个侧面 A、A'、D、D'分别引出两对电极.沿纵向(A、A'方向,即 x 轴正方向),通以工作电流 I_H,则在薄片的两个横向面 D、D'之间就会产生电位差,这种现象称为霍耳效应,产生的电位差称为霍耳电位差(霍耳电压),根据霍耳效应制成的磁电转换元件称为霍耳元件.

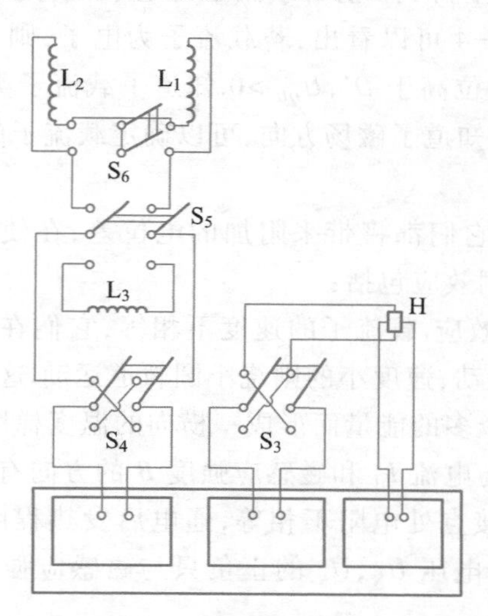

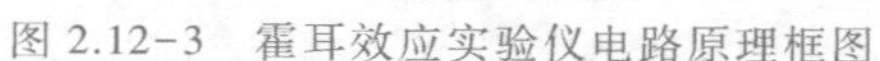
图 2.12-3　霍耳效应实验仪电路原理框图

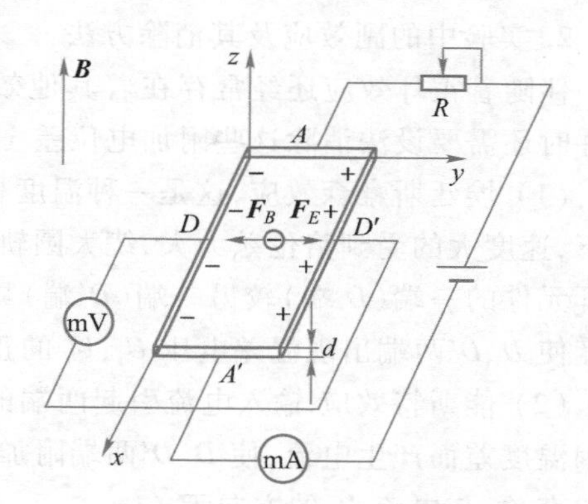

图 2.12-4　霍耳效应原理图

霍耳效应是由洛伦兹力引起的.垂直于磁场方向放置的半导体薄片通以电流后,其内部定向移动的载流子受到的洛伦兹力为

$$F_B = q\boldsymbol{v}\times\boldsymbol{B},\quad F_B = qvB \tag{2.12-1}$$

式中,q、v 分别是载流子的电荷量和移动速度.载流子受力偏转的结果使电荷在 D、D'两端面积聚而形成电场(图中设载流子是负电荷,故 $\boldsymbol{F}_B$ 沿 y 轴负方向),这个电场又给载流子一个与 $\boldsymbol{F}_B$ 反方向的电场力 $\boldsymbol{F}_E$.设 $\boldsymbol{E}$ 表示电场强度,$U_{DD'}$表示 D、D'间的电位差,b 表示薄片宽度,则

$$F_E = qE = q\,\frac{U_{DD'}}{b} \tag{2.12-2}$$

达到稳定状态时,电场力和洛伦兹力平衡,有

$$F_B = F_E,\quad 即\ qvB = q\,\frac{U_{DD'}}{b}$$

载流子的数密度用 n 表示,薄片厚度用 d 表示,则电流 $I_H = nqvbd$,故得

$$U_{DD'} = \frac{1}{nq}\frac{I_H B}{d} = R_H\,\frac{I_H B}{d} \tag{2.12-3}$$

式中,$R_H = \dfrac{1}{nq}$称为霍耳系数,它表示材料的霍耳效应的大小.

在实用中,式(2.12-3)常写成如下形式:

$$U_{DD'} = K_H I_H B \tag{2.12-4}$$

比例系数 $K_H = \dfrac{R_H}{d} = \dfrac{1}{nqd}$,称为霍耳元件的灵敏度,它的大小与材料的性质及薄片的厚度有关.对一定的霍耳元件它是一个常量,可由实验测定.

由式(2.12-4)可以看出,如果知道了霍耳元件灵敏度 K_H 和工作电流 I_H,测出相应的霍耳电压 $U_{DD'}$,就可算出磁感应强度 B 的大小.这就是用霍耳效应测量磁场的原理.

半导体材料有 n 型(电子型)和 p 型(空穴型)两种.前者载流子为电子,带负电;后者载流子为空穴,相当于带正电的粒子.由图 2.12-4 可以看出,若载流子为电子,则 D 点电位低于 D',$U_{DD'}<0$;若载流子为空穴,则 D 点电位高于 D',$U_{DD'}>0$.知道了载流子类型,可以根据 $U_{DD'}$ 的正负确定待测磁场的方向;反之,知道了磁场方向,可以确定载流子的类型.

2. 实验中的副效应及其消除方法

伴随着霍耳效应还经常存在着其他效应,它们都将带来附加的电位差,在使用霍耳元件时还需要设法消除这些附加电位差.这些副效应包括:

(1) 埃廷斯豪森效应,这是一种温度梯度效应.载流子的速度不相等,它们在磁场作用下,速度大的受到洛伦兹力大,绕大圆轨道运动,速度小的则绕小圆轨道运动.这样导致霍耳元件的一端(D 端)较另一端(D'端)具有较多的能量而形成一横向的温度梯度,温度梯度使 D、D'两端出现温差电压 U_t,U_t 的正负与电流 I_H 和磁感应强度 $\boldsymbol{B}$ 的方向有关.

(2) 能斯特效应.输入电流引起两端的焊接点处电阻不相等,通电后发热程度不同,并因温度差而产生电流,使 D、D'两端附加一个电压 U_N,U_N 的正负只与磁感应强度 $\boldsymbol{B}$ 的方向有关,与电流 I_H 的方向无关.

(3) 里吉-勒迪克效应.由能斯特效应产生的电流也有埃廷斯豪森效应,由此而产生附加电压 U_S,U_S 的正负也只与磁感应强度 $\boldsymbol{B}$ 的方向有关,而与电流 I_H 的方向无关.

(4) 不等位电压.材料的不均匀或几何尺寸的不对称使 D 和 D'面上的电极不在同一等位面上形成电压 U_0.U_0 的正负仅与电流 I_H 的方向有关,与磁感应强度 $\boldsymbol{B}$ 的方向无关.

综上所述,在确定的电流 I_H 和磁感应强度 B 的条件下,实测 D、D'两端的电压并不只是 $U_{DD'}$,还包括以上效应带来的附加电压,即

$$U=U_{DD'}+U_t+U_N+U_S+U_0$$

这些附加电压会产生系统误差,它们的正负和电流 I_H 或磁感应强度 $\boldsymbol{B}$ 的方向有关,测量时改变 I_H 和 $\boldsymbol{B}$ 的方向,可以消除这些附加电压的影响,其方法如下:

$+B$、$+I_H$ 时测量:

$$U_1=U_{DD'}+U_t+U_N+U_S+U_0 \tag{2.12-5}$$

$+B$、$-I_H$ 时测量:

$$U_2=-U_{DD'}-U_t+U_N+U_S-U_0 \tag{2.12-6}$$

$-B$、$-I_H$ 时测量:

$$U_3=U_{DD'}+U_t-U_N-U_S-U_0 \tag{2.12-7}$$

$-B$、$+I_H$ 时测量:

$$U_4=-U_{DD'}-U_t-U_N-U_S+U_0 \tag{2.12-8}$$

由以上四式中消去 U_0、U_N 和 U_S,得

$$U_1-U_2+U_3-U_4=4(U_{DD'}+U_t)$$

一般 U_t 较 $U_{DD'}$小得多,在允许的误差范围内可以略去,则

$$U_{DD'}\approx\frac{1}{4}(U_1-U_2+U_3-U_4) \tag{2.12-9}$$

3. 长直螺线管

可以证明无限长的长直螺线管内存在着一个均匀磁场，其磁感应强度大小为

$$B=\mu_0 nI \tag{2.12-10}$$

实际上的螺线管长度都是有限的，但当其长度大于其直径时，就可以近似地认为其"无限长"了.在其轴线上端部的磁感应强度大小为

$$B'=\frac{1}{2}\mu_0 nI \tag{2.12-11}$$

式中，I 为通过螺线管的电流，单位为 A；n 为螺线管单位长度上的匝数，单位为 m^{-1}；μ_0 为真空中的磁导率，$\mu_0=4\pi\times10^{-7}\ T\cdot m\cdot A^{-1}$.$B$ 的单位为 T(特斯拉).

4. 亥姆霍兹线圈

有一对半径为 R，平行同轴放置且距离也为 R，通以相同大小和方向电流的线圈，这种线圈称为亥姆霍兹线圈，如图 2.12-5 所示.它产生的磁场是由两个线圈分别产生的磁场叠加而成的.可以证明，在其中心 O 附近存在着一个均匀磁场.

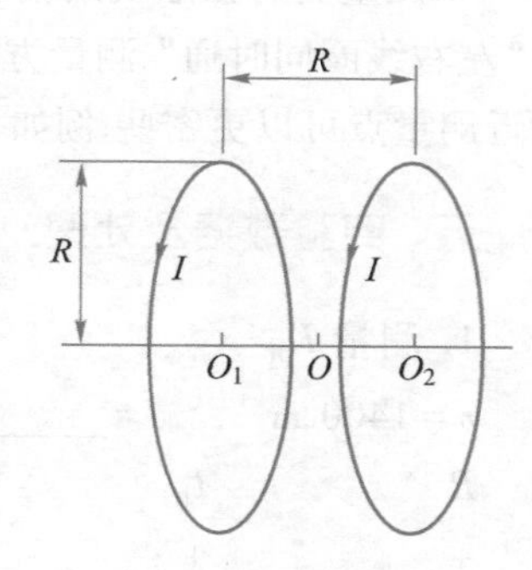

图 2.12-5　亥姆霍兹线圈示意图

单个线圈轴线上的磁感应强度大小为

$$B=\frac{\mu_0}{2}\frac{R^2NI}{(R^2+x^2)^{3/2}} \tag{2.12-12}$$

式中，N 为线圈的匝数，x 为距圆心的距离，R 为线圈半径.

亥姆霍兹线圈中心处的磁感应强度大小为

$$B=\frac{8\mu_0 NI}{5^{3/2}R}\approx\frac{0.716\mu_0 NI}{R} \tag{2.12-13}$$

四、实验内容

1. 霍耳效应实验仪的两根电缆分别连接 CZ_1 和 CZ_1' 以及 CZ_2 和 CZ_2'.一般已经连好，实验完毕后不要拔下，以免多次插拔造成插头损坏.

2. 将 S_3 和 S_4 拨向"+"（或"−"），S_5 拨向"螺线管通".打开电源开关，预热 10 min.

3. 将电源上的转换开关拨向左侧，调节"励磁电流调节"电位器，使励磁电流为 $I=1000$ mA左右.对于这个电流值，在实验过程中要经常监测，通常不会有大的变化，如果变化量超过 5 mA，应随时调节.

4. 将转换开关拨向右侧，调节"工作电流调节"电位器，使霍耳片工作电流为2.00 mA左右，对于这个电流值，在实验过程中也要经常监测，通常不会有大的变化，如果变化量超过 0.02 mA，则应随时调节.

5. 测量霍耳片的霍耳灵敏度 K_H.通过测试台上的手轮 N，调节移动尺，使得读数窗下刻线所指示的标尺读数为 20.00 cm.此时霍耳片处于螺线管中央，改变 S_3 和 S_4 的方向，从电源上"霍耳电压指示"窗读取相应的四个电压值，注意它们有正负之分.由这四个电压值，根据式(2.12-9)计算出相应的霍耳电压（注意：之后测任一点的霍耳电压都要采用与上面类似的方法，测得四个电压值再计算），并结合该处的 B 和 I_H，求出霍耳片的霍耳灵敏度 K_H.

6. 测量通电螺线管轴线上的磁感应强度 B.改变霍耳片的位置，测出螺线管轴线上一系列位置的霍耳电压，并结合 K_H 和 I_H 求出 B.在螺线管中部附近，B 随位置变化不明显，

相邻测量点间的距离可以适当大些；在螺线管端部附近，B 随位置变化比较明显，相邻测量点间距离应小一些.测量范围可从 20 cm 至 −5 cm.例如，可取测量位置为：20.00 cm、15.00 cm、10.00 cm、5.00 cm、4.00 cm、3.00 cm、2.00 cm、1.00 cm、0.00 cm、−1.00 cm、−2.00 cm、−3.00 cm、−4.00 cm、−5.00 cm 等，测量数据填入表 2.12−1 中.

7. 测量左线圈 L_1 单独通电时，其轴线上一系列位置的 B.此时应将 S_5 拨向"线圈通"一侧，S_6 拨向"左线圈通"一侧，其余测量方法与前面所述类似.测量范围为 0～15 cm，每隔 1.00 cm 测一个霍耳电压，测量数据填入表 2.12−2 中.

8. 测量右线圈 L_2 单独通电时，其轴线上一系列位置的 B.此时应将 S_6 拨向"右线圈通"一侧，其测量方法同"实验内容 7"所述.

9. 测量亥姆霍兹线圈轴线上一系列位置的 B.此时应将 S_6 拨向中间，与左右都不接触，即"左右线圈同时通".测量方法基本上与"实验内容 7"所述相同，只是在亥姆霍兹线圈中心附近测量点可以更密些.例如，从 5.00～9.00 cm 范围内，可以每隔 0.50 cm 测一个 B.

五、实验数据及处理

1. 测量 K_H

$n = 1400\ \text{m}^{-1}$，　$I=$ ________ mA，　$I_H=$ ________ mA，　$B=\mu_0 nI=$ ________ T

B	I_H	
+	+	$U_1=$ ________ mV
+	−	$U_2=$ ________ mV
−	−	$U_3=$ ________ mV
−	+	$U_4=$ ________ mV

$$U_H=\frac{1}{4}(U_1-U_2+U_3-U_4)=\underline{\qquad\qquad}\ \text{mV}$$

$$K_H=\frac{U_H}{I_H B}=\underline{\qquad\qquad}\ \text{V}\cdot\text{A}^{-1}\cdot\text{T}^{-1}$$

2. 测量通电螺线管轴线上的磁感应强度

表 2.12−1

$I=$ ________ mA，　$I_H=$ ________ mA

霍耳片离螺线管端面的距离 x/cm	B	+	B	+	B	−	B	−	$U_H\left(=\frac{U_1-U_2+U_3-U_4}{4}\right)$/mV	$B\left(=\frac{U_H}{K_H I_H}\right)$/$10^{-3}$T
	I_H	+	I_H	−	I_H	−	I_H	+		
	U_1/mV		U_2/mV		U_3/mV		U_4/mV			
20.00										
15.00										
10.00										
5.00										
4.00										
3.00										

续表

霍耳片离螺线管端面的距离 x/cm	B	+	B	+	B	−	B	−	$U_H\left(=\dfrac{U_1-U_2+U_3-U_4}{4}\right)\Big/$mV	$B\left(=\dfrac{U_H}{K_H I_H}\right)\Big/10^{-3}$T
	I_H	+	I_H	−	I_H	−	I_H	+		
	U_1/mV		U_2/mV		U_3/mV		U_4/mV			
2.00										
1.00										
0.00										
−1.00										
−2.00										
−3.00										
−4.00										
−5.00										

作 B_x-x 曲线，并验证 $B_0=\dfrac{1}{2}B_{20}$（磁感应强度 B_0 和 B_{20} 的下标表示霍耳片离螺线管端面的距离分别为 0 和 20 cm）

3. 测量左线圈单独通电时轴线上的磁感应强度

表 2.12-2

$I=$______mA，　$I_H=$______mA

霍耳片位置 x/cm	B	+	B	+	B	−	B	−	$U_H\left(=\dfrac{U_1-U_2+U_3-U_4}{4}\right)\Big/$mV	$B\left(=\dfrac{U_H}{K_H I_H}\right)\Big/10^{-3}$T
	I_H	+	I_H	−	I_H	−	I_H	+		
	U_1/mV		U_2/mV		U_3/mV		U_4/mV			
0.00										
1.00										
2.00										
3.00										
4.00										
5.00										
6.00										
7.00										
8.00										
9.00										
10.00										
11.00										
12.00										
13.00										

续表

霍耳片位置 x/cm	B	+	B	+	B	−	B	−	$U_H\left(=\dfrac{U_1-U_2+U_3-U_4}{4}\right)\Big/$mV	$B\left(=\dfrac{U_H}{K_H I_H}\right)\Big/10^{-3}$T
	I_H	+	I_H	−	I_H	−	I_H	+		
	U_1/mV		U_2/mV		U_3/mV		U_4/mV			
14.00										
15.00										

4. 测量右线圈单独通电时轴线上的磁感应强度

数据表格类似表 2.12-2,请实验者自行列表.

5. 测量亥姆霍兹线圈轴线上的磁感应强度

数据表格类似表 2.12-2,额外增加 5.50、6.50、7.50、8.50 四个点,请实验者自行列表.

将 3、4、5 所测内容在同一图上作(1)$B_{左}-x$,(2)$B_{右}-x$,(3)$(B_{左}+B_{右})-x$,(4)$B_{左+右}-x$ 四条曲线.观察曲线(3)、(4)是否重合,以验证叠加原理.由曲线(4)中间部分验证在亥姆霍兹线圈中央存在均匀磁场.

六、思考题

1. 实验中如何判断半导体的导电类型?
2. 在磁场测量过程中,为什么要保持霍耳片工作电流以及螺线管励磁电流的大小不变?
3. 若磁感应强度和霍耳片平面不完全正交,测出的霍耳系数比实际值大还是小?要准确测定霍耳系数应怎样进行?

实验 2.13　非均匀磁场的测绘

对于载流圆线圈的磁场的了解是研究一般载流回路磁场的基础.本实验用电磁感应法测定圆线圈的交变磁场,从而使学生掌握低频交变磁场的测试方法,以及了解如何用探测线圈确定磁场的方向.

一、实验目的

1. 掌握用电磁感应法测磁场的原理.
2. 研究单只载流线圈和亥姆霍兹线圈轴线上及周围的磁场分布.

二、仪器设备

磁场描绘仪、晶体管毫伏表、坐标纸等.

磁场描绘仪包括:

(1) 亥姆霍兹线圈(距离 $d=10$ cm),它包括两只线圈,线圈参数:$n=640$ 匝,$R=10$ cm.

(2) 磁场描绘仪信号源.

(3) 探测线圈一个、定位针一个、透明垫片一个.注意探测线圈的导线易折断,使用时要特别当心,避免只朝一个方向转动.

三、实验原理

法拉第电磁感应定律指出，处于磁场中的导体回路其感应电动势的大小与穿过它的磁通量的变化率成正比，因此可以通过测定探测线圈中的感应电动势来确定磁场的相关量.

1. 均匀磁场的测定

设被测磁场为均匀分布的交变磁场，磁感应强度的大小随时间 t 按正弦规律变化，即

$$B=B_{m}\sin \omega t$$

如图 2.13-1 所示，穿过探测线圈的磁通量为

$$\Phi=N\boldsymbol{B}\cdot S\boldsymbol{e}_{n}=NSB_{m}\cos \theta\sin \omega t \qquad (2.13-1)$$

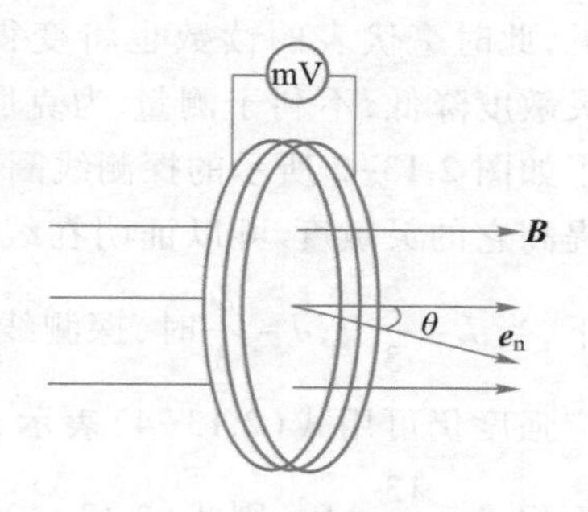

图 2.13-1　均匀磁场中的探测线圈

式中，N、S 分别为探测线圈的匝数和面积，ω 为交变磁场的角频率，θ 为探测线圈法线方向的单位矢量 $\boldsymbol{e}_{n}$ 与磁场 $\boldsymbol{B}$ 之间的夹角，探测线圈中的感应电动势为

$$\mathscr{E}=-\frac{\mathrm{d}\Phi}{\mathrm{d}t}=-NSB_{m}\omega\cos \theta\cos \omega t=-\mathscr{E}_{m}\cos \omega t \qquad (2.13-2)$$

式中，$\mathscr{E}_{m}=NSB_{m}\omega\cos \theta$ 为感应电动势的峰值.

由于探测线圈的内阻远小于毫伏表的内阻，可忽略线圈上的电压降，故毫伏表的读数（有效值）与感应电动势的峰值之间有如下关系：

$$U=\frac{|\mathscr{E}_{m}|}{\sqrt{2}}=\frac{1}{\sqrt{2}}NSB_{m}\omega|\cos \theta| \qquad (2.13-3)$$

由式（2.13-3）可知，当 $\theta=0$ 或 π 时，毫伏表读数有极大值：$U_{m}=\frac{1}{\sqrt{2}}NSB_{m}\omega$，显然，由毫伏表测出的最大值，可确定磁感应强度的峰值为

$$B_{m}=\sqrt{2}\frac{U_{m}}{NS\omega} \qquad (2.13-4)$$

从原理上讲，此法既可用来确定磁场的大小，也可用来确定磁场的方向，因线圈平面的法线方向正是磁场的方向.但实际上，用此法确定方向的误差太大，因为感应电动势值随夹角 θ 的变化率是和 θ 的大小有关的.为求此关系，将式（2.13-3）对 θ 求导，得

$$\left|\frac{\mathrm{d}U}{\mathrm{d}\theta}\right|=\frac{1}{\sqrt{2}}NSB_{m}\omega|\sin \theta|$$

可见，当 $\theta=\frac{\pi}{2}$ 或 $\theta=\frac{3\pi}{2}$ 时，毫伏表读数对夹角的变化最大，此时，探测线圈只要稍有转动，便可引起毫伏表读数的明显变化.磁感应强度 $\boldsymbol{B}$ 的方向，可通过毫伏表读数的极小值来确定.利用这一特征，可准确地确定探测线圈方位，此时探测线圈的法线方向与磁感应强度方向垂直.

2. 非均匀磁场的测定

式（2.13-4）是对均匀的交变磁场得出的，如果磁场不均匀，则探测线圈只能测出它

所在空间磁场的平均值.如果要测出各点的磁感应强度,探测线圈的面积 S 必须很小,但由式(2.13-3)可见,此时毫伏表的读数也将变得很小,即探测线圈的灵敏度降低,不利于测量.为克服这一矛盾,我们设计了如图 2.13-2 所示的探测线圈,用增加匝数的方法来提高它的灵敏度.可以证明在线圈体积适当小的前提下,当 $L=\frac{2}{3}D, d=\frac{D}{3}$时,探测线圈几何中心处的磁感应强度仍可用式(2.13-4)表示,代入各匝线圈的平均面积 $S=\frac{13}{108}\pi D^2$,则式(2.13-4)可写成

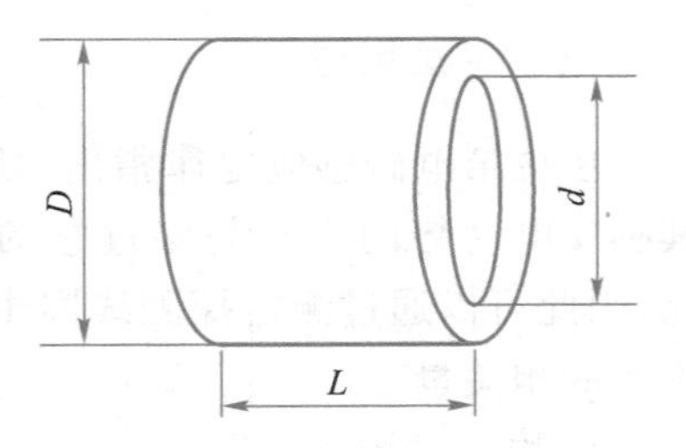

图 2.13-2 用于非均匀磁场测定的探测线圈

$$B_m=\frac{108\sqrt{2}U_m}{13N\pi D^2\omega} \tag{2.13-5}$$

即 B_m 与 U_m 保持线性关系,故仍可通过测 U_m 来确定 B_m 的大小和方向.如果仅仅要求测定磁场分布,则可选定磁场中某一点的磁感应强度 B_{m0}作为标准,利用式(2.13-5)可写出磁场中另一位置的相对值关系式:$\frac{B_m}{B_{m0}}=\frac{U_m}{U_{m0}}$.

于是可利用探测线圈于不同场点时毫伏表的不同读数来描绘非均匀磁场的磁感应强度分布.

四、实验内容

1. 将适当剪裁后的坐标纸固定在亥姆霍兹线圈箱面上.

2. 在坐标纸上画出线圈的轴线,在轴线上标出中心点 O 的位置(单只线圈的中心点在待测线圈两个侧面的中间,亥姆霍兹线圈中心点在两个线圈的中间),以中心点 O 为始点,沿轴线每隔 2.00 cm 标出一点,作为轴线上磁感应强度分布的测量点,须测 8~12 个点.以中心点 O 为始点沿径向(垂直于轴线方向)每隔 2.00 cm 标出一点,作为描绘磁场线的起始点,须描绘 4~7 条磁场线.

3. 将探测线圈的引线接入晶体管毫伏表,选择合适量程.待测线圈接入磁场描绘仪信号源的输出端(对单只线圈的测量,将单只线圈两端的接线柱接入;对亥姆霍兹线圈,须将两线圈串联接入).

4. 测量单只线圈磁感应强度的分布.

(1) 置探测线圈于中心点上,水平缓慢转动,使探测线圈保持在毫伏表读数最大的位置,细调信号源输出电压,使毫伏表读数达到满偏刻度,记下此时探测线圈的位置和毫伏表读数值 U_{m0}.

(2) 保持(1)中信号源的输出电压,将探测线圈依次沿轴线方向移到其他测量点上,缓慢转动,使毫伏表读数最大,分别记录各点的位置及毫伏表的读数 U_m,数据填入表 2.13-1 中.

(3) 根据式(2.13-5)(探测线圈参数一般由实验室给定)计算出各点位置磁感应强度的大小.

(4) 绘制 $\left(\dfrac{B_m}{B_{m0}}\right)-x$ 图线，即 $\left(\dfrac{U_m}{U_{m0}}\right)-x$ 曲线，并进行分析(注：x 指中心轴线上点离中心点的距离).

5. 测量亥姆霍兹线圈磁感应强度分布方法同上，数据记录在表 2.13-2 中.

6. 描绘磁场线的方法.

在探测线圈底座上有两个小眼，可以插定位针，这两个小眼的连线方向与探测线圈的法线方向垂直.

将定位针通过探测线圈的小眼插在一个起始点上，以定位针为轴线，缓慢转动探测线圈，找到使毫伏表读数最小的位置，保持这个位置，拔出定位针，插入另一小眼中，重复上述步骤.

将坐标纸上的小眼依次连成光滑的曲线，即成一条磁场线.

将“实验内容 2”中垂直于轴线方向每隔 2.00 cm 标出的点作为描绘磁场线的不同起始点，作出 4~7 条磁场线.

五、实验数据及处理

N=________匝，D = ________ mm，f = ________ Hz

1. 单只线圈轴线上的磁感应强度分布

表 2.13-1

x/cm								
U_m/mV								
B_m/T								

2. 亥姆霍兹线圈轴线上的磁感应强度分布

表 2.13-2

x/cm								
U_m/mV								
B_m/T								

六、思考题

1. 测磁感应强度分布时，有无必要测磁感应强度的方向？
2. 描绘磁场线时，是测定磁感应强度的方向，还是测其大小？

实验 2.14　示波器的使用

阴极射线(即电子射线)示波器简称示波器，主要由示波管和复杂的电子线路组成.用示波器可以直接观察电压波形，并测定电压的大小.因此，一切可转换为电压的电学量(如电流、电功率、阻抗等)、非电学量(如温度、位移、速度、压力、光强、磁场、频率等)以及它们随时间的变化过程都可用示波器来观测.由于电子射线的惯性小,又能在荧光屏上显示出可见的图像,所以示波器特别适用于观测瞬时变化过程,是一种用途广泛的现代测量工具.电子示波器又分为模拟示波器和数字示波器,本实验所使用的是模拟示波器。

2.14　教学视频

一、实验目的

1. 了解示波器的主要组成部分及各部分间的联系与配合,熟悉示波器和信号发生器的基本使用方法.

2. 通过观测李萨如图形,学会一种测量正弦振动频率的方法,并加深对于互相垂直振动合成理论的理解.

3. 学会用辉度调制法测方波频率.

二、仪器设备

示波器(各旋钮及接线柱的用法参阅仪器使用说明书)、信号发生器和移相器.

三、实验原理

示波器(示波器的基本结构见图 2.14-1)主要由示波管(见图 2.14-2)和复杂的电子线路构成.示波器能动态地显示随时间变化的电压信号的原理是将电压加在电极板上,极板间形成相应的变化电场,使进入这变化电场的电子运动情况相应地随时间变化,最后把电子运动的轨迹用荧光屏显示出来.为了适应各种测量的要求,示波器的电子线路是多样而又复杂的.下面就通用示波器主要部分的原理及功能进行简单介绍.

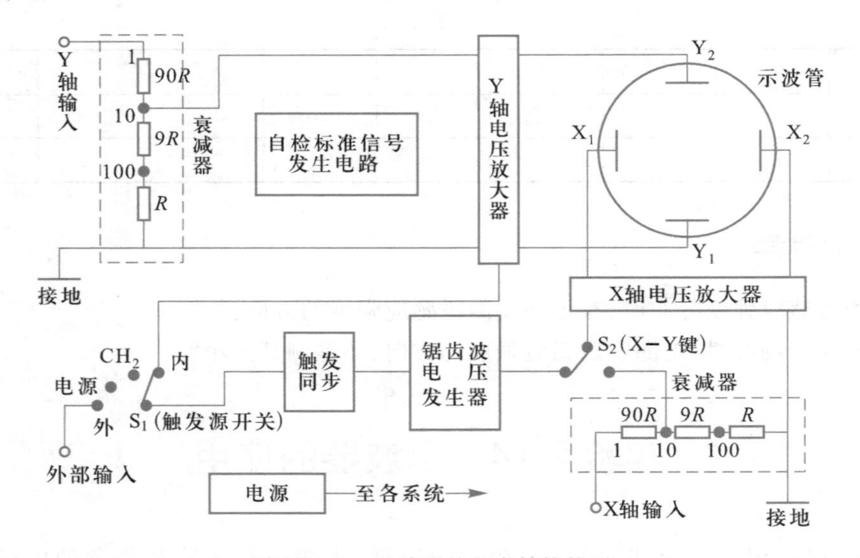

图 2.14-1　示波器的基本结构简图

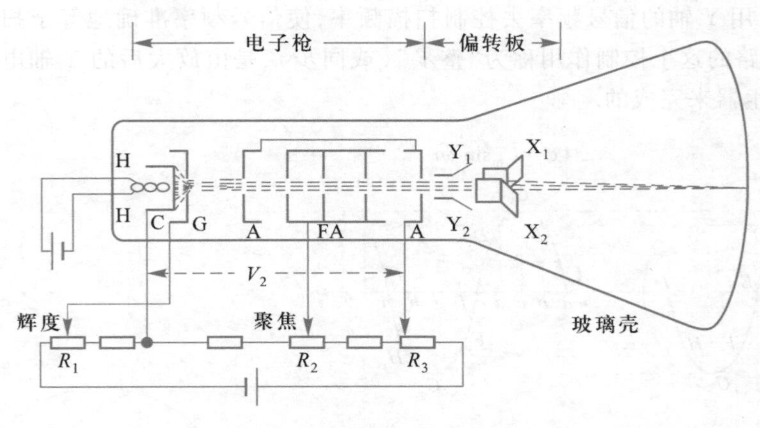

图 2.14-2 示波管示意图

1. 示波原理

电子束的偏转位移 Y（或 X）与加于偏转板上的偏转电压 U_y（或 U_x）成正比关系，如图 2.14-3 所示：$Y \propto U_y$.

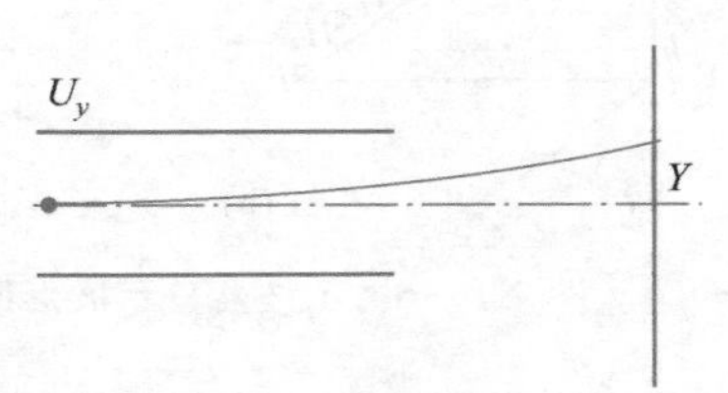

图 2.14-3 偏转位移 Y 与偏转电压 U_y

如果只在竖直（Y 轴）偏转板上加一正弦电压 $U_y = U_m \sin \omega t$，则电子只在竖直方向随电压变化而往复运动，见图 2.14-4. 要能够显示波形，必须在水平（X 轴）偏转板上加一扫描电压（锯齿波电压），见图2.14-5.

示波器显示波形实质：见图 2.14-6，即沿 Y 轴方向的简谐振动（或其他运动）与沿 X 轴方向的匀速运动合成的一种合运动.

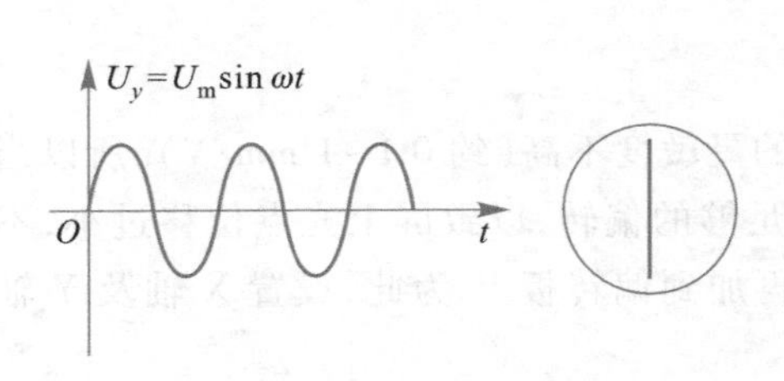

图 2.14-4 信号随时间变化的规律（电压加在竖直偏转板上）

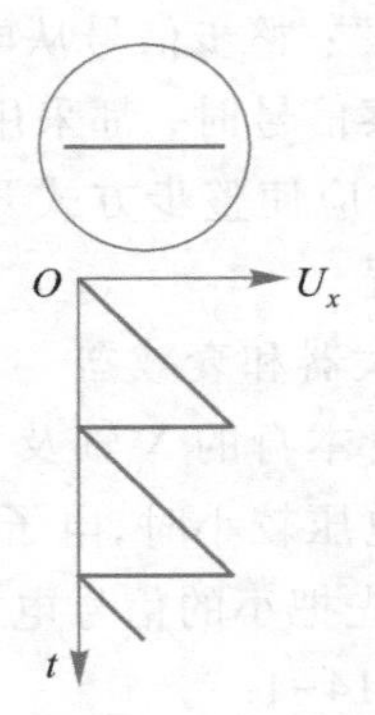

图 2.14-5 锯齿波电压（电压加在水平偏转板上）

2. 整步（或同步）

不难理解，显示稳定波形的条件：扫描电压周期应为被测信号周期的整数倍，即 $T_x = nT_y(n=1,2,3,\cdots)$（见图 2.14-7）. 但是，两个独立发生的电振荡的频率在技术上难以调节成准确的整数倍关系，因而屏上波形发生横向移动，不能稳定，造成观测困难. 克服困难的办法是,用 Y 轴的信号频率去控制扫描频率,使信号频率准确地等于扫描频率或它的整数倍.电路的这个控制作用称为“整步”(或同步),是由放大后的 Y 轴电压作用于锯齿波电压发生器来完成的.

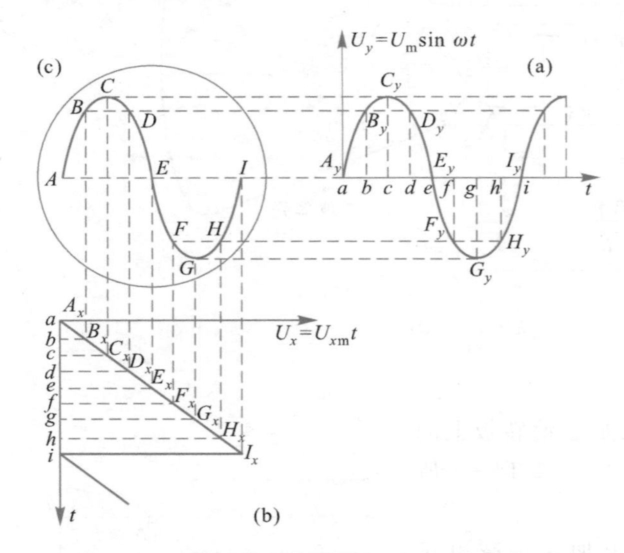

图 2.14-6 示波器显示波形原理图($T_x=T_y$)

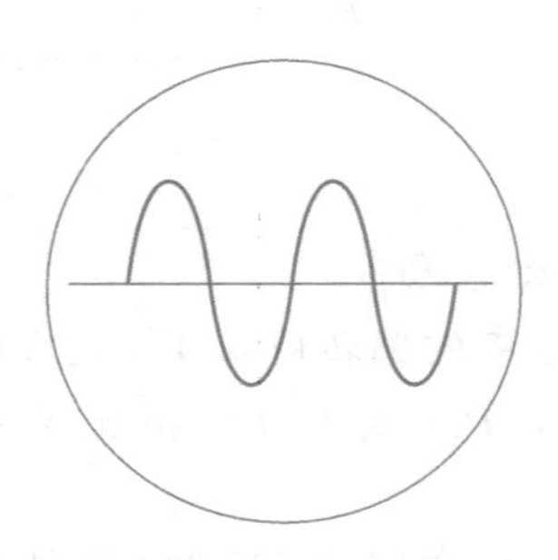

图 2.14-7 $T_x=2T_y$ 时合成的图形

为了达到“整步”目的，示波器采用三种方式：

“内整步”:将待测信号一部分加到锯齿波电压发生器,当待测信号频率 f_y 有微小变化时,它将迫使扫描频率 f_x 追踪其变化，保证波形的完整稳定；

“外整步”：从外部电路中取出信号加到锯齿波电压发生器，迫使扫描频率 f_x 变化，保证波形的完整稳定；

“电源整步”：整步信号从电源变压器获得.

一般在观察信号时，都采用“内整步”(或称为“内触发”).若为同步显示的波形出现走动状态，此时应使整步方式开关打在“内”的位置,调节扫描步长(即扫描周期),“电平 (level)”位置.

3. 电压放大器和衰减器

由于示波管本身的 X 轴及 Y 轴偏转板的灵敏度不高(约 0.1~1 mm/V),所以当加于偏转板的信号电压较小时,电子束不能发生足够的偏转,以致屏上光点位移过小,不便观测.这就需要预先把小的信号电压加以放大再加到偏转板上.为此,设置 X 轴及 Y 轴电压放大器,见图 2.14-1.

从“Y 轴输入”与“接地”两端接入的输入电压 U_{in},经“衰减器”(即分压器)衰减为 $(R+9R)U_{in}/(R+9R+90R)=U_{in}/10$ 后,作用于“Y 轴电压放大器”(也称增幅器).经增幅器放大 G 倍后,为 $GU_{in}/10$,作用于 Y 轴偏转板,能使示波管屏上光点位移增大.调节“Y 轴增幅”旋钮,即调整放大倍数 G,可连续地改变屏上光点位移的大小.

“衰减器”的作用是使过大的输入电压变小,以适应“Y 轴电压放大器”的要求，否则放大器不能正常工作,甚至受损.衰减率通常分为三挡:1、1/10、1/100.但习惯上在仪器面板上用其倒数 1、10、100 表示.

4. 李萨如图形

示波管内的电子束受 X 轴偏转板上正弦电压的作用时，屏上亮点做水平方向的简谐振动 $x=a\sin(2\pi f_x t+\varphi_1)$；受 Y 轴偏转板上正弦电压的作用时，亮点做竖直方向的简谐振动 $y=b\sin(2\pi f_y t+\varphi_2)$. X 轴与 Y 轴偏转板同时加上正弦电压时，亮点的运动是两个相互垂直的简谐振动的合成，如果频率比值 $f_x:f_y$ 为整数比，则合成运动的轨迹是一个封闭的图形，称为李萨如图形，图 2.14-8 是频率比为简单整数比的一些李萨如图形. 当 $f_x:f_y=1:1$ 时，其李萨如图形的形成见图 2.14-9，图中 $\varphi=\varphi_1-\varphi_2$.

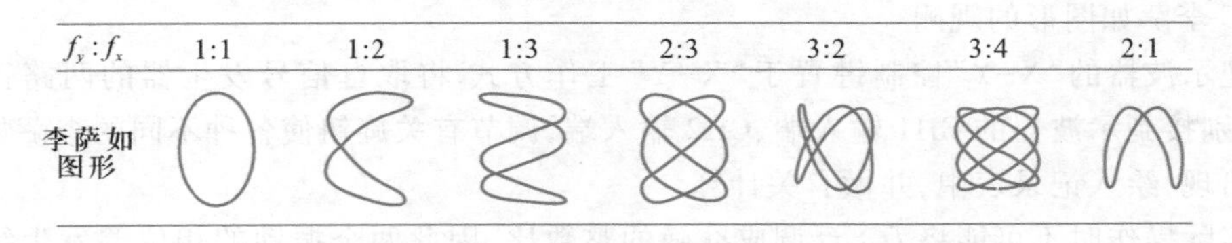

图 2.14-8　频率为简单整数比的李萨如图形

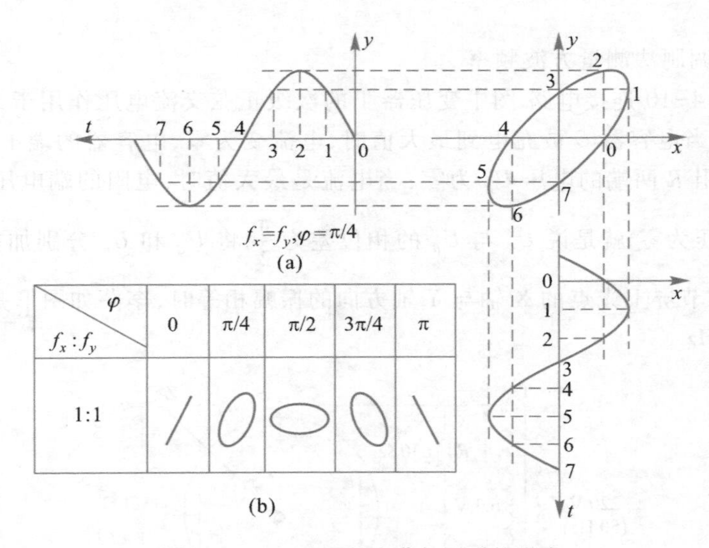

图 2.14-9　$f_x=f_y$ 的李萨如图形的形成

如果作李萨如图形的水平切线和竖直切线，其切点数分别为 N_x 和 N_y，则有

$$\frac{N_x}{N_y}=\frac{f_y}{f_x}$$

式中，f_x 和 f_y 分别是 CH1、CH2 通道输入的信号的频率. 如果上式中 f_y 为已知，则可由李萨如图形的切点数来计算未知频率 f_x.

四、实验内容

1. 调节示波器并观察记录波形

（1）把示波器的“X-Y”控制键置于“扫描”工作方式，竖直偏转信号接入 CH1 输入端（或 CH2 输入端），旋“辉度”旋钮至适当位置，“CH1 移位”（或“CH2 移位”）及“水平移位”旋到中间位置. 然后按通电源，预热约 3 分钟后，屏上出现扫描线. 调节“聚焦”“CH1

微调”(或“CH2 微调”)“CH1 移位”(或“CH2 移位”)等旋钮,使扫描线最细,位置居中,亮度适中.

(2) 观察亮点扫描:“TIME/DIV”旋钮由高频率逐步旋到较低频率,每旋低一挡都再旋“扫描微调”旋钮使扫描频率发生改变.

(3) 观察波形:从信号发生器取几种不同信号,接入 CH1 输入端或 CH2 输入端,适当调节对应通道的“VOLTS/DIV”旋钮和水平部分的“TIME/DIV”旋钮,使波形幅度为示波器荧光屏满屏的 80%左右且波形稳定、完整波形数适中.

2. 李萨如图形的观测

把示波器的“X-Y”控制键置于“X-Y”工作方式.将取自信号发生器的两路正弦电压,分别接到示波器的 CH1 输入端、CH2 输入端,调节有关旋钮使各种不同的李萨如图形分别出现,绘入记录表中,并做有关计算.

实际操作时不可能将 $f_y : f_x$ 调成准确的整数比,因此两个振动的相位差发生缓慢改变,图形不可能很稳定,调到变化最缓慢的程度即可.做完实验后,关闭信号发生器的电源.

3. 用辉度调制法测量方波频率

按照图 2.14-10 连接电路.图中变压器 T 的次级正弦交流电压作用于 RC 串联电路,产生交流电流.当电容器 C 被充电到最大值时,电流变为零,电容器的端电压 U_C 达到最大值,同时,电阻 R 两端的电压 U_R 为零;当电流是最大值时,电阻的端电压为最大值,但电容器的端电压为零.就是说 U_C 与 U_R 的相位差为$\frac{\pi}{2}$.将 U_C 和 U_R 分别加在示波器的两对偏转板上,调节屏上光点的 X 轴与 Y 轴方向的振幅相等时,李萨如图形是一个圆.圆扫描频率 $f_0 = 50$ Hz.

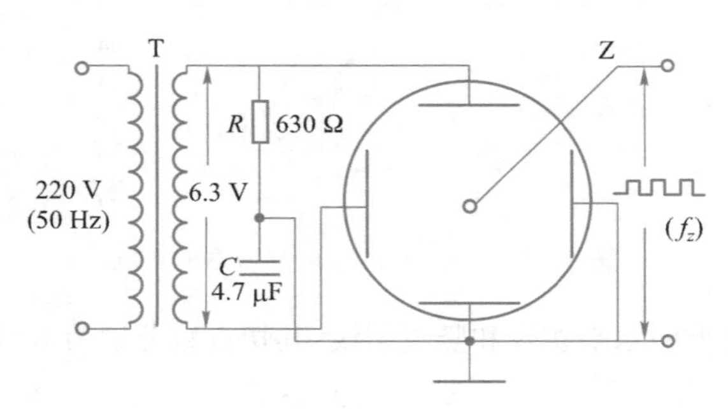

图 2.14-10 辉度调制法的原理电路图

将移相器两端口输出的信号分别连入示波器的 CH1 输入端和 CH2 输入端,并将信号发生器输出的方波信号接到示波器后板的“Z”轴插孔(即示波管的辉度控制栅极)上,两者的地线相连,当一正一负地交替变化的方波电压作用于示波管的控制栅极时,电子束在每一个方波周期内被截止一次,在圆扫描图形上造成一个不亮的缺口.当方波频率 f_z 为圆扫描频率 f_0 的 n(整数)倍时,屏上出现稳定的、有 n 个缺口的圆.由此可知:$f_z = nf_0$.实验时,方波频率自 50 Hz 起逐步增大,进行观测.

五、注意事项

1. 为了保护荧光屏不被灼伤，使用示波器时，光点亮度不能太强，而且也不能让光点长时间停在荧光屏的某一点上.

2. 在实验过程中，如果短时间内不使用示波器，可将“辉度”旋钮逆时针方向旋到底，截止电子束的发射，使光点消失.不要经常通断示波器的电源，以免缩短示波管的使用寿命.

六、实验数据及处理

1. 观察记录波形，相关数据记入表 2.14-1 中.

表 2.14-1

信号发生器			示波器						
波形选择	峰-峰值/V	频率/Hz	VOLTS/DIV	格数	峰-峰值/V	TIME/DIV	格数	周期/s	频率/Hz
正弦波									
方波									
三角波									

2. 观察记录李萨如图形，相关图形及数据记录于表 2.14-2 中.

表 2.14-2

李萨如图形							
N_x	1	1	1	2	3	3	2
N_y	1	2	3	3	2	4	1
$f_x:f_y$	1∶1						
f_x/Hz							
f_y/Hz	50	50	50	50	50	50	50

3. 用辉度调制法测量方波频率($f_0=50$ Hz)，相关数据记入表 2.14-3 中.

表 2.14-3

图形								
f_y/Hz								

七、思考题

1. 示波器的扫描频率远大于或远小于 Y 轴正弦波信号的频率时，屏上的图形将是什么情形？试先从扫描频率等于正弦波信号频率的 $2\left(\text{或}\frac{1}{2}\right)$、$3\left(\text{或}\frac{1}{3}\right)$、……倍考察，然后

推广到 $n\left(\text{或}\dfrac{1}{n}\right)$ 倍的情形.

2. 在用李萨如图形测频率实验中，当 X 轴偏转板与 Y 轴偏转板上的正弦电压频率相等时，屏上图形还在时刻转动，为什么？

3. 调节屏上的（圆扫描）"辉度"调制图形时，图形往往会"转". 什么情况下，顺时针方向转？什么情况下，逆时针方向转呢？

实验 2.15　电表的改装与校准

微安表（表头）只允许通过微安量级的电流，一般只能测量很小的电流和电压. 如果要用它来测量较大的电流或电压，就必须进行改装，以扩大其量限，经改装后的微安表具有测量较大电流、电压和电阻等多种用途. 若在表中配以整流电路将交流变为直流，则它还可以测量交流电压等有关量.

一、实验目的

1. 掌握将微安表改装成较大量限的电流表和电压表的原理和方法.
2. 学会一种用标准表校准电流表和电压表的方法.

二、仪器设备

磁电式微安表、直流数字电流表、直流数字电压表、电阻箱、滑线变阻器、稳压电源等.

三、实验原理

1. 将微安表改装为电流表

用于改装的微安表习惯上称为"表头". 使表针偏转到满刻度所需要的电流 I_g 为表头的量限. I_g 越小，则表头的灵敏度越高. 表头内线圈的电阻 R_g 称为表头的内阻. 为了使表头能测量较大的电流，我们可以在表头上并联一只适当阻值的电阻 R_s（R_s 称为分流电阻），它使被测电流中的大部分经 R_s 流过，而表头仍保持原来允许通过的最大电流 I_g（图 2.15-1）. 设表头改装后的量限为 I，则由欧姆定律，有

$$(I-I_g)R_s=I_gR_g$$

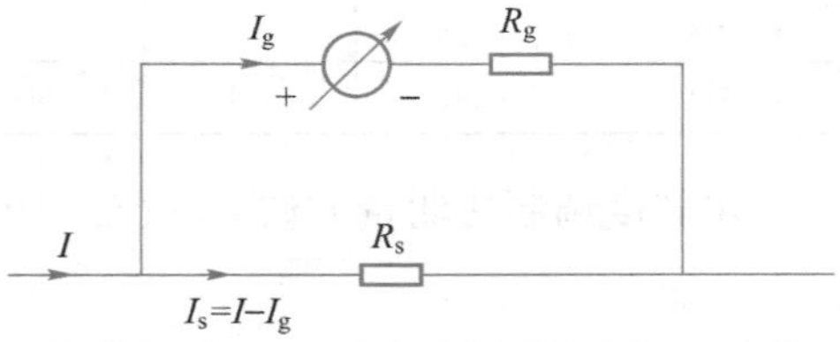

图 2.15-1　微安表改装为电流表原理图

若

$$I=nI_g$$

则

$$R_s=\frac{R_g}{n-1} \tag{2.15-1}$$

例 2.15-1　要求把 $I_g=100\ \mu\text{A}$，$R_g=1000\ \Omega$ 的表头改装成 $I=10\ \text{mA}$ 的毫安表，试求 R_s.

解：

$$n=\frac{I}{I_g}=\frac{10}{100\times10^{-3}}=100$$

$$R_s=\frac{R_g}{n-1}=\frac{1000}{100-1}\ \Omega\approx10.1\ \Omega$$

在表头上并联阻值不同的分流电阻，便可制成多量限的电流表.实际的多量限电流表往往在表头上同时串、并联几只电阻，因而各只电阻的计算略有不同.图 2.15-2 是把 $I_g=100\ \mu A$，$R_g=1000\ \Omega$ 的表头改装成两个量限（$I_1=1\ mA$，$I_2=10\ mA$）的电流表的实际线路，其分流电阻 R_1、R_2 的求法如下所示：

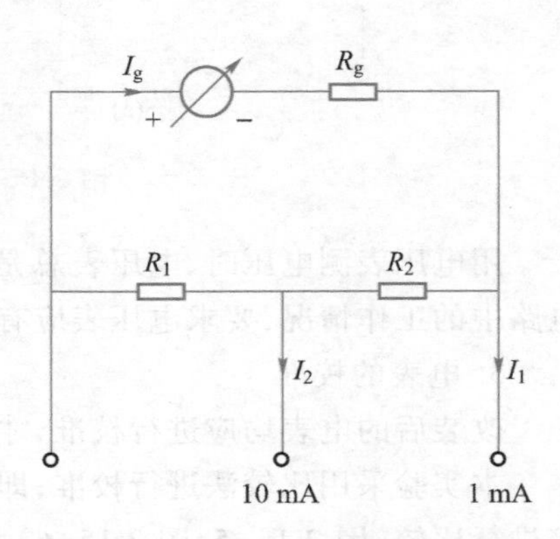

图 2.15-2　两个量限电流表的电路

若按最小电流量限 $I_1=1\ mA$，计算出总的分流电阻值 R_s.因为

$$n_1=\frac{I_1}{I_g}=10$$

由式（2.15-1）得

$$R_s=\frac{1}{9}R_g$$

再计算量限 $I_2=10\ mA$ 的分流电阻 R_1，由图 2.15-2 可知

$$I_g(R_g+R_2)=(I_2-I_g)R_1,\quad R_s=R_1+R_2$$

$I_2=100I_g$，解上式得

$$R_1=\frac{1}{90}R_g,\quad R_2=R_s-R_1=\frac{1}{10}R_g$$

代入数值，有 $R_1\approx11.1\ \Omega$，$R_2=100\ \Omega$，$R_s\approx111.1\ \Omega$.用电流表测量电流时，电流表应串联在被测电路中，为了使电流表的接入不影响原来电路的情况，要求电流表有较小的内阻.

2. 将微安表改装为电压表

为了测量较高的电压，可在微安表上串联一只附加电阻（也称为分压电阻）R_H，如图 2.15-3 所示.

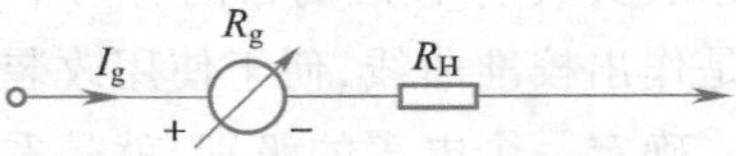

图 2.15-3　微安表改装为电压表示意图

设微安表的量限为 I_g，内阻为 R_g，拟将微安表改装成量限为 V 的电压表，由欧姆定律，有

$$I_g(R_g+R_H)=V$$

故

$$R_H=\frac{V}{I_g}-R_g\tag{2.15-2}$$

例 2.15-2　已知 $I_g=100\ \mu A$，$R_g=1000\ \Omega$，要求 $V=1.5\ V$，则需串联的分压电阻为

$$R_H=\left(\frac{1.5}{100\times10^{-6}}-1000\right)\Omega=14000\ \Omega$$

显然与电流表的改装相似，用不同的 R_H，可以制成多量限的电压表.图 2.15-4 是两个量限电压表的内部电路，其中（a）为共用附加电阻的电路，（b）为单独配用附加电阻的电路.

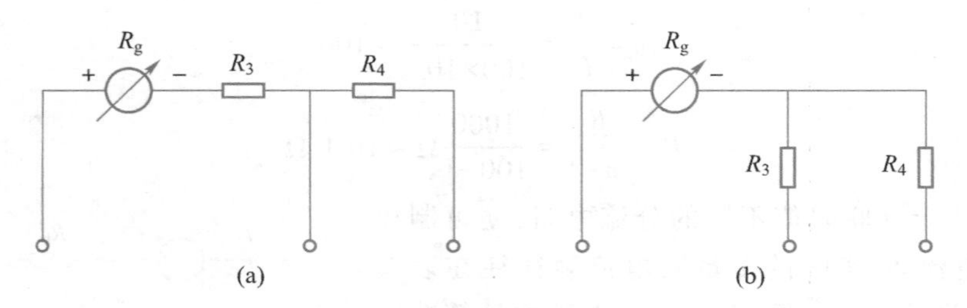

图 2.15-4 两个量限的电压表电路

用电压表测电压时,电压表总是并联在被测电路上,为了不致因并联电压表而改变电路中的工作情况,要求电压表应有较高的内阻.

3. 电表的校准

改装后的电表均应进行校准,才能交付使用.

本实验采用比较法进行校准,即分别用改装后的电流表或电压表与相应的标准表直接进行比较(图 2.15-5、图 2.15-6),从而达到校准的目的.

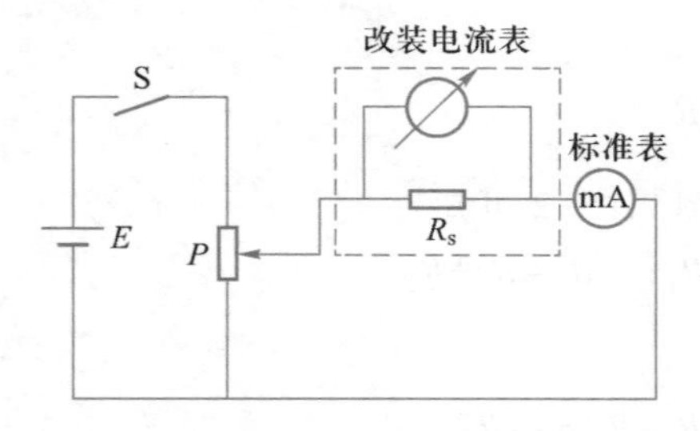

图 2.15-5 改装电流表校准电路

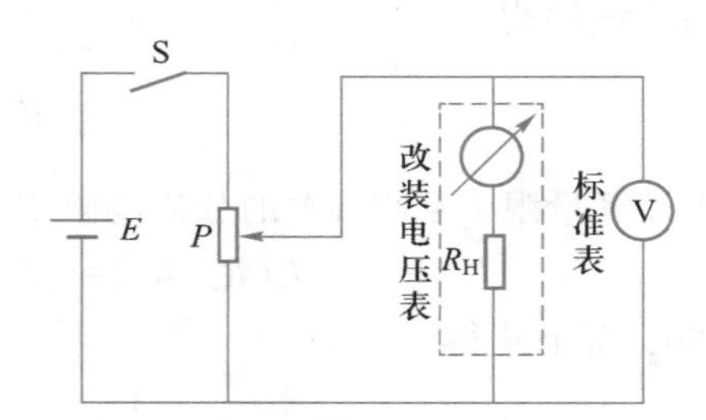

图 2.15-6 改装电压表校准电路

电表在改装过程中,由于带来了新的基本误差,所以改装后的电表的级别一般都低于原表头级别.校准的目的有两个,一个是检验改装后的电表是否达到要求的级别;另一个是作出校准曲线,便于使用改装后的电表准确读数.

确定一个电表的级别,就是看该电表的误差是处在哪一个级别所允许的误差范围之内,假如选用了合适标准表,则标准表的误差就可以忽略,于是,改装表的误差可由下式确定:

$$\Delta I=\left|I_{改}-I_{标}\right|,\quad \Delta U=\left|U_{改}-U_{标}\right|$$

式中,$I_{改}$、$U_{改}$ 为改装表的读数,$I_{标}$、$U_{标}$ 为标准表的读数.

作校准曲线,就是取改装表的读数为横坐标,以标准表与改装表的读数之差为纵坐标描点,每相邻两点间用直线连接起来,在坐标纸上作出折线,此折线即为改装后电表的校准曲线.

四、实验内容

1. 电流表的改装和校准

(1) 按图 2.15-5 连接线路,本实验所用电磁式微安表,其参量是 $R_g=1000\ \Omega$,$I_g=100\ \mu A$.现要求改装成量限分别为 $I_1=1\ mA$,$I_2=10\ mA$ 的电流表,利用式(2.15-1)计算,

分别选用阻值合适的电阻元件作为 R_s.

(2) 经教师检查正确后才能接通电源.

(3) 调节电路中的电流,使改装表读数从零单调地增加到满刻度,且每次使改装表的读数取整数,然后再使改装表读数单调减小到零,同时记下改装表和标准表相应电流的读数(表 2.15-1).

(4) 以改装表的读数为横坐标,标准表与改装表读数的差值为纵坐标,在坐标纸上作出改装表的校准曲线.

2. 电压表的改装和校准

(1) 按图 2.15-6 连接线路,现要求改装成量限分别为 $V_1=1.5$ V,$V_2=3.0$ V 的电压表,利用式(2.15-2)计算,选取阻值合适的电阻元件作为 R_H.

(2) 经教师检查正确后才能接通电源.

(3) 调节电源的输出电压,使改装表读数从零单调增加到满刻度,并且每次使改装表的读数取整数,然后再使改装表读数单调减小到零,同时记下改装表和标准表相应电压的读数.

(4) 以改装表的读数为横坐标,标准表与改装表读数的差值为纵坐标,在坐标纸上作出改装表的校准曲线.

五、实验数据及处理

表 2.15-1 电流表的改装和校准

改装表读数 $I_{改}$	标准表读数 $I_{上行}$	标准表读数 $I_{下行}$	标准表读数平均值 $I_{标}$	$\Delta I=\lvert I_{改}-I_{标}\rvert$
⋮	…	…	…	…

同理,电压表的改装和校准数据表格请自行列出.最后在坐标纸上作出校准曲线图.

六、思考题

1. 校准电流表时,如果发现改装表的读数相对于标准表的读数偏高,试问要达到标准表的数值,此时改装表的分流电阻应该调大还是调小?为什么?

2. 为什么校准电流表时需要把电流(或电压)从小到大测量一遍,又从大到小测量一遍?如果两者数据完全一致说明什么?两者数据不一致又说明什么?

实验 2.16 电子束的偏转

示波管、电视显像管、摄像管、雷达指示管、电子显微镜等的外形和功用虽各不相同，但它们有一个共同点，就是利用了电子束的聚焦和偏转，因此统称为电子束管.电子束的聚焦与偏转可以通过电场或磁场对电子的作用来实现，前者称为电聚焦和电偏转，后者称为磁聚焦和磁偏转.

本实验研究示波管的电偏转、磁偏转及电子荷质比.学生通过实验，将加深对电子在电场及磁场中运动规律的理解.

同时，示波管是示波器(一种重要的电测仪器)的主要部件，熟悉示波管的原理与性能是理解和使用示波器所必需的.

一、实验目的

1. 了解带电粒子在电场和磁场中偏转的规律，电子束的电偏转、电聚焦、磁偏转和磁聚焦原理.

2. 学习测量电子荷质比的一种方法.

二、仪器设备

DZS-D 型电子束测试仪.

三、实验原理

1. 电子射线的静电偏转

电子束经加速电场 U_2 作用后，以初速度 $\boldsymbol{v}$ 进入如图 2.16-1 所示的平行偏转板垂直电场时，将受到偏转电场的作用，而偏离轴线.

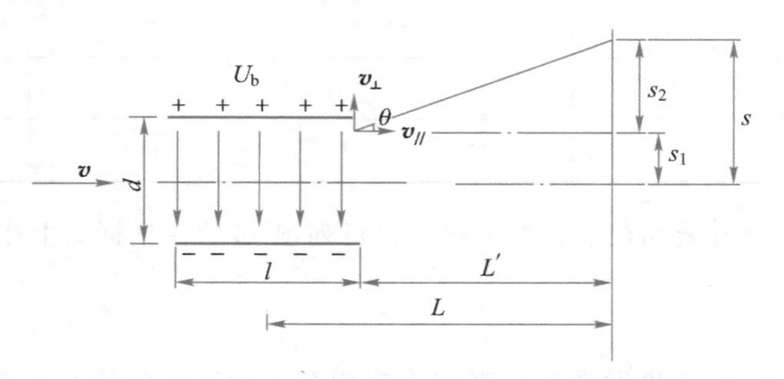

图 2.16-1 电子束测试仪中的平行偏转板

图中 l 为偏转板长度(单位 mm)；d 为偏转板间距(单位 mm)；L 为偏转板中心至荧光屏间的距离(单位 mm)，$L=\frac{l}{2}+L'$；U_b 为加在偏转板上的偏转电压；s 为电子束偏离中心轴线的偏转距离(单位 mm)；θ 为电子束离开偏转板时运动方向与中心轴线的夹角.综

上所述,有关系式 $sU_2=\frac{lL}{2d}U_b$,则

$$s=\frac{lL}{2dU_2}U_b \tag{2.16-1}$$

具体推导如下:

由于加速电压为 U_2,所以阴极发出的初速度为零的电子在加速阳极作用下,进入偏转板时初速度 v 符合以下关系式:

$$eU_2=\frac{1}{2}mv^2$$

式中,e 为电子电荷量的绝对值,m 为电子的质量,故 $v=\sqrt{\frac{2eU_2}{m}}$.

而偏转电压为 U_b,偏转板间距为 d,故偏转电场为 $E=\frac{U_b}{d}$,电子在偏转板中受力为

$$F=eE=\frac{eU_b}{d}=ma$$

电子加速度为 $a=\frac{eU_b}{md}$.电子在偏转板中运动的时间为 $t=\frac{l}{v}$,电子离开偏转板时的运动速度为

$$\begin{cases} v_{/\!/}=v=\sqrt{\dfrac{2eU_2}{m}} \\ v_{\perp}=\dfrac{eU_b l}{mdv} \end{cases}$$

$$\tan\theta=\frac{v_{\perp}}{v_{/\!/}}=\frac{eU_b l}{mdv^2}=\frac{U_b l}{2dU_2}$$

$$s_1=\frac{1}{2}at^2=\frac{1}{2}\frac{eU_b}{md}\cdot\frac{l^2}{v^2}=\frac{1}{2}\frac{eU_b l^2}{md}\cdot\frac{m}{2eU_2}=\frac{1}{2}\frac{U_b l^2}{2dU_2}$$

$$s_2=L'\tan\theta=L'\frac{U_b l}{2dU_2}$$

$$s=s_1+s_2=\left(\frac{1}{2}l+L'\right)\frac{U_b l}{2dU_2}=\frac{lL}{2dU_2}U_b$$

由式(2.16-1)可知:偏转量 s 与偏转电压 U_b 成线性变化关系,此直线的斜率 $\delta_{电}$ 表示电偏转灵敏度的大小$\left(\delta_{电}=\frac{s}{U_b}=\frac{lL}{2d}\frac{1}{U_2}\right)$.加速电压不同时,直线的斜率不同,说明电偏转灵敏度与电子动能大小有关或者说和电子的速度大小有关.

2. 电子射线的磁偏转

在示波管的两侧水平方向放置一对偏转线圈,线圈绕制方向相反,匝数相等,两线圈串联连接.线圈磁场方向一致,磁通相串联.当给线圈通以直流励磁电流时,在水平方向将产生与电子束流方向垂直的横向磁场 $\boldsymbol{B}$,带电粒子在均匀磁场中受到洛伦兹力的作用,

带电粒子运动轨迹发生改变，如图 2.16-2(a)和图 2.16-2(b)所示，电子束将向竖直方向下方偏转.改变电源极性，以改变磁场的方向，电子束将向相反方向偏转，设光点的位移为 D，可推导出如下关系式：

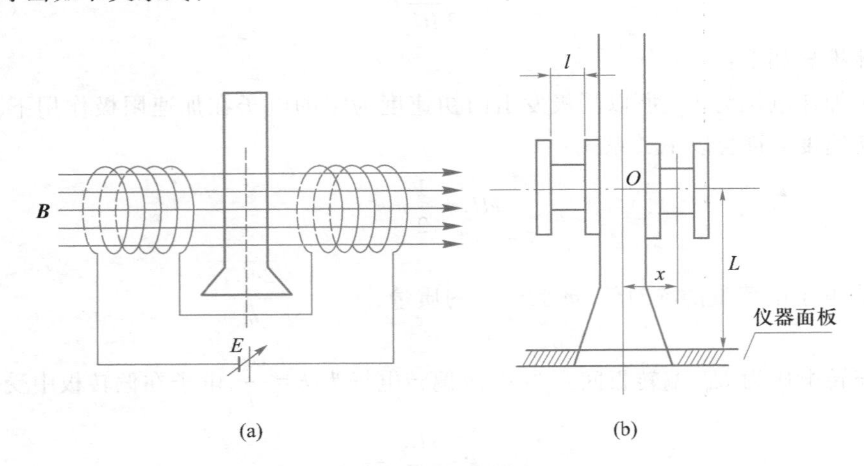

图 2.16-2　电子射线的磁偏转

$$s=\frac{DLB\sqrt{\dfrac{e}{2mU_2}}}{1-\dfrac{D^2B^2e}{BU_2m}} \tag{2.16-2}$$

当偏转角较小时，上式可写成

$$s=DLB\sqrt{\frac{e}{2mU_2}}=K\frac{I}{\sqrt{U_2}} \tag{2.16-3}$$

式中，L 为线圈中心轴到屏的距离，K 为仪器结构常量，且有

$$B=\mu_0 nI\left[\frac{2x+l}{\sqrt{D^2+(2x+l)^2}}-\frac{2x-l}{\sqrt{D^2+(2x+l)^2}}\right] \tag{2.16-4}$$

由式(2.16-3)可知：当 U_2 为恒定值时，偏转量 s 与励磁电流 I 成正比.当 I 为恒定值时，偏转量 s 与$\dfrac{1}{\sqrt{U_2}}$成正比.故

$$\delta_{磁}=\frac{s}{I}=\frac{K}{\sqrt{U_2}} \tag{2.16-5}$$

3. 磁聚焦和电子荷质比的测量

置于长直螺线管中的示波管，在不加任何偏转电压的情况下，示波管正常工作时，调节亮度和聚焦，可在荧光屏上得到一个小亮点.若第二加速阳极 A_2 的电压为 U_2，电子的轴向运动速度为 v_z，则有

$$v_z=\sqrt{\frac{2eU_2}{m}}$$

式中 e 为电子电荷量的绝对值，m 为电子的质量.当给其中一对偏转板加上交变电压时，

电子将获得垂直于轴向的分速度（用 v_r 表示），此时荧光屏上便出现一条直线，随后给长直螺线管通直流电流 I，于是螺线管内便产生磁场，其磁感应强度用 B 表示.众所周知，运动电子在磁场中要受到洛伦兹力 $F=ev_rB$ 的作用（轴线方向受力为零），这个力使电子在垂直于磁场（即垂直于螺线管轴线）的平面内做圆周运动.设其圆周运动的半径为 R，则有

$$ev_rB=\frac{mv_r^2}{R},\quad 即\ R=\frac{mv_r}{eB}$$

圆周运动周期为

$$T=\frac{2\pi R}{v_r}=\frac{2\pi m}{eB} \tag{2.16-6}$$

电子既在轴线方向做直线运动，又在垂直于轴线的平面内做圆周运动.它的轨道是一条螺旋线，其螺距用 h 表示，则有

$$h=v_zT=\frac{2\pi m}{eB}v_z \tag{2.16-7}$$

从式（2.16-6）和式（2.16-7）可以看出，电子运动的周期和螺距均与 v_r 无关.虽然各个点电子的径向速度不同，但由于轴向速度相同，由一点出发的电子束，经过一个周期以后，它们又会在距离出发点相距一个螺距的地方重新相遇，这就是磁聚焦的基本原理.由式（2.16-7）可得

$$\frac{e}{m}=\frac{8\pi^2U_2}{h^2B^2} \tag{2.16-8}$$

长直螺线管的磁感应强度为 B，可以由下式计算：

$$B=\frac{\mu_0NI}{\sqrt{L^2+D^2}} \tag{2.16-9}$$

将式（2.16-9）代入式（2.16-8），可得电子荷质比（并注意电子的电荷量为 $-e$）为

$$-\frac{e}{m}=-\frac{8\pi^2U_2(L^2+D^2)}{\mu_0^2N^2h^2I^2}$$

式中，μ_0 为真空中的磁导率，$\mu_0=4\pi\times10^{-7}\ \mathrm{H\cdot m^{-1}}$.

本仪器的其他参量如下：螺线管内的线圈匝数 $N=526$，螺线管的长度 $L=0.234$ m，螺线管的直径 $D=0.090$ m，螺距（Y 轴偏转板至荧光屏距离）$h=0.145$ m.

四、实验内容

1. 电偏转

（1）仪器面板见图 2.16-3.

（2）开启电源开关，将“电子束-荷质比”选择开关打向电子束位置，适当调节辉度，并调节聚焦，使屏上光点聚成一细点，应注意光点不能太亮，以免烧坏荧光屏.

（3）光点调零，将“X 偏转输出”的两接线柱和电偏转电压表的两输入接线柱相连接，调节“X 偏转调节”旋钮，使电压表的指示为零，再调节“调零 X”旋钮，使光点位于示波管垂直中线上.同样，将“Y 偏转”的相关旋钮调节后，光点位于示波管的中心原点.

（4）测量 s 随 U_b（Y 轴）的变化.调节阳极电压旋钮，给定阳极电压 U_2（700 V）.将电

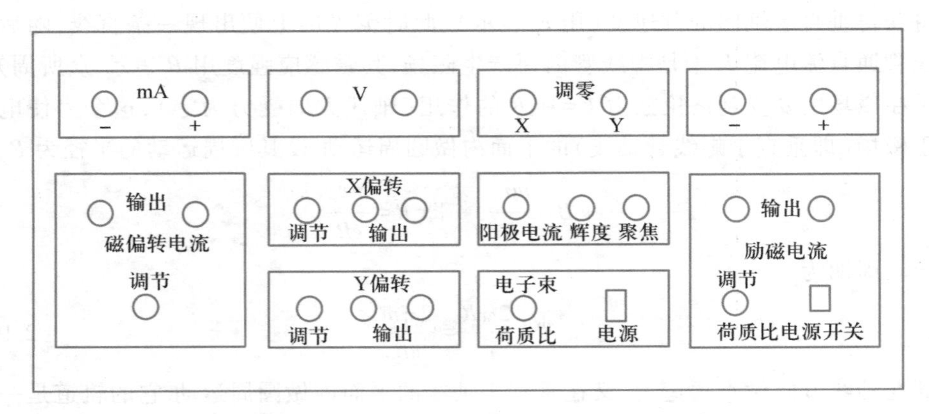

图 2.16-3 DZS-D 型电子束测试仪

偏转电压表接在电偏转输出的两接线柱上测 U_b(垂直电压),改变 U_b(每隔 3 V)测一组 s 值.改变 U_2(800 V)后再测 $s-U_b$ 变化.

(5) 同 Y 轴一样,也可测量 X 轴 $s-U_b$ 变化.

2. 磁偏转

(1) 同上(2).

(2) 光点调零.在磁偏转输出电流为零时,通过调节“X 偏转调节”和“Y 偏转调节”旋钮,使光点位于 Y 轴的中心原点.

(3) 测量偏转量 s 随磁偏转电流 I 的变化.给定 U_2(700 V),调节“磁偏转电流调节”旋钮(改变磁偏转电流的大小),每 10 mA 测量一组 s 值,改变 U_2(800 V),再测一组 $s-I$ 数据.

3. 磁聚焦和电子荷质比的测量

(1) 将励磁电流接到示波管励磁电流的接线柱上,电流值调到零.

(2) 开启电子束测试仪电源开关,将“电子束-荷质比”开关打向荷质比位置,此时荧光屏上出现一条直线,阳极电压调到 800 V.

(3) 开启励磁电流电源,逐渐加大电流,使荧光屏上直线一边旋转一边缩短,直到变成一个小光点.读取电流值,然后将电流调为零.再将电流换向开关(在励磁线圈下面)扳到另一方,重新从零开始增加电流,使荧光屏上的直线反方向旋转并缩短,直到再得到一个小光点,读取电流值,数据记录于表 2.16-3 中.

(4) 改变阳极电压为 900 V,重复步骤(2).

五、实验数据及处理

1. 电偏转

(1) 测 U_2 为 700 V、800 V 时,Y 轴 $s-U_b$ 数据,记录于表 2.16-1 中.

表 2.16-1

U_2 = 700 V	U_b/V						
	s/mm						
U_2 = 800 V	U_b/V						
	s/mm						

(2) 作 $s-U_b$ 图,求出曲线斜率,得到电偏转灵敏度.

(3) 求不同 U_2 下的电偏转灵敏度.

2. 磁偏转

(1) 测 U_2 电压为 700 V、800 V 时,$s-I$ 数据,记录于表 2.16-2 中.

表 2.16-2

$U_2=700$ V	I/mA					
	s/mm					
$U_2=800$ V	I/mA					
	s/mm					

(2) 作 $s-I$ 图,求出曲线斜率,得磁偏转灵敏度.

3. 磁聚焦和电子荷质比的测量

表 2.16-3

项目	800 V	900 V
$I_{正}$/A		
$I_{反}$/A		
$I_{平均}$/A		
$\frac{e}{m}$		

六、思考题

1. 使电子束偏转的方法有几种？它们的规律各是什么？

2. 在加速电压不变的条件下,偏转距离是否与偏转电压或者偏转电流成正比？

3. 在偏转电压或者偏转电流不变的条件下,偏转距离与加速电压有什么关系？

实验 2.17　薄透镜焦距的测量

一、实验目的

1. 学习几种测量薄透镜焦距的方法.

2. 掌握简单光路的分析和调整方法.

3. 了解透镜成像原理,观察透镜成像的球差.

二、仪器设备

光具座、光源、凸透镜、凹透镜、平面镜、物屏、像屏、光阑两个、照明小灯.

三、实验原理

1. 薄透镜成像原理

透镜分为凸透镜和凹透镜两类.凸透镜具有使光线会聚的作用,就是说当一束平行于透镜主光轴的光线通过透镜后,将会聚于主光轴上.会聚点 F 称为该透镜的焦点.透镜光心 O 到焦点 F 的距离称为焦距f[图 2.17-1(a)].凹透镜具有使光束发散的作用,即一束平行于透镜主光轴的光线通过透镜后将发散开.我们把发散光的反向延长线与主光轴的交点 F 称为该透镜的焦点.透镜光心 O 到焦点 F 的距离称为它的焦距 f,见图 2.17-1(b).

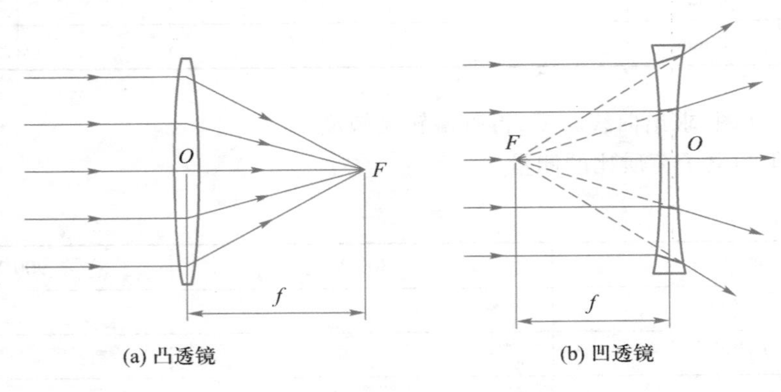

图 2.17-1 透镜的焦点和焦距

当透镜的厚度与其焦距相比甚小时,这种透镜称为薄透镜.在近轴光线的条件下,薄透镜(包括凸透镜和凹透镜)成像的规律可表示为

$$\frac{1}{u}+\frac{1}{v}=\frac{1}{f} \tag{2.17-1}$$

式中,u 为物距,v 为像距,f 为透镜的焦距,u、v 和 f 均从透镜的光心 O 点算起.物距 u 恒取正值,像距 v 的正负由像的实虚来确定.实像时,v 为正;虚像时,v 为负.凸透镜的 f 取正值,凹透镜的 f 取负值.

为了便于计算透镜的焦距 f,式(2.17-1)可改写为

$$f=\frac{uv}{u+v} \tag{2.17-2}$$

只要测得物距 u 和像距 v,便可算出透镜的焦距 f.

2. 凸透镜焦距的测量原理

(1) 自准直法.当光点(物)处在凸透镜的焦点平面时,它发出的光线通过透镜后将为一束平行光.若用与主光轴垂直的平面镜将此平行光反射回去,则反射光再次通过透镜后仍会聚于透镜的焦平面上,其会聚点将在光点相对于主光轴的对称位置上,如图 2.17-2所示.

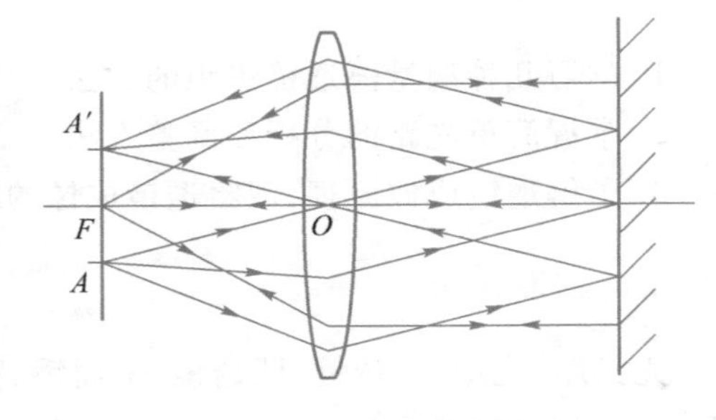

图 2.17-2 自准直法原理

(2) 物距像距法.物体发出的光线,经过凸

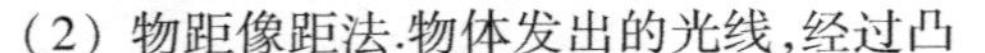

透镜折射后将成像在另一侧.将测出的物距 u 和像距 v 代入式(2.17-2),即可算出透镜的焦距.

(3) 共轭法.如图 2.17-3 所示,设物和像屏间的距离为 l(要求 $l>4f$),并保持不变.移动透镜,当它在 O_1 处时,屏上将出现一个放大的清晰的像(设此时物距为 u,像距为 v);当它在 O_2 处(设 O_1、O_2 之间的距离为 e)时,在屏上又得到一个缩小的清晰的像.

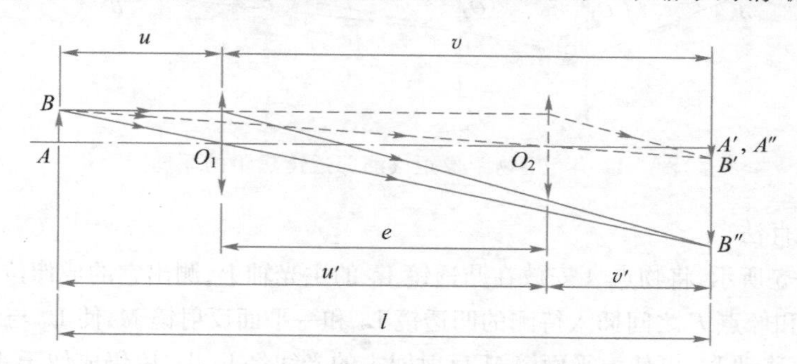

图 2.17-3　用共轭法测凸透镜的焦距

按照透镜成像公式(2.17-1),有:在 O_1 处

$$\frac{1}{u}+\frac{1}{l-u}=\frac{1}{f} \tag{2.17-3}$$

在 O_2 处

$$\frac{1}{u+e}+\frac{1}{v-e}=\frac{1}{f} \tag{2.17-4}$$

因式(2.17-3)和式(2.17-4)等号右边相等,而 $v=l-u$,解得

$$u=\frac{l-e}{2} \tag{2.17-5}$$

将式(2.17-5)代入式(2.17-3),得

$$\frac{2}{l-e}+\frac{2}{l+e}=\frac{1}{f}$$

即

$$f=\frac{l^2-e^2}{4l} \tag{2.17-6}$$

这个方法的优点是,把焦距的测量归结为可以精确测定的 l 和 e 的测量,避免了在测量 u 和 v 时,由于估计透镜光心位置不准确所带来的误差(因为在一般情况下,透镜的光心并不跟它的对称中心重合).

3. 凹透镜焦距的测量原理

(1) 物距像距法

如图 2.17-4 所示,从物点 A 发出的光线经过凸透镜 L_1 后会聚于 B.假若在凸透镜 L_1 和像点 B 之间插入一个焦距为 f 的凹透镜 L_2,然后调整(增加或减少)L_2 和 L_1 的间距,则由于凹透镜的发散作用,光线的实际会聚点将移动到 B' 点.根据光线传播的可逆性,如果将物置于 B' 点处,则由物点发出的光线经透镜 L_2 折射后所成的虚像将落在 B 点.

令 $|O_2B'|=u$, $|O_2B|=v$,由式(2.17-2)便可算出凹透镜的焦距 f(此处 v 和 f 应为负值).

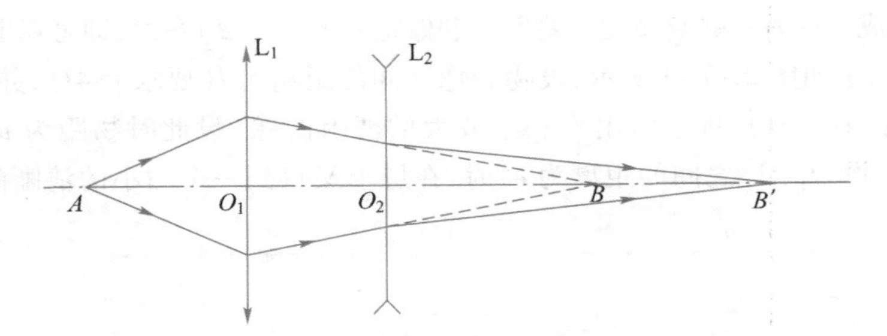

图 2.17-4　用物距像距法测凹透镜焦距的原理图

（2）自准直法

如图 2.17-5 所示，将物点 A 安放在凸透镜 L_1 的主光轴上，测出它的成像位置 F.固定凸透镜 L_1，并在 L_1 和像点 F 之间插入待测的凹透镜 L_2 和一平面反射镜 M，使 L_2 与 L_1 的光心 O_1、O_2 在同一轴上.移动 L_2，可使由平面镜 M 反射回去的光线经 L_2、L_1 后仍成像于 A 点.此时，从凹透镜射到平面镜上的光将是一束平行光，F 点就成为由平面镜 M 反射回去的平行光束的虚像点，也就是凹透镜 L_2 的焦点.测出 L_2 的位置，则间距 $|O_2F|$ 即为该凹透镜的焦距.

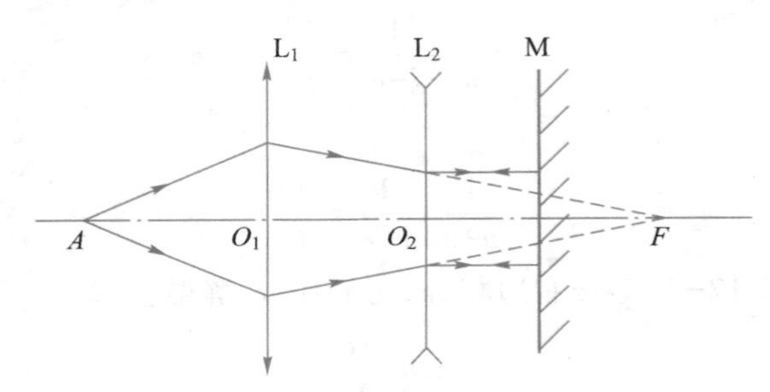

图 2.17-5　用自准直法测凹透镜的焦距

四、实验内容

1. 光学元件同轴等高的调整

薄透镜成像公式仅在近轴光线的条件下才能成立.对于透镜的位置，应使发光点处于该透镜的主光轴上，并在透镜前适当位置加一光阑，挡住边缘光线，使入射光线与主光轴的夹角很小.对于由 n 个透镜等元件组成的光路，应使各光学元件的主光轴重合，才能满足近轴光线的要求.我们习惯上把各光学元件主光轴的重合称为同轴等高.显然，同轴等高的调节是光学实验必不可少的一个步骤，在后续光学实验中不再讲述此要求.

调节时，先用眼睛判断，将光源和各光学元件的中心轴调节成大致重合，然后借助仪器或者应用光学的基本规律来调整.在本实验中，我们利用透镜成像的共轭原理进行调整.

（1）按图 2.17-3 放置物、透镜和像屏，使 $l>4f$（f 为透镜的焦距），然后固定物和像屏.

（2）当移动透镜到 O_1 和 O_2 两处时，屏上分别得到放大和缩小的像.物点 A 处在主光轴上，它的两次成像位置重合于 A'；物点 B 不在主光轴上，它的两次成像位置 B'、B'' 分开.当 B 点在主光轴上方时，放大的像 B'' 点在缩小像 B' 点的下方.反之，则表示 B 点在主光轴的下方.调节物点的高低，使经过透镜两次成像的位置重合，达到同轴等高.

（3）若固定物点 A，调节透镜的高度，也可出现步骤（2）中所述的现象.根据观察到的透镜两次成像的位置关系，判断透镜中心是偏高还是偏低，最后将系统调成同轴等高.

2. 测量凸透镜的焦距

（1）自准直法

① 将用光源照明带 ⊥ 符号的物屏、凸透镜和平面镜依次装在光具座的支架上.改变凸透镜至物屏的距离，直至物屏上 ⊥ 符号旁边出现清晰的 ⊤ 符号为止［注意区分光线（物光）经凸透镜表面反射所成的像和平面镜反射所成的像］，测出此时的物距即为透镜的焦距，并画出此时的光路图.

② 在实际测量中，由于对成像清晰程度的判断总会有一定的误差，故常采用左右逼近法读数.先使透镜由左向右移动，当像刚清晰时停止，记下透镜的位置，再使透镜自右向左移动，在像刚清晰时再次记下透镜的位置，取这两次读数的平均值作为成像清晰时凸透镜的位置.以上测量步骤重复三次.

③ 固定凸透镜，然后改变平面镜和凸透镜之间的距离，观察成像有无变化，并加以解释.

④ 稍微改变平面镜的法线和光轴的相对位置，例如使平面镜上下或左右偏转，观察像与物相对位置的偏移和平面镜转角变化之间有何关系.画出光路图并加以分析.

（2）物距像距法

① 分别取 $u>2f$、$f<u<2f$ 和 $u=2f$，用左右逼近读数法分别测出相应的像距.按式(2.17-2)算出焦距 f.测读时应同时观察像的特点（如大小、取向等），分别画出光路图，并进行说明.

② 取 $u<f$，观察能否在屏上成像？应当怎样观察才能看到物像？试画出光路图并加以说明.

③ 将以上所得到的数据和观察到的现象进行比较，列表说明物距 $u=\infty$，$u>2f$，$f<u<2f$，$u=f$ 和 $u<f$ 时所对应的像距 v 和成像特征.

（3）共轭法

① 按图 2.17-3，将被光源照明的刻有 ⊥ 符号的物屏、透镜和像屏装在光具座支架上.取板和像屏的间距 $l>4f$（f 为透镜的焦距）.

② 移动透镜，当像屏上出现清晰的放大像和缩小像时，记录透镜所在位置 O_1、O_2 的读数（用左右逼近读数法），测出 O_1、O_2 的距离 e.由式(2.17-6)算出透镜的焦距.

③ 多次改变物屏和像屏的距离 l，测出相应的 e.对于每一组 l、e，分别算出焦距 f，然后求出 f 的平均值及其不确定度.

注意：间距 l 不要取得太大.否则，将使一个像缩得很小，以致难以确定透镜在哪一个位置上时成像最清晰.

3. 测量凹透镜的焦距

测量时须用一凸透镜作为辅助用具.请参阅“凹透镜焦距的测量原理”一节，自行拟定测量步骤.

4. 观察透镜成像的球差

如果光轴上物点 A 发出的大孔径单色光束，经过透镜的不同部位折射后成像不在一点，我们就称该透镜的像有球差（图 2.17-6）.

为观察此现象，在透镜前分别放置不同半径的圆环形光阑，使光束通过透镜的不同

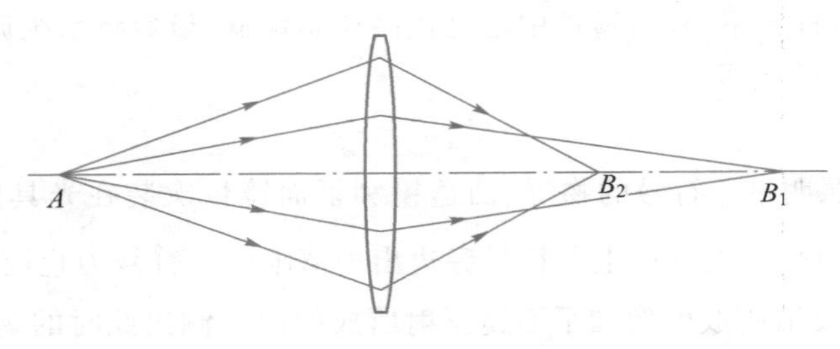

图 2.17-6　透镜成像的球差

部位，测出对应的像距.以 B_1 表示近轴光的像点，则其他各像点与 B_1 之间的距离表示透镜对应不同光阑时的球差.

实验还观察到：不同的光阑，成像清晰的范围不同；光阑越小，成像清晰范围越大.在照相技术中，我们把底片上能够获得清晰像的最远和最近的物体之间的距离称为景深.换句话说，我们观察到光阑（照相机的光圈直径）越小，景深越大.

五、实验数据及处理

1. 凸透镜焦距的测定

（1）用自准直法测凸透镜焦距，数据记录于表 2.17-1 中.

表 2.17-1

单位：mm

次数	物坐标	透镜坐标（左）	透镜坐标（右）	透镜坐标	f	$\bar{f}$
1						
2						
3						

（2）用物距像距法测凸透镜焦距，数据记录于表 2.17-2 中.

表 2.17-2

单位：mm

次数	物坐标	透镜坐标	像坐标	物距 u	像距 v	f	$\bar{f}$
1							
2							
3							

（3）用共轭法测凸透镜焦距，数据记录于表 2.17-3 中.

表 2.17-3

单位：mm

次数	l	O_1	O_2	e	f	$\bar{f}$
1						
2						
3						

求出 $\bar{f}$ 及其不确定度 $u_{\bar{f}}$.

2. 凹透镜焦距的测定

相关数据记录于表 2.17-4 中.

表 2.17-4

单位:mm

次数	B 坐标	L_2 坐标	B'坐标	物距 u	像距 v	焦距 f	$\bar{f}$
1							
2							
3							

3. 观察透镜成像球差,数据记录于表 2.17-5 中.

表 2.17-5

单位:mm

B_1 坐标	
B_2 坐标	
$\lvert B_1B_2 \rvert$	

六、思考题

1. 请设想一个最简单的方法来区分凸透镜和凹透镜(不允许用手摸).

2. 若物在凸透镜焦距以内,能否在像屏上得到实像? 怎样观察物的像? 试画出光路图并加以说明.

3. 用共轭法测凸透镜焦距 f 时,为什么要选取物和像屏的距离 l 大于 $4f$? 试用数学公式证明.

实验 2.18　用牛顿环测透镜的曲率半径

光的干涉现象是重要的光学现象之一.在对于光的本性的认识过程中,它为光的波动性提供了有力的实验证据.在干涉现象中,对相邻两干涉条纹来说,形成干涉条纹的两光束光程差的变化量等于相干光的波长,可见,光的波长虽然很小($4\times10^{-7}\sim8\times10^{-7}$ m 之间),但干涉条纹的间距和条纹数却可用适当的光学仪器测得.因而测量干涉条纹数目和间距的变化,就可以知道光程差的变化,从而推出以光波波长为单位的微小长度变化或者微小的折射率差值等.光的干涉现象的应用甚广,如可以用来精确测量微小长度、角度或它们的微小变化;检验表面的平面度、平行度;研究零件内应力的分布等.

产生光的干涉现象需要用相干光源,即用频率相同、振动方向相同和相位差恒定的光源.为此,可将由同一光源发出的光分成两束光,在空间经过不同路径,会聚在一起而产生干涉.分光束的方法有分波阵面和分振幅两种:双棱镜干涉属于前者;薄膜等厚干涉属于后者.

一、实验目的

1. 观察和研究等厚干涉现象及其特点.
2. 练习用干涉法测量透镜的曲率半径、微小直径(或厚度).
3. 了解读数显微镜的结构和原理,学会正确使用.
4. 学习用逐差法处理数据.

2.18　教学视频

二、仪器设备

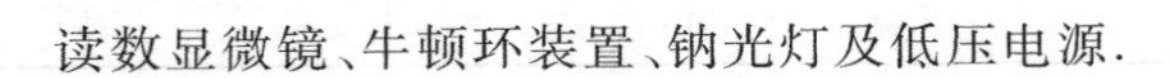

读数显微镜、牛顿环装置、钠光灯及低压电源.

三、实验原理

利用透明薄膜上下两表面对入射光的依次反射,入射光的振幅将分解成有一定光程差的几个部分.这是一种获得相干光的重要途径,它被多种干涉仪所采用.若两束反射光在相遇时的光程差取决于产生反射光的薄膜厚度,则同一干涉条纹所对应的薄膜厚度相等,这就是所谓等厚干涉.

牛顿环装置是由待测平凸透镜 L 和平玻璃板 P 叠合安装在金属框架 F 中构成(图 2.18-1).框架边上有三个螺钉 H,用来调节 L 和 P 之间的接触力度,以改变干涉环的形状和位置.调节 H 时,三个螺钉不可旋得太紧且用力应均匀,以避免透镜因接触压力过大引起形变,甚至损坏.

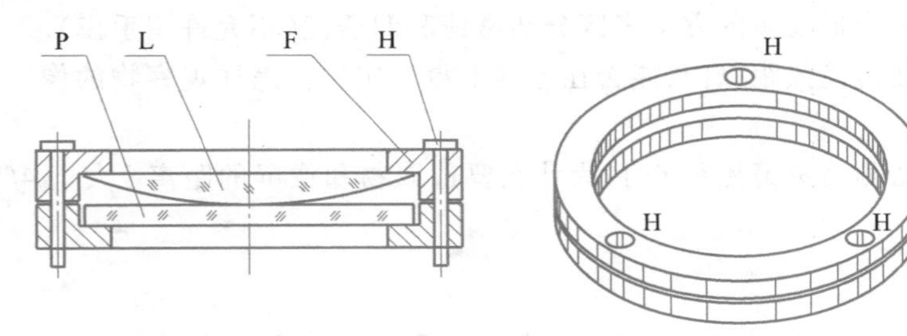

图 2.18-1　牛顿环装置

当一块曲率半径很大的平凸透镜的凸面与一个平玻璃板接触时,在平凸透镜的凸面与平玻璃板之间形成一空气薄膜,薄膜中心处的厚度为零,越向边缘越厚,离接触点等距离的地方,空气膜的厚度相同,如图 2.18-2 所示.

当以单色平行光垂直入射时,入射光将在此薄膜上下两表面反射,产生具有一定光程差的两束相干光.显然,它们的干涉图样是以接触点为中心的一系列明暗交替的同心圆环——牛顿环.其光路示意图见图 2.18-2.

由图 2.18-2 可知

$$R^2=r^2+(R-e)^2$$

化简后得到

$$r^2=2eR-e^2$$

如果空气薄膜厚度 e 远小于透镜的曲率半径，即 $e \ll R$，则可略去二级小量 e^2. 于是有

$$e=\frac{r^2}{2R} \tag{2.18-1}$$

由光路分析可知，与第 K 级干涉条纹对应的两束相干光的光程差为

$$\delta_K = 2ne_K+\frac{\lambda}{2} \tag{2.18-2}$$

式中，$n\approx 1$ 为空气折射率，λ 为入射光在真空中的波长，$\lambda/2$ 是因为空气膜上、下表面反射条件不同所造成的附加光程差（上表面发生的是光从光密介质到光疏介质的反射，没有半波损失，而下表面发生的是光从光疏介质到光密介质的反射，有半波损失）.

将 e 值代入式(2.18-2)，得

$$\delta=\frac{r^2}{R}+\frac{\lambda}{2}$$

由干涉条件可知，当 $\delta=\frac{r^2}{R}+\frac{\lambda}{2}=(2K+1)\frac{\lambda}{2}$ 时干涉条纹为暗条纹. 于是得

$$r_K^2 = KR\lambda \quad (K=0,1,2,3,\cdots) \tag{2.18-3}$$

如果已知入射光的波长 λ，并测得第 K 级暗条纹的半径 r_K，则可由式(2.18-3)算出透镜的曲率半径 R.

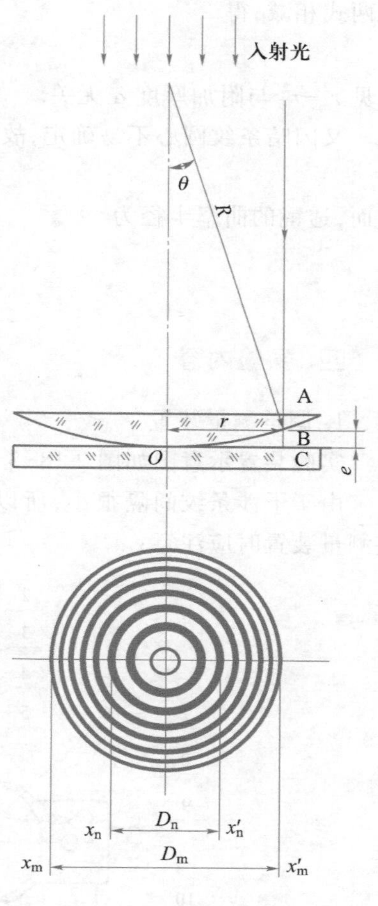

图 2.18-2 牛顿环及其光路的示意图

观察牛顿环时将会发现，牛顿环中心不是一点，而是一个不甚清晰的圆暗斑，其原因是透镜和平玻璃板接触时，由于接触压力引起形变，使接触处为一圆面. 镜面上可能有微小灰尘存在，从而引起附加光程差. 这些都会给测量带来较大的系统误差.

我们可以通过取两个暗条纹半径的平方差值来消除附加光程差所带来的误差. 假设附加厚度为 α，则光程差为

$$\delta=2(e\pm\alpha)+\frac{\lambda}{2}=(2K+1)\frac{\lambda}{2}$$

即

$$e=K\cdot\frac{\lambda}{2}\pm\alpha$$

将式(2.18-1)代入，得

$$r^2=KR\lambda\pm 2R\alpha$$

取第 m、n 级暗条纹，则

$$r_m^2=mR\lambda\pm 2R\alpha$$
$$r_n^2=nR\lambda\pm 2R\alpha$$

将两式相减，得

$$r_m^2 - r_n^2 = (m-n)R\lambda$$

可见 $r_m^2 - r_n^2$ 与附加厚度 α 无关.

又因暗条纹圆心不易确定，故用暗条纹的直径替换半径，得

$$d_m^2 - d_n^2 = 4(m-n)R\lambda$$

因而，透镜的曲率半径为

$$R = \frac{d_m^2 - d_n^2}{4(m-n)\lambda} \tag{2.18-4}$$

四、实验内容

2.18 操作视频

1. 调整测量装置

实验装置示意图如图 2.18-3 所示.

由于干涉条纹间隔很小，所以需用读数显微镜进行精确测量.调整测量装置时应注意：

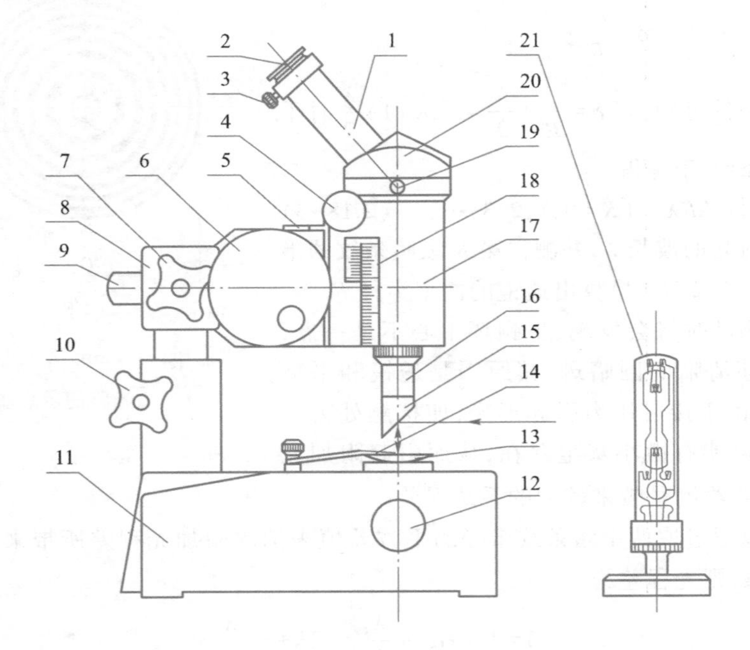

1—目镜接筒；2—目镜；3—锁紧螺钉；4—调焦手轮；5—标尺；6—测微鼓轮；7—锁紧手轮Ⅰ；8—接头轴；9—方轴；10—锁紧手轮Ⅱ；11—底座；12—反光镜；13—牛顿环装置；14—压片；15—半反镜组；16—物镜组；17—镜筒；18—刻尺；19—锁紧螺钉；20—棱镜室；21—钠光灯.

图 2.18-3 测量牛顿环的装置图

（1）调节 45°半反镜组，使显微镜视场中亮度最大.这时基本上满足入射光垂直于透镜 L 的要求.

（2）目镜调节。目的是使人眼能清晰地看到分划板上的刻线.

（3）因反射光干涉条纹产生在空气薄膜的上表面，故显微镜应对上表面调焦才

能找到清晰的干涉图像.调焦时,应自下而上缓慢地上升显微镜筒,直到看清楚干涉条纹为止.

2. 观察干涉条纹的分布特征

例如,各级条纹的粗细是否一致,条纹间隔有无变化,并做出解释.观察牛顿环中心是亮斑还是暗斑?若是亮斑,做何解释呢?用擦镜纸仔细地将接触的两个表面擦干净,可使中心呈暗斑.

3. 测量牛顿环的直径

转动测微鼓轮,依次记下欲测的各级条纹在中心两侧的位置(级数适当地取大些,如$K=30$左右),求出各级牛顿环的直径,相关数据记录于表 2.18-1 中.在每次测量时,注意鼓轮应沿一个方向转动,中途不可倒转(为什么?).算出各级牛顿环直径的平方值后,用逐差法处理所得数据,求出平方差的平均值$\overline{d_m^2-d_n^2}$(如可取 $m-n=5$).代入式(2.18-4)和由此推出的不确定度公式,即可得到透镜的曲率半径 $R=\overline{R}\pm u_{\overline{R}}$.

五、实验数据及处理

由 x_i 和 x_i' 分别计算牛顿环直径 d_i,用逐差法取 $m-n=5$,计算出 5 个 $d_m^2-d_n^2$ 值,取平均值代入式(2.18-4)得出$\overline{R}$,并估算其不确定度.

表 2.18-1

环的级数	m	30	29	28	27	26
环的位置/mm	左 x					
	右 x'					
环的直径/mm	$d_m=\lvert x-x'\rvert$					
环的级数	n	25	24	23	22	21
环的位置/mm	左 x					
	右 x'					
环的直径/mm	$d_n=\lvert x-x'\rvert$					
d_m^2/mm^2						
d_n^2/mm^2						
$(d_m^2-d_n^2)/\text{mm}^2$						

$$\overline{R}=\frac{\overline{d_m^2-d_n^2}}{4(m-n)\lambda},\quad \lambda=589.3\ \text{nm}$$

$$S_{\overline{d_m^2-d_n^2}}=\_\_\_\_\_\_\_\ \text{mm}^2,\quad u_{\overline{R}}=\frac{S_{\overline{d_m^2-d_n^2}}}{4(m-n)\lambda},\quad E_{u_{\overline{R}}}=\frac{u_{\overline{R}}}{\overline{R}}\times100\%$$

测量结果为

$$\begin{cases}R=\overline{R}\pm u_{\overline{R}}=\_\_\_\_\_\_\_\ \text{mm}\\ E_{u_{\overline{R}}}=\_\_\_\_\_\_\_\end{cases}$$

六、思考题

1. 透射光的牛顿环是如何形成的？如何观察它？它与反射光的牛顿环在明暗上有何关系？为什么？

2. 在牛顿环实验中假如平玻璃板上有微小的凸起，则凸起处空气薄膜厚度减小，导致等厚干涉条纹发生畸变.试问这时的牛顿环的暗环将向内凹还是局部外凸？为什么？

3. 用白光照射时能否看到牛顿环呢？此时的条纹有何特征？

4. 为什么说读数显微镜测量的是牛顿环的直径，而不是显微镜内牛顿环的放大像的直径？如果改变显微镜镜筒的放大倍率，是否会影响测量结果？

实验 2.19　分光计的调节和三棱镜折射率的测定

光线在传播过程中，遇到不同介质的分界面（如平面镜或三棱镜的光学表面）时，就要发生反射和折射，光线将改变传播的方向，结果在入射光和反射光或折射光之间就有一定的夹角，反射定律、折射定律等正是这些角度之间关系的定量表述.一些光学量，如折射率、光波波长等也可通过测量有关角度来确定.因而精确测量角度，在光学实验中显得尤为重要.

一、实验目的

1. 了解分光计构造的基本原理，学习分光计的调节方法.

2. 观察色散现象，测定三棱镜对钠光的折射率.

二、仪器设备

分光计（含三棱镜等附件）、钠光灯及低压电源.

图 2.19-1 所示为 JJY′型分光计的结构图.

一般分光计具有以下四个主要部件：平行光管、望远镜、载物台和读数装置.

平行光管(3)用来获得平行光，它的一端装有物镜，另一端是一套管（如图 2.19-2 所示），套管末端带有一狭缝装置(1)，可沿光轴移动和转动，狭缝的宽度在 0.02~2 mm 内可以调节.平行光管安装在立柱上，立柱(23)固定在底座上，平行光管的光轴位置可以通过立柱上的调节螺钉(26、27)来进行微调.

图 2.19-3 为阿贝式自准直望远镜(8)的结构图.它由阿贝式自准直目镜、全反射棱镜、分划板（十字叉丝）和物镜等组成.阿贝式自准直望远镜安装在支臂(14)上，支臂与转座(20)固定在一起旋转，并套在度盘上，当旋紧止动螺钉(16)时，转座与度盘一起旋转.当松开止动螺钉时，转座与度盘可以相对转动.旋紧制动架（一）(18)与底座上的止动螺钉(17)时，借助制动架（一）末端上的微调螺钉(15)可以对望远镜进行旋转微调.同平行光管一样，望远镜系统的光轴位置也可以通过调节螺钉(12)、(13)进行微调，望远镜系统的目镜(10)可以沿光轴移动和转动，目镜的视度调节可以通过目镜视度调节手轮(11)进行.

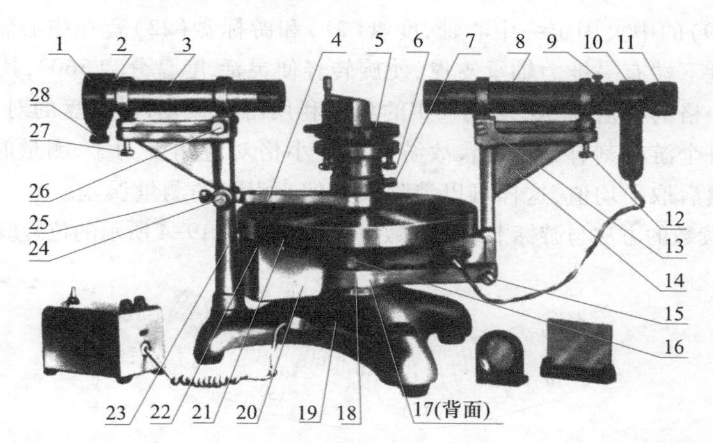

1—狭缝装置;2—狭缝套管紧固螺钉;3—平行光管;4—制动架(二);5—载物台;6—载物台调平螺钉;
7—载物台锁紧螺钉;8—阿贝式自准直望远镜;9—目镜锁紧螺钉;10—目镜;11—目镜视度调节手轮;
12—望远镜光轴上下位置调节螺钉;13—望远镜光轴左右位置调节螺钉;14—支臂;15—望远镜微调螺钉;
16—望远镜止动螺钉;17—制动架(一)与底座上的止动螺钉;18—制动架(一);19—底座;20—转座;
21—度盘;22—游标盘;23—立柱;24—立柱上的调节螺钉;25—制动架(二)与游标盘的止动螺钉;
26—平行光管光轴左右位置调节螺钉;27—平行光管光轴上下位置调节螺钉;28—狭缝宽度调节螺钉.

图 2.19-1 JJY′型分光计的结构图

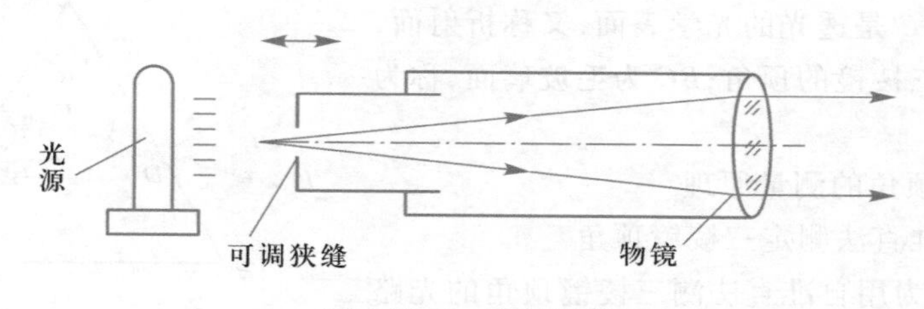

图 2.19-2 平行光管

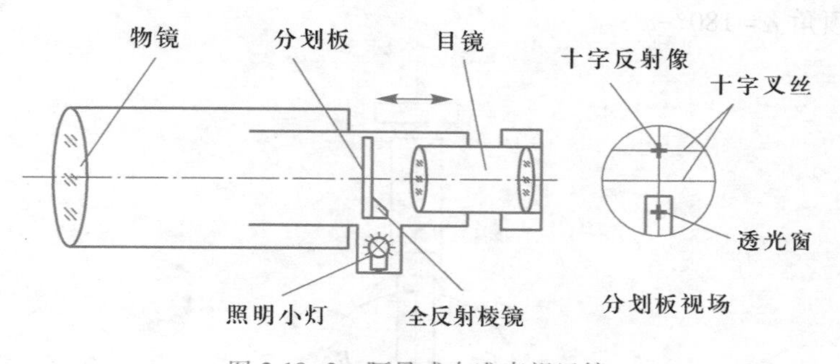

图 2.19-3 阿贝式自准直望远镜

载物台(5)套在游标盘(22)上,可以绕中心轴旋转,旋紧载物台锁紧螺钉(7)和制动架(二)(4)与游标盘的止动螺钉(25)时,借助立柱上的调节螺钉(24)可以对载物台旋转进行微调.放松载物台锁紧螺钉时,载物台可根据需要升高或降低,调到所需位置后,再把锁紧螺钉旋紧,载物台有三个调平螺钉(6),用来调节载物台面与旋转中心轴垂直.

在底座(19)的中央固定一中心轴,度盘(21)和游标盘(22)套在中心轴上,可以绕中心轴旋转,度盘下端有一推力轴承支撑,使旋转轻便灵活.度盘分为 360°,其上刻有 720 等分的刻线,每一格的格值为 30′,小于 30′的角度利用游标读出.在度盘的对径方向设有两个游标装置,每个游标刻有 30 小格,故游标每一小格对应角度为 1′.测量时,读出两个游标上的数值,然后取平均值,这样可以消除仪器偏心引起的测量误差.

角度游标读数的方法与游标卡尺的读数方法相似,图 2.19-4 所示的位置应读为 116°12′.

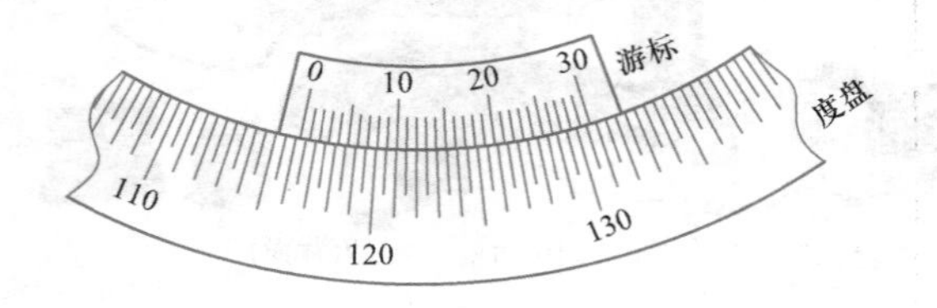

图 2.19-4　分光计的读数装置

外接电源插头为 6.3 V,接在底座上的插座上,通过导环通到转座的插座上,望远镜系统的照明器插头插在转座的插座上,这样可避免望远镜系统旋转时的电线拖动.

三、实验原理

如图 2.19-5 所示,三角形 ABC 表示三棱镜的横截面;AB 和 AC 是透光的光学表面,又称折射面,其夹角 α 称为三棱镜的顶角;BC 为毛玻璃面,称为三棱镜的底面.

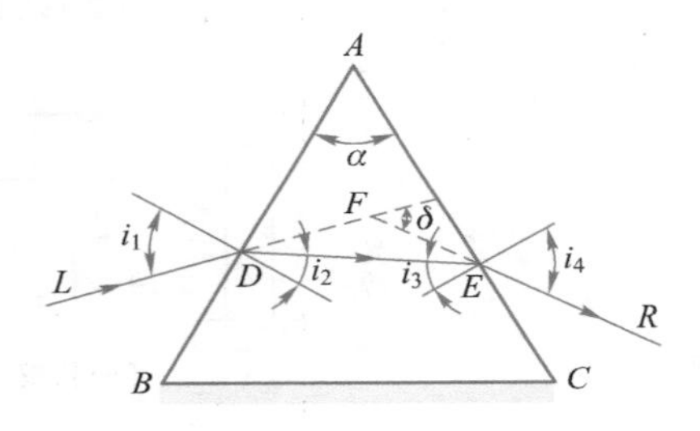

图 2.19-5　三棱镜的折射

1. 三棱镜顶角的测量原理

(1) 用自准直法测定三棱镜顶角

图 2.19-6 为用自准直法测三棱镜顶角的光路图.只要测出三棱镜两个光学面的法线之间的夹角 φ,即可求得顶角 $\alpha=180°-\varphi$.

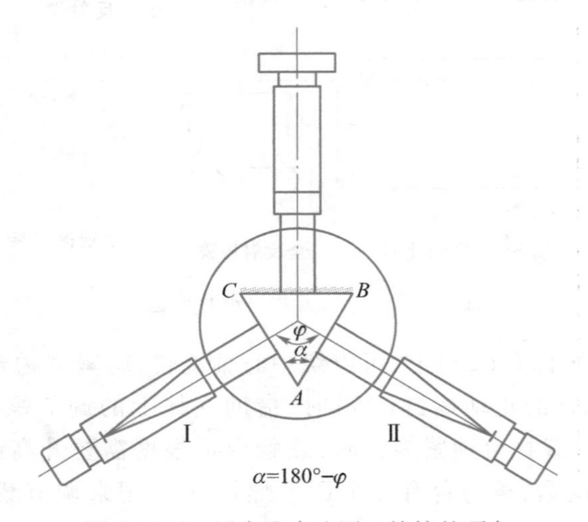

图 2.19-6　用自准直法测三棱镜的顶角

（2）用反射法测定三棱镜顶角

图 2.19-7 为用反射法测三棱镜顶角的光路图.一束平行光被三棱镜的两个光学面反射后，只要测出两束反射光之间的夹角 φ，即可求得顶角 $\alpha=\dfrac{\varphi}{2}$.

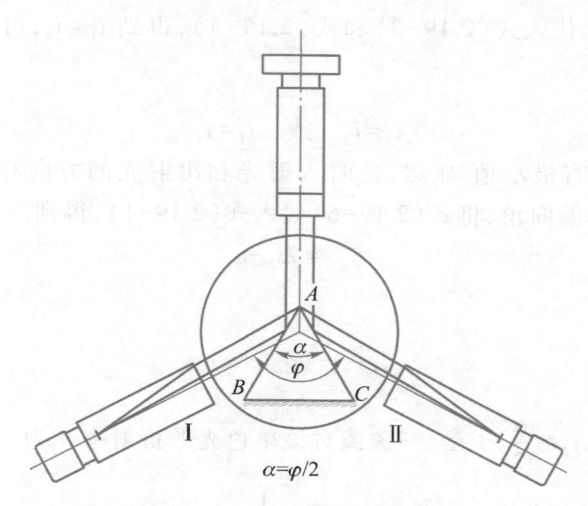

图 2.19-7　用反射法测三棱镜的顶角

2. 三棱镜折射率的测量原理

如图 2.19-5 所示，假设有一束单色光 LD 入射到三棱镜上，经过两次折射后沿 ER 方向射出，则入射线 LD 与出射线 ER 的夹角 δ 称为偏向角.根据图中的几何关系，偏向角 $\delta=\angle FDE+\angle FED=(i_1-i_2)+(i_4-i_3)$.因顶角 $\alpha=i_2+i_3$，得到

$$\delta=(i_1+i_4)-\alpha \tag{2.19-1}$$

对于给定的三棱镜来说，顶角 α 是固定的，δ 随 i_1 和 i_4 而变化.其中 i_4 与 i_3、i_2、i_1 依次相关，因此 i_4 归根结底是 i_1 的函数，偏向角 δ 也就仅随 i_1 而变化.在实验中可观察到，当 i_1 变化时，δ 有一极小值，称为最小偏向角.当入射角 i_1 满足什么条件时，δ 才处于极值呢？这可按求极值的办法来推导.令 $\dfrac{\mathrm{d}\delta}{\mathrm{d}i_1}=0$，则由式(2.19-1)得

$$\frac{\mathrm{d}i_4}{\mathrm{d}i_1}=-1 \tag{2.19-2}$$

再利用 $\alpha=i_2+i_3$ 和两折射处的折射条件

$$\sin i_1=n\sin i_2 \tag{2.19-3}$$

$$\sin i_4=n\sin i_3 \tag{2.19-4}$$

得到

$$\frac{\mathrm{d}i_4}{\mathrm{d}i_1}=\frac{\mathrm{d}i_4}{\mathrm{d}i_3}\cdot\frac{\mathrm{d}i_3}{\mathrm{d}i_2}\cdot\frac{\mathrm{d}i_2}{\mathrm{d}i_1}=\frac{n\cos i_3}{\cos i_4}\cdot(-1)\frac{\cos i_1}{n\cos i_2}$$

$$=-\frac{\cos i_3\sqrt{1-n^2\sin^2 i_2}}{\cos i_2\sqrt{1-n^2\sin^2 i_3}}=-\frac{\sqrt{\sec^2 i_2-n^2\tan^2 i_2}}{\sqrt{\sec^2 i_3-n^2\tan^2 i_3}}$$

$$=-\frac{\sqrt{1+(1-n^2)\tan^2 i_2}}{\sqrt{1+(1-n^2)\tan^2 i_3}} \tag{2.19-5}$$

将式(2.19-5)和式(2.19-2)比较,有 $\tan i_2=\tan i_3$.而在三棱镜折射的情形下,i_2 和 i_3 均小于$\frac{\pi}{2}$,故有 $i_2=i_3$.代入式(2.19-3)和式(2.19-4),得到 $i_1=i_4$,可见,δ 具有极值的条件是

$$i_2=i_3 \quad 或 \quad i_1=i_4 \tag{2.19-6}$$

当 $i_1=i_4$ 时,δ 具有极小值.显然,这时入射光和出射光的方向相对于三棱镜是对称的.若用 $\delta_{\min}$表示最小偏向角,将式(2.19-6)代入式(2.19-1),得到

$$\delta_{\min}=2i_1-\alpha$$

或

$$i_1=\frac{1}{2}(\delta_{\min}+\alpha)$$

而 $\alpha=i_2+i_3=2i_2$,$i_2=\frac{\alpha}{2}$.于是,三棱镜对该单色光的折射率 n 为

$$n=\frac{\sin i_1}{\sin i_2}=\frac{\sin\frac{1}{2}(\delta_{\min}+\alpha)}{\sin\frac{1}{2}\alpha} \tag{2.19-7}$$

如果测出三棱镜的顶角 α 和最小偏向角 $\delta_{\min}$,那么按照式(2.19-7)就可算出三棱镜的折射率 n.

四、实验内容

分光计是用来测量角度的光学仪器.要测准入射光和出射光传播方向之间的角度,根据反射定律和折射定律,分光计必须满足下述两个要求:①入射光和出射光应当是平行光.②入射光线、出射光线与反射面(或折射面)的法线所构成的平面应当与分光计的刻度圆盘平行.

1. 调整分光计

(1) 望远镜调节

① 目镜的调节

目镜调焦的目的是使眼睛通过目镜能很清楚地看到目镜中分划板上的刻线,即如图 2.19-8(a)所示的十字叉丝.调焦方法:先把目镜视度调节手轮(11)旋出,然后一边旋进,一边从目镜中观察,直到分划板刻线成像清晰为止,再慢慢地旋出手轮,至目镜中的像清晰度将被破坏而未被破坏为止.

2.19-1　操作视频

② 望远镜调焦

其目的是将目镜分划板上的十字叉丝调整到物镜的焦平面上,也就是望远镜对无穷远调焦.其方法如下:打开目镜照明灯开关.把望远镜光轴位置的调节螺钉(12、13)调到使望远镜光轴大致水平.在载物台的中央放上附件光学平板,其反射面对着望远镜物镜,且

与望远镜光轴大致垂直.通过调节载物台的调平螺钉(6)和转动载物台,使望远镜的反射像和望远镜在一直线上.从目镜中观察,此时可以看到一十字反射像(亮十字线),前后移动目镜,对望远镜进行调焦,使亮十字线成清晰像,然后利用载物台上的调平螺钉和载物台微调机构,把这个亮十字线调节到与分划板上方的十字叉丝(上十字叉丝)重合,往复移动目镜,使亮十字线和十字叉丝无视差地重合.

③ 调整望远镜的光轴垂直于旋转主轴.

a. 调整望远镜光轴上下位置调节螺钉(12),使反射回来的亮十字线精确地成像在上十字叉丝上.

b. 游标盘连同载物台、平行平板旋转 180°时观察到亮十字线可能与上十字叉丝有一个竖直方向的位移,也就是说,亮十字线可能偏高或偏低,见图 2.19-8(b).

c. 调节载物台调平螺钉,使位移减少一半.

d. 调整望远镜光轴上下位置调节螺钉(12),使竖直方向的位移完全消除,见图2.19-8(c).

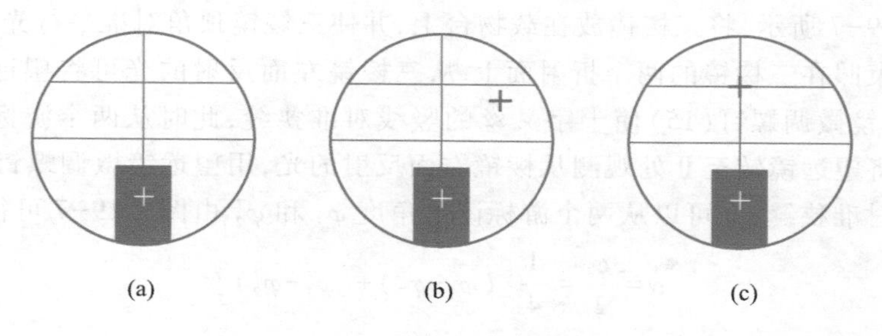

图 2.19-8 分划板视场

e. 把游标盘连同载物台、平行平板再转过 180°,检查其重合程度,重复 c 和 d,使偏差得到完全校正.

④ 将分划板十字叉丝调成水平.

当载物台连同光学平行平板相对于望远镜旋转时,观察亮十字线是否水平地移动,如果分划板的水平刻线与亮十字线的移动方向不平行,就要转动目镜,使亮十字线的移动方向与分划板的水平刻线平行,注意不要破坏望远镜的调焦,然后将目镜锁紧螺钉旋紧.

(2) 平行光管调节

① 平行光管的调焦.

目的是把狭缝调整到物镜的焦平面上,也就是平行光管对无穷远调焦.方法如下:

a. 去掉目镜照明器上的光源,打开狭缝,用漫射光照明狭缝.

b. 在平行光管物镜前放一张白纸,检查在纸上形成的光斑,调节光源的位置,使得在整个物镜孔径上照明均匀.

c. 除去白纸,把平行光管光轴左右位置调节螺钉(26)调到适中的位置,将望远镜正对平行光管,从望远镜目镜中观察,调节望远镜微调机构和平行光管上下位置调节螺钉(27),使得狭缝位于视场中心.

d. 前后移动狭缝装置,使狭缝清晰地成像在望远镜分划板平面上.

② 调整平行光管的光轴垂直于旋转主轴.

松开狭缝装置锁紧螺钉,旋转狭缝,使狭缝像平行于水平准线.调整平行光管光轴上下位置调节螺钉(27),升高或降低狭缝像的位置,使得狭缝对目镜视场的中心对称.

③ 将平行光管狭缝调成垂直.

旋转狭缝装置,使狭缝与目镜分划板的垂直刻线平行,注意不要破坏平行光管的调焦,然后将狭缝装置锁紧螺钉旋紧.

2. 三棱镜顶角的测定

测量三棱镜顶角的方法有自准直法和反射法(又称平行光法)两种.

(1) 用自准直法测三棱镜顶角

如图2.19-6所示,将三棱镜放在载物台上,并使三棱镜底面对准平行光管,将望远镜转至三棱镜的光学面Ⅰ、Ⅱ处观测反射回来的亮十字线,调节载物台调平螺钉使亮十字线都成像在上十字叉丝上,此时从两个游标可读出角度 φ_1、φ_1' 和 φ_2、φ_2'.由图可得顶角为

$$\alpha=180^\circ-\varphi=180^\circ-\frac{1}{2}[(\varphi_1-\varphi_2)+(\varphi_1'-\varphi_2')] \tag{2.19-8}$$

(2) 用反射法测三棱镜顶角

如图2.19-7所示,将三棱镜放在载物台上,并使三棱镜顶角对准平行光管,则平行光管射出的光束照在三棱镜的两个折射面上.从三棱镜左面反射的光可将望远镜转至Ⅰ处观测,用望远镜微调螺钉(15)使十字叉丝的竖线对准狭缝,此时从两个游标可读出角度 φ_1 和 φ_1';再将望远镜转至Ⅱ处观测从棱镜右面反射的光,用望远镜微调螺钉(15)使十字叉丝的竖线对准狭缝,又可以从两个游标读出角度 φ_2 和 φ_2'.由图2.19-7可得顶角为

$$\alpha=\frac{\varphi}{2}=\frac{1}{4}[(\varphi_1-\varphi_2)+(\varphi_1'-\varphi_2')] \tag{2.19-9}$$

稍微变动三棱镜的位置,重复测量多次,求出顶角的平均值.

2.19-2 操作视频

3. 测量最小偏向角

(1) 如图2.19-9所示,用单色光源(如钠光灯)照明平行光管的狭缝,从平行光管发出的平行光束经过棱镜的两个折射面偏转一个角度 δ.

(2) 放松制动架(一)和底座的止动螺钉,转动望远镜,找到平行光管的狭缝像(折射光),放松制动架(二)和游标盘的止动螺钉,慢慢转动载物台,从望远镜观察使狭缝像向平行光管光轴方向移动,当看到的狭缝像刚刚开始要反向移动,就是平行光束以最小偏向角射出的位置,立即锁紧制动架(二)与游标盘的止动螺钉.

(3) 转动望远镜,使之大致对准折射光后锁紧制动架(一)与底座止动螺钉和望远镜止动螺钉,利用望远镜微调螺钉精确调整,使分划板的十字叉丝竖线精确地对准狭缝(折射光).记下对径方向上游标所指示的度盘的读数 φ_1 和 φ_1'.

(4) 取下棱镜,放松望远镜止动螺钉.转动望远镜,使望远镜直接对准平行光管,然后旋紧望远镜止动螺钉,对望远镜进行微调,使分划板十字叉丝的竖线精确地对准狭

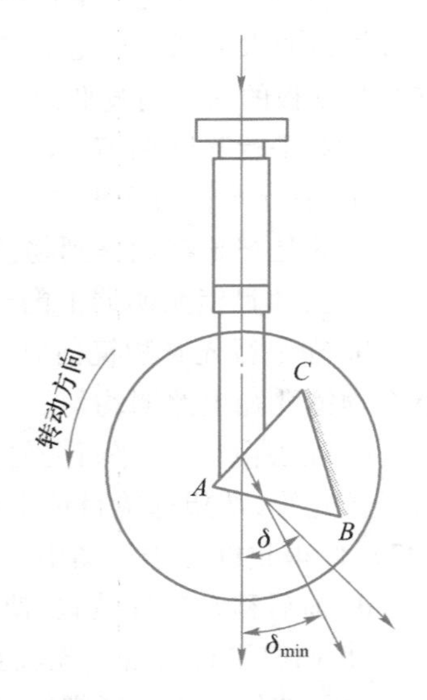

图2.19-9 最小偏向角

缝(直射光).

(5) 记下对径方向上游标所指示的度盘的两个读数 φ_0 和 φ_0'.

(6) 计算最小偏向角 $\delta_{1\ \min}$.

重复测量,得第二次最小偏向角 $\delta_{2\ \min}$.(第二次测量时,应将三棱镜改变位置为与平行光管光轴对称.)

两次测量取平均值,得最小偏向角为

$$\delta_{\min}=\frac{\delta_{1\ \min}+\delta_{2\ \min}}{2}$$

五、实验数据及处理

1. 顶角测量

(1) 自准直法

数据记录表格见表 2.19-1.

表 2.19-1

	左窗读数	右窗读数
法线位置 Ⅰ	φ_1	φ_1'
法线位置 Ⅱ	φ_2	φ_2'
夹角 φ	$\varphi_{左}=\varphi_1-\varphi_2$	$\varphi_{右}=\varphi_1'-\varphi_2'$

$$\varphi=\frac{1}{2}(\varphi_{左}+\varphi_{右})=\underline{\qquad\qquad},\quad \alpha=180^\circ-\varphi=\underline{\qquad\qquad}.$$

(2) 反射法

数据记录表格见表 2.19-2.

表 2.19-2

	第一次		第二次	
	左窗读数	右窗读数	左窗读数	右窗读数
反射光位置 Ⅰ				
反射光位置 Ⅱ				
夹角 φ_i				
$\overline{\varphi}$				

$$\alpha=\frac{\overline{\varphi}}{2}=\underline{\qquad\qquad}$$

2. 最小偏向角测量

数据记录表格见表 2.19-3.

表 2.19-3

<table>
<tr><td rowspan="2"></td><td colspan="2">第一次</td><td colspan="2">第二次</td></tr>
<tr><td>左窗读数</td><td>右窗读数</td><td>左窗读数</td><td>右窗读数</td></tr>
<tr><td>折射光</td><td>φ_1</td><td>φ_1'</td><td>φ_2</td><td>φ_2'</td></tr>
<tr><td>直射光</td><td>φ_0</td><td>φ_0'</td><td>φ_0</td><td>φ_0'</td></tr>
<tr><td rowspan="2">$\delta_{\min}$</td><td colspan="2">$\delta_{1\min}=\dfrac{\lvert\varphi_1-\varphi_0\rvert+\lvert\varphi_1'-\varphi_0'\rvert}{2}$</td><td colspan="2">$\delta_{2\min}=\dfrac{\lvert\varphi_2-\varphi_0\rvert+\lvert\varphi_2'-\varphi_0'\rvert}{2}$</td></tr>
<tr><td colspan="4">$\delta_{\min}=\dfrac{\delta_{1\min}+\delta_{2\min}}{2}$</td></tr>
</table>

三棱镜折射率为

$$n=\frac{\sin\dfrac{1}{2}(\delta_{\min}+\alpha)}{\sin\dfrac{1}{2}\alpha}$$

计算折射率及其与公认值的相对误差.

六、思考题

1. 用自准直法调节望远镜时,如果望远镜中十字叉丝交点在物镜焦点以外或以内,则十字叉丝交点经平面反射镜反射回到望远镜后的像将在何处?

2. 在用反射法测三棱镜顶角时,为什么三棱镜放在载物台上的位置,要使得三棱镜顶角离平行光管远一些,而不能太靠近平行光管呢?试画出光路图,分析其原因.

3. 扼要说明用自准直法测定三棱镜顶角的基本原理和测量步骤.

4. 什么是最小偏向角?实验中如何确定最小偏向角的位置?

实验 2.20　用极限法测量液体的折射率

一、实验目的

1. 了解用极限法测量固体和液体折射率的原理和方法.

2. 了解阿贝折射计的构造原理并掌握其使用方法.

二、仪器设备

分光计、阿贝折射计、三棱镜、毛玻璃、待测液体(蒸馏水)、钠光灯.

分光计的构造原理和使用方法可参阅实验 2.19.

阿贝折射计是测量物质折射率的常用仪器,测量范围为 1.3~1.7,可以直接读出折射率数值,操作简便,测量比较准确(精确度为 0.0003).

阿贝折射计的外形结构如图 2.20-1 所示.

在望远镜前面有光补偿器，测量时无须用钠光灯，只要用白光作光源，旋转光补偿器可使色散为零，各种波长的光的极限方向都与钠黄光的极限方向重合，因此视场呈现半边黑色、半边白色，黑白的分界线就是钠黄光的极限方向.

使用时将待测液体用滴管滴入折射棱镜上面，转动一下棱镜锁紧扳手，使液体在两棱镜面间均匀分布，无气泡，充满视场，然后把扳手锁紧，调节反光镜照亮视场，转动手轮(4)，从望远镜视野中观察极限位置，这时在分界线上看到各色的光，分界不够清晰，再转动光补偿器[光补偿器调节手轮(6)]使视场中除黑白二色外无其他颜色，并且黑白界线分明.调节手轮(4)使叉丝交点与分界线重合，在读数镜筒中可直接读出折射率的数值.

使用仪器前，还应校准折射计的读数，其校准方法可参阅仪器说明书.

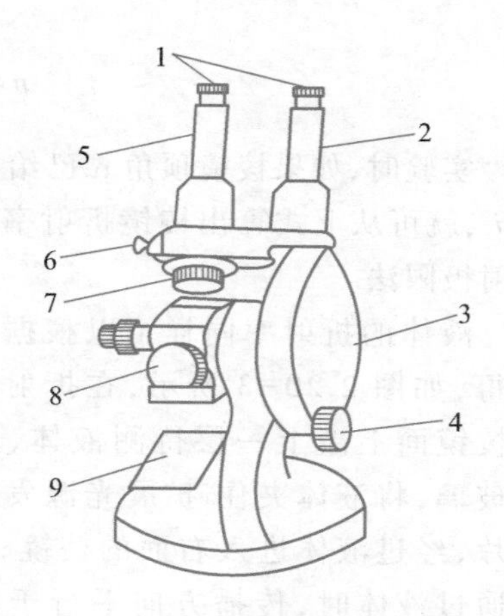

1—目镜;2—读数镜筒;
3—圆盘组(内有刻度板);
4—棱镜转动手轮;5—望远镜筒;
6—光补偿器调节手轮;
7—光补偿器(色散棱镜组);
8—折射棱镜组;9—反光镜.

图 2.20-1　阿贝折射计

三、实验原理

物质的折射率和通过物质光的波长有关，一般所指的固体和液体的折射率是对钠黄光而言的.

当光线 1 从空气射到折射率为 n 的三棱镜的 AB 面上时，如图 2.20-2 所示，入射角 i 和折射角 γ 之间遵从折射定律

$$\sin i = n\sin\gamma \qquad (2.20-1)$$

该光线在棱镜 AC 面上射出，成为出射光线 1′，出射角 i'和折射角 γ'有如下关系：

$$\sin i' = n\sin\gamma' \qquad (2.20-2)$$

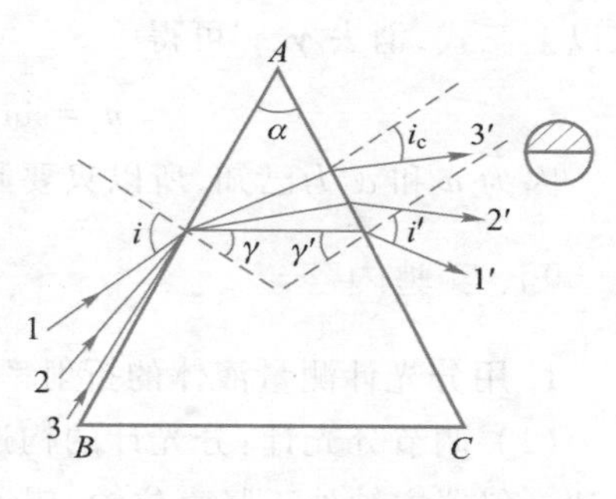

图 2.20-2　三棱镜折射

另外有几何关系：

$$\gamma+\gamma'=\alpha \qquad (2.20-3)$$

式中，α 为三棱镜顶角.

如果采用扩展光源，此时有各个方向的漫射光线射向棱镜 AB 面，如图 2.20-2 中光线 1、2、3 等，则在 AC 面处出射光线分别为 1′、2′、3′等.当光线以入射角 $i=90°$ 入射(称掠入射)，其出射角为最小值，称为极限角 i_c.大于 90°的光线不能进入棱镜，而小于 90°的光线其出射角必大于极限角 i_c，因此从 AC 面一侧向出射光束望去，我们能见到一个有明暗分界的视场，其分界线就是对应于掠入射角引起的极限角方向.当光线以掠入射角入射时，式(2.20-1)、式(2.20-2)可改写为

$$1 = n\sin\gamma \qquad (2.20-4)$$

$$\sin i_c = n\sin\gamma' \qquad (2.20-5)$$

由式(2.20-3)、式(2.20-4)和式(2.20-5)得

$$n=\sqrt{1+\left(\frac{\cos\ \alpha+\sin\ i_c}{\sin\ \alpha}\right)^2} \tag{2.20-6}$$

实验时，如果棱镜顶角 α 已给定，只要测出极限角 i_c，就可从上式算出棱镜折射率 n，这一方法称为折射极限法.

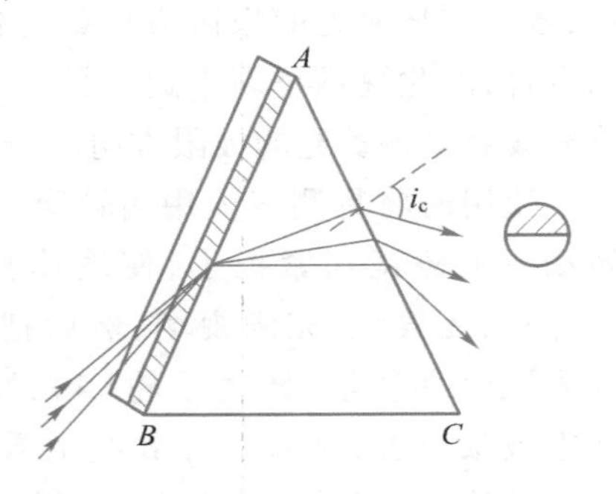

图 2.20-3　用折射极限法测量液体的折射率原理

液体的折射率同样可以根据折射极限法原理测得，如图 2.20-3 所示，在折射率和顶角都已知的棱镜面上涂上一层待测液体，上面再加上一片毛玻璃，将液体夹住. 扩展光源发出的光通过毛玻璃片，经过液体进入右面的棱镜，其中一部分光线在通过液体时，传播方向平行于液体与棱镜的交界面. 设待测液体的折射率为 n_x，则根据折射定律有

$$n_x=n\sin\ \gamma$$

$$\sin\ i_c=n\sin\ \gamma'$$

以及几何关系

$$\gamma+\gamma'=\alpha$$

从以上三式，消去 γ、γ' 可得

$$n_x=\sin\ \alpha\sqrt{n^2-\sin^2\ i_c}-\cos\ \alpha\sin\ i_c \tag{2.20-7}$$

因为 n 和 α 为已知，所以只要测出 i_c 就可计算液体折射率 n_x.

四、实验内容

1. 用分光计测量液体的折射率

(1) 调节分光计：分光计的构造原理和调节方法可参阅实验 2.19，分光计的调节，要求达到仪器主轴处于竖直位置，望远镜适合观察平行光，望远镜的光轴和仪器主轴垂直，调节载物台平面，使三棱镜面和仪器主轴平行.

(2) 目测极限方向：使光源同棱镜等高，将待测液体（蒸馏水）滴一两滴在洗净的棱镜面 AB 上，用一毛玻璃片夹住液体，使之成一均匀薄膜，转动分光计刻度圆盘，使 AB 面对向光源，这时把眼睛靠近 AC 面，观察出射光，将见到半明半暗的视场，转动望远镜朝此方向，在望远镜视野中便可看到清晰的明暗分界线. 将棱镜台固定，使望远镜叉丝对准分界线，记下两游标读数 ϕ_1 和 ϕ_1'

(3) 再次转动望远镜，从望远镜中观察到反射回来的亮十字线与望远镜内分划板上方的十字叉丝完全重合时，依次记下两个游标的读数 ϕ_2 和 ϕ_2'，即 AC 面的法线位置. 则折射极限角为

$$i_C=\frac{1}{2}(\,|\phi_1-\phi_2|+|\phi_1'-\phi_2'|\,)$$

重复测量几次，取其平均值，将数据记录在表 2.20-1 中. 三棱镜的折射率 n 和顶角 α 由实验室给出.

2. 用阿贝折射计测量液体折射率

具体操作方法见仪器设备中的阿贝折射计使用方法.测量待测液体(蒸馏水)的折射率,重复 2~3 次,温度对折射率影响较大,应记下测量时的室温.

五、实验数据及处理

1. 用分光计测量液体的折射率

根据实验室给出的三棱镜折射率 n、顶角 α 和最后测量得到的折射极限角平均值代入式(2.20-7),计算待测液体(蒸馏水)的折射率.

2. 用阿贝折射计测量液体折射率

室温:t=________.

比较两种仪器的测量结果,如有差别,试分析其原因.

表 2.20-1

三棱镜折射率 n=________, 三棱镜顶角 α=________

次数	游标 V		游标 V'		i_c
	ϕ_1	ϕ_2	ϕ_1'	ϕ_2'	
1					
2					
3					
4					
5					

平均值 $\overline{i_c}$

六、思考题

1. 测固体的折射率,可将待测固体切成薄片,在薄片与折射棱镜间滴一滴液体,问对这种液体折射率应有什么要求?为什么?

2. 如待测固体的折射率大于棱镜的折射率,能否用阿贝折射计进行测量?为什么?

实验 2.21 用双棱镜测光波波长

一、实验目的

1. 观察并描述双棱镜干涉现象及其特点.
2. 用双棱镜测光波波长.

二、仪器设备

双棱镜、单缝、凸透镜、测微目镜、钠光灯、光具座等.

测微目镜可用来测量微小长度，旋转传动丝杆，可推动活动分划板左右移动，活动分划板上刻有双线和十字线，固定分划板上刻有短的毫米标度线，测微鼓轮上有 100 个分格，每转一圈，活动分划板移动 1 mm，因此测微鼓轮每转过一分格，则活动分划板移动$\frac{1}{100}$ mm.

测微目镜的读数方法与螺旋测微器相似，双线和十字线交点位置的毫米数由固定分划板上的毫米标度线读出，毫米以下的位数由测微鼓轮上的刻度读出.

使用时，应先调节目镜，看清楚十字线，然后转动鼓轮，推动活动分划板，使十字线的交点或双线与待测物像的一端重合，便可得到一个读数；继续转动鼓轮，注意防止回程误差，沿原方向转动，不能任意进退，动作要平稳、缓慢，使十字线交点或双线移到待测物像的另一端，又得一个读数，两个读数之差即为待测物像的尺寸.

三、实验原理

如果两列频率相同的光波沿着几乎相同的方向传播，并且这两列光波的相位差不随时间而变化，那么在两列光波相交的区域内，光强的分布是不均匀的，而是在某些地方表现为加强，在另一些地方表现为减弱(甚至可能为零)，这种现象称为光的干涉.

菲涅耳利用如图 2.21-1 所示装置，获得了双光束的干涉现象.图中双棱镜 B 由光学玻璃制成，它有两个非常小的锐角(约 1°，图 2.21-1 仅为示意图)和一个非常大的钝角，借助棱镜界面的两次折射，可将光源(单缝)S 发出的波阵面分成沿不同方向传播的两束光.这两束光相当于由虚光源 S_1、S_2 发出的两束相干光，于是它们在相重叠的空间区域内产生干涉，将光屏 Q 插入上述区域中的任何位置，均可看到平行于狭缝的明暗相间的等间距干涉条纹.

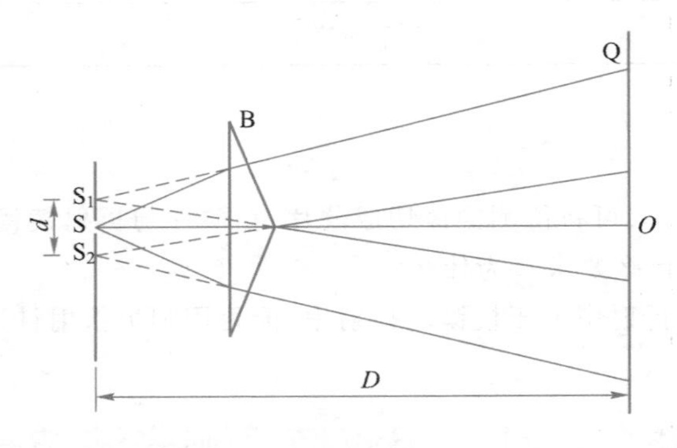

图 2.21-1　双棱镜干涉原理图

设两虚光源 S_1 和 S_2 的间距为 d(图 2.21-2)，由 S_1 和 S_2 到观察屏的距离为 D，若观察屏中央 O 点与 S_1 和 S_2 的距离相等，则由 S_1 和 S_2 射来的两束光的光程差等于零.在 O 点处两光波相互加强，形成中央明条纹，其余明条纹分别排列在 O 点的两旁.

假定 P 是观察屏上任意一点，它离中央 O 点的距离为 x，当 $D \gg d$ 时，近似有

$$\frac{\delta}{d} \approx \frac{x}{D}$$

式中，δ 为光程差.

当

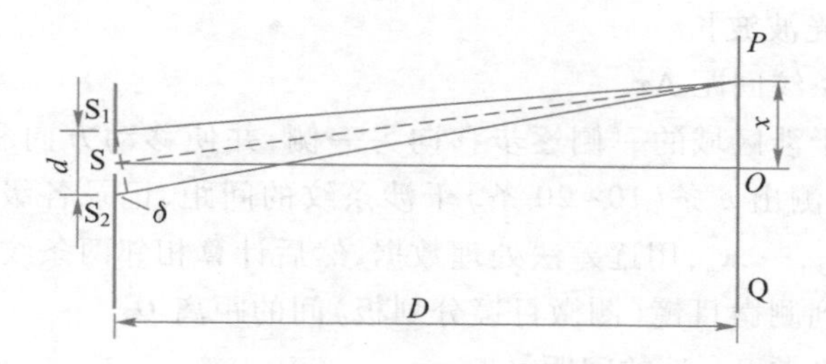

图 2.21-2　双棱镜干涉等效光路图

$$\delta=\frac{xd}{D}=k\lambda \quad 或 \quad x=\frac{D}{d}k\lambda \quad (k=0,\pm1,\pm2,\cdots) \tag{2.21-1}$$

时，两束光在 P 点相互加强，形成明条纹。

当

$$\delta=\frac{xd}{D}=(2k+1)\frac{\lambda}{2} \quad 或 \quad x=\frac{D}{d}(2k+1)\frac{\lambda}{2} \quad (k=0,\pm1,\pm2,\cdots) \tag{2.21-2}$$

时，两束光在 P 点相互减弱，形成暗条纹。

相邻两暗（或明）条纹的距离为

$$\Delta x=x_{k+1}-x_k=\frac{D}{d}\lambda \tag{2.21-3}$$

测出 D、d 和相邻两条纹的间距 Δx 后，由式（2.21-3）即可求得光波波长。

四、实验内容

1. 调节共轴

（1）将钠光灯、单缝 S、双棱镜 B、凸透镜 L 与测微目镜 F 按次序放置在光具座上，粗略地调整它们中心等高、共轴，并使双棱镜的底面与系统的光轴垂直，棱脊和狭缝的取向大体平行。

（2）用单色光源（钠光灯）均匀地照亮单缝，利用单缝所获得的柱面波射向双棱镜，并使它均匀照亮棱脊部位，观察经双棱镜折射后的光束能否进入测微目镜，然后依次进行如下调整。

2. 调节干涉条纹

（1）减小狭缝的宽度（以提高光源的空间相干性），一般情况下可从测微目镜观察到不太清晰的干涉条纹。

（2）绕系统光轴缓慢地向左或向右旋转双棱镜，将显现出清晰的干涉条纹，这时双棱镜的棱脊与狭缝的取向严格平行。

（3）为了便于测量，在看到清晰的干涉条纹后，应将双棱镜或测微目镜前后移动，使干涉条纹的宽度适当。同时只要不影响条纹的清晰度，可适当增加缝宽，以保持干涉条纹有足够的宽度。

双棱镜和狭缝的距离不宜过小，因为减小它们的距离，虚光源 S_1 和 S_2 的间距也将减小，这对 d 的测量不利。

3. 用双棱镜测光波波长

(1) 测量干涉条纹间距 Δx.

将测微目镜从干涉区域的一侧逐步移向另一侧,并使移动方向和干涉条纹垂直,为了提高测量精度,可测出 n 条(10~20 条)干涉条纹的间距,记录各级干涉条纹所在位置对应的读数 $x_1, x_2, x_3, \cdots, x_n$,用逐差法处理数据,然后计算相邻两条纹的间距.

(2) 测量狭缝到测微目镜(测微目镜分划板)间的距离 D.

(3) 测量两虚光源 S_1、S_2 的间距 d.

方法一:d 与单缝至双棱镜的距离有关,在测量过程中保持单缝与双棱镜的间距不变,在双棱镜 B 和测微目镜 F 之间放一凸透镜 L,前后移动凸透镜或测微目镜,使单缝经双棱镜折射而成的虚光源通过凸透镜 L 在目镜分划板上成一清晰的像,测量透镜到单缝和分划板的距离,即物距 u 和像距 v,再用测微目镜测量两个虚光源像的间距 d'(重复多次,取其平均值),则按透镜成像公式可算出

$$d=\frac{u}{v}d' \tag{2.21-4}$$

方法二:两虚光源 S_1、S_2 的间距 d 还可以利用透镜的两次成像法求得,将已知焦距 f 的凸透镜 L 置于双棱镜与测微目镜之间,只要使测微目镜到狭缝的距离 $D>4f$,前后移动凸透镜,就可以从测微目镜中看到两虚光源 S_1 和 S_2 经凸透镜所成的实像 S_1' 和 S_2'(随凸透镜 L 的位置不同,可看到两组实像),其中一组为放大的实像,另一组为缩小的实像.如果分别测得两放大像的像间距 d_1 和两缩小像的像间距 d_2(重复多次,取其平均值),则根据下式

$$d=\sqrt{d_1 d_2} \tag{2.21-5}$$

即可求得两虚光源 S_1、S_2 的间距 d.

五、实验数据及处理

1. 测量干涉条纹间距 Δx,数据记录于表 2.21-1 中.

表 2.21-1

i	x_i/mm	$i+5$	x_{i+5}/mm	$\Delta x\left(=\frac{x_{i+5}-x_i}{5}\right)$/mm
1		6		
2		7		
3		8		
4		9		
5		10		

计算 $\overline{\Delta x}$ 及其不确定度.

2. 测量单缝到测微目镜的距离 D.

3. 根据实验内容中的方法一或方法二,自行选择一种方法,测量两虚光源的间距 d.

4. 将测得的 Δx、D 和 d 等值代入式(2.21-3),计算波长及其不确定度,并给出实验

结果.

六、思考题

1. 为什么狭缝宽度较大时干涉条纹消失？

2. 干涉条纹的间距与哪些因素有关？当狭缝和双棱镜的距离增大时，条纹间距变宽还是变窄？

3. 为什么狭缝方向必须与双棱镜的棱脊平行才能看到干涉条纹？

第3章 综合性实验

综合性实验的目的在于通过实验内容、方法、手段的综合，培养学生综合运用物理知识和实验技能思考并解决问题的能力。综合性实验的内容涉及多学科的物理知识，运用综合的实验方法和手段，实现对学生思维和实验技能训练的目的。例如，本章编入了在近代物理学发展中具有重要意义的著名实验——“油滴实验”，该实验既有丰富的物理思想，还利用CCD电视显微测量方法观察油滴运动状态并测量其运动时间，得到电子电荷量；在温度测量方面编入了“温度传感器特性研究”，对Pt100铂电阻温度传感器、热敏电阻(NTC1K)温度传感器、pn结温度传感器、电流型集成温度传感器(AD590)和电压型集成温度传感器(LM35)的温度特性进行测量，更注重知识的实际应用的实践；编入了“多普勒效应综合实验”，既可研究超声波的多普勒效应，又可以将超声探头作为运动传感器，利用多普勒效应研究物体的多种运动状态，可以验证牛顿第二定律、验证多普勒效应，涉及力学、振动学和波动学等相关知识；编入了“全息照相”实验，实验内容包括全息照相和全息再现，全息照相利用光的干涉原理将物体的全部信息记录于全息干板上，全息再现是应用光的衍射原理将物体信息再现的过程，该实验涉及全息原理、光学测量、激光技术和照相技术等知识；另有一些在工程技术领域实际应用的光学综合实验：“双光栅微弱振动实验”“光电器件特性的综合测量”“半导体泵浦激光器实验”等.

实验3.1 简谐振动的研究

对振动现象进行直接研究是很复杂的，为了简化问题，人们引进了一个理想的振动模型，即简谐振子.简谐振子的振动是一种特别简单的周期振动，称为简谐振动.可以证明，一切复杂的周期振动都可表示为多个简谐振动的合成，因此熟悉简谐振动的规律及其特征，对于理解复杂振动的规律来说，是非常必要的.

一、实验目的

1. 观测简谐振动的运动学特征.
2. 通过弹簧振子研究简谐振动的规律，并测定弹簧的弹性系数和有效质量.

二、仪器设备

气垫导轨及附件、MUJ-4B型电脑计时器、架盘天平.

三、实验原理

1. 弹簧振子的简谐振动方程

实验中所用的弹簧振子由两个弹性系数同为 k_1 的弹簧和一个质量为 m_1 的滑块组成，如图 3.1-1 所示.在气垫导轨上做振动，弹簧的两端是固定的，当 m_1 处于平衡位置 O 时，每个弹簧的伸长量为 x_0，则当滑块 m_1 距平衡点 x 时，滑块 m_1 只受弹性回复力 $-k_1(x+x_0)$ 和 $-k_1(x-x_0)$ 的作用，根据牛顿第二定律，其运动方程为

$$-k_1(x+x_0)-k_1(x-x_0)=m\frac{\mathrm{d}^2x}{\mathrm{d}t^2}$$

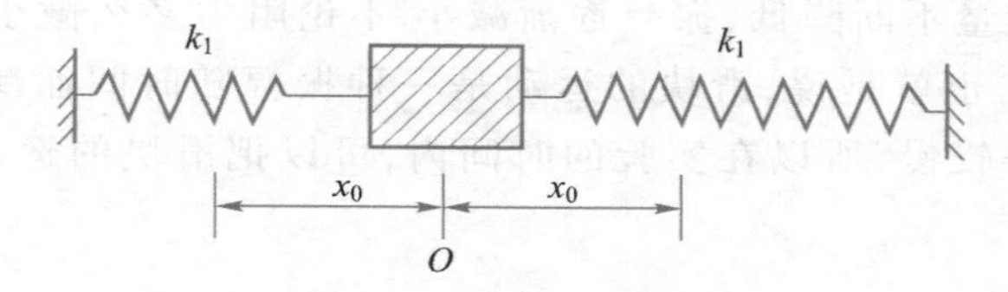

图 3.1-1　弹簧振子的简谐振动

令 $k=2k_1$，k 称为振动系统弹簧的弹性系数，则有

$$-kx=m\frac{\mathrm{d}^2x}{\mathrm{d}t^2} \tag{3.1-1}$$

方程式(3.1-1)的解为

$$x=A\sin(\omega_0t+\phi_0) \tag{3.1-2}$$

上式表明滑块的运动是简谐振动.其中

$$\omega_0=\sqrt{\frac{k}{m}} \tag{3.1-3}$$

是振动系统的固有圆频率；$m=m_1+m_0$ 是振动系统的有效质量；m_0 是弹簧的有效质量；A 是振幅，表示滑块运动的最大位移；ϕ_0 是初相位；ω_0 由系统本身决定.A 和 ϕ_0 由起始条件决定，则系统的振动周期为

$$T=\frac{2\pi}{\omega_0}=2\pi\sqrt{\frac{m}{k}}=2\pi\sqrt{\frac{m_1+m_0}{k}} \tag{3.1-4}$$

本实验通过改变质量 m_1，测出相应的周期 T，来考察 T 与 m 的关系，从而求出 k 和 m_0.

2. 简谐振动的运动学特征

将式(3.1-2)对时间求微分，有

$$v=\frac{\mathrm{d}x}{\mathrm{d}t}=A\omega_0\cos(\omega_0t+\phi_0) \tag{3.1-5}$$

由式(3.1-5)可见，滑块 m_1 的运动速度 v 随时间的变化关系也符合简谐振动规律，其圆频率为 ω_0，振幅为 $A\omega_0$，而且速度 v 的相位比位移 x 超前$\frac{\pi}{2}$.

由式(3.1-2)和式(3.1-5)，消去时间 t，可得

$$v^2=\omega_0^2(A^2-x^2) \tag{3.1-6}$$

上式说明：当 $x=A$ 时，$v=0$；当 $x=0$ 时，$v=\pm\omega_0 A$，这时 v 的数值最大，即

$$|v_{max}|=\omega_0 A \tag{3.1-7}$$

本实验中，可以观测位移 x 随时间 t 的变化关系和速度 v 随位移 x 的变化关系，以检验式(3.1-2)和式(3.1-6).

在上面的讨论中，我们假定：①由于气垫导轨的漂浮作用，滑块与气垫导轨平面间的摩擦阻力已经非常小，即使加上滑块运动时受到的空气阻力，总的阻力跟弹簧的弹性力 F 相比较也可以忽略不计；②选用的两根弹簧，质量非常小，它们的总质量跟滑块质量相比较可以忽略不计.

实际情况并不完全如此.例如，由于存在阻力，系统在运动过程中必须克服阻力做功，所以系统的总能量不断降低，振幅逐渐减小.不论阻力多么微小，最终将使滑块停止在平衡位置 O 点，也就是说，滑块的运动是一种振幅随时间而减小的衰减振动.但是，由于振幅衰减得较慢，所以在实验的时间内，可以把滑块的运动视为近似的简谐振动.

四、实验内容

1. 测量滑块的振动周期

(1) 将气垫导轨调平，方法参照“实验 2.2”.

(2) 选择计时器的“周期”功能，将装有窄片的滑块和弹簧组成的振动系统安放到气垫导轨上，并给滑块一个位移，令其振动，观察滑块的速度变化情况.

(3) 由计时器测读滑块振动 10 个周期所用的时间 t，算出周期 T.

(4) 分别改变滑块的振幅，重复测读对应的周期 T，然后计算周期的平均值.

2. 观测滑块振动周期随质量的变化关系

改变滑块质量 m_1，即在滑块上逐次增加骑码，对应每一质量，观测振动周期 3 次，以求其平均值，实验过程所测数据不得少于 5 组.

3. 观测滑块运动的位移随时间的变化关系

(1) 选择计时器的“计时 2”功能，将光电门 k_1 置于处在平衡位置的滑块的挡光片(此时为一条窄片)右侧边缘处(图 3.1-2)，滑块稍向右移动即可触发计时器，光电门 k_2 置于 k_1 的右侧紧靠 k_1 处，测出两光电门的距离 x.

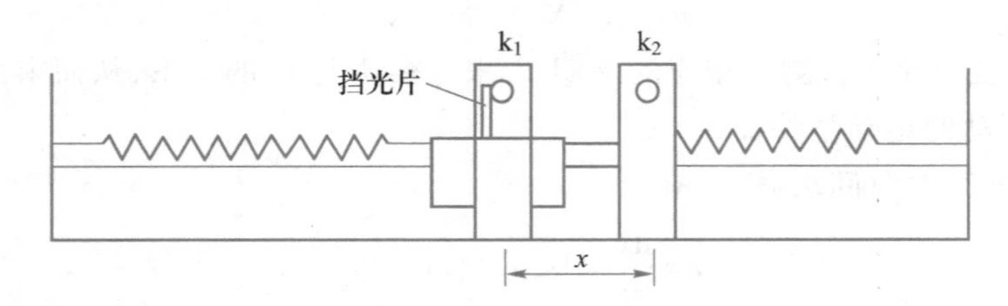

图 3.1-2 实验装置示意图

(2) 将滑块(以下均不加骑码)从平衡位置向左拉开 20 cm 后松开，当挡光片通过两光电门后将滑块按住，读出计时器的时间 t 之后松开滑块.

(3) 逐次增加 x 值(每次增加 2 cm)，按上述条件测出相应的 t 值，直到 x 约为 18 cm 为止.

（4）到达最大位移的时间可按如下方法测量：将 k_2 移远些，k_1 刚好放在处于平衡的挡光片处（光点照在挡光片的正中间，这和前面的安置稍有不同），同样将滑块向左拉开 20 cm，用计时器测出滑块往复通过光电门的时间，即半个周期，此时间为滑块从平衡位置到达最大位移时间的两倍，最大位移 A 也可同时测出.

4. 观测滑块运动的瞬时速度随位移的变化关系

（1）改用中间开口的挡光片，选择计时器的"计时2"功能，将 k_2 移开，k_1 置于处在平衡位置的滑块挡光片两前沿的中点处（图 3.1-3），滑块仍旧向左拉开 20 cm 后松开，测出 $x=0$ 时的速度 $v\left(v=\dfrac{\Delta s}{\Delta t}, \Delta s\text{ 为挡光片两前沿的距离}, \Delta t\text{ 为计时器读数}\right)$.

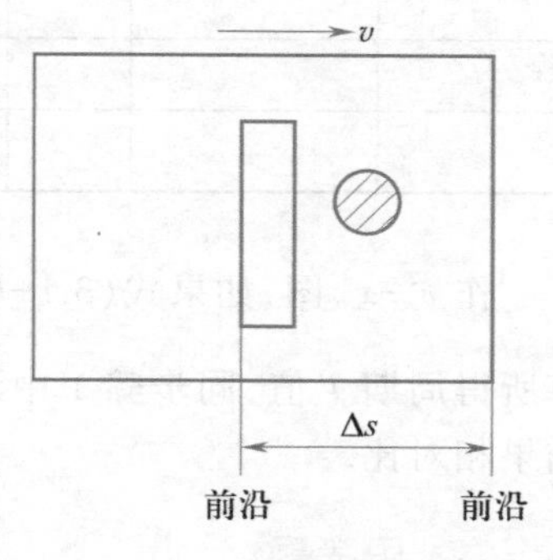

图 3.1-3　开口挡光片示意图

（2）逐次将 k_1 向右移动，每移动 2 cm，测一次 Δt（也记录 k_1 的位置），直到 x 接近最大位移为止，求出各位移 x 处的速度 v.

五、实验数据及处理

1. 测量滑块振动周期随质量的变化关系

数据记录于表 3.1-1.

表 3.1-1

m_1/g	t/s				$T\left(=\dfrac{\bar{t}}{n}\right)$/s	T^2/s^2
	t_1	t_2	t_3	$\bar{t}$		

以 T^2 为纵坐标，m_1 为横坐标，作 T^2-m_1 图，如式（3.1-4）成立，则 T^2-m_1 应为一直线，其斜率为 $\dfrac{4\pi^2}{k}$，截距为 $\dfrac{4\pi^2}{k}m_0$，并由此可求出弹簧的弹性系数 k 及弹簧的有效质量 m_0.

2. 滑块位移随时间的变化关系

数据表格自拟.

用 x、t 的测量值，绘出四分之一周期的 $x-t$ 图线，对照式（3.1-2）分析 $x-t$ 图线是否为初相位 $\phi_0=0$ 的正弦曲线.

3. 测量滑块运动的瞬时速度随位移的变化关系

数据记录于表 3.1-2.

表 3.1-2

x/cm	x^2/cm^2	Δt/s				Δs=_____ cm	v^2/(cm^2·s^{-2})
		Δt_1	Δt_2	Δt_3	$\overline{\Delta t}$	$v=\frac{\Delta s}{\Delta t}$	

作 v^2-x^2 图，如果式(3.1-6)成立，则 v^2-x^2 图应为一直线，斜率为$-\omega_0^2$.而 $T=\frac{2\pi}{\omega_0}$，将计算所得周期 T 值，同步骤 1 中测量结果相对比.再将 v_{max} 与由式(3.1-7)计算的值和测量结果相对比.

六、思考题

1. 假设所用的两根弹簧的弹性系数分别为 k_1 和 k_2，且 $k_1 \neq k_2$，能否导出振动系统的周期公式？如何从实验中进行测量？

2. 滑块静止时的平衡位置 O 是难以确定的，在实验内容 3 和 4 中光电门的位置可能偏离 O 点，这样会影响半周期测量的准确性，什么测量方法可能消除这一误差？

3. 在实验内容 3 和 4 中，为什么使用不同形状的挡光片？

实验 3.2　超声波声速的测量

一、实验目的

1. 测量超声波在空气中的传播速度.

2. 了解压电换能器的功能，学习示波器和功率函数信号发生器的使用方法，加深对驻波和振动合成等概念的理解.

3.2　教学视频

二、仪器设备

数显声速仪、功率函数信号发生器、示波器.

1. 数显声速仪结构特点：使用共振于 40 kHz 左右的压电超声换能器，作为声波的发射和接收元件（分别置于固定的左立柱和可动的游标卡尺上）；使用时，具有机械刻度和数字显示两种测读方法.

2. 功率函数信号发生器是一种多功能、6 位数字显示的仪器，它能直接产生正弦波、三角波、方波、对称可调脉冲波和 TTL 脉冲波.其中正弦波具有最大为 10 W 的功率输出，并具有短路报警保护功能；本实验使用正弦波作为信号输出，频率一般选择在 35～40 kHz 范围内，可以通过“频率粗调”“频率细调”旋钮来调节.

3. 示波器是将电压信号的变化过程——波形传送到示波管的荧光屏上显示出来，供观察、分析和研究的仪器.示波器的种类很多，性能和结构也大有差异，但其最基本的构成主要有：①示波管；②扫描发生器；③同步电路；④带衰减的 Y 轴（垂直）放大器；⑤带衰减的 X 轴（水平）放大器；⑥电源部分.

三、实验原理

在波动过程中，波长 λ 和频率 f 之间存在下列关系：

$$v=f\lambda \tag{3.2-1}$$

由此，超声波声速的测定可以归结为测量超声波的频率和波长.本实验中采用共振干涉法和相位比较法测量超声波的波长，频率直接由功率函数信号发生器读出.

1. 超声波的发射与接收——压电陶瓷超声换能器

本实验采用压电陶瓷超声换能器来实现电压和声压之间的转换.压电陶瓷超声换能器作为波源具有平面性、单色性好以及方向性强的特点.同时，由于频率在超声波频率范围内，一般的音频对它没有干扰.频率提高，波长 λ 就短，在不长的距离中可测到许多个 λ，取其平均值，λ 的测定就比较准确.这些都可使实验的精度大大提高.

压电陶瓷超声换能器由压电陶瓷片和轻、重两种金属组成.压电陶瓷片（如钛酸钡、锆钛酸铅等）是由一种多晶结构的压电材料做成的，在一定的温度下经极化处理后，具有压电效应.在简单情况下，压电材料受到与极化方向一致的应力 σ 时，在极化方向上产生一定的电场强度 E，它们之间有一简单的线性关系 $E=g\sigma$；反之，当与极化方向一致的外加电压 U 加在压电材料上时，材料的伸缩形变 S 与电压 U 也有线性关系 $S=dU$.比例系数 g、d 称为压电常量，与材料性质有关.由于 E、σ、S、U 之间具有简单的线性关系，因此我们就可以使正弦交流电信号转变成压电材料纵向长度的伸缩，成为声波的波源；同样也可以使声压变化转变成电压的变化，用来接收信号.

在压电陶瓷片的头尾两端胶粘两块金属，组成夹心型振子.头部用轻金属做成喇叭形，尾部用重金属做成锥形或柱形，中部为压电陶瓷圆环，紧固螺钉穿过环中心.这种结构增大了辐射面积，增强了振子与介质的耦合作用，由于振子以纵向长度的伸缩直接影响头部轻金属做同样的纵向长度伸缩（对尾部重金属作用小），所以这样所发射的波方向性强、平面性好.

2. 共振干涉法

由超声波声源（发射器）发出的平面波，在空气中传播，被前方的反射面（接收器）反射，入射波与反射波在声源和反射面之间发生干涉.当声源和反射面之间的空气柱长度为

$$l=k\frac{\lambda}{2},\quad k=1,2,3,\cdots \tag{3.2-2}$$

时，空气柱中产生驻波（图 3.2-1）.此时沿空气柱观察空气的振动情况，有一些位置的空气振动的振幅为极小值，这些位置称为波节，相邻波节之间的距离为半个波长.两个相邻波节中间位置的空气振动的振幅为极大值，这些位置称为波腹，相邻波腹之间的距离也为半个波长.

如果将声源固定，移动反射面，那么由式（3.2-2）可知，每当空气柱长度为半波长的整数倍时，会产生驻波.若某次产生驻波时空气柱长度为 l_1，下一次产生驻波时空气柱长度为 l_2，则

$$|l_2-l_1|=\lambda/2 \tag{3.2-3}$$

由此可以测量超声波的波长.

图 3.2-1 驻波波形图

3. 相位比较法

从超声波声源发射出频率为 f 的超声波,在周围形成一超声波场,超声波场中任一点振动的相位都是随时间变化的,但它和超声波源的振动相位之间的相位差 $\Delta\phi$ 是不随时间变化的.如图 3.2-2 所示,探测点(接收器)距超声波波源(发射器)距离为 l,超声波波长为 λ,则

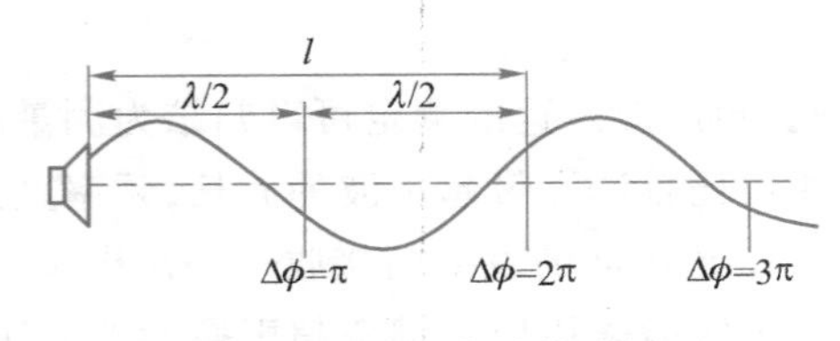

图 3.2-2 超声波波形图

$$\Delta\phi=\frac{2\pi l}{\lambda} \tag{3.2-4}$$

$\Delta\phi$ 的测量可以通过观察相互垂直的简谐振动合成的李萨如图形进行.输入示波器两通道的信号 x、y 分别为

$$x=A_1\cos(\omega t+\phi_1)$$
$$y=A_2\cos(\omega t+\phi_2)$$

合振动的方程为

$$\frac{x^2}{A_1^2}+\frac{y^2}{A_2^2}-\frac{2xy}{A_1A_2}\cos(\phi_2-\phi_1)-\sin^2(\phi_2-\phi_1)=0 \tag{3.2-5}$$

此方程轨迹为椭圆.当 $\Delta\phi=\phi_2-\phi_1=0$ 时,上式可以写成 $y=\frac{A_2}{A_1}x$;当 $\Delta\phi=\frac{\pi}{2}$时,得到$\frac{x^2}{A_1^2}+\frac{y^2}{A_2^2}=1$,即轨迹为以坐标轴为主轴的椭圆;当 $\Delta\phi=\pi$ 时,得到 $y=-\frac{A_2}{A_1}x$.所以若探测点在距波源距离 l_1 处时,$\Delta\phi_1=2k\pi$(k 为正整数,同相位),示波器出现斜率为$\frac{A_2}{A_1}$的直线;当接收器移至 l_2 处时,$\Delta\phi_2=(2k+1)\pi$(反相位),示波器中的李萨如图形是斜率为$-\frac{A_2}{A_1}$的直线,则 $l_2-l_1=\frac{\lambda}{2}$.将接收器从超声波波源附近慢慢移开,可以探测到一系列与超声波声源同相位或反相位的点的位置 $l_1,l_2,\cdots,l_i$,从中可求出波长:

$$l_{i+1}-l_i=\frac{\lambda}{2}$$

四、实验内容

1. 共振干涉法

(1) 在教师指导下,连接好线路,使所用仪器处于工作状态.

(2) 使两换能器端平面间距为 2 cm 左右,调节功率函数信号发生器的输出频率约为

40 kHz,该频率就是发射器的谐振频率.接收器把接收的超声波信号转换为电信号输给示波器的 Y 轴偏转板,调节示波器,使其出现波形.为使接收器更有效地接收超声波,再微调功率函数信号发生器的输出频率,直到示波器上出现的正弦波幅值最大,该频率作为实验过程中功率函数信号发生器的工作频率,并由功率函数信号发生器读取.

(3) 移动接收器,增大接收器与发射器的间距,由近及远,观察示波器,当示波器显示波形幅度为极大值时,通过游标卡尺测读对应最大值的位置,逐一记录接收器的位置 l_i,持续测读 12 个数据,记录于表 3.2-1 中.

2. 相位比较法

(1) 在教师指导下,调整好线路,适当调节示波器,示波器上将显示来自换能器的两个相互垂直的简谐振动的合成图形——椭圆或斜直线.

(2) 移动接收器,增大接收器与发射器的间距,由近及远,观察示波器,当示波器显示斜直线时(包括正、负斜率的直线),记下接收器的各个位置 l_i,持续测读 12 个数据,记录于表 3.2-2 中.

(3) 由功率函数信号发生器读出频率 f,最后记下实验时的室温.

五、实验数据及处理

1. 共振干涉法

表 3.2-1

频率 f=________ Hz, 室温 t=________ ℃

i	l_i/mm	i+6	l_{i+6}/mm	$3\lambda(=\|l_{i+6}-l_i\|)$/mm	λ_i/mm
1		7			
2		8			
3		9			
4		10			
5		11			
6		12			
		平均值			

2. 相位比较法

表 3.2-2

频率 f=________ Hz, 室温 t=________ ℃

i	l_i/mm	i+6	l_{i+6}/mm	$3\lambda(=\|l_{i+6}-l_i\|)$/mm	λ_i/mm
1		7			
2		8			
3		9			
4		10			
5		11			
6		12			
		平均值			

用逐差法处理数据，比较两种方法的测量结果，最后由式(3.2-1)计算超声波声速.

超声波声速和空气温度有关，在温度为 T(T/K = t/℃ +273.15)时的声速可用下式表示：

$$v=v_0\sqrt{\frac{T}{T_0}}$$

式中，v_0 为 T_0 = 273.15K 时的声速，其值为 331.45 m · s^{-1}.试把声速实验值同理论计算值相比较.

六、思考题

1. 共振干涉法的理论依据是什么？采用共振干涉法进行实验时我们能观察到什么现象？
2. 相位比较法的理论依据是什么？采用相位比较法进行实验时我们能观察到什么现象？
3. 用共振干涉法测声速时，示波器上波形幅值有时最大，有时最小，这说明空气柱分别处于什么状态？
4. 本实验中用超声波测声速，与用可闻声波测声速相比有什么优点？

实验 3.3 用 CCD 法测杨氏模量

一、实验目的

1. 测量金属丝的杨氏模量.
2. 学习用逐差法或作图法处理数据.
3. 学习 CCD 成像系统的使用方法，了解其特性.

二、仪器设备

CCD 杨氏模量测量仪、读数显微镜、CCD 成像系统.

三、实验原理

杨氏模量(也称为弹性模量)是描述固体材料抗形变能力的重要物理量，是机械构件材料选择的重要依据，是工程中常用的重要参量.杨氏模量的测量方法很多，如拉伸法、振动法、梁的弯曲法等，本实验采用拉伸法测量杨氏模量，并借助 CCD 成像系统测量长度的微小变化量.

材料受外力作用时必然发生形变，其内部应力(单位面积上受力大小)和应变(即相对形变)的比值称为杨氏模量.

用 CCD 法测杨氏模量的实验装置如图 3.3-1 所示.

设一根金属丝的截面积为 S，原长为 L，沿其长度方向加一拉力 F 后，钢丝的伸长量为 ΔL.根据胡克定律，材料在弹性限度内应力与应变成正比：

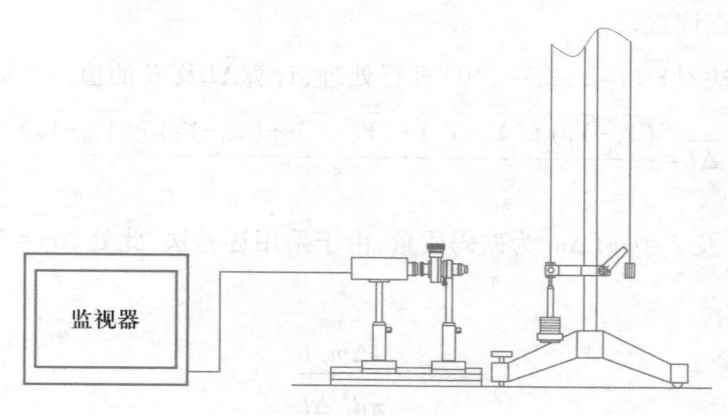

图 3.3-1　杨氏模量实验装置

$$\frac{F}{S}=E\frac{\Delta L}{L} \tag{3.3-1}$$

式中,比例系数 E 称为该材料的杨氏模量,常用单位为 $\mathrm{N\cdot m^{-2}}$.截面积 $S=\frac{\pi d^2}{4}$,d 为金属丝的直径.因此

$$E=\frac{FL}{S\Delta L}=\frac{4FL}{\pi d^2\Delta L} \tag{3.3-2}$$

杨氏模量仅与材料的性质有关,其大小表征金属抗形变能力的强弱,在数值上等于产生单位应变的应力.

四、实验内容

1. 调整及使用方法

(1) 将平台用四个可调底脚调平,将待测线材用上、下夹头的螺旋机构夹紧,上夹头及横梁固定在双立柱上端,下夹头及横梁固定在双立柱下端,调整螺钉,使下夹头在横梁内无摩擦地上下自由移动,砝码托盘挂在下夹头底部,可随时加减砝码.

(2) 接通照明灯源,将显微镜组插入磁力滑座内,调整高低位置,沿导轨前后移动滑座,旋转目镜,用眼睛观察到清晰的十字叉丝像.

(3) 将 8 mm 镜头安装在 CCD 摄像机上,把视频电缆线的一端接摄像机视频输出端子(Video out),另一端接监视器的视频输入端子(Video in),将 CCD 专用的 12 V 直流电源接入摄像机上的接孔(Power),并将直流电源和监视器分别接到 220 V 交流电源上,仔细调整 CCD 位置及镜头光圈和焦距,就可在监视器上观察到清晰的分划板像.

2. 测金属丝的伸长变化

在金属丝下端安装拉力传感器,通过力值显示仪测读外力的大小,观察初始拉力和细横刻线指示的刻度 Y_0,记录其数值,然后逐次加 1 kg 砝码对应的拉力,记录对应的读数 $Y_i(i=1,2,\cdots,10)$;再将所加的拉力逐次减去.记下对应的读数 $Y_i'(i=1,2,\cdots,10)$.并将两对应读数 Y_i 与 Y_i'求平均,$\overline{Y_i}=\frac{Y_i+Y_i'}{2}$.

(1) 用直尺测量金属丝长度 L;用螺旋测微器测量金属丝直径 d(测 5 次),注意记下螺旋测微器的零点读数.

(2) 用逐差法对$\overline{Y_i}$($i=1,2,\cdots,10$)进行处理,计算$\overline{\Delta L}$及 E 的值.

$$\overline{\Delta L}=\frac{(\overline{Y_6}-\overline{Y_1})+(\overline{Y_7}-\overline{Y_2})+(\overline{Y_8}-\overline{Y_3})+(\overline{Y_9}-\overline{Y_4})+(\overline{Y_{10}}-\overline{Y_5})}{5}$$

由式(3.3-2)及 $F=mg$(Δm 为砝码质量,由于采用逐差法,此处 $\Delta m=5$ kg,$S=\frac{1}{4}\pi d^2$),可得

$$E=\frac{4\Delta mgL}{\pi d^2\,\overline{\Delta L}} \tag{3.3-3}$$

五、注意事项

1. 用 CCD 摄像机时 CCD 不可正对太阳光、激光和其他强光源,不要随意用其他电源代替 CCD 的 12 V 直流电源,不要使 CCD 视频输出短路,防止 CCD 震动、跌落,不要用手触摸 CCD 前表面.
2. 使用监视器时要注意防震,并注意勿将水或油溅在屏幕上.
3. 注意维护金属丝平直,以保持它在实验中处于竖直状态.

六、实验数据及处理

1. 测量金属丝直径 5 次,求其平均值.
2. 测量金属丝伸长量,数据记录在表 3.3-1 中.

表 3.3-1

拉力值	Y_i/mm	Y_i'/mm	$\overline{Y_i}$/mm	逐差法计算$\overline{\Delta L}$/mm
平均值				

将数据代入式(3.3-3),计算金属丝的杨氏模量及其不确定度(本地区重力加速度$g=9.794\ \mathrm{m\cdot s^{-2}}$).

七、思考题

1. 对微小伸长量进行测量,除利用读数显微镜测量外,还有哪些方法?
2. 材料相同,但粗细、长度不同的两根金属丝,它们的杨氏模量是否相同?
3. 是否可用作图法求杨氏模量?如果以应力为横轴,应变为纵轴作图,图线应是什么形状?

实验3.4 波尔共振实验

振动和受迫振动导致的共振现象是普遍的、重要的物理现象.由于共振在机械制造和建筑工程等领域中的特殊性质和实用价值,它已引起了越来越多科研和工程技术人员的极大注意.众多电声器件,是运用共振原理设计制作的.在微观科学研究中,“共振”也是一种重要手段,如利用核磁共振和顺磁共振可以研究物质结构等.

表征受迫振动的性质是受迫振动的振幅-频率特性和相位-频率特性(简称幅频和相频特性).本实验中,我们采用波尔共振仪定量测定机械受迫振动的幅频和相频特性,并利用频闪方法来测定动态的物理量——相位差.

一、实验目的

1. 研究波尔共振仪中弹性摆轮受迫振动的幅频、相频特性.
2. 研究不同阻尼力矩对受迫振动的影响,观察共振现象.
3. 学习用频闪法测定运动物体的某些量,如相位差.

二、仪器设备

波尔共振仪.

三、实验原理

物体在周期性外力的持续作用下发生的振动称为受迫振动,这种周期性的外力称为驱动力.如果外力按简谐振动规律变化,那么稳定状态时的受迫振动也是简谐振动,此时,振幅保持恒定,振幅的大小与驱动力的频率、原振动系统无阻尼时的固有振动频率和阻尼系数有关.在受迫振动状态下,系统除了受到驱动力的作用外,还受到回复力和阻尼力的作用.故在稳定状态时物体的位移、速度变化与驱动力变化不是同相位的,而是存在一个相位差.当驱动力的频率与系统的固有频率相同时产生共振,此时振幅最大,相位差为$\dfrac{\pi}{2}$.

实验采用摆轮在弹性力矩作用下的自由摆,在电磁阻尼力矩作用下做受迫振动来研究受迫振动特性,可直观地显示机械振动中的一些物理现象.

实验所采用的波尔共振仪的外形结构如图 3.4-3 所示.当摆轮受到周期性驱动力矩 $M=M_0\cos\omega t$ 的作用,并在有空气阻尼和电磁阻尼的介质中运动时$\left(阻尼力矩为-b\dfrac{d\theta}{dt}\right)$,其运动方程为

$$J\frac{d^2\theta}{dt^2}=-k\theta-b\frac{d\theta}{dt}+M_0\cos\omega t \tag{3.4-1}$$

式中,J 为摆轮的转动惯量,$-k\theta$ 为弹性力矩,M_0 为驱动力矩的振幅,ω 为驱动力矩的圆频率.

令 $\omega_0^2=\frac{k}{J},2\beta=\frac{b}{J},m=\frac{M_0}{J}$,则式(3.4-1)变为

$$\frac{d^2\theta}{dt^2}+2\beta\frac{d\theta}{dt}+\omega_0^2\theta=m\cos\omega t \tag{3.4-2}$$

当 $m\cos\omega t=0$ 时,式(3.4-2)即阻尼振动方程.

当 $\beta=0$ 时,即在无阻尼情况时,式(3.4-2)变为简谐振动方程,ω_0 即系统的固有频率.

方程式(3.4-2)的通解为

$$\theta=\theta_1 e^{-\beta t}\cos(\omega_f t+\alpha)+\theta_2\cos(\omega t+\varphi_0) \tag{3.4-3}$$

式中,$\omega_f=\sqrt{\omega_0^2-\beta^2}$.

由式(3.4-3)可知,受迫振动可分为两部分:

第一部分 $\theta_1 e^{-\beta t}\cos(\omega_f t+\alpha)$ 表示阻尼振动,经过一段时间后衰减消失.

第二部分 $\theta_2\cos(\omega t+\varphi_0)$ 说明驱动力矩对摆轮做功,向振动体传送能量,最终达到一个稳定的振动状态.

振幅为

$$\theta_2=\frac{m}{\sqrt{(\omega_0^2-\omega^2)^2+4\beta^2\omega^2}} \tag{3.4-4}$$

它与驱动力矩之间的相位差 φ 为

$$\varphi=\arctan\left(\frac{2\beta\omega}{\omega_0^2-\omega^2}\right)=\arctan\left[\frac{\beta T_0^2 T}{\pi(T^2-T_0^2)}\right] \tag{3.4-5}$$

由式(3.4-4)和式(3.4-5)可看出,振幅与相位差的数值取决于 m、圆频率 ω、系统的固有频率 ω_0 和阻尼系数 β 四个因素,而与振动起始状态无关.

由极值条件 $\frac{\partial}{\partial\omega}[(\omega_0^2-\omega^2)^2+4\beta^2\omega^2]=0$ 可得出,当驱动力的圆频率 $\omega=\sqrt{\omega_0^2-2\beta^2}$ 时,产生共振,θ 有极大值.若共振时圆频率和振幅分别用 ω_r、θ_r 表示,则

$$\omega_r=\sqrt{\omega_0^2-2\beta^2} \tag{3.4-6}$$

$$\theta_r=\frac{m}{2\beta\sqrt{\omega_0^2-2\beta^2}} \tag{3.4-7}$$

式(3.4-6)、式(3.4-7)表明,阻尼系数 β 越小,共振时圆频率越接近于系统固有频率,振幅 θ_r 也越大.图 3.4-1 和图 3.4-2 表示不同 β 时受迫振动的幅频特性和相频特性.

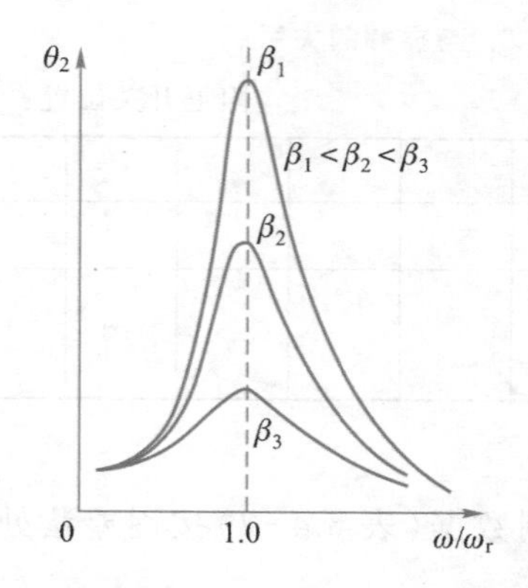

图 3.4-1 受迫振动幅频特性曲线

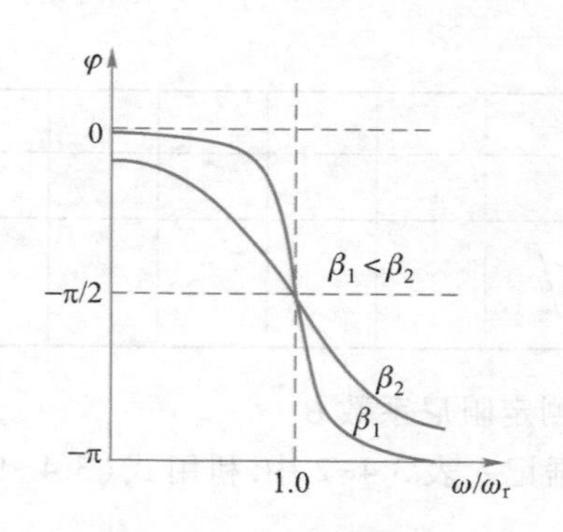

图 3.4-2 受迫振动相频特性曲线

四、实验内容

1. 测摆轮固有周期与振幅的关系

将阻尼选择放在“0”处,角度盘指针放在 0°位置,用于把摆轮拨到振幅较大处(140°~160°),然后放手,让摆轮做自由振动,将“测量”置于“开”状态,此时仪器自动记录实验数据,振幅测量范围为 50°~140°.实验结束后,“测量”为“关”,按“回查”菜单可调出仪器自动保存的实验数据,记录实验数据.

3.4 操作视频

2. 测定阻尼系数 β

回复至主菜单,选择“阻尼振荡”,可选择“阻尼 1”“阻尼 2”“阻尼 3”中的任意一种阻尼进行实验,按“确定”进行测量,“测量”选择“开”.仪器自动记录 10 次实验数据,实验结束后按“回查”并记录实验数据.利用公式

$$\ln\frac{\theta_0 e^{-\beta t}}{\theta_0 e^{-\beta(t+nT)}}=n\beta T=\ln\frac{\theta_0}{\theta_n} \tag{3.4-8}$$

求出 β 值,式中 n 为阻尼振动的周期次数,θ_n 为第 n 次的振幅,T 为阻尼振动周期的平均值,可测出 10 个摆轮振动周期,然后取其平均值.

3. 测定受迫振动的幅频和相频特性曲线

回复至主菜单,依次选择“强迫振荡”→“确定”→“电机”→“开”,等待 5 min 后,比较实验中“电机”和“摆轮”的数值,在达到稳定状态时,在 10 次“周期”中进行比较.若 10 次测量的周期相等,则可以利用频闪现象测定受迫振动位移与驱动力之间的相位差,并与理论值进行比较.

五、实验数据及处理

1. 测定摆轮固有周期(T_0)与振幅的关系,数据记入表 3.4-1 中.

表 3.4-1 测定摆轮固有周期(T_0)与振幅的关系

阻尼开关位置:________挡

振幅/(°)												
T_0/s												
$\omega_0\left(=\frac{2\pi}{T_0}\right)\Big/\mathrm{s}^{-1}$												

2. 测定阻尼系数 β

数据记入表 3.4-2 中.利用式(3.4-9)对所测数据(表 3.4-2)按逐差法处理,求出 β 值.

$$5\beta\overline{T}=\ln\frac{\theta_i}{\theta_{i+5}} \tag{3.4-9}$$

其中 i 为阻尼振动的周期次数,θ_i 为第 i 次振动时的振幅.

表 3.4-2 测定阻尼系数

阻尼开关位置:________挡

序号 i	振幅 θ_i/(°)	序号 $i+5$	振幅 θ_i/(°)	$\ln\frac{\theta_i}{\theta_{i+5}}$
1		6		
2		7		
3		8		
4		9		
5		10		
$\ln\frac{\theta_i}{\theta_{i+5}}$平均值				

$10T=$________ s,$\overline{T}=$________ s,阻尼系数 $\beta=$________.

3. 测定受迫振动的幅频和相频特性曲线

数据记入表 3.4-3 中.作幅频特性曲线 $\theta-(\omega/\omega_r)$ 和相频特性曲线 $\varphi-(\omega/\omega_r)$.

注意:第一行记录共振点数据;其余各行记录在共振点两侧各测四个点所得数据.

表 3.4-3 测定受迫振动的幅频和相频特性

阻尼开关位置:________挡

摆轮 10 次受迫振动周期 $10T$/s	驱动力矩 10 次振动周期 $10T$/s	振幅 θ/(°)	摆轮对应的固有周期 T_0/s	φ 测量值/(°)	φ 计算值/(°)	$\frac{\omega}{\omega_r}$	$\frac{\theta}{\theta_r}$

续表

摆轮10次受迫振动周期 $10T$/s	驱动力矩10次振动周期 $10T$/s	振幅 θ/(°)	摆轮对应的固有周期 T_0/s	φ 测量值/(°)	φ 计算值/(°)	$\frac{\omega}{\omega_r}$	$\frac{\theta}{\theta_r}$

4. 由 $(\theta/\theta_r)^2-\omega$ 曲线求 β 值

在阻尼系数较小时($\beta^2\ll\omega_0^2$)和共振位置附近($\omega\approx\omega_0$)，由于 $\omega+\omega_0=2\omega_0$，所以由式(3.4-4)、式(3.4-7)可得出

$$\frac{\theta}{\theta_r}=\frac{4\beta^2\omega_0^2}{4\omega_0^2(\omega-\omega_0)^2+4\beta^2\omega_0^2}=\frac{\beta^2}{(\omega-\omega_0)^2+\beta^2} \tag{3.4-10}$$

当 $\theta=\frac{1}{\sqrt{2}}\theta_r$，即 $\left(\frac{\theta}{\theta_r}\right)^2=\frac{1}{2}$ 时，由上式可得

$$\omega-\omega_0=\pm\beta \tag{3.4-11}$$

此 ω 对应于图 $\left(\frac{\theta}{\theta_r}\right)^2=\frac{1}{2}$ 处两个值 ω_1、ω_2，故

$$\beta=\frac{\omega_2-\omega_1}{2} \tag{3.4-12}$$

六、注意事项

波尔共振仪各部分都是精确装配的，不能随意乱动.控制箱功能与面板上旋钮、按键较多，请在弄清功能后，按规则操作.

七、思考题

1. 受迫振动的振幅和相位差与哪些因素有关？
2. 实验中是如何利用频闪原理来测量相位差 φ 的？
3. 实验时，为什么选定阻尼电流后，要求阻尼系数和幅频特性、相频特性的测定一起完成，而不能先测定不同电流时的 β 值，再测定相应阻尼电流时的幅频和相频特性？

八、附录

BG-3型波尔共振仪由振动仪和电器控制箱两部分组成.

1. 振动仪说明

振动仪部分如图3.4-3所示.由铜质摆轮(4)安装在机架上，涡卷弹簧(6)的一端

与摆轮(4)的轴相连,另一端可固定在机架支柱上,在弹簧弹性力的作用下,摆轮可绕轴自由往复摆动.在摆轮的外围有一圈槽型缺口,其中一个长凹槽(2)比其他短凹槽(3)长出许多.在机架上对准长凹槽的位置有一个光电门(1),它与电气控制箱相连接,用来测量摆轮的振幅(角度值)和摆轮的振动周期.在机架下方有一对带有铁芯的阻尼线圈(8),摆轮(4)恰巧嵌在铁芯的空隙.利用电磁感应原理,当线圈中通过直流电流后,摆轮受到一个电磁阻尼力的作用.改变电流数值即可使阻尼大小相应变化.为使摆轮(4)做受迫振动,在电机轴上装有偏心轮,通过连杆(9)带动摆轮(4),在电动机轴上装有带刻度线的有机玻璃转盘(13),它随电机一起转动.由它可以从角度读数盘(12)读出相位差 φ.调节控制箱上的电机转速旋钮,可以精确改变加于电机上的电压,使电机的转速在实验范围($30\sim45\ \mathrm{r\cdot min^{-1}}$)内连续可调,即可改变外加驱动力矩的大小.电机的有机玻璃转盘中央上方90°处也装有光电门,用以检测驱动力矩信号,并与控制箱相连,以测量驱动力矩的周期.

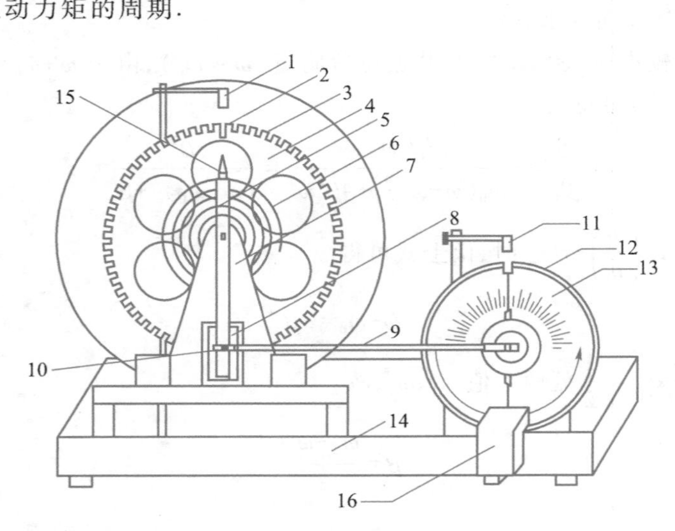

1—光电门;2—长凹槽;3—短凹槽;4—铜质摆轮;5—摇杆;6—涡卷弹簧;7—支承架;
8—阻尼线圈;9—连杆;10—摇杆调节螺旋;11—光电门;12—角度读数盘;13—有机玻璃转盘;
14—底座;15—弹簧夹持螺钉;16—闪光灯.

图 3.4-3 波尔共振仪结构图

实验中利用小型闪光灯来测量受迫振动时摆轮与外力矩的相位差.闪光灯受摆轮信号光电门(1)控制,每当摆轮上长凹槽(2)通过平衡位置时,光电门(1)接收光,引起闪光.闪光灯放置位置如图3.4-3所示,要搁置在底座上,切勿拿在手中直接照射角度读数盘.在情况稳定时,在闪光灯照射下可以看到有机玻璃转盘指针好像一直“停”在某一刻度处,这一现象称为频闪现象,刻度数值可直接从角度读数盘上读出,误差不大于2°.

摆轮振幅是利用光电门测出的摆轮上凹槽个数,并由数显装置直接显示出此值,精度为2°.

注意,当摆轮缺口经过平衡位置时按下闪光灯按钮便产生频闪现象,从角度读数盘上可看到刻度线似乎静止不动的读数(实际有机玻璃转盘上的刻度线一直在匀速转动)是对应的相位差大小.闪光灯按钮仅在摆轮在驱动力矩作用下达到稳定以后,测量相位差时才需按下.

2. 波尔共振仪电器控制箱的使用方法

（1）开机介绍

按下电源开关几秒后，屏幕上显示如图 3.4-4 所示字样：NO.00001 为控制箱与主机相连的编号.过几秒后屏幕上显示如图 3.4-5 所示“按键说明”字样.符号“◀”为向左移动，“▶”为向右移动，“▲”为向上移动，“▼”为向下移动.

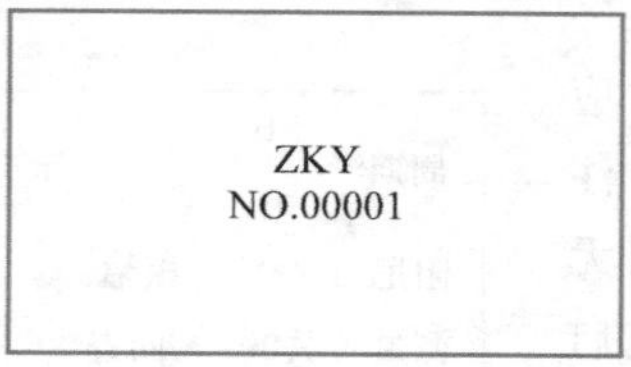

ZKY NO.00001

图 3.4-4

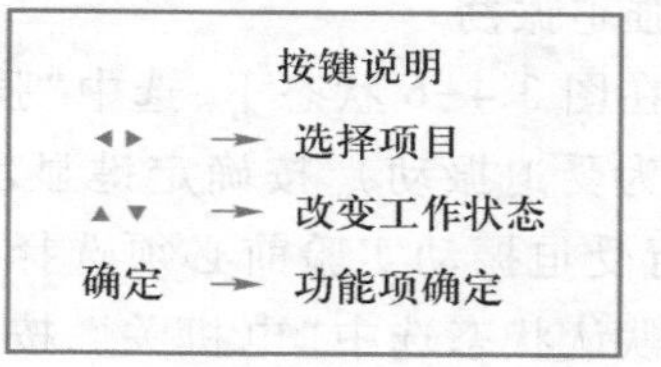

按键说明	
◀▶ →	选择项目
▲▼ →	改变工作状态
确定 →	功能项确定

图 3.4-5

（2）自由振荡

在图 3.4-5 状态下按确定键，显示如图 3.4-6 所示的实验步骤，默认选中项为“自由振荡”（对应实验内容为自由振动），字体反白为选中（注意实验的第一步必须做自由振动实验，其目的是测量摆轮的振幅和固有周期的关系）.再按确定键显示如图 3.4-7 所示字样，用手转动摆轮 160°左右，放开手后按“▲”或“▼”（上、下）键，测量状态由“关”变为“开”，控制箱开始记录实验数据，振幅的有效数值范围为 50°～160°（振幅大于 160°“测量”开，小于 50°“测量”自动关闭）.“测量”显示关时，数据已保存并发送至主机.

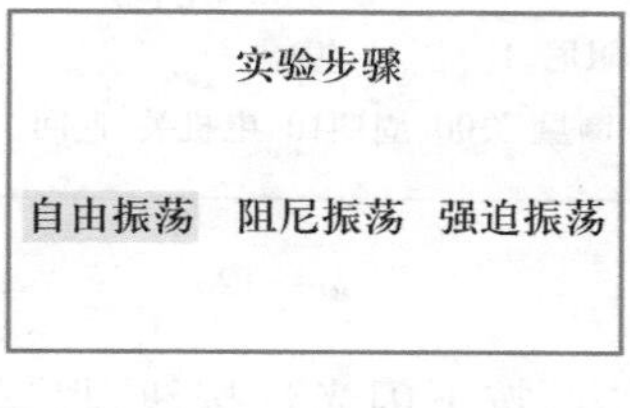

实验步骤		
自由振荡	阻尼振荡	强迫振荡

图 3.4-6

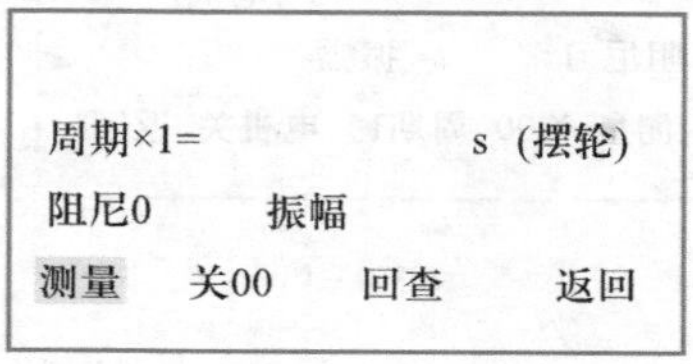

周期×1=		s（摆轮）	
阻尼0	振幅		
测量	关00	回查	返回

图 3.4-7

查取实验数据，可按“◀”或“▶”（左、右）键，选中“回查”，再按确定键，如图 3.4-8 所示，表示第一次记录的振幅为 134，对应的周期为 1.442 s，然后按上下键查看所有记录的数据，该数据为每次测量振幅相对应的周期数值，回查完毕，按确定键，返回到图 3.4-7 状态.若进行多次测量可重复操作，自由振动实验完成后，选中“返回”，按确定键回到前面图 3.4-6 进行其他实验.

（3）阻尼振荡

在图 3.4-6 状态下，根据实验要求，按左右键选中“阻尼振荡”（对应实验内容为阻尼振动），按确定键显示图 3.4-9.阻尼分三挡，“阻尼 1”最小.根据自己实验的要求选择阻尼挡，例如选择“阻尼 1”挡.按确定键显示图 3.4-10，用手转动摆轮 160°左右，放开手后按上下键，“测量”由“关”变为“开”并记录数据，仪器测量 10 组数据后，“测量”自动关闭，此时振幅大小还在变化，但仪器已经停止记录数据.阻尼振荡的回查同自由振荡类似，请参照上面操作.若改变阻尼挡测量，只需重复阻尼 1 的操作步骤即可.

周期×1　=　1.442　s（摆轮）

阻尼 0　振幅　134

测量 查01 ↑↓　按确定键返回

图 3.4-8

阻尼选择

阻尼1　阻尼2　阻尼3

图 3.4-9

（4）强迫振荡

仪器在图 3.4-6 状态下，选中“强迫振荡”（对应实验内容为受迫振动），按确定键显示图 3.4-11（注意：在进行受迫振动实验前必须选择阻尼挡，否则无法实验）.默认状态选中“电机关”.按上下键，电机启动.但不能立即进行实验，因为此时摆轮和电机的周期还不稳定，待稳定后即周期相同时再开始测量.测量前应该先选中“周期”，按上下键把“周期”由 1（图 3.4-11）改为 10（图 3.4-12），这样做的目的是减少误差，若不改“周期”，则“测量”无法打开.待摆轮和电机的周期稳定后再选中“测量”，按上下键，“测量”打开并记录数据，如图 3.4-12 所示.可进行同一阻尼下不同振幅的多次测量，每次实验数据都进行保留.

周期× 10 0　=　s（摆轮）

阻尼 1　振幅

测量　关00　回查　返回

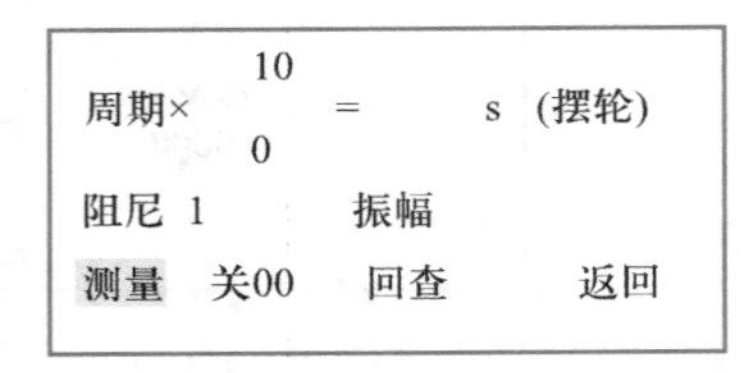

图 3.4-10

周期×1　=　s（摆轮）
=　s（电机）

阻尼 1　振幅

测量 关00 周期1　电机关　返回

图 3.4-11

周期×1　=　s（摆轮）
=　s（电机）

阻尼 1　振幅

测量 关00 周期10 电机关 返回

图 3.4-12

测量相位时应该把闪光灯放在电动机转盘前下方，按下闪光灯按钮，根据频闪现象来测量，仔细观察相位位置.

受迫振动实验完毕，按左右键，选中“返回”，按确定键，重新回到图 3.4-6 状态.

（5）关机

在图 3.4-6 状态下，按一下“复位”按钮，此时，所做实验数据全部清除（注意：实验过程中不要误操作“复位”按钮，在实验过程中如果操作错误要清除数据，可按此按钮），然后按下“电源”按钮，结束实验.

实验 3.5　多普勒效应综合实验

当波源和接收器之间有相对运动时，接收器接收到的波的频率与波源发出的波的频率不同的现象称为多普勒效应.多普勒效应在科学研究、工程技术、交通管理、医疗诊断等各方面都有十分广泛的应用.例如，原子、分子和离子由于热运动使其发射和吸收的光谱线变宽，这称为多普勒增宽.在天体物理和受控热核聚变实验装置中，光谱线的多普勒增宽已成为一种分析恒星大气及等离子体物理状态的重要测量和诊断手段；基于多普勒效应原理的雷达系统已广泛应用于导弹、人造地球卫星、车辆等运动目标速度的监测；在医学上人们利用超声波的多普勒效应来检查人体内脏的活动情况、血液的流速等.电磁波（光波）与声波（超声波）的多普勒效应原理是一致的.本实验是一个综合性实验，既可研究超声波的多普勒效应，又可利用多普勒效应将超声探头作为运动传感器，研究物体的运动状态.

一、实验目的

1. 测量超声接收器运动速度与接收频率之间的关系，验证多普勒效应.
2. 学习用多普勒效应的频率与速度关系求声速的方法.
3. 利用多普勒效应研究物体的各种运动状态，加深对运动学知识的理解.

二、仪器设备

ZKY-DPL-2 型多普勒效应综合实验仪.

三、实验原理

根据声波的多普勒效应公式，当声源与接收器之间有相对运动时，接收器接收到的频率 f 为

$$f=\frac{f_0(u+v_1\cos\alpha_1)}{u-v_2\cos\alpha_2} \tag{3.5-1}$$

式中，f_0 为声源发射频率，u 为声速，v_1 为接收器运动速率，α_1 为声源与接收器连线与接收器运动方向之间的夹角，v_2 为声源运动速率，α_2 为声源与接收器连线与声源运动方向之间的夹角.

若声源保持不动，运动物体上的接收器沿声源与接收器连线方向以速度 v 运动，则从式（3.5-1）可得接收器接收到的频率：

$$f=\left(1+\frac{v}{u}\right)f_0 \tag{3.5-2}$$

当接收器向着声源运动时 v 取正，反之取负.

若 f_0 保持不变，用光电门测量物体的运动速度，并由仪器对接收器接收到的频率自动计数，则根据式（3.5-2），作 $f-v$ 关系图，可直观验证多普勒效应，且由实验点作直线，其斜率应为 $k=\frac{f_0}{u}$，由此可计算出声速 $u=\frac{f_0}{k}$.

由式（3.5-2）可解出

$$v=u\left(\frac{f}{f_0}-1\right) \tag{3.5-3}$$

若已知声速 u 及声源频率 f_0，通过设置使仪器以某种时间间隔对接收器接收到的频率 f 采样计数，则由式（3.5-3）可计算出接收器的运动速度，由此可研究变速运动物体的运动状况及规律.

四、实验内容

1. 实验仪的预调节

实验仪内置微处理器，带有液晶显示屏，图 3.5-1 为实验仪的面板图.

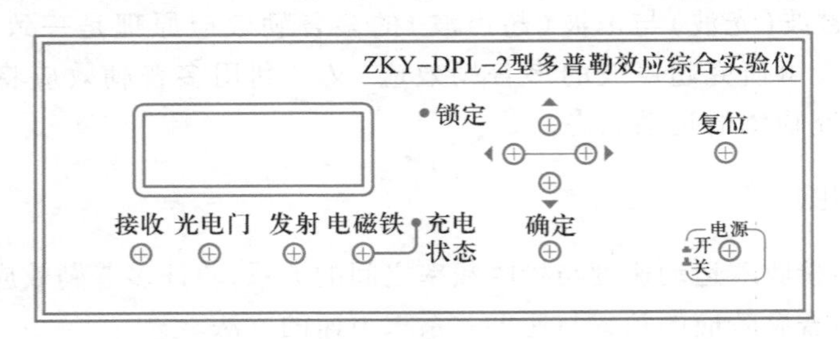

图 3.5-1 实验仪面板图

实验仪采用菜单式操作，显示屏显示菜单及操作提示，由上下、左右键（▲▼、◀▶）选择菜单或修改参量，按确定键后仪器执行.

实验仪开机后，首先要求输入室温，这是因为计算物体运动速度时要代入声速，而声速是温度的函数.

第二个界面要求对超声波发生器的驱动频率进行调谐.调谐时将所用的发射器与接收器接入实验仪，二者相向放置，用左右键调节超声波发生器驱动频率，并以接收器谐振电流达到最大作为谐振的判据.在超声波应用中，需要将发生器与接收器的频率匹配，并将驱动频率调到谐振频率，这样才能有效地发射与接收超声波.

2. 验证多普勒效应并由测量数据计算声速

将水平运动超声发射/接收器及光电门、电磁铁按实验仪上的标示接入实验仪.调谐后，在实验仪的工作模式选择界面中选择“多普勒效应验证实验”，按确定键后进入测量界面.用左右键输入测量次数 6，用上下键选择“开始测试”，再次按确定键，使电磁铁释放，光电门与接收器处于工作准备状态.

将仪器按图 3.5-2 安置好，当光电门处于工作准备状态而小车以不同速度通过光电门后，显示屏会显示小车通过光电门时的平均速度，以及此时小车上接收器接收到的平均频率，并可用上下键选择是否记录此次数据，按确定键后即可进入下一次测试.

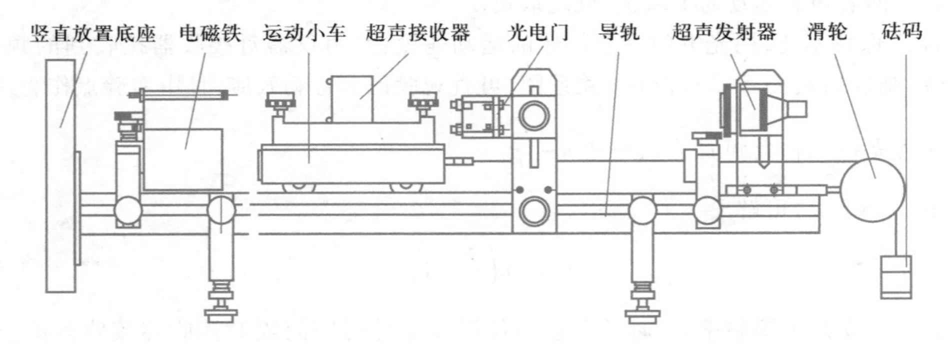

图 3.5-2 多普勒效应验证实验装置安装示意图

完成测量次数后，显示屏会显示 $f-v$ 关系图与一组测量数据，若测量点成直线，符合式(3.5-2)描述的规律，即直观验证了多普勒效应.用上下键翻阅数据并记入“实验数据及处理”的表 3.5-1 中，用作图法或线性回归法计算 $f-v$ 关系直线的斜率 k，由 k 计算声速 u，并与声速的理论值比较，声速理论值由 $u_0=331\sqrt{1+\frac{t}{273}}$ $(\mathrm{m\cdot s^{-1}})$ 计算，式中 t 表示室温，以℃为单位.

3. 研究匀变速直线运动，验证牛顿第二定律

实验时仪器的安装如图 3.5-3 所示，质量为 m_0 的竖直运动部件与质量为 m 的砝码托及砝码悬挂于滑轮的两端，测量前砝码托吸在电磁铁上，测量时电磁铁释放砝码，系统在外力作用下做加速运动.运动系统的总质量为 m_0+m，所受合外力为 $(m_0-m)g$（滑轮转动惯量与摩擦力忽略不计）.

根据牛顿第二定律，系统的加速度应为

$$a=\frac{m_0-m}{m_0+m}g \tag{3.5-4}$$

用天平称量竖直运动部件、砝码托及砝码质量，每次取不同质量的砝码放于砝码托上，记录每次实验对应的 m.

将竖直运动发射/接收器接入实验仪，在实验仪的工作模式选择界面中选择“频率调谐”，调节竖直运动发射/接收器的谐振频率，完成后回到工作模式选择界面，选择“变速运动测量实验”，确认后进入测量设置界面.设置采样点总数为 8，采样步距为 100 ms，用上下键选择“开始测试”，按确定键使电磁铁释放砝码托，同时实验仪按设置的参量自动采样.

采样结束后界面会显示 $v-t$ 关系图，用左右键选择“数据”，将显示的采样次数及相应速度记入“实验数据及处理”的表 3.5-2 中（为避免电磁铁剩磁的影响，第 1 组数据不记.t_n 为采样次数与采样步距的乘积）.由记录的 t、v 数据求得 $v-t$ 直线的斜率，该斜率即此次实验的加速度 a.

在结果显示界面中用左右键选择返回，确定后重新回到测量设置界面.改变砝码质量，按以上程序进行新的测量.

以表 3.5-2 得出的加速度 a 为纵轴，$\frac{m_0-m}{m_0+m}$ 为横轴作图，若它们为线性关系，符合式(3.5-4)描述的规律，即验证了牛顿第二定律，且直线的斜率应为重力加速度.

4. 研究自由落体运动，求自由落体加速度

实验时仪器的安装如图 3.5-4 所示，将电磁铁移到导轨的上方，测量前竖直运动部件吸在电磁铁上，测量时竖直运动部件自由下落一段距离后被细线拉住.

在实验仪的工作模式选择界面中选择“变速运动测量实验”，设置采样点总数为 8，采样步距为 50 ms.选择“开始测试”，按确定键后电磁铁释放，接收器自由下落，实验仪按设置的参量自动采样.将测量数据记入表 3.5-3 中，由测量数据求得 $v-t$ 直线的斜率，此即重力加速度 g.

为减小偶然误差，可进行多次测量，求测量结果的平均值，并将该平均值与理论值比较，求相对误差.

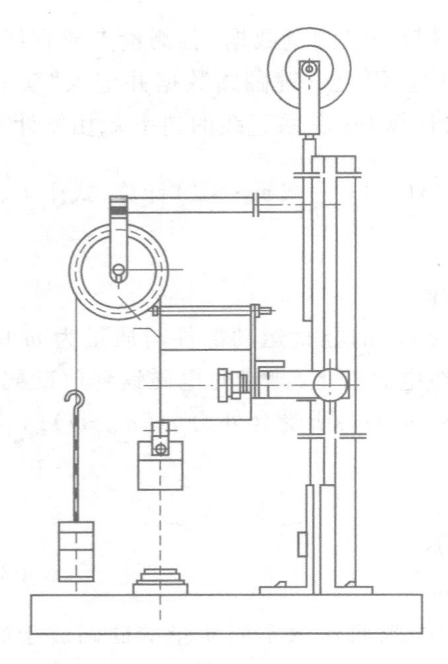

图 3.5-3 匀变速直线运动测量装置安装示意图

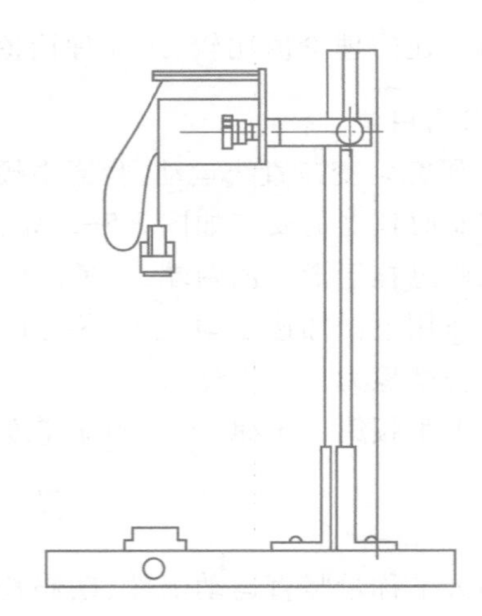

图 3.5-4 重力加速度测量装置安装示意图

5. 研究简谐振动

当质量为 m 的物体受到大小与位移成正比，而方向指向平衡位置的力的作用时，若以物体的运动方向为 x 轴，则其运动方程为

$$m\frac{\mathrm{d}^2x}{\mathrm{d}t^2}=-kx \tag{3.5-5}$$

由式(3.5-5)描述的运动称为简谐振动，当初始条件为 $t=0$ 时，$x_0=-A_0$，$v=\frac{\mathrm{d}x}{\mathrm{d}t}$，则方程式(3.5-5)的解为

$$x=-A_0\cos\ \omega_0 t \tag{3.5-6}$$

将式(3.5-6)对时间求导，可得速度方程：

$$v=\omega_0 A_0\sin\ \omega_0 t \tag{3.5-7}$$

由式(3.5-6)、式(3.5-7)可知物体做简谐振动时，位移和速度都随时间进行周期性变化，式中 $\omega_0=\sqrt{\frac{k}{m}}$ 为振动的圆频率，k 为弹簧的弹性系数.

测量时仪器的安装类似于图 3.5-4，将弹簧通过一段细线悬挂于电磁铁上方的挂钩孔中，竖直运动超声接收器的尾翼悬挂在弹簧上，若忽略空气阻力，根据胡克定律，作用力与位移成正比，悬挂在弹簧上的物体应做简谐振动.

实验时先称量竖直运动超声接收器的质量 m_0，测量接收器悬挂上之后弹簧的伸长量 Δx，记入表 3.5-4 中，就可计算 k 及 ω_0.

测量简谐振动时设置采样点总数为 150，采样步距为 100 ms.选择“开始测试”，将接收器从平衡位置下拉约 20 cm，松手让接收器自由振动，同时按确定键，让实验仪按设置的参量自动采样，采样结束后会显示如式(3.5-7)描述的速度随时间的变化关系.查阅数据，记录第 1 次速度达到最大时的采样次数 $N_{1,\max}$ 和第 11 次速度达到最大时的采样次数 $N_{11,\max}$，就可计算实际测量的运动周期 T 及圆频率 ω.

五、实验数据及处理

1. 多普勒效应的验证与声速的测量

表 3.5-1

f_0=________Hz

次数	1	2	3	4	5	6
$v/(\mathrm{m\cdot s^{-1}})$						
f/Hz						

用作图法或线性回归法计算 f-v 关系直线的斜率 k.

$$\left(\text{线性回归法}:k=\frac{\overline{v_i}\times\overline{f_i}-\overline{v_i\times f_i}}{\overline{v_i}^2-\overline{v_i^2}},\text{其中测量次数 } i \text{ 选择范围为 } 5\sim n,n\leqslant 10.\right)$$

计算声速并与其理论值进行比较.

2. 匀变速直线运动的测量

表 3.5-2

采样步距：100 ms，　m_0=________kg

n	2	3	4	5	6	7	8	加速度 $a/(\mathrm{m\cdot s^{-2}})$	m/kg	$\dfrac{m_0-m}{m_0+m}$
t_n/s										
$v_n/(\mathrm{m\cdot s^{-1}})$										
t_n/s										
$v_n/(\mathrm{m\cdot s^{-1}})$										
t_n/s										
$v_n/(\mathrm{m\cdot s^{-1}})$										
t_n/s										
$v_n/(\mathrm{m\cdot s^{-1}})$										

以 a 为纵轴，$\dfrac{m_0-m}{m_0+m}$ 为横轴作图，验证牛顿第二定律.

3. 自由落体运动的测量

作 v-t 关系图，求直线的斜率 g 并与其理论值进行比较.

表 3.5-3

采样步距：50 ms

n	2	3	4	5	6	7	8	$g/(\mathrm{m\cdot s^{-2}})$
t_n/s								
$v_n/(\mathrm{m\cdot s^{-1}})$								

续表

t_n/s								
v_n/(m · s^{-1})								
t_n/s								
v_n/(m · s^{-1})								
t_n/s								
v_n/(m · s^{-1})								

4. 简谐振动的测量

表 3.5-4

m_0/kg	Δx/m	$k\left(=\dfrac{mg}{\Delta x}\right)$ /(kg · s^{-2})	$\omega_0\left(=\sqrt{\dfrac{k}{m}}\right)$ /s^{-1}	$N_{1,\max}$	$N_{11,\max}$	$T[=0.01(N_{1,\max}-N_{11,\max})]$/s

计算圆频率 ω 并与 ω_0 进行比较.

六、思考题

1. 电磁波与声波的多普勒效应原理是否一致？
2. 本实验中，频率的调节是以什么为依据的？为什么？

实验 3.6　温度传感器特性研究

一、实验目的

1. 学习用恒电流法和直流电桥法测量热电阻的阻值.

2. 测量 Pt100 铂电阻温度传感器、热敏电阻(NTC1K)温度传感器、pn 结温度传感器、电流型集成温度传感器(AD590)和电压型集成温度传感器(LM35)的温度特性.

3.6　教学视频

二、仪器设备

FD-TTT-A 型温度传感器温度特性实验仪[含高准确度控温恒温加热系统、恒流源、直流电桥、Pt100 铂电阻温度传感器、热敏电阻(NTC1K)温度传感器、pn 结温度传感器、电流型集成温度传感器(AD590)、电压型集成温度传感器(LM35)、数字电压表、实验插接线等].

三、实验原理

“温度”是一个重要的热学物理量，它和我们的生活环境密切相关，在科研及生产过程中，温度的变化对实验及生产的结果至关重要，因此温度传感器应用广泛.温度传感器是利用一些金属、半导体等材料与温度相关的特性制成的.常用温度传感器的类型、测温范围和特点见表 3.6-1.

表 3.6-1　常用温度传感器的类型、测温范围和特点

类型	传感器	测温范围/℃	特点
热电阻	铂电阻	-200～650	准确度高、测量范围大
	铜电阻	-50～150	
	镍电阻	-60～180	
	半导体热敏电阻	-50～150	电阻率大、温度系数大、线性差、一致性差
热电偶	铂铑-铂(S)	0～1300	用于高温测量、低温测量两大类，必须有恒温参考点（如冰点）
	铂铑-铂铑(B)	0～1600	
	镍铬-镍硅（K）	0～1000	
	镍铬-康铜（E）	-200～750	
	铁-康铜（J）	-40～600	
其他	pn 结温度传感器	-50～150	体积小、灵敏度高、线性好、一致性差
	IC 温度传感器	-50～150	线性度好、一致性好

1. 用恒电流法测量热电阻

用恒电流法测量热电阻的电路如图 3.6-1 所示，电源采用恒流源，R_1 为已知数值的固定电阻.R_t 为热电阻.U_{R_1} 为 R_1 上的电压.U_{R_t} 为 R_t 上的电压，U_{R_1} 用于监测电路的电流，当电路电流恒定时则只要测出热电阻两端电压 U_{R_t}，即可知道待测热电阻的阻值.当电路中电流为 I_0、温度为 t 时，热电阻为

$$R_t=\frac{U_{R_t}}{I_0}=\frac{R_1U_{R_t}}{U_{R_1}}$$

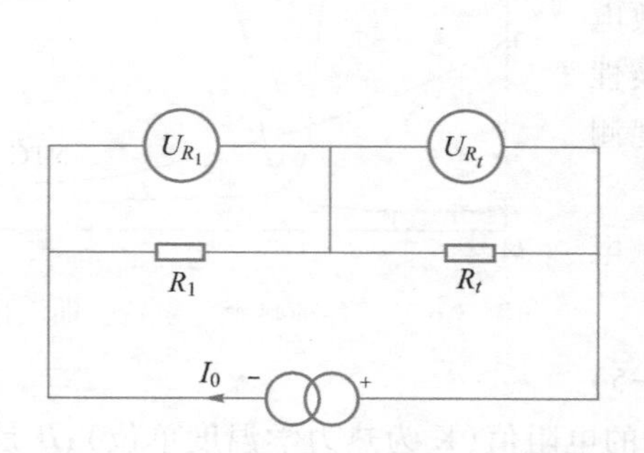

图 3.6-1　用恒电流法测量热电阻原理图

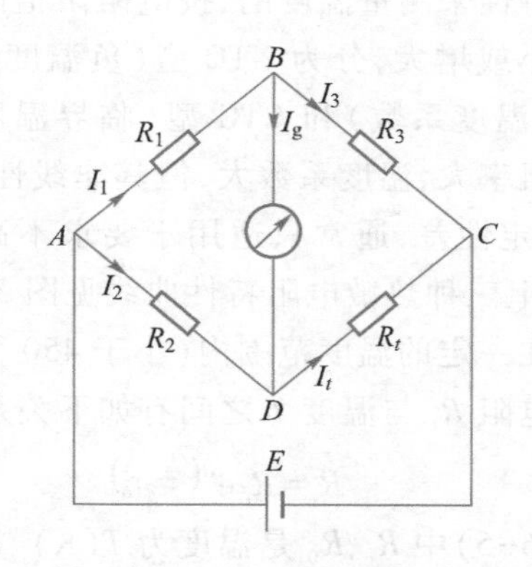

图 3.6-2　惠斯通电桥原理图

2. 用直流电桥法测量热电阻

直流平衡电桥(惠斯通电桥)的电路如图 3.6-2 所示,把 4 只电阻 R_1、R_2、R_3 和 R_t 连成一个四边形回路 $ABCD$,每条边称为电桥的一个“桥臂”,在四边形的一组对角接点 A、C 之间连入直流电源 E,在另一组对角接点 B、D 之间连入平衡指示仪表,B、D 两点的对角线形成一条“桥路”.它的作用是将桥路两个端点电位进行比较,当 B、D 两点电位相等时,桥路中无电流通过,指示器示值为零,电桥达到平衡.此时有 $U_{AB}=U_{AD}$,$U_{BC}=U_{DC}$,电流 $I_g=0$,流过电阻 R_1、R_3 的电流相等,即 $I_1=I_3$,同理 $I_2=I_t$,因此 $\frac{R_1}{R_2}=\frac{R_3}{R_t}$,又有 $R_1=R_2$,得到

$$R_t=R_3 \tag{3.6-1}$$

3. Pt100 铂电阻温度传感器

Pt100 铂电阻温度传感器是一种利用铂金属导体电阻随温度变化的特性制成的温度传感器.铂的物理、化学性能极稳定,抗氧化能力强,复制性好,易工业化生产,电阻率较高.因此铂电阻大多用于工业检测中的精密测温和温度标准.缺点是高质量的铂电阻价格十分昂贵,温度系数偏小,受磁场影响较大.按国际电工委员会(英文缩略为 IEC)标准,铂电阻的测温范围为 -200~650 ℃,其允许的不确定度 A 级为 ±(0.15 ℃+0.002|t|),B 级为 ±(0.3 ℃+0.005|t|).当温度 t 在 -200~0 ℃之间时,铂电阻的阻值与温度之间的关系式为

$$R_t=R_0[1+At+Bt^2+C(t-100\ ℃)t^3] \tag{3.6-2}$$

当温度在 0~650 ℃之间时关系式为

$$R_t=R_0(1+At+Bt^2) \tag{3.6-3}$$

式(3.6-2)、式(3.6-3)中 R_t、R_0 分别为铂电阻在温度 t、0 ℃时的电阻值,A、B、C 为温度系数,对于常用的工业铂电阻:$A=3.90802\times10^{-3}$ ℃$^{-1}$,$B=-5.80195\times10^{-7}$ ℃$^{-2}$,$C=-4.27350\times10^{-12}$ ℃$^{-3}$.在 0~100 ℃范围内 R_t 的表达式可近似线性为

$$R_t=R_0(1+A_1t) \tag{3.6-4}$$

式(3.6-4)中温度系数 A_1 近似为 3.85×10^{-3} ℃$^{-1}$,在 0 ℃时 Pt100 铂电阻的阻值 $R_t=100\ \Omega$,而在 100 ℃时 $R_t=138.5\ \Omega$.

4. 热敏电阻(NTC1K)温度传感器

热敏电阻是利用半导体电阻阻值随温度变化的特性来测量温度的,按电阻阻值随温度升高而减小或增大,分为 NTC 型(负温度系数)、PTC 型(正温度系数)和 CTC 型(临界温度).热敏电阻电阻率大,温度系数大,但其非线性大,置换性差,稳定性差,通常只适用于要求不高的温度测量.以上三种热敏电阻特性曲线见图 3.6-3.

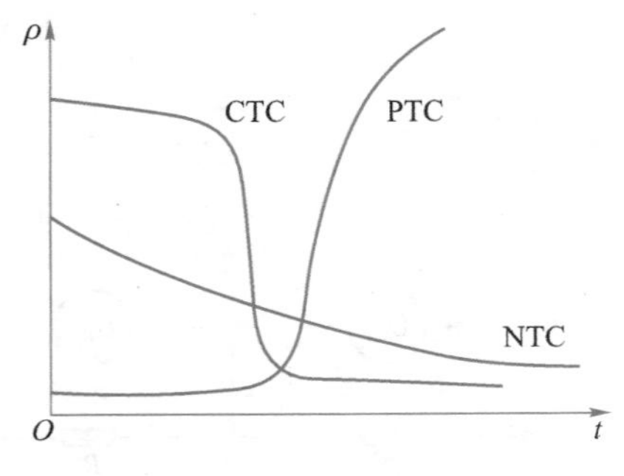

图 3.6-3 各种热敏电阻特性曲线图

在一定的温度范围内(小于 450 ℃),热敏电阻的电阻 R_t 与温度 T 之间有如下关系:

$$R_t=R_0\mathrm{e}^{B\left(\frac{1}{T}-\frac{1}{T_0}\right)} \tag{3.6-5}$$

式(3.6-5)中 R_t、R_0 是温度为 T(K)、T_0(K)时的电阻值(K 为热力学温度单位);B 是热敏电阻材料常量,一般情况下 B 为 2000~6000 K.

对一定的热敏电阻而言,B 为常量,对上式两边取对数,则有

$$\ln R_t = B\left(\frac{1}{T}-\frac{1}{T_0}\right)+\ln R_0 \tag{3.6-6}$$

由式(3.6-6)可见,$\ln R_t$ 与 $\frac{1}{T}$ 成线性关系,作 $\ln R_t-\frac{1}{T}$ 曲线,用直线拟合,由斜率可求出常量 B.

5. pn 结温度传感器

pn 结温度传感器是利用半导体 pn 结的结电压对温度的依赖性,实现对温度检测的,实验证明在一定的电流通过的情况下,pn 结的正向电压与温度之间有良好的线性关系.通常将硅晶体管 b、c 极短路,用 b、e 极之间的 pn 结作为温度传感器测量温度.硅晶体管 b、e 极间正向导通电压 U_{be} 一般约为 600 mV(25 ℃),且与温度成反比,线性良好,温度系数约为 $-2.3\ \mathrm{mV\cdot ℃^{-1}}$,测温精度较高,测温范围为 −50~150 ℃.其缺点是一致性差,互换性差.

通常 pn 结组成二极管的电流 I 和电压 U 满足下式:

$$I=I_s(e^{qU/kT}-1) \tag{3.6-7}$$

在常温条件下,且 $e^{qU/kT}\gg 1$ 时,式(3.6-7)可近似为

$$I=I_s e^{qU/kT} \tag{3.6-8}$$

式(3.6-7)、式(3.6-8)中,$q=1.602\times10^{-19}\ \mathrm{C}$ 为电子电荷量的绝对值,$k=1.381\times10^{-23}\ \mathrm{J\cdot K^{-1}}$ 为玻耳兹曼常量,T 为热力学温度,I_s 为反向饱和电流.正向电流保持恒定条件下,pn 结的正向电压 U 和温度 t 近似满足下列线性关系:

$$U=Kt+U_{g0} \tag{3.6-9}$$

式(3.6-9)中 U_{g0} 为半导体材料参量,K 为 pn 结的结电压温度系数.

实验测量电路如图 3.6-4 所示.

6. 电流型集成温度传感器(AD590)

AD590 是一种电流型集成温度传感器.其输出电流大小与温度成正比,它的线性度极好,AD590 的温度适用范围为 −55~150 ℃,灵敏度为 $1\ \mathrm{\mu A\cdot K^{-1}}$.它具有准确度高、动态电阻大、响应速度快、线性好、使用方便等特点.AD590 是一个二端器件,电路符号如图 3.6-5 所示.

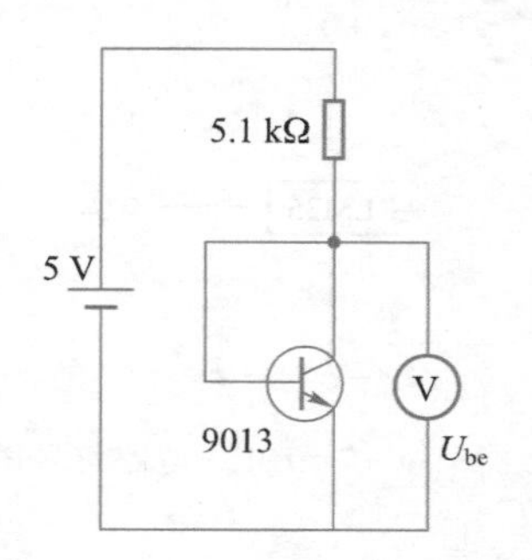

图 3.6-4 pn 结温度传感器温度特性测量原理图

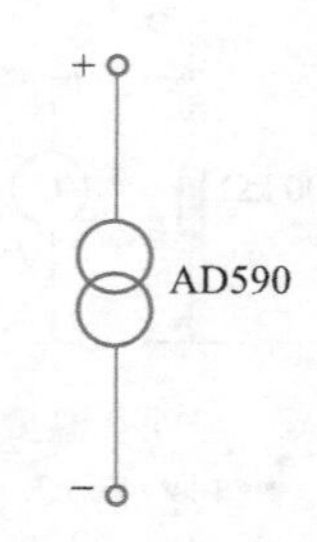

图 3.6-5 AD590 电路符号图

AD590 等效于一个高阻抗的恒流源,其输出阻抗大于 10 MΩ,能大大减小因电源电压变动而产生的测温误差.

AD590 的工作电压为 4~30 V，测温范围为−55~150 ℃.对应于热力学温度 T，每变化 1 K，输出电流变化 1 μA.其输出电流 I_0（单位 μA）与热力学温度 T（单位 K）严格成正比.其电流灵敏度表达式为

$$\frac{I}{T}=\frac{3k}{eR}\ln 8 \tag{3.6-10}$$

式(3.6-10)中 k、e 分别为玻耳兹曼常量和电子电荷量的绝对值，R 是内部集成化电阻.将 k、e 值以及 $R=538\ \Omega$ 代入式(3.6-10)中得到

$$\frac{I}{T}\approx 1.000\ \mu A\cdot K^{-1} \tag{3.6-11}$$

在 $T=0$ K 时其输出为 273.15 μA[AD590 有几种级别，一般准确度差异在±(3~5) μA].因此，AD590 的输出电流 I_0 的微安数就代表着待测温度的热力学温度值（单位 K）.

AD590 的输出电流表达式为

$$I=AT+B \tag{3.6-12}$$

式(3.6-12)中 A 为灵敏度.

如需显示摄氏温度（单位℃），则要加温度转换电路，其关系式为

$$T/\mathrm{K}=t/℃+273.15 \tag{3.6-13}$$

AD590 温度传感器其准确度在整个测温范围内小于等于±0.5 ℃，线性极好.利用 AD590 的上述特性，在最简单的应用中，用一个电源、一只电阻、一只数字式电压表即可用于温度的测量.由于 AD590 以热力学温度定标，所以在摄氏温标应用中，应该进行单位的转换.实验测量电路如图 3.6-6 所示.

7. 电压型集成温度传感器（LM35）

LM35 温度传感器，标准 TO-92 工业封装，其准确度一般为±0.5 ℃（有几种级别）.由于其输出为电压，且线性极好，故只要配上电压源、数字式电压表就可以构成一个精密数字测温系统.内部的激光校准保证了极高的准确度及一致性，无须额外校准.输出电压的温度系数 $K_V=10.0\ \mathrm{mV}\cdot ℃^{-1}$，利用下式可计算出待测温度 t（单位℃）：

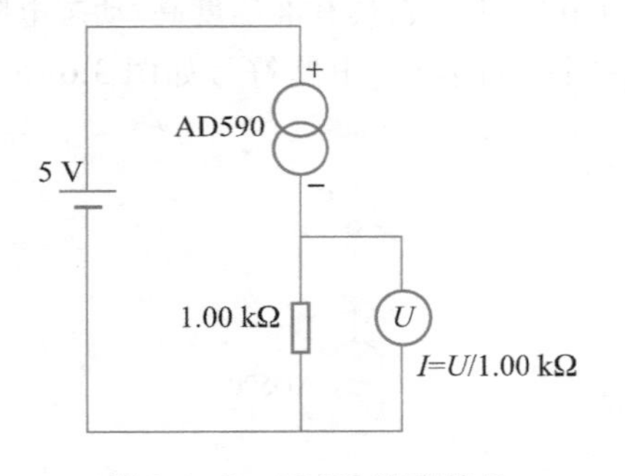

图 3.6-6　AD590 温度特性测量原理图

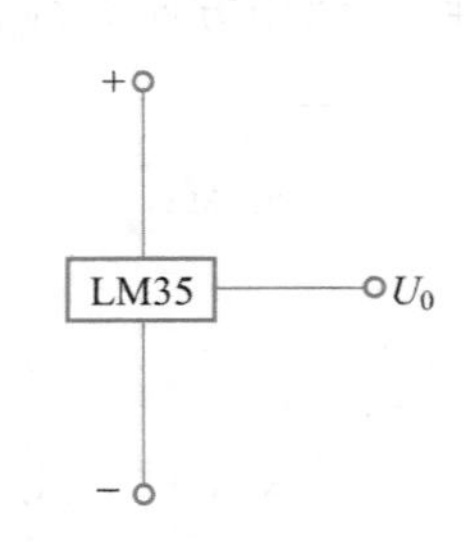

图 3.6-7　LM35 电路符号图

$$U_0=K_V\cdot t$$

即

$$t=\frac{U_0}{K_V} \tag{3.6-14}$$

LM35 温度传感器的电路符号见图 3.6-7，U_0 为输出端电压.实验测量时只要直接测量其输出端电压 U_0，即可知待测量的温度.

四、实验内容

1. Pt100 铂电阻温度特性的测量

(1) 恒电流法

插上恒流源，监测 R_1 上电流是否为 1 mA（即 $U_1=1$ V，$R_1=1.00$ kΩ）.将控温传感器 Pt100 铂电阻（A 级）插入干井炉的中心井，另一只待测试的 Pt100 铂电阻插入另一井，从室温起开始测量，然后开启加热器，每隔 10 ℃控温系统设置一次，控温稳定 2 min 后，测量、计算 Pt100 铂电阻的阻值，到 100 ℃为止.

(2) 直流电桥法

换上桥路电源（+2 V）和另一只待测试的 Pt100 铂电阻，以同样方法加热、控温，调整电阻箱 R_3 使输出电压为零，电桥平衡，则按式（3.6-1）测量、计算待测 Pt100 铂电阻的阻值.

2. 热敏电阻（NTC1K）温度特性的测试

(1) 恒电流法

与 Pt100 铂电阻的测试相同，插上恒流源，监测 R_1 上电流是否为 1 mA（即 $U_1=1.00$ V，$R_1=1.00$ kΩ）.经加热、控温后，测试、计算热敏电阻（NTC1K）的阻值，到 100 ℃为止.

(2) 直流电桥法

换上桥路电源（+2 V）和 NTC 型热敏电阻，以同样步骤加热、控温，调整电桥平衡，按式（3.6-1）测量、计算得到热敏电阻（NTC1K）的阻值.

3. pn 结温度传感器温度特性的测试

换上 pn 结温度传感器，按要求插好连线.从室温开始测量，然后开启加热器，每隔 10 ℃控温系统设置温度并进行 pn 结正向导通电压 U_{be} 的测量.

4. 电流型集成温度传感器（AD590）温度特性的测试

(1) 按面板指示要求插好连接线，并将温度设置为 25 ℃（25 ℃位置进行 P.I.D 自适应调整，保证达 25 ℃±0.1 ℃的控温精度）.换上温度传感器 AD590，升温至 25℃.温度恒定后测试 1 kΩ 电阻（金属膜精密电阻）上的电压是否为 298.15 mV.

(2) 将干井炉温度设置从最低室温起测量，每隔 10 ℃控温系统设置一次，每次待温度稳定 2 min 后，测试 1 kΩ 电阻上的电压.

5. 电压型集成温度传感器（LM35）温度特性的测试

换上温度传感器（LM35），插接好电路，开始从环境温度起测量，然后开启加热器，每隔 10 ℃控温系统设置一次，控温后稳定 2 min，测试传感器 LM35 的输出电压.

五、实验数据及处理

自行设计数据表格，用最小二乘法处理数据.

六、思考题

比较各种温度传感器温度特性的异同,说明它们的优缺点.

实验 3.7　用准稳态法测比热容和导热系数

热传导是热传递的三种基本方式之一.导热系数定义为单位温度梯度下每单位时间内由单位面积传递的热量,单位为 $W \cdot m^{-1} \cdot K^{-1}$,它表征物体导热能力的大小.

比热容是单位质量物质的热容.单位质量的某种物质,在温度升高(或降低)1K 时所吸收(或放出)的热量,称为这种物质的比热容,单位为 $J \cdot kg^{-1} \cdot K^{-1}$.

以往测量导热系数和比热容的方法大多数用稳态法,使用稳态法要求温度和热流量均要稳定,但在一般的实验中要达到这样的条件比较困难,因而导致测量的重复性、稳定性、一致性差,误差大.为了克服稳态法测量的误差,本实验采用了准稳态的方法,使用准稳态法只要求温差恒定和温升速率恒定,而不必通过长时间的加热使其达到稳态,通过简单计算就可得到物质的导热系数和比热容.

一、实验目的

1. 了解用准稳态法测量导热系数和比热容的原理.
2. 学习热电偶测量温度的原理和使用方法.
3. 用准稳态法测量不良导体的导热系数和比热容.

3.7　教学视频

二、仪器设备

ZKY-BRDR 型准稳态法比热容导热系数测定仪[含实验装置架一个、实验样品两套(橡胶和有机玻璃,每套四块)、加热板两块、热电偶两只、导线若干、保温杯一个].

三、实验原理

1. 准稳态法测量原理

考虑如图 3.7-1 所示的一维无限大导热模型:一无限大不良导体平板厚度为 $2L$,初始温度为 t_0,现在平板两侧同时施加均匀的指向中心面的热流密度 q_c,则平板各处的温度 $t(x,\tau)$ 将随加热时间 τ 而变化.

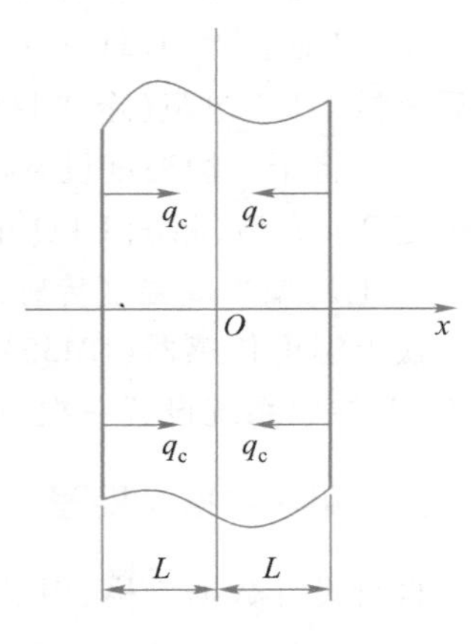

图 3.7-1　理想中的无限大不良导体平板

以试样中心为坐标原点,上述模型的数学描述如下所示:

$$
\begin{cases}
\dfrac{\partial t(x,\tau)}{\partial \tau} = a\dfrac{\partial^2 t(x,\tau)}{\partial x^2} \\
\dfrac{\partial t(L,\tau)}{\partial x} = \dfrac{q_c}{\lambda}, \quad \dfrac{\partial t(0,\tau)}{\partial x} = 0 \\
t(x,0) = t_0
\end{cases}
$$

式中,$a=\frac{\lambda}{\rho c}$,λ 为材料的导热系数,ρ 为材料的密度,c 为材料的比热容.

此方程的解为(参见附录):

$$t(x,\tau)=t_0+\frac{q_c}{\lambda}\left(\frac{a}{L}\tau+\frac{x^2}{2L}-\frac{L}{6}+\frac{2L}{\pi^2}\sum_{n=1}^{\infty}\frac{(-1)^{n+1}}{n^2}\cos\frac{n\pi}{L}x\cdot e^{-\frac{an^2\pi^2}{L^2}\tau}\right) \tag{3.7-1}$$

考察 $t(x,\tau)$ 的解析式(3.7-1)可以看到,随加热时间的增加,样品各处的温度将发生变化,而且我们注意到式中的级数求和项由于指数衰减,会随加热时间的增加而逐渐变小,直至所占份额可以忽略不计.

定量分析表明当$\frac{a\tau}{L^2}>0.5$以后,上述级数求和项可以忽略不计.这时式(3.7-1)变成

$$t(x,\tau)=t_0+\frac{q_c}{\lambda}\left(\frac{a\tau}{L}+\frac{x^2}{2L}-\frac{L}{6}\right) \tag{3.7-2}$$

这时,在试件中心面处有 $x=0$,因而有

$$t(0,\tau)=t_0+\frac{q_c}{\lambda}\left(\frac{a\tau}{L}-\frac{L}{6}\right) \tag{3.7-3}$$

在试件加热面处有 $x=L$,因而有

$$t(L,\tau)=t_0+\frac{q_c}{\lambda}\left(\frac{a\tau}{L}+\frac{L}{3}\right) \tag{3.7-4}$$

由式(3.7-3)和式(3.7-4)可见,当加热时间满足条件$\frac{a\tau}{L^2}>0.5$时,在试件中心面和加热面处温度和加热时间成线性关系,温升速率同为$\frac{aq_c}{\lambda L}$,此值是一个和材料导热性能和实验条件有关的常量,此时加热面和中心面间的温度差为

$$\Delta t=t(L,\tau)-t(0,\tau)=\frac{1}{2}\frac{q_c L}{\lambda} \tag{3.7-5}$$

由式(3.7-5)可以看出,此时加热面和中心面间的温度差 Δt 和加热时间 τ 没有直接关系,而是保持恒定不变.系统各处的温度和时间成线性关系,温升速率也相同,我们称此种状态为准稳态.

当系统达到准稳态时,由式(3.7-5)得到

$$\lambda=\frac{q_c L}{2\Delta t} \tag{3.7-6}$$

根据式(3.7-6),只要测量出进入准稳态后加热面和中心面间的温度差 Δt,并由实验条件确定相关参量 q_c 和 L,则可以得到待测材料的导热系数 λ.

另外,在进入准稳态后,由比热容的定义和能量守恒关系,可以得到下列关系式:

$$q_c=c\rho L\frac{dt}{d\tau} \tag{3.7-7}$$

比热容为

$$c=\frac{q_c}{\rho L\frac{dt}{d\tau}} \tag{3.7-8}$$

式中,$\frac{\mathrm{d}t}{\mathrm{d}\tau}$为准稳态条件下试件中心面的温升速率(进入准稳态后各点的温升速率是相同的).

由以上分析可以得到结论:只要在上述模型中测量出系统进入准稳态后加热面和中心面间的温度差和中心面的温升速率,即可由式(3.7-6)和式(3.7-8)得到待测材料的导热系数和比热容.

2. 热电偶温度传感器

热电偶结构简单,具有较高的测量准确度,可测温度范围为-50~1600 ℃,在温度测量中应用极为广泛.

由 A、B 两种不同导体的两端相互紧密地连接在一起,组成一个闭合回路,如图 3.7-2(a)所示.当两接点温度不等时,回路中就会产生电动势,从而形成电流,这一现象称为热电效应,回路中产生的电动势称为热电势.

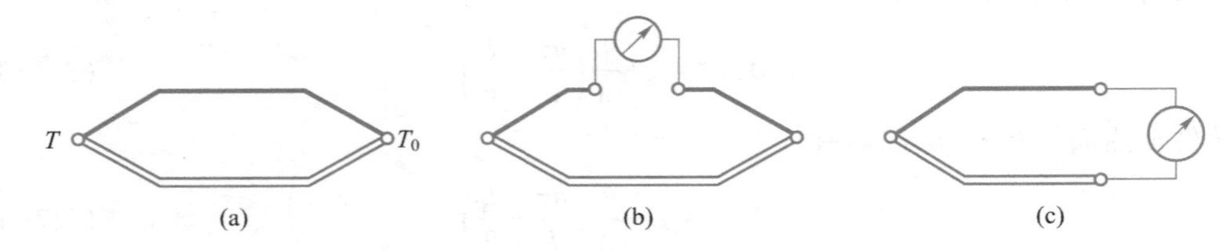

图 3.7-2　热电偶原理及接线示意图

上述两种不同导体的组合称为热电偶,A、B 两种导体称为热电极.两个接点,一个称为工作端或热端(T),测量时将它置于待测温度场中,另一个称为自由端或冷端(T_0),一般要求测量过程中恒定在某一温度.

理论分析和实践证明热电偶有如下基本定律:

热电偶的热电势仅取决于热电偶的材料和两个接点的温度,而与温度沿热电极的分布以及热电极的尺寸和形状无关(热电极的材质要求均匀).

在由 A、B 材料组成的热电偶回路中接入第三导体 C,只要引入的第三导体两端温度相同,则对回路的总热电势没有影响.在实际测温过程中,需要在回路中接入导线和测量仪表,相当于接入第三导体,常采用图 3.7-2(b)或图 3.7-2(c)的接法.

热电偶的输出电压与温度并不成线性关系.对于常用的热电偶,其热电势与温度的关系由热电偶特性分度表给出.测量时,若冷端温度为 0 ℃,由测得的电压,通过对应分度表即可查得所测的温度.若冷端温度不为 0 ℃,则通过一定的修正,也可得到待测温度值.在智能式测量仪表中,将有关参量输入计算程序,则可将测得的热电势直接转换为温度进行显示.

四、实验内容

1. 安装样品并连接各部分连线

连接线路前,请先用万用表检查两只热电偶冷端和热端的电阻值大小,一般在 3~6 Ω内,如果偏差大于 1 Ω,则可能是热电偶有问题,遇到此情况应请指导教师帮助解决.

戴好手套,尽量保证四个实验样品初始温度保持一致.将冷却好的样品放进样品架中,热电偶的测温端应保证置于样品的中心位置,防止由于边缘效应影响测量精度(注意两个热电偶之间、中心面与加热面的位置不要放错,根据图 3.7-3,中心面横梁的热电偶应该放到样品 2 和样品 3 之间,加热面热电偶应该放到样品 3 和样品 4 之间.同时要注意热电偶不要嵌入到加热薄膜里),然后旋动螺杆旋钮以压紧样品.在保温杯中加入自来水,水的体积约以保温杯容量的$\frac{3}{5}$为宜.根据实验要求,连接好各部分连线(其中包括主机与样品架放大盒、放大盒与横梁、放大盒与保温杯、横梁与保温杯之间的连线).

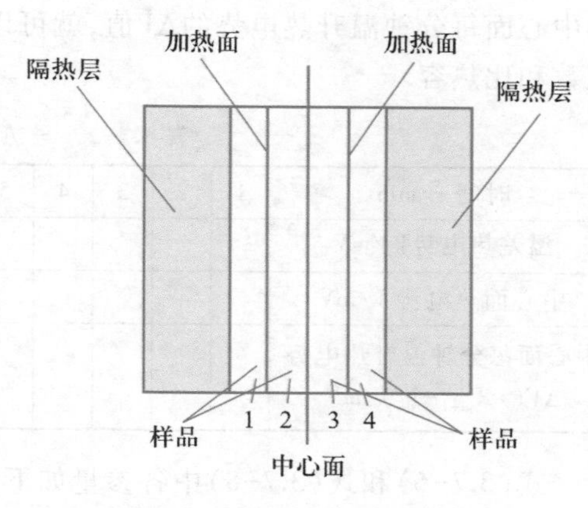

图 3.7-3　待测样品的安装

2. 设定加热电压

检查各部分接线是否有误,同时检查后面板上的“加热控制”开关是否关上(若已开机,可以根据前面板上加热计时指示灯的亮或不亮来确定,亮表示加热控制开关打开,不亮表示加热控制开关关闭),没有关则应立即关上.

开机后,先让仪器预热 10 min 左右再进行实验.在记录实验数据之前,应该先设定所需要的加热电压,步骤为:先将“电压切换”钮按到“加热电压”挡位,再由“加热电压调节”旋钮来调节所需要的电压(参考加热电压为 18 V、19 V).

3. 测定样品的温度差和温升速率

将测量电压显示调到“热电势”的“温差”挡位,如果显示温差绝对值小于 0.004 mV,就可以开始加热了,否则应等到显示温差降到小于 0.004 mV 再加热.(如果实验要求精度不高,显示温差在 0.010 mV 左右也可以,但不能太大,以免降低实验的准确性.)

保证上述条件后,才能打开“加热控制”开关,开始测量数据并记入表 3.7-1 中.(记录时,建议每隔 1 min 分别记录一次中心面热电势和温差热电势,这样便于后面的计算.一次实验时间最好在 25 min 之内完成,一般在 15 min 左右为宜.)

当记录完一次数据需要换样品进行下一次实验时,其操作顺序是:关闭加热控制开关→关闭电源开关→旋动螺杆旋钮以松动实验样品→取出实验样品→取下热电偶传感器→取出加热薄膜冷却.

五、注意事项

在取样品的时候,必须先将中心面横梁热电偶取出,再取出实验样品,最后取出加热面横梁热电偶.严禁以热电偶弯折的方法取出实验样品,这样将会大大减小热电偶的使用寿命.

六、实验数据及处理

准稳态的判定原则是温差热电势和温升热电势趋于恒定.实验中有机玻璃一般在 8~15 min 后,橡胶一般在 5~12 min 后,处于准稳态状态.有了准稳态时的温差热电势 V_t 值和中心面每分钟温升热电势的ΔV值，就可以由式(3.7-6)和式(3.7-8)计算最后的导热系数和比热容.

表 3.7-1 导热系数及比热容测定

时间 τ/min	1	2	3	4	5	6	7	8	9	10	11	12	13	14	15
温差热电势V_t/mV															
中心面热电势 V/mV															
中心面每分钟温升热电势 $\Delta V(=V_{n+1}-V_n)$/mV															

式(3.7-6)和式(3.7-8)中各参量如下所示：

样品厚度 $L=0.010$ m，有机玻璃密度 $\rho=1196\ \mathrm{kg\cdot m^{-3}}$，橡胶密度 $\rho=1374\ \mathrm{kg\cdot m^{-3}}$，则热流密度为

$$q_c=\frac{U^2}{2SR}(\text{单位 W}\cdot\mathrm{m}^{-2})$$

式中，U 为两并联加热器的加热电压；$S=A\times0.09\ \mathrm{m}\times0.09\ \mathrm{m}$ 为边缘修正后的加热面积，A 为修正系数，对于有机玻璃和橡胶，$A=0.85$；$R=110\ \Omega$ 为每个加热器的电阻.

铜-康铜热电偶的热电常量为 0.04 mV/K，即温度每差 1 K，温差热电势为0.04 mV.据此可将温度差和温升速率的电压值换算为温度值.

温度差 $\Delta t=\dfrac{V_t}{0.04}$(单位 K)，温升速率$\dfrac{\mathrm{d}t}{\mathrm{d}\tau}=\dfrac{\Delta V}{60\times0.04}$(单位 $\mathrm{K\cdot s^{-1}}$)

七、思考题

1. 本实验和用稳态法测物质的导热系数和比热容在原理和操作上有何异同？

2. 本实验测定导热系数和比热容，引起误差的因素主要有哪几个？为了提高测定结果准确度，应特别注意哪些方面？

八、附录

1. 实验装置使用介绍

(1) 设计考虑

仪器设计必须尽可能满足理论模型.

无限大平板的条件是无法满足的，实验中总是要用有限尺寸的试件来代替.根据实验分析，当试件的横向尺寸大于试件厚度的六倍以上时，可以认为传热方向只在试件的厚度方向进行.

为了精确地确定加热面的热流密度 q_c，我们利用超薄型加热器(加热薄膜)作为热源，其加热功率在整个加热面上均匀并可精确控制，加热器本身的比热容可忽略不计.为了在加热器两侧得到相同的热阻，实验采用四个样品块的配置，可认为热流密度为功率密度的一半.

为了精确地测量出温度和温差，实验用两个分别放置在加热面和中心面中心部位的热电偶作为传感器来测量温差和温升速率.

实验仪主要包括主机和实验装置,另有一个保温杯用于保证热电偶的冷端温度在实验中保持一致.

(2) 主机

主机是控制整个实验操作并读取实验数据的装置,主机前后面板如图 3.7-4、图 3.7-5所示.

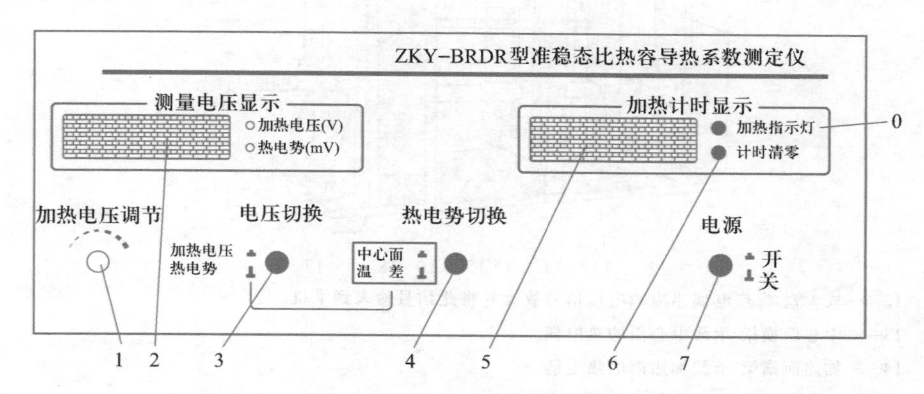

图 3.7-4　主机前面板示意图

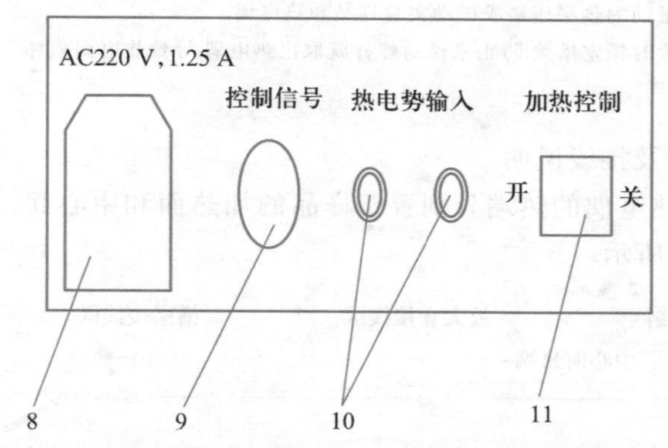

0——加热指示灯:指示加热控制开关的状态,亮时表示正在加热,灭时表示停止加热.

1——加热电压调节:调节加热电压的大小(范围:15.00~19.99 V).

2——测量电压显示:显示两个电压,即"加热电压(V)"和"热电势(mV)".

3——电压切换:在加热电压和热电势之间切换,同时测量电压显示表显示相应的电压数值.

4——热电势切换:在中心面热电势(实际为中心面-室温的温差热电势)和中心面-加热面的温差热电势之间切换,同时测量电压显示表显示相应的热电势数值.

5——加热计时显示:显示加热的时间,前两位表示分,后两位表示秒,最大显示 99:59.

6——计时清零:当不需要当前计时显示数值而需要重新计时时,可按此键实现清零.

7——电源开关:打开或关闭实验仪器.

8——电源插座:接 220 V,1.25 A 的交流电源.

9——控制信号:为放大盒及加热薄膜提供工作电压.

10——热电势输入:将传感器感应的热电势输入到主机.

11——加热控制:控制加热的开关.

图 3.7-5　主机后面板示意图

(3) 实验装置架

实验装置架是安放实验样品和通过热电偶测温并放大感应信号的平台;实验装置采用了卧式插拔组合结构,直观、稳定,便于操作,易于维护,如图 3.7-6 所示.

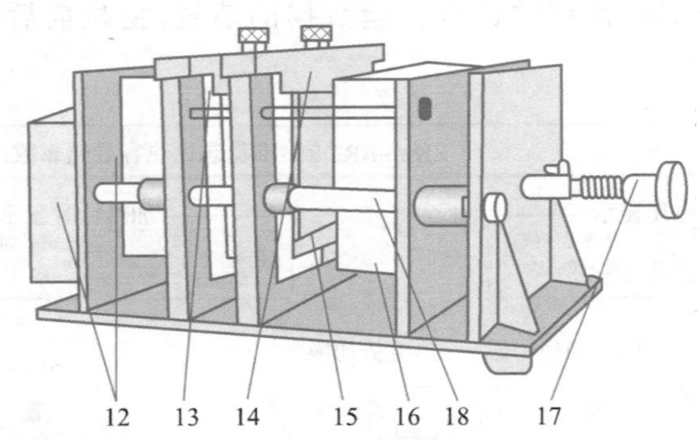

12——放大盒:将热电偶感应的电压信号放大并将此信号输入到主机.

13——中心面横梁:承载中心面的热电偶.

14——加热面横梁:承载加热面的热电偶.

15——加热薄膜:给样品加热.

16——隔热层:防止加热样品时散热,从而保证实验精度.

17——螺杆旋钮:推动隔热层压紧或松动实验样品和热电偶.

18——锁定杆:实验时锁定横梁,防止未松动螺杆就取出热电偶,导致热电偶损坏.

图 3.7-6 实验装置架

(4) 接线原理图及接线说明

实验时,将两只热电偶的热端分别置于样品的加热面和中心面,冷端置于保温杯中,接线原理如图 3.7-7 所示.

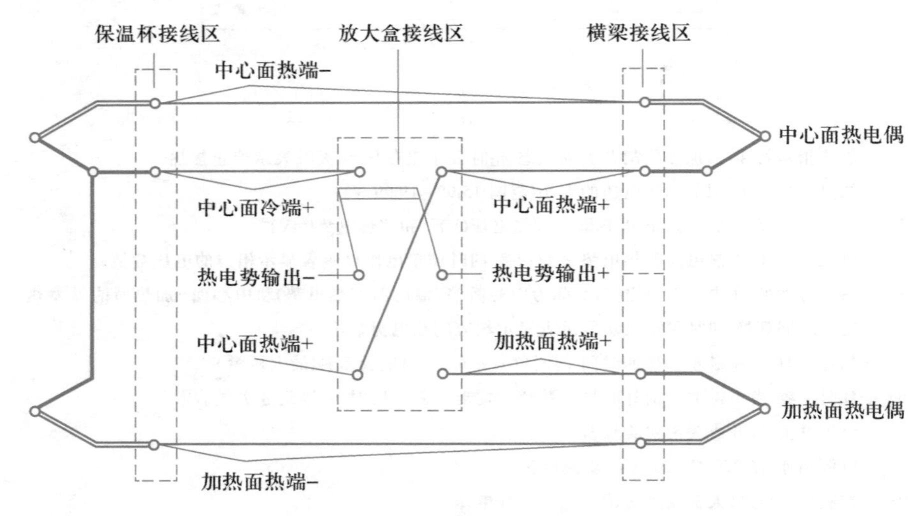

图 3.7-7 接线方法及测量原理图

放大盒的两个“中心面热端+”相互短接,再与横梁的“中心面热端+”相连(绿—绿—绿),“中心面冷端+”与保温杯的“中心面冷端+”相连(蓝—蓝),“加热面热端+”与横梁的“加热面热端+”相连(黄—黄),“热电势输出-”和“热电势输出+”则与主机后面板的

"热电势输入-"和"热电势输出+"相连(红—红,黑—黑).

横梁的两个"-"端分别与保温杯上相应的"-"端相连(黑—黑).

后面板上的"控制信号"与放大盒侧面的七芯插座相连.

主机面板上的热电势切换开关相当于图 3.7-7 中的切换开关,开关合在上边时测量的是中心面热电势(中心面与室温的温差热电势),开关合在下边时测量的是加热面与中心面的温差热电势.

2. 热传导方程的求解

在我们的实验条件下,以试样中心为坐标原点,温度 t 随位置 x 和时间 τ 的变化关系 $t(x,\tau)$ 可用如下的热传导方程及边界、初始条件描述:

$$\begin{cases}\dfrac{\partial t(x,\tau)}{\partial \tau}=a\dfrac{\partial^2 t(x,\tau)}{\partial x^2}\\ \dfrac{\partial t(L,\tau)}{\partial x}=\dfrac{q_c}{\lambda},\quad \dfrac{\partial t(0,\tau)}{\partial x}=0\\ t(x,0)=t_0\end{cases}\tag{3.7-9}$$

式中,$a=\dfrac{\lambda}{\rho c}$,$\lambda$ 为材料的导热系数,ρ 为材料的密度,c 为材料的比热容,q_c 为从边界向中间施加的热流密度,t_0 为初始温度.

为求解方程式(3.7-9),应先做变量代换,将式(3.7-9)的边界条件换为齐次的,同时使新变量的方程尽量简洁,故设

$$t(x,\tau)=u(x,\tau)+\frac{aq_c}{\lambda L}\tau+\frac{q_c}{2\lambda L}x^2\tag{3.7-10}$$

将式(3.7-10)代入式(3.7-9),得到 $u(x,\tau)$ 满足的方程及边界、初始条件:

$$\begin{cases}\dfrac{\partial u(x,\tau)}{\partial \tau}=a\dfrac{\partial^2 u(x,\tau)}{\partial x^2}\\ \dfrac{\partial u(L,\tau)}{\partial x}=0,\quad \dfrac{\partial u(0,\tau)}{\partial x}=0\\ u(x,0)=t_0-\dfrac{q_c}{2\lambda L}x^2\end{cases}\tag{3.7-11}$$

用分离变量法解方程式(3.7-11),设

$$u(x,\tau)=X(x)T(\tau)\tag{3.7-12}$$

代入式(3.7-11)中第 1 个方程后得出变量分离的方程:

$$T'(\tau)+a\beta^2T(\tau)=0\tag{3.7-13}$$

$$X''(x)+\beta^2X(x)=0\tag{3.7-14}$$

式(3.7-13)、式(3.7-14)中 β 为待定系数.

方程式(3.7-13)的解为

$$T(\tau)=\mathrm{e}^{-a\beta^2\tau}\tag{3.7-15}$$

方程式(3.7-14)的通解为

$$X(x)=c\cos\beta x+c'\sin\beta x \tag{3.7-16}$$

为使式(3.7-12)是方程式(3.7-11)的解，式(3.7-16)中的 c、c'、β 的取值必须使 $X(x)$ 满足方程式(3.7-11)的边界条件，即必须 $c'=0,\beta=\dfrac{n\pi}{L}$.

由此得到 $u(x,\tau)$ 满足边界条件的一组特解：

$$u_n(x,\tau)=c_n\cos\frac{n\pi}{L}x\cdot e^{-\frac{an^2\pi^2}{L^2}\tau} \tag{3.7-17}$$

将所有特解求和，并代入初始条件，得

$$\sum_{n=0}^{\infty}c_n\cos\frac{n\pi}{L}x=t_0-\frac{q_c}{2\lambda L}x^2 \tag{3.7-18}$$

为满足初始条件，令 c_n 为 $t_0-\dfrac{q_c}{2\lambda L}x^2$ 的傅里叶余弦展开式的系数：

$$c_0=\frac{1}{L}\int_0^R\left(t_0-\frac{q_c}{2\lambda L}x^2\right)dx=t_0-\frac{q_cL}{6\lambda} \tag{3.7-19}$$

$$c_n=\frac{2}{L}\int_0^R\left(t_0-\frac{q_c}{2\lambda L}x^2\right)\cos\frac{n\pi}{L}x\,dx=(-1)^{n+1}\frac{2q_cL}{\lambda n^2\pi^2} \tag{3.7-20}$$

将 c_0、c_n 的值代入式(3.7-17)，并将所有特解求和，得到满足方程式(3.7-11)条件的解为

$$u(x,\tau)=t_0-\frac{q_cL}{6\lambda}+\frac{2q_cL}{\lambda\pi^2}\sum_{n=1}^{\infty}\frac{(-1)^{n+1}}{n^2}\cos\frac{n\pi}{L}x\cdot e^{-\frac{an^2\pi^2}{L^2}\tau} \tag{3.7-21}$$

将式(3.7-21)代入式(3.7-10)可得

$$t(x,\tau)=t_0+\frac{q_c}{\lambda}\left[\frac{a}{L}\tau+\frac{1}{2L}x^2-\frac{L}{6}+\frac{2L}{\pi^2}\sum_{n=1}^{\infty}\frac{(-1)^{n+1}}{n^2}\cos\frac{n\pi}{L}x\cdot e^{-\frac{an^2\pi^2}{L^2}\tau}\right]$$

此式即为正文中的式(3.7-1).

3. 准稳态的物理过程分析

热流密度是单位时间内通过单位面积的热量，其方向垂直于等温面指向温度降低的一方，单位为 $W\cdot m^{-2}$，本实验中以 q 来表示.

一维情况下的热传导基本定律(傅里叶定律)为

$$q=-\lambda\frac{\partial t}{\partial x} \tag{3.7-22}$$

式中，λ 为导热系数.此式说明，热流密度沿温度梯度的相反方向，即由高温流向低温，并且温度梯度越大，热流密度越大.热量流动与温度变化的关系为

$$\Delta Q=cm\Delta t \tag{3.7-23}$$

式中，c 为材料的比热容.

考虑如图 3.7-1 所示的一维无限大导热模型：一无限大不良导体平板厚度为 $2L$，初

始温度为 t_0，现在平板两侧同时加热，其热流密度 q_c 垂直于表面指向中心.建立如图所示 x 轴，取试样中心为坐标原点.

由系统的对称性知，平板内热流密度必然与 x 轴平行，且都指向中心面.x 相同的平面上，热流密度相同，热流密度是 x 的一维函数.在中心面处，其热流密度为零.由于试样左右两边以中心面为镜像对称，所以以下将只分析其右半部分的热变化（即 $x>0$ 的部分），左半部分的情况由对称性易知.假设均匀平板的导热系数 λ、比热容 c 和密度 ρ 不随温度变化.

平板被持续加热，其温度必然不断升高.但由于流入的热流密度始终为常量，可以合理猜想流入的热量被平板各处均匀吸收.当然这是经过初始过渡过程之后，达到“稳定”的状态，即准稳态时的情况.由此，假设平板中的热流密度为

$$q_c=ax+b \tag{3.7-24}$$

以下由微元法，通过物理过程说明这正是系统“稳定”后的状况，并求出常量 a、b.

将平板沿平行于表面的方向分为无穷多个等厚的薄层，薄层厚度 Δx 趋向于无穷小.任取相邻的两个薄层 V_{i+1}、V_{i+2}，如图 3.7-8 所示.图中所示热流密度为箭头所指面上所流过的热流密度.因薄层为任取的，以下的讨论具有普遍性.

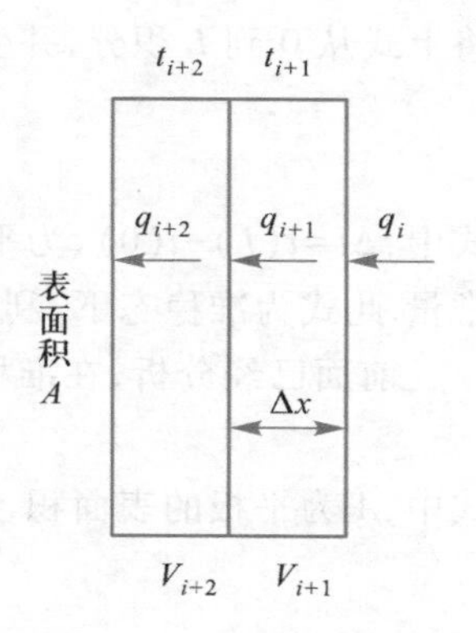

图 3.7-8　平板中的两个薄层微元

研究 V_{i+1}，由式（3.7-23）及能量守恒定律知，时间 $\mathrm{d}\tau$ 内流入流出的热量差等于因温度变化而吸收的热量：

$$\Delta Q=(q_i-q_{i+1})A\mathrm{d}\tau=c\Delta m\mathrm{d}t_{i+1} \tag{3.7-25}$$

由 $\Delta m=\rho A\Delta x$，式（3.7-25）变为

$$\frac{q_i-q_{i+1}}{\Delta x}=c\rho\frac{\mathrm{d}t_{i+1}}{\mathrm{d}\tau} \tag{3.7-26}$$

式（3.7-26）以及式（3.7-22）描述了热量在板内流动、吸收的情况，限定了热流密度和温度的关系，是热流密度和温度必须满足的等式.

首先说明式（3.7-24）可以“稳定”存在，即若系统处于此状态下就会稳定下来，热流密度的空间函数不会再变化.若式（3.7-24）成立，则 $\dfrac{q_i-q_{i+1}}{\Delta x}=a$ 为不随位置改变的常量.将其代入式（3.7-26）知，所有薄层的温升速率相同，因此相邻薄层的温度差保持不变，即温度梯度不变，再由傅里叶定律式（3.7-22）知，所有 q_i 保持不变（唯一的外界热源的 q_c 也是不变的常量），回过头来保证了 $\dfrac{q_i-q_{i+1}}{\Delta x}=a$ 继续保持不变，此状态可以维持，此时平板上所有部分温升速率都相同.

接下来，说明如果系统不在此状态，热流密度会自发地向式（3.7-24）所描述的空间函数演化.需要考虑任一两个相邻的薄层，如图 3.7-8 所示，如果 $q_i-q_{i+1}>q_{i+1}-q_{i+2}$，则由式（3.7-26）知 t_{i+1} 升高的速率大于 t_{i+2}，导致两薄层间的温度差加大，由式（3.7-22）知 q_{i+1} 将增大，其结果是 q_i-q_{i+1} 减小，$q_{i+1}-q_{i+2}$ 增大，上面不等式两端的差距缩小.若 $q_i-q_{i+1}<q_{i+1}-q_{i+2}$，则类似的分析会得到相同的结果.两层之间的热流密度 q_{i+1} 会自动调整，使前后层的热流密度差趋向于一致.无论 q_i、q_{i+2} 变化与否，以上分析都成立.由此，在外加热流密度恒

定的情况下，所有薄层上的热流密度都会在这种机制下调整，最终使任一相邻两层的 $q_i - q_{i+1} = q_{i+1} - q_{i+2}$，这说明系统会自动趋向于式(3.7-24)所表示的热流密度线性变化的状态.

由以上分析知，无限大平行平板系统趋向且稳定于热流密度随 x 线性变化的状态.此时，所有部分温升速率相同，这正是准稳态的特征.

根据边界条件以及式(3.7-24)，$q(0)=b=0$，$q(L)=-q_c=aL$，则 $b=0$，$a=-q_c/L$，代入式(3.7-24)得

$$q=-\frac{q_c}{L}x \tag{3.7-27}$$

将式(3.7-27)代入傅里叶定律式(3.7-22)，得

$$\lambda \mathrm{d}t=\frac{q_c}{L}x\mathrm{d}x \tag{3.7-28}$$

将上式从0到 L 积分，并变形得

$$\lambda=\frac{q_c L}{2\Delta t} \tag{3.7-29}$$

式中，$\Delta t=t(L)-t(0)$，为平板表面与中心面的温度差，由于两个面温升速率相同，所以为常量.此式为准稳态下，利用无限大平行平板测量导热系数的计算式.

前面已经分析，在准稳态下平板中各处温升速率都相同，由式(3.7-23)知

$$q_c A\mathrm{d}\tau=c\rho AL\mathrm{d}t \tag{3.7-30}$$

式中，A 为平板的表面积，等式左端为时间 $\mathrm{d}\tau$ 内流入平板的热量.此式变形后得到

$$c=\frac{q_c}{\rho L\dfrac{\mathrm{d}t}{\mathrm{d}\tau}} \tag{3.7-31}$$

此为比热容的计算式，$\dfrac{\mathrm{d}t}{\mathrm{d}\tau}$ 为平板中任一位置的温升速率，本实验测量中心面处的温升速率.

由以上分析可以得到结论：只要在上述模型中测量出系统进入准稳态后加热面和中心面间的温度差和中心面的温升速率，即可由式(3.7-29)和式(3.7-31)得到待测材料的导热系数和比热容.

实验3.8 动态磁滞回线的测绘

磁性材料应用广泛，从常用的永久磁铁、变压器铁芯到录音机磁头、计算机存储用的磁带和磁盘等都采用磁性材料.磁滞回线和基本磁化曲线反映了磁性材料的主要特征.铁磁材料分为硬磁材料和软磁材料两大类，其根本区别在于矫顽力 H_c 的大小不同.硬磁材料的磁滞回线宽，剩磁和矫顽力大（达120~20000 $\mathrm{A\cdot m^{-1}}$），因而磁化后，其磁感应强度可长久保持，适宜制造永久磁铁.软磁材料的磁滞回线窄，矫顽力 H_c 一般小于120 $\mathrm{A\cdot m^{-1}}$，但其磁导率和饱和磁感应强度大，容易磁化和去磁，故广泛用于电机、电器和仪表制造等工业部门.基本磁化曲线和磁滞回线是铁磁材料的重要特性，也是电磁设计

机构制造仪表的重要依据之一.

本实验中用交流电对材料样品进行磁化,测得的 $B-H$ 曲线称为动态磁滞回线.需要说明的是,动态磁滞回线与静态磁滞回线是不同的,动态测量时除了磁滞损耗还有涡流损耗,因此动态磁滞回线的面积要比静态磁滞回线的面积大一些.另外,涡流损耗还与交变磁场的频率有关,因此测量的电源频率不同,得到的 $B-H$ 曲线是不同的,这一特征可以从示波器上清楚地观察到.

一、实验目的

1. 了解用示波器法显示磁滞回线的基本原理.

2. 学习用示波器法测绘基本磁化曲线和磁滞回线.

3. 比较不同频率下、不同磁性材料的磁滞回线.加深对铁磁材料的主要物理量,如矫顽力、剩磁和磁导率等概念的理解.

二、仪器设备

FB310 型磁滞回线实验仪、示波器.

三、实验原理

1. 铁磁材料的基本磁化曲线和磁滞回线

若将铁磁材料放入磁场中,其内部的磁感应强度数值将比磁场强度数值增大数百倍,甚至上千倍.铁磁材料内部的磁场强度 H 与磁感应强度 B 有如下关系:

$$B=\mu H \tag{3.8-1}$$

对于铁磁材料而言,磁导率 μ 并非常量,而是随 H 的变化而改变的物理量,即 $\mu=f(H)$ 为非线性函数.因此如图 3.8-1 所示,B 与 H 也成非线性关系.

铁磁材料除了具有较高的磁导率外,另一重要的特点就是磁滞.当材料磁化时,磁感应强度 B 不仅与当时的磁场强度 H 有关,而且与材料过去的磁化经历有关.

铁磁材料的磁化过程如图 3.8-2 所示.在未被磁化的状态(即去磁状态)下,加一个由小到大的磁化场 H,则铁磁材料内部的磁感应强度 B 也随之变大,当 H 增加到一定值(H_s)后,B 几乎不再随 H 的增加而增大,说明磁化已达饱和,从未磁化到饱和磁化的这段磁化曲线称为材料的起始磁化曲线,如图中 Oa 段所示.当铁磁材料的磁化达到饱和之后,如果将 H 减少,则 B 也随之减少,但其减小的过程并不沿着磁化时的 Oa 段返回,当磁化场撤销,即 $H=0$ 时,磁感应强度仍然保持一定数值,$B=B_r$ 称为剩磁(剩余磁感应强度).若要使磁感应强度 B 减小到 0,必须加上一个反向磁场并逐渐增大,当反向磁场强度增加到 $H=H_c$ 时(图中 c 点),磁感应强度 B 才为 0,达到退磁.图中的 bc 段曲线为退磁曲线,H_c 为矫顽力.当 H 按 $0\to H_s\to 0\to -H_c\to -H_s\to 0\to H_c\to H_s$ 的顺序变化时,B 相应沿 $0\to B_s\to B_r\to 0\to -B_s\to -B_r\to 0\to B_s$ 顺序变化,所形成的封闭曲线 $abcdefa$ 称为磁滞回线.

由图 3.8-2 可知:

(1) B 的变化始终落后于 H 的变化,这种现象称为磁滞现象.

(2) H 上升与下降到同一数值时,铁磁材料内的 B 值并不相同,退磁过程与铁磁材料过去的磁化经历有关.

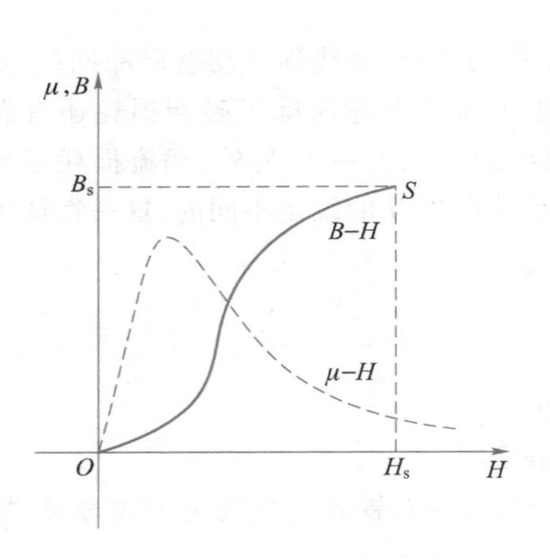

图 3.8-1 铁磁材料的 $\mu-H$、$B-H$ 曲线图

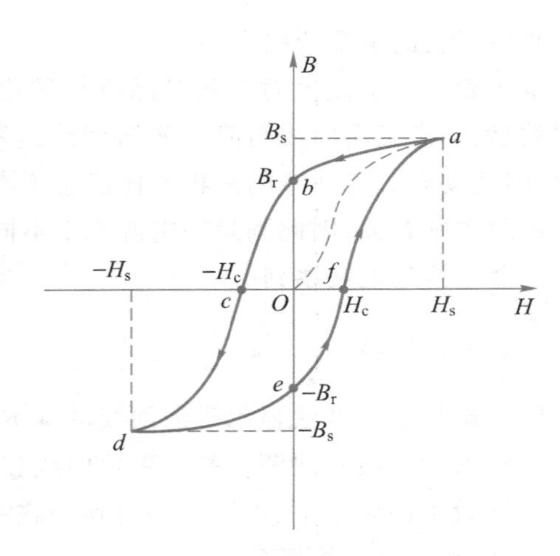

图 3.8-2 铁磁材料的磁滞回线图

当从初始状态 $H=0, B=0$ 开始，单调增加磁场强度 H 的过程中，可以得到面积由小到大的一簇磁滞回线，如图 3.8-3 所示.其中面积最大的磁滞回线称为极限磁滞回线.我们把图中原点 O 和各个磁滞回线的顶点 $a_1, a_2, \cdots, a$ 所连成的曲线称为铁磁材料的基本磁化曲线.不同的铁磁材料其基本磁化曲线是不相同的.为了使样品的磁特性可以重复出现，也就是指所测得的基本磁化曲线都是由原始状态（$H=0, B=0$）开始，在测量前必须进行退磁，以消除样品中的剩余磁性.

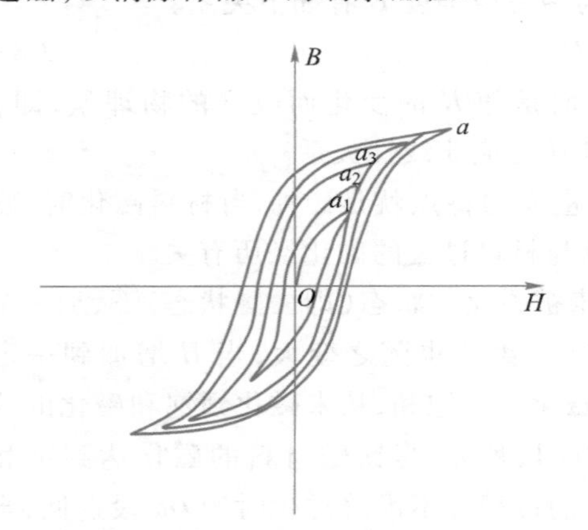

图 3.8-3 铁磁材料在不同磁场强度下的磁滞回线图

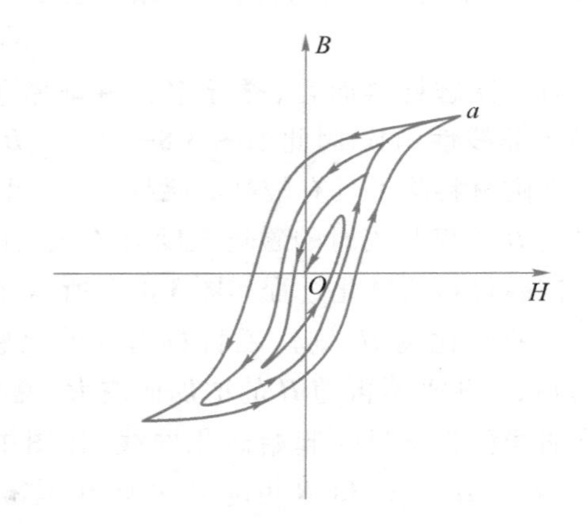

图 3.8-4 铁磁材料退磁过程示意图

由于铁磁材料磁化过程的不可逆性及具有剩磁的特点，在测绘磁化曲线和磁滞回线时：首先必须将铁磁材料预先退磁，以保证外加磁场 $H=0$ 时，$B=0$；其次，磁化电流在实验过程中只允许单调增加或减少，不能时增时减.在理论上，要消除剩磁 B_r，只需通一反向磁化电流，使外加磁场正好等于铁磁材料的矫顽力即可.实际上通常我们并不知道矫顽力的大小，因而无法确定退磁电流的大小.我们从磁滞回线得到启示，如果使铁磁材料磁化达到磁饱和，然后不断改变磁化电流的方向，与此同时逐渐减小磁化电流，直到等于

零,则该材料的磁化过程就是一连串逐渐缩小而最终趋于原点的环状曲线,如图 3.8-4 所示.当 H 减小到零时,B 亦同时降为零,达到完全退磁.

实验表明,经过多次反复磁化后,$B-H$ 的量值关系形成一个稳定的闭合的"磁滞回线",通常以这条曲线来表示该材料的磁化性质.这种反复磁化的过程称为"磁锻炼".本实验使用交变电流,因此每个磁化状态都经过充分的"磁锻炼",随时可以获得磁滞回线.

在测量基本磁化曲线时,每个磁化状态都要经过充分的"磁锻炼".否则,得到的 $B-H$ 曲线即为开始介绍的起始磁化曲线,两者不可混淆.

2. 示波器测量磁滞回线的原理

示波器测量 $B-H$ 曲线的实验线路如图 3.8-5 所示.将样品制成闭合的环形,然后均匀地绕以磁化线圈 N_1 及测量线圈 N_2,即所谓的罗兰环.交流电压 u 加在磁化线圈上,R_1 为取样电阻,其两端的电压 u_1 加到示波器的 X 轴输入端上,副线圈 N_2 与电阻 R_2 和电容 C 串联成一回路,电容 C 两端的电压 u_C 加到示波器的 Y 轴输入端上.

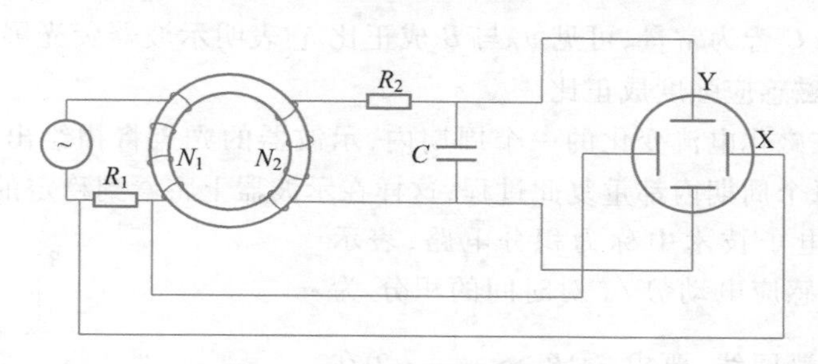

图 3.8-5　实验装置示意图

(1) u_1(X 轴输入)与磁场强度 H 成正比

若环状试样的平均周长为 l,磁化线圈的匝数为 N_1,磁化电流为 i_1(瞬时值),根据安培环路定理有 $Hl=N_1i_1$,即 $i_1=\dfrac{Hl}{N_1}$,而 $u_1=R_1i_1$,所以

$$u_1=\frac{R_1 l}{N_1}H \tag{3.8-2}$$

式中,R_1、l 和 N_1 皆为常量,可见 u_1 与 H 成正比.它表明示波器荧光屏上电子束水平偏转的大小与样品中的磁场强度成正比.

(2) u_C(Y 轴输入)在一定条件下与磁感应强度 B 成正比

设样品的截面积为 S,根据电磁感应定律,在匝数为 N_2 的副线圈中感应电动势应为

$$\mathscr{E}_2=-N_2S\frac{\mathrm{d}B}{\mathrm{d}t} \tag{3.8-3}$$

此外,在副线圈回路中的电流为 i_2,电容 C 上的电荷量为 q 时,应有

$$\mathscr{E}_2=R_2i_2+\frac{q}{C} \tag{3.8-4}$$

在上式中,若副线圈匝数 N_2 较小,则可将其自感电动势忽略不计.同时,将 R_2 和 C 选成足够大,使电容 C 上的电压降 $u_C=\dfrac{q}{C}$ 与电阻上的电压降 R_2i_2 相比小到可以忽略不计,式(3.8-4)可近似地改写成

$$\mathscr{E}_2=R_2 i_2 \tag{3.8-5}$$

将关系式 $i_2=\frac{\mathrm{d}q}{\mathrm{d}t}=C\frac{\mathrm{d}u_C}{\mathrm{d}t}$ 代入式(3.8-5),得

$$\mathscr{E}_2=R_2 C\frac{\mathrm{d}u_C}{\mathrm{d}t} \tag{3.8-6}$$

将式(3.8-6)与式(3.8-3)比较,不考虑其负号(在交流电中负号相当于相位差为±π)时应有

$$N_2 S\frac{\mathrm{d}B}{\mathrm{d}t}=R_2 C\frac{\mathrm{d}u_C}{\mathrm{d}t} \tag{3.8-7}$$

将等式两边对时间积分,由于 B 和 u_C 都是交变的,所以积分常数为 0,整理后得

$$u_C=\frac{N_2 S}{R_2 C}B \tag{3.8-8}$$

式中,N_2、S、R_2 和 C 皆为常量,可见 u_C 与 B 成正比.它表明示波器荧光屏上电子束竖直方向偏转的大小与磁感应强度成正比.

由此可见,在磁化电流变化的一个周期内,示波器的光点将描绘出一条完整的磁滞回线,并在以后每个周期内都重复此过程,这样在示波器上将看到稳定的磁滞回线图形.

R_2C 电路在电子技术中称为积分电路,表示输出的电压 u_C 是感应电动势 $\mathscr{E}_2$ 对时间的积分.为了如实地绘出磁滞回线,要求:① $R_2 \gg \frac{1}{2\pi fC}$;②在满足上述条件下,由于 u_C 振幅很小,不能直接绘出大小适合需要的磁滞回线,所以必须将 u_C 经过示波器 Y 轴放大器放大后输至 Y 轴偏转板上.这就要求在实验磁场的频率范围内,放大器的放大系数必须稳定,不会带来较大的相位畸变.事实上示波器难以完全达到这个要求,因此在实验时经常会出现如图 3.8-6 所示的畸变.观测时将 X 轴输入选择"AC"挡,Y 轴输入选择"DC"挡,并选择合适的 R_1 和 R_2 的阻值,可得到最佳磁滞回线图形,避免这种畸变.

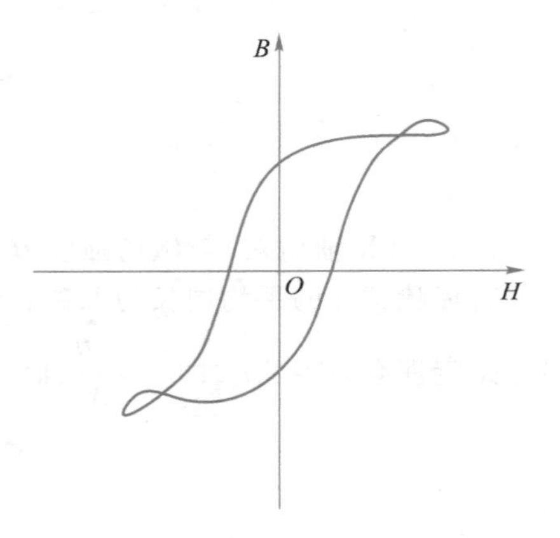

图 3.8-6 发生畸变的磁滞回线图

这样,在磁化电流变化的一个周期内,电子束的径迹扫描出一条完整的磁滞回线.适当调节示波器 X 轴和 Y 轴增益,再由小到大调节信号发生器的输出电压,即能在屏上观察到由小到大扩展的磁滞回线图形.逐次记录其正顶点的坐标,并在坐标纸上把它连成光滑的曲线,就得到样品的基本磁化曲线.

3. 测量标定

本实验不仅要求能用示波器显示出待测材料的动态磁滞回线,而且要能用示波器定量观察和分析磁滞回线.因此,在实验中还需要确定示波器荧光屏上 X 轴的每格代表 H(单位 $\mathrm{A \cdot m^{-1}}$)值的大小,Y 轴每格实际代表 B(单位 T)值的大小.

一般示波器都有已知的 X 轴和 Y 轴的灵敏度,可根据示波器的使用方法,结合实验使用的仪器就可以对 X 轴和 Y 轴分别进行标定,从而测量出 H 值和 B 值.

设 X 轴的灵敏度为 S_x(V/格),Y 轴的灵敏度为 S_y(V/格)(上述 S_x 和 S_y 均可从示波器的面板上直接读出),则

$$u_1 = S_x X,\quad u_2 = S_y Y$$

式中,X、Y 分别为测量时记录的坐标值(单位为格,注意:此处指一大格).

本实验使用的 R_1、R_2 和 C 都是阻抗值已知的标准元件,误差很小,其中 R_1、R_2 为无感交流电阻,C 的介质损耗非常小.综合上述分析,本实验定量计算公式为

$$H = \frac{N_1 S_x}{l R_1} X \tag{3.8-9}$$

$$B = \frac{R_2 C S_y}{N_2 S} Y \tag{3.8-10}$$

式中,各物理量的单位:R_1、R_2 为 Ω;l 为 m;S 为 m^2;C 为 F;S_x、S_y 为 V/格;X、Y 为格;H 为 $A \cdot m^{-1}$;B 为 T.

四、实验内容

1. 显示和观察两种样品(硅钢片和铁氧体)在 25 Hz、50 Hz、100 Hz、150 Hz 交流信号下的动态磁滞回线.

(1) 按图 3.8-5 所示线路接线,将硅钢片样品接入线路中.

(2) 将示波器光点调至荧光屏中心,调节实验仪频率调节旋钮,将频率调至 25.00 Hz.

(3) 单调增加磁化电流,使磁滞回线上的 B 值缓慢增加达到饱和.调节 R_1、R_2 的大小,使示波器上显示出典型美观的磁滞回线图形.

(4) 单调减小磁化电流,直到示波器最后显示为位于荧光屏中心的一点,如不在中心,可调节示波器的 X 轴和 Y 轴位移旋钮,将其调至中心.

(5) 单调增加磁化电流,使 B 达到饱和,改变 X 轴和 Y 轴输入增益旋钮和 R_1、R_2 的值,使示波器显示典型美观的磁滞回线图形,并使磁化电流在水平方向上的读数范围为 -5.00~5.00 格.

(6) 改变信号频率,重复上述步骤(2)—(5),比较磁滞回线形状的变化.

(7) 更换实验样品(铁氧体),重复上述步骤(2)—(6),观察 50.00 Hz 下的磁滞回线.

2. 测量 50.00 Hz 下硅钢片的基本磁化曲线和动态磁滞回线.

(1) 调节信号频率为 50.00 Hz.

(2) 退磁.

(3) 测绘基本磁化曲线.

(4) 测绘动态磁滞回线.

(5) 作材料的基本磁化曲线和动态磁滞回线,并从图中得出饱和磁感应强度 B_s、剩余磁感应强度 B_r 和矫顽力 H_c 等物理量的值.

3. 改变磁化信号的频率,进行上述实验(选做).

五、注意事项

1. 打开磁滞回线实验仪前,先将信号输出幅度旋钮调到最小.

2. 测量基本磁化曲线和磁滞回线过程中，应锁定 X、Y 轴输入增益旋钮，并保持 R_1、R_2 固定不变.

六、实验数据及处理

1. 测绘基本磁化曲线，数据记录于表 3.8-1 中.

表 3.8-1

R_1 = ________ Ω，R_2 = ________ kΩ

序号	1	2	3	4	5	6	7	8	9	10	11	12
X/格	0.00	0.20	0.40	0.60	0.80	1.00	1.50	2.00	2.50	3.00	4.00	5.00
$H/(\mathrm{A\cdot m^{-1}})$												
Y/格												
B/mT												

2. 磁滞回线的测绘

自拟数据记录表格，作 $B-H$ 曲线，并根据磁滞回线得出材料的磁参量 B_s、B_r 和 H_c.

七、思考题

用示波器法测量磁参量时，误差的主要来源是什么？

实验 3.9 油滴实验——电子电荷量的测定

一、实验目的

1. 了解油滴实验的方法和特点.

2. 利用密立根油滴仪测量电子电荷量，验证电荷的不连续性.

3. 了解 CCD(charge coupled device)图像传感器的原理与应用，学习电视显微测量方法.

3.9 教学视频

二、仪器设备

MOD-5 型密立根油滴仪、喷雾器和钟表油.

MOD-5 型密立根油滴仪主要由油雾室、油滴盒、CCD 电视显微镜、电路箱、监视器等组成.

油雾室用有机玻璃制成，其上有喷雾口和油雾孔，可以通过拉动铝片键使油雾孔开或闭.油滴盒如图 3.9-1 所示，两圆形平行平板电极放在有机玻璃防风罩中，在上电极中心有一直径为 0.4 mm 的小孔，油滴经油雾孔落入小孔，进入上下电极板之间，由照明灯照明，防风罩前装有测量显微镜，其目镜中有分划板.分划板刻度：垂直线的视场 2 mm 共分 4 格，每格值为 0.5 mm.防风罩上有一个可取下的油雾杯.

照明灯安装在照明座中间位置，照明灯采用带聚光的红外发光二极管.在照明座上方

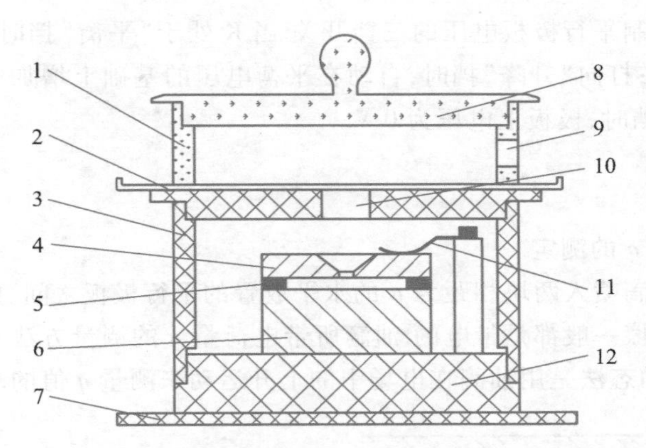

1—油雾杯;2—油雾孔开关;3—防风罩;4—上电极;5—油滴盒;6—下电极;7—座架;
8—上盖板;9—喷雾口;10—油雾孔;11—上电极压簧;12—油滴盒基座.

图 3.9-1 油滴盒

有一安全开关,当取下油雾杯时,平行电极就自行断电.

CCD 电视显微镜:CCD 摄像头与显微镜是整体结构.总放大倍数为 60×(监视器倍数、标准物镜倍数).CCD 是固体图像传感器的核心器件,由它制成的摄像头,可把光学图像变为视频电信号,由电视电缆接到监视器上显示,或接录像机、计算机进行处理.本实验使用灵敏度和分辨率较高的黑白 CCD 摄像头,用高分辨率(800 电视线)的黑白监视器,将显微镜观察到的油滴运动图像清晰地显示在屏幕上,以便观察和测量.

电路箱:内装有高压电源、测量显示等电路,底部装有三只调平手轮.面板结构见图 3.9-2.

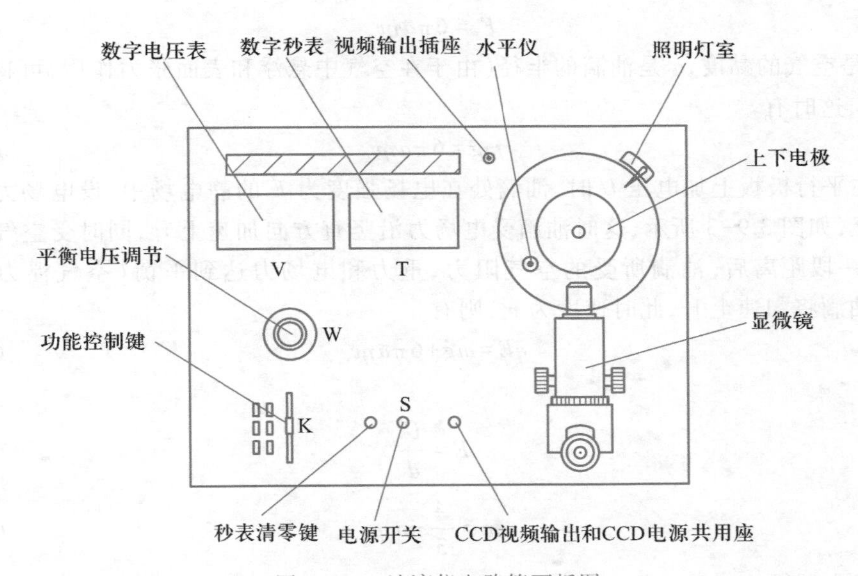

图 3.9-2 油滴仪电路箱面板图

由测量显示电路产生的电子分划板刻度(与 CCD 摄像头的行扫描严格同步,相当于刻度线是做在 CCD 器件上)在监视器的屏幕上显示白色刻度线.

在面板上有控制平行极板电压的三挡开关.当K处于“平衡”挡时,可用电位器W调节平衡电压的大小;打向“升降”挡时,自动在平衡电压的基础上增加200~300 V的提升电压;打向“测量”挡时,极板上电压为0 V.

三、实验原理

1. 油滴电荷量q的测定

用喷雾器将油滴喷入两块相距为d的水平放置的平行极板之间,如图3.9-3所示.油滴在喷射时由于摩擦一般都是带电的.油滴所带电荷量q的测量方法有静态(平衡)法和动态(非平衡)法.动态法是用油滴在电场中的上升运动来测量q值的.

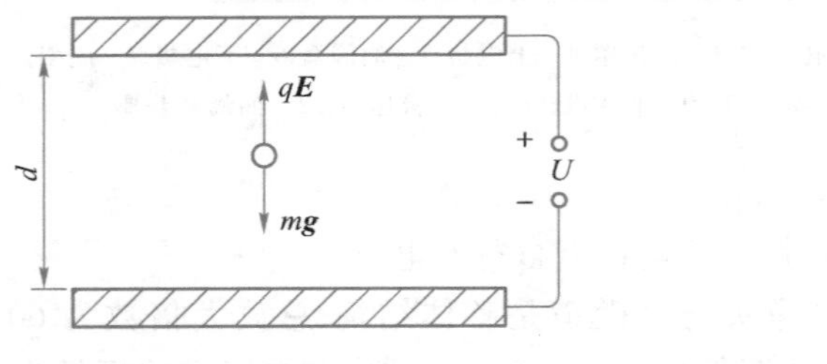

图3.9-3 油滴在电场中

图3.9-4 油滴受力分析

设一质量为m,带电荷量为q的油滴处在两块平行极板间,在平行极板未加电压时,油滴受重力作用而加速下降,同时受空气阻力的作用,油滴下降一段距离后,将做匀速运动,速度为v_g,这时重力与阻力平衡(空气浮力忽略不计),如图3.9-4所示.由斯托克斯定律知,黏性力为

$$F_f = 6\pi a\eta v_g \tag{3.9-1}$$

式中,η是空气的黏度,a是油滴的半径(由于在空气中悬浮和表面张力作用,可将油滴视为圆球),这时有

$$mg = 6\pi a\eta v_g \tag{3.9-2}$$

当在平行极板上加电压U时,油滴处在电场强度为E的静电场中,设电场力与重力方向相反,如图3.9-3所示,这时油滴受电场力沿竖直方向加速上升,同时受空气阻力作用,上升一段距离后,油滴所受的空气阻力、重力和电场力达到平衡(空气浮力忽略不计),则油滴将匀速上升,此时速度为v_e,则有

$$qE = mg + 6\pi a\eta v_e \tag{3.9-3}$$

又

$$E = \frac{U}{d} \tag{3.9-4}$$

$$m = \frac{4}{3}\pi a^3 \rho \tag{3.9-5}$$

由以上四式可得

$$q = \frac{4}{3}\pi a^3 \rho g \frac{d}{U}\left(\frac{v_g + v_e}{v_g}\right) \tag{3.9-6}$$

为测定油滴所带电荷量q,除应测出U、d和速度v_g、v_e外,还需测油滴半径a.

静态法是指调节平行极板间的电压,使油滴不动,即 $v_e=0$,则

$$q=\frac{4}{3}\pi a^3\rho g\frac{d}{U} \tag{3.9-7}$$

2. 油滴半径 a 的测量

在平行极板未加电压时,油滴最终将以 v_g 匀速下落,由式(3.9-2)和式(3.9-5)可得油滴半径为

$$a=\left(\frac{9\eta v_g}{2\rho g}\right)^{\frac{1}{2}} \tag{3.9-8}$$

3. 电荷量 q 的最后表达式

考虑到油滴非常小,空气已不能看成连续介质,空气的黏度 η 应修正为

$$\eta'=\frac{\eta}{1+\frac{b}{pa}} \tag{3.9-9}$$

式中,b 为修正常量,p 为空气压强(单位为 Pa),a 为未经修正过的油滴半径(单位为 m),由于它在修正项中,不必算得很精确,由式(3.9-8)计算即可.

实验时取油滴匀速上升和匀速下降的距离相等,设为 l,测出油滴匀速下降和上升的时间分别为 t_g 和 t_e,则

$$v_g=\frac{l}{t_g},\quad v_e=\frac{l}{t_e} \tag{3.9-10}$$

将式(3.9-8)、式(3.9-9)、式(3.9-10)代入式(3.9-6)得到用动态(非平衡)法测油滴电荷量的公式为

$$q=\frac{18\pi}{\sqrt{2\rho g}}\left(\frac{\eta l}{1+\frac{b}{pa}}\right)^{\frac{3}{2}}\frac{d}{U}\left(\frac{1}{t_e}+\frac{1}{t_g}\right)\left(\frac{1}{t_g}\right)^{\frac{1}{2}} \tag{3.9-11}$$

令

$$k=\frac{18\pi}{\sqrt{2\rho g}}\left(\frac{\eta l}{1+\frac{b}{pa}}\right)^{\frac{3}{2}}d$$

得到用动态(非平衡)法测油滴电荷量的公式为

$$q=\frac{k\left(\frac{1}{t_e}+\frac{1}{t_g}\right)\left(\frac{1}{t_g}\right)^{\frac{1}{2}}}{U} \tag{3.9-12}$$

对于静态法,即调节平行极板间的电压,使油滴不动,$v_e=0$,即 $t_e\to\infty$,由式(3.9-12)可得

$$q=k\left(\frac{1}{t_g}\right)^{\frac{3}{2}}\frac{1}{U}$$

或者

$$q=\frac{18\pi}{\sqrt{2\rho g}}\left[\frac{\eta l}{t_{g}\left(1+\frac{b}{pa}\right)}\right]^{\frac{3}{2}}\frac{d}{U} \tag{3.9-13}$$

上式即为用静态法测油滴电荷量的公式.

为了求电子电荷量,对实验测得的各个电荷量 q 求最大公约数,就是元电荷 e 的值;也可以测量同一油滴所带电荷量的改变量 Δq(可用紫外线或放射源照射油滴,使它所带电荷量改变),这时 Δq 应近似为某一最小单位的整数倍,此最小单位即为元电荷 e.

四、实验内容

1. 仪器连接和调整

(1) 阅读仪器说明书,将面板上带有 Q9 插头的视频电缆线接至监视器后背下部的插座上,保证接触良好,监视器阻抗选择开关拨在 75 Ω 处.

(2) 调整油滴仪水平:调节仪器底座上的三只调平手轮,使水平仪的气泡处于中央,这时平行极板处于水平状态.

(3) 打开监视器和油滴仪电源,指示灯和油滴照明灯亮,在显示器上显示出分划板刻度线及电压和时间值.

(4) 将油滴盒或油雾室用布擦拭干净,注意应使油滴盒上电极板中间的小孔保持畅通,油雾孔应无油膜堵住.把油滴盒和油雾室的盖子盖上,开启油雾孔,检查电极板压簧是否和上电极板接触良好.

(5) 显微镜调焦

转动 CCD 电视显微镜的调焦手轮,使显微镜筒前端和底座前端对齐,然后用喷雾器向油雾室喷油,再前后微调调焦手轮,使显微镜聚焦,屏幕上出现清晰的油滴图像.

适当调节监视器的亮度、对比度旋钮,使油滴图像最清晰,且与背景的反差适中,监视器亮度一般不要调得太亮,否则油滴不清楚.如图像不稳,可调监视器的帧同步和行同步旋钮.

2. 测量练习

练习选择合适的油滴,控制油滴运动和测量油滴运动的时间.

(1) 面板上 K 键置"平衡"挡,调节电压使极板电压为 200~300 V,用喷雾器对准喷雾口向油雾室喷射油雾(喷雾器的喷头不要伸入喷雾孔内,防止大颗粒油滴堵塞油雾孔).喷油后,注意监视器是否有油滴下落,若无油滴下落可再喷一次,若已有油滴下落则应关上油雾孔开关.

(2) 选择一颗合适的油滴十分重要,大而亮的油滴必然质量大,因而匀速下降的时间很短,增大了测量时间的相对误差;反之,很小的油滴因质量小,所以布朗运动较为明显,同样会造成很大的测量误差.通常选择平衡电压为 200~300 V,匀速下落 2.0 mm 的时间在 8~20 s,目视直径在 0.5~1 mm 的油滴较适宜.

(3) 调节油滴平衡要有足够的耐心,用升降键将油滴移至某刻线,反复仔细地调节平衡电压,经一段时间观察油滴不移动,才认为油滴处于平衡状态.

(4) 测准油滴上升或下降某段距离所需的时间,一是要统一油滴到达某刻度线,才认为油滴已达线;二是眼睛一定要平视刻度.对同一油滴进行 5~6 次测量,测出的各次时间的离散性较小.测量过程中,如发现油滴离焦,可微动调焦手轮,使之重新聚集,便于跟踪油滴.

3. 正式测量

实验方法可选用静态法、动态法和同一油滴改变电荷法.

(1) 静态法

将已调平衡的油滴用 K 键控制,移到“起跑”线上,按至“平衡”挡,让计时器复零,然后将 K 键置于“测量”挡,油滴开始匀速下降的同时计时器开始计时,到“终点”时迅速将 K 键拨向“平衡”挡,油滴立即停止,计时也同时停止.对同一油滴反复进行 5~10 次测量,选择 10~20 个油滴,测出 U、t_g、l(油滴匀速下落 2.0 mm 的距离),求得元电荷的平均值 $\overline{e}$,同时记录测量时的实验条件 g、ρ、p 的值.

(2) 动态法

分别测出加电压时油滴上升的速度和不加电压时油滴下落的速度,代入式(3.9-13),求出 e 值.油滴的运动距离一般取 1~2 mm,对某个油滴重复测量 5~10 次,选择 10~20 个油滴,求得元电荷的平均值 $\overline{e}$.

(3) 同一油滴改变电荷法(选做)

注意:每次测量时都要检查和调整平衡电压,以减小偶然误差和因油滴挥发而使平衡电压发生的变化.

五、实验数据及处理

用静态法测油滴电荷量,相关数据填入表 3.9-1 中,利用式(3.9-13)计算得出结果.式中钟表油的密度 $\rho=981\ \text{kg}\cdot\text{m}^{-3}$(20 ℃),重力加速度 $g=9.80\ \text{m}\cdot\text{s}^{-2}$,20 ℃时空气黏度 $\eta=1.83\times10^{-5}\ \text{kg}\cdot\text{m}^{-1}\cdot\text{s}^{-1}$,油滴匀速下降距离 $l=2.0\times10^{-3}\ \text{m}$,修正系数 $b=6.17\times10^{-6}\ \text{m}\cdot\text{cmHg}$,标准大气压 $p=76.0\ \text{cmHg}$,平行极板间距 $d=5.00\times10^{-3}\ \text{m}$,$t_g$ 为测量时间.实际大气压由气压表读出.

将以上数据代入式(3.9-13)得油滴所带电荷量:

$$q=\frac{1.43\times10^{-14}}{\left[t_g(1+0.02\sqrt{t_g})\right]^{\frac{3}{2}}}\cdot\frac{1}{U}(\text{C})$$

油滴半径:

$$a=\frac{4.15\times10^{-6}}{\left[t_g(1+0.02\sqrt{t_g})\right]^{\frac{1}{2}}}(\text{m})$$

油滴质量:

$$m=\frac{4}{3}\pi a^3\rho=4.09\times10^3\times a^3(\text{kg})$$

计算出各油滴所带的电荷量后,求它们的最大公约数,即为元电荷 e.若求最大公约数有困难,可用作图法求 e 值.设实验得到 m 个油滴所带的电荷量分别为 $q_1,q_2,\cdots,q_m$,由于电荷的量子化特性,应有 $q_i=n_ie$,此为一直线方程,n 为自变量,q 为因变量,e 为斜率.因此 m 个油滴对应的数据在 $n-q$ 坐标系中将在同一条过原点的直线上,若找到满足这一关系的直线,就可用斜率求得 e 值.

将 e 的实验值与公认值比较，求相对误差（公认值 $e_0=1.60\times10^{-19}\mathrm{C}$）.

表 3.9-1

序号	U/V	t_g/s	$\overline{q}/(10^{-19}\mathrm{C})$	$n\left(=\dfrac{\overline{q}}{e_0}\right)$	$\overline{e}/(10^{-19}\mathrm{C})$	E_r
1-1						
1-2						
1-3						
1-4						
1-5						
⋮						
⋮						
⋮						
5-3						
5-4						
5-5						

六、思考题

1. 对实验结果造成影响的主要因素有哪些？
2. 如何判断油滴盒内两平行极板是否水平？若不水平对实验结果有何影响？
3. 实验时，怎样选择适当的油滴？如何判断油滴是否静止？

注：实验选用上海中华牌 701 型钟表油，其密度随温度的变化如表 3.9-2 所示.

表 3.9-2　油的密度随温度变化表

t/℃	0	10	20	30	40
$\rho/(\mathrm{kg\cdot m^{-3}})$	991	986	981	976	971

实验 3.10　光栅衍射

一、实验目的

1. 进一步熟悉分光计的调节和使用方法.
2. 观察光线通过光栅后的衍射现象.
3. 测定汞灯（或钠灯）在可见光范围内几条光谱线的波长.

二、仪器设备

分光计、光栅、汞灯（或钠灯）及低压电源.

三、实验原理

光栅是根据多缝衍射原理制成的一种分光元件，它能产生谱线间距较宽的匀排光谱.所得光谱线的亮度比用棱镜分光时要小些，但光栅的分辨本领比较大.光栅不仅适用于可见光，还能用于红外线和紫外线，常用在光谱仪上.光栅在结构上有平面光栅、阶梯光栅和凹面光栅等几种，同时又分为透射式和反射式两类.本实验选用透射式平面刻痕光栅或全息光栅.

透射式平面刻痕光栅是在光学玻璃上刻划大量相互平行、宽度和间距相等的刻痕而制成的.当光照射在光栅面上时，刻痕处发生散射不易透光，光线只能在刻痕间的狭缝中通过.因此，光栅实际上是一排密集、均匀而又相互平行的狭缝.

若以单色平行光垂直照射在光栅面上，则透过各狭缝的光线因衍射将向各个方向传播，经透镜会聚后相互干涉，并在透镜焦平面上形成一系列被相当宽的暗区隔开的、间距不同的明条纹.

按照光栅衍射理论，衍射光谱中明条纹的位置由下式决定：

$$(a+b)\sin\varphi_K=\pm K\lambda$$

或

$$d\sin\varphi_K=\pm K\lambda,\quad K=0,1,2,\cdots \tag{3.10-1}$$

式中，$d=a+b$ 称为光栅常量，λ 为入射光波长，K 为明条纹（光谱线）级数，φ_K 是 K 级明条纹的衍射角（参看图 3.10-1）.

如果入射光不是单色光，则由式（3.10-1）可以看出，光的波长不同，其衍射角 φ_K 也各不相同，于是复色光将被分解，而在中央 $K=0$，$\varphi_K=0$ 处，各色光仍重叠在一起，形成中央明条纹.在中央明条纹两侧对称地分布着±1，±2，…级光谱，各级光谱都按波长大小的顺序依次排列成一组彩色谱线，这样就把复色光分解为单色光，如图 3.10-1 所示.

如果已知光栅常量 d，用分光计测出 K 级光谱中某一级明条纹的衍射角 φ_K，按式（3.10-1）即可算出该明条纹所对应的单色光的波长 λ.反之若已知光波波长 λ，则可以计算出光栅常量 d.

四、实验内容

观察光线通过光栅后的衍射现象，用光栅测定汞灯（或钠灯）光谱线的波长.

3.10 操作视频

1. 调整方法见实验 2.19.本实验中的调整要求如下所示：

（1）使望远镜聚焦于无穷远处.

（2）平行光管出射平行光.

（3）望远镜光轴及平行光管光轴与分光计中心轴线相垂直.

通过望远镜观察，转动目镜调节圈以消除视差，调节平行光管上的狭缝宽度至约 1 mm，并使十字叉丝竖线与狭缝平行，固定望远镜，用望远镜微调机构使十字叉丝交点恰好在狭缝中央.

2. 安置光栅

安置光栅时要求达到：

(1) 入射光垂直照射光栅表面[否则,式(3.10-1)将不适用].

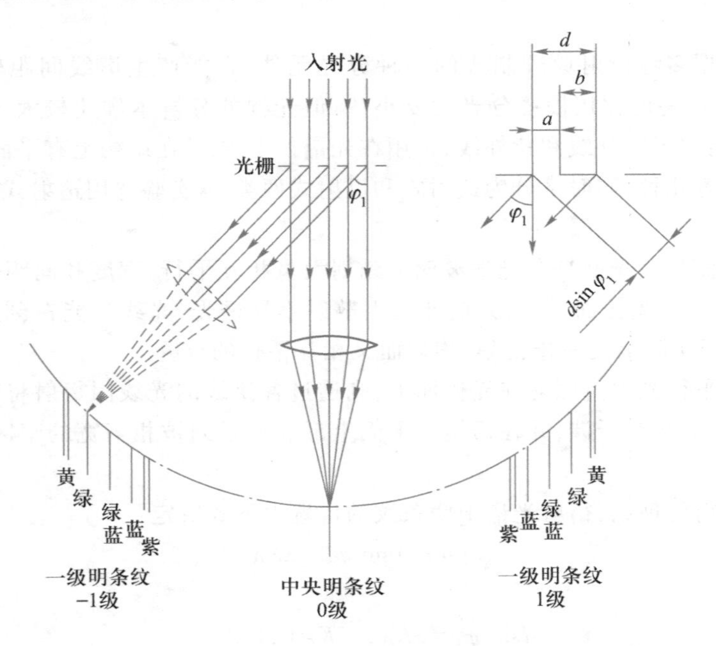

图 3.10-1　汞灯的光栅衍射光谱示意图

(2) 平行光管狭缝与光栅刻痕相平行.

具体调节步骤如下:

(1) 将光栅按图 3.10-2 所示置于载物台上.目视使光栅平面和平行光管轴线大致垂直,然后以光栅面作为反射面,用自准直法调节光栅面与望远镜轴线相垂直.(注意:望远镜已调好,不能再动!)可以调节光栅支架或载物台的两个螺丝 G_1、G_3,使得从光栅面反射回来的十字反射像与上十字叉丝相重合,随后固定载物台.

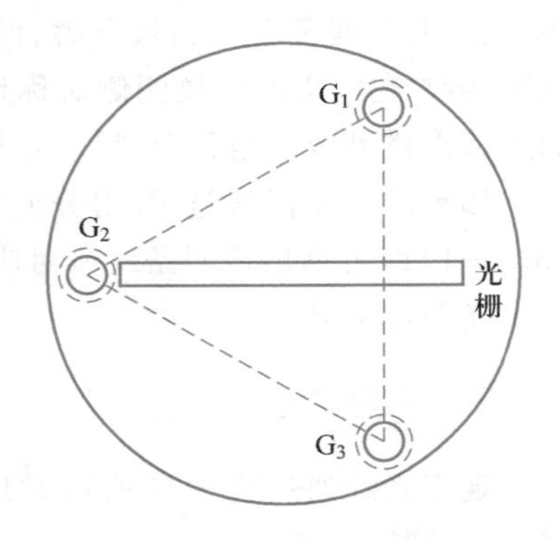

图 3.10-2　光栅在载物台上安放的位置

(2) 转动望远镜,观察衍射光谱的分布情况,注意中央明条纹两侧的衍射光谱是否在同一水平面内.如果观察到光谱有高低变化,则说明狭缝与光栅刻痕不平行,此时可调节载物台的螺丝 G_2(图 3.10-2),直到中央明条纹两侧的衍射光谱基本上在同一高度为止.此时,再将望远镜对准平行光管,观察十字反射像与十字叉丝是否重合.否则重复(1).

3. 记下光栅常量

4. 测量汞灯(或钠灯)光谱的衍射角

(1) 由于衍射光谱对中央明条纹是对称的,为了提高测量准确度,测量第 K 级光谱时,应测出 $+K$ 级和 $-K$ 级光谱的位置,两位置的差值之半即为衍射角 φ_K.

(2) 为消除分光计刻度盘的偏心误差,在测量每一条谱线时,刻度盘的两个游标的读数都要记录,然后取其平均值.

(3) 为使十字叉丝竖线精确对准谱线,必须调节望远镜微调螺钉.

(4) 测量时,可将望远镜移至最左端,从-2 级、-1 级到+1 级、+2 级依次测量,以免漏测数据.测量的数据记录在表 3.10-1 中(表中只记录±1 级数据).

5. 将测得的衍射角代入式(3.10-1),计算相应的光波波长.在实验报告上记述所观察到的光栅衍射现象.

五、注意事项

1. 光栅是精密光学器件,严禁用于触摸刻痕,以免弄脏或损坏光栅.

2. 汞灯(或钠灯)需与低压电源串接使用,不可直接与 220 V 电源相连,否则会被烧毁.

3. 汞灯的紫外线很强,不可直视,以免灼伤眼睛.

六、实验数据及处理

表 3.10-1

波长	λ_1		λ_2	
级数	−1	+1	−1	+1
左窗读数	$\varphi_{-1\lambda_1}=$	$\varphi_{+1\lambda_1}=$	$\varphi_{-1\lambda_2}=$	$\varphi_{+1\lambda_2}=$
右窗读数	$\varphi'_{-1\lambda_1}=$	$\varphi'_{+1\lambda_1}=$	$\varphi'_{-1\lambda_2}=$	$\varphi'_{+1\lambda_2}=$

衍射公式为

$$d\sin\varphi_K=\pm K\lambda$$

$$\varphi_{\lambda_1}=\frac{|\varphi_{-1\lambda_1}-\varphi_{+1\lambda_1}|+|\varphi'_{-1\lambda_1}-\varphi'_{+1\lambda_1}|}{4}$$

$$\varphi_{\lambda_2}=\frac{|\varphi_{-1\lambda_2}-\varphi_{+1\lambda_2}|+|\varphi'_{-1\lambda_2}-\varphi'_{+1\lambda_2}|}{4}$$

分别计算波长 λ 并与理论值进行比较.

七、思考题

1. 光栅光谱与棱镜光谱有哪些不同之处?

2. 利用本实验的装置怎样测定光栅常量呢?

3. 当用钠灯光(波长 $\lambda=589.0$ nm)垂直入射到 1 mm 内有 500 条刻痕平面透射光栅上时,试问最多能看到第几级光谱?请说明理由.

4. 当狭缝太宽、太窄时分别会出现什么现象?为什么?

实验 3.11 衍射光强分布实验

一、实验目的

1. 观察单缝衍射现象,归纳总结衍射现象的规律和特点.
2. 测量单缝衍射的相对光强分布和衍射角、缝宽等物理量.

3.11 教学视频

二、仪器设备

半导体激光器、光具座、单缝、光电探头、数字检流计等.

三、实验原理

光的衍射现象是光的波动性的一种表现,可分为菲涅耳衍射和夫琅禾费衍射两类,菲涅耳衍射是近场衍射,夫琅禾费衍射是远场衍射.产生夫琅禾费衍射的条件是,光源和显示衍射图样的屏离衍射物(如单缝)的距离可视为无限远,即入射光和衍射光都是平行光.夫琅禾费单缝衍射实验光路如图 3.11-1 所示,其中 S 是波长为 λ 的单色光源,被放在透镜 L_1 的焦面上,单色光经透镜 L_1 后,形成一束平行光,垂直照射在单缝 AB 上,通过单缝后的衍射光经透镜 L_2 会聚在其焦面(屏)上,于是在屏上呈现出明暗相间的衍射条纹.

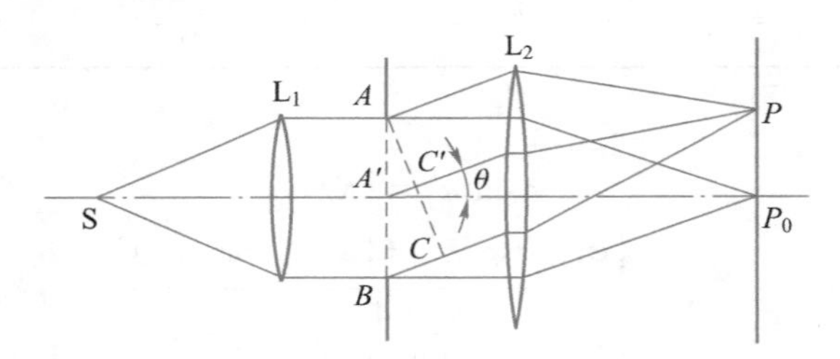

图 3.11-1 夫琅禾费单缝衍射实验光路图

由惠更斯-菲涅耳原理可推得,单缝衍射图样的光强分布规律为

$$I=I_0\frac{\sin^2\varphi}{\varphi^2},\quad \varphi=\frac{\pi a\sin\theta}{\lambda} \tag{3.11-1}$$

式中,a 为单缝的宽度,θ 为衍射光与入射光间的夹角——衍射角,λ 为入射光波长.参见图 3.11-2,由式(3.11-1)可知:

(1) 当 $\theta=0$ 时,$I=I_0$,这就是与光轴平行的光线会聚点(中央明条纹的中心点 P_0 处)的光强,是衍射图样中光强的极大值,称为中央主极大.

(2) 当 $a\sin\theta=K\lambda$($K=\pm1,\pm2,\cdots$)时则 $\varphi=K\pi$,$I=0$,与此对应的衍射图样位置为暗条纹的中心,实际上 θ 角很小,有 $\theta\approx\sin\theta$,因此暗条纹出现的条件为

$$\theta=\frac{K\lambda}{a} \tag{3.11-2}$$

根据式(3.11-1),作$\frac{I}{I_0}$-$\sin\theta$曲线,可得如图 3.11-2 所示的单缝衍射的相对光强分布曲线,通过分析,我们可知单缝衍射有如下特点:

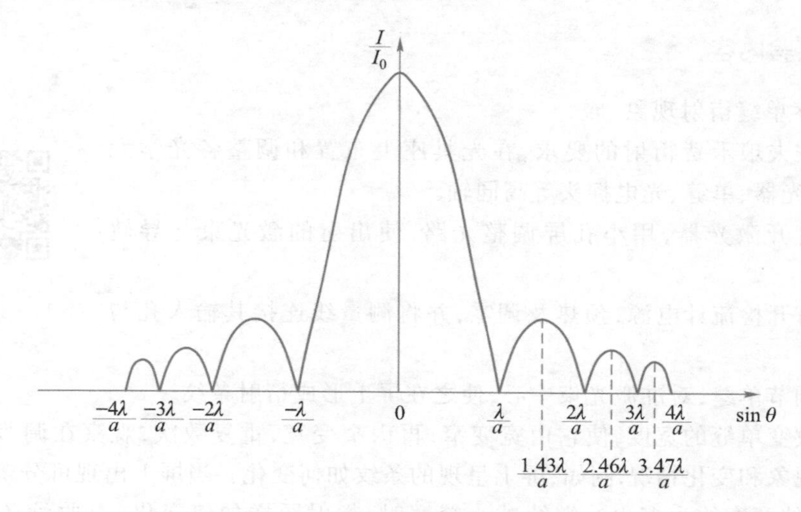

图 3.11-2 单缝衍射相对光强分布

(1) 中央明条纹的宽度由 $K=\pm1$ 的两个暗条纹的衍射角所确定,即中央明条纹的角宽度为 $\Delta\theta_0=\frac{2\lambda}{a}$,其余各级明条纹的角宽度 $\Delta\theta_k=\frac{\lambda}{a}$,因此中央明条纹宽度是其他各级明条纹宽度的两倍.

(2) 衍射角 θ 与缝宽 a 成反比,缝加宽时,衍射角减小,各级条纹向中央收缩.当缝宽 a 足够大($a>>\lambda$)时,衍射现象不明显,从而可以忽略不计,可将光看成是沿直线传播的.为了从衍射信息中获得单缝的宽度 a,由图 3.11-3 可知,因角 θ 很小,可算得单缝的宽度为

$$a=\frac{L\lambda}{b} \qquad (3.11-3)$$

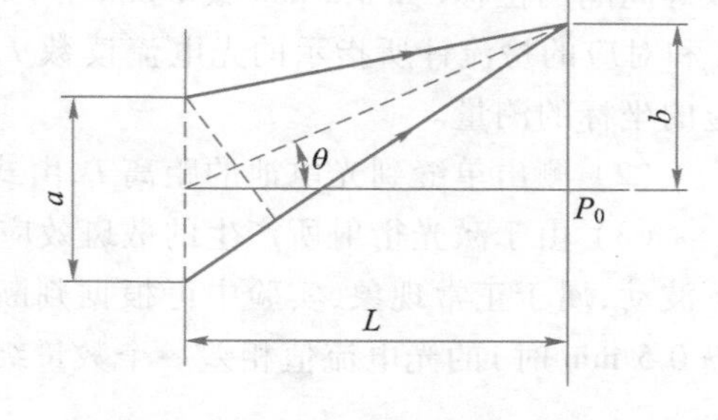

图 3.11-3 单缝宽度计算图

式中,L 为单缝到光电池的距离,λ 为入射光波长,b 为第一级暗条纹中心点到中央明条纹中心点的距离.

(3) 对于任意两条相邻暗条纹,其衍射角的差值为 $\Delta\theta=\frac{\lambda}{a}$,即暗条纹是以 P 点为中心等间隔地向左右对称分布的.

(4) 位于两相邻暗条纹之间的是各级明条纹,它们的宽度是中央明条纹宽度的一半,这些明条纹的光强最大值称为次极大.通过计算,这些次极大的位置用衍射角表示为

$$\theta=\pm1.43\frac{\lambda}{a},\quad \pm2.46\frac{\lambda}{a},\quad \pm3.47\frac{\lambda}{a},\quad \cdots \qquad (3.11-4)$$

它们的相对光强分别为

$$\frac{I}{I_0}=0.047,0.017,0.008,\cdots \tag{3.11-5}$$

四、实验内容

1. 观察单缝衍射现象

(1) 按夫琅禾费衍射的要求，在光具座上布置和调整各光学元件，调节激光器、单缝、光电探头等高同轴.

3.11 操作视频

(2) 打开激光器，用小孔屏调整光路，使出射的激光束与导轨平行.

(3) 打开检流计电源，预热及调零，并将测量线连接其输入孔与光电探头.

(4) 调节单缝，对准激光束中心，使之在屏上形成衍射条纹.

(5) 改变单缝的宽度，使它由宽变窄，再由窄变宽，重复数次，观察在调节过程中出现的各种现象和变化情况.例如，屏上呈现的条纹如何变化？当屏上出现可分辨的衍射条纹时，单缝的宽度约为多少？继续减小缝宽时，衍射图样如何变化（是收缩还是扩展）？调节缝宽使屏上呈现出清晰的衍射图样，比较各级明条纹的宽度以及它们的亮度分布情况.

2. 测量单缝衍射的相对光强分布

(1) 移去小孔屏，调整光电探头中心与激光束高低一致，移动方向与激光束垂直，起始位置适当.开始测量时，转动手轮，使光电探头沿衍射图样展开方向（X 轴）单向平移，以等间隔的位移（如 0.5 mm 或 1 mm 等）对衍射图样的光强进行逐点测量，记录位置坐标 X 和对应的检流计所指示的光电流读数 I，要特别注意衍射光强的极大值和极小值所对应的坐标的测量.

(2) 测出单缝到光电池的距离 L，由式（3.11-3）算出单缝的宽度.

(3) 由于激光衍射所产生的散斑效应，光电流值显示将在实际值的约 10%范围内上下波动，属于正常现象，实验中可根据判断选一中间值，由于一般相邻两个测量点（如间隔 0.5 mm 时）的光电流值相差一个数量级，故该波动一般不影响测量.

五、注意事项

1. 不要在强光、潮湿、震动较大的场合实验，以免影响测量精度.

2. 使用完毕，整理好光学元件，以免光学元件受污、受损.

3. 导轨应经常保持润滑，定期上油.

4. 光电探头使用完毕后应妥善放置于较暗处，避免光电池长时间暴露于强光下加速老化.

六、实验数据及处理

1. 测量单缝衍射图样的相对光强分布.

绘制单缝衍射相对光强$\frac{I}{I_0}$与位置坐标 X 的关系曲线.由于光强与检流计所指示的电流读数成正比,所以可用光电流的相对强度代替相对光强$\frac{I}{I_0}$,光电流相对强度与位置坐标的关系曲线即为相对光强分布曲线.

2. 从相对光强分布曲线中可得各光强极小值,测出第一级暗条纹中心点到中央明条纹中心点的距离 b,同时将测得的距离 L 值代入式(3.11-3),计算相应的单缝宽度 a.

3. 由相对光强分布曲线确定各级明条纹光强次极大的位置及相对光强,分别与式(3.11-4)、式(3.11-5)所列的理论值比较.

七、思考题

1. 使单缝的宽度变大或变小,衍射图样分别会有什么变化?

2. 如果测出的衍射光强分布曲线左右不对称,那是什么原因造成的? 怎样调节光路才能避免这种现象的发生?

实验 3.12　偏振光与旋光实验

光的偏振现象证实了光是横波,即光的振动方向是垂直于它的传播方向的.对于光偏振现象的研究在光学史中有很重要的地位.光的偏振使人们对光的传播(反射、折射、吸收和散射)规律有了新的认识,并在光学计量、晶体性质研究和实验应力分析等领域有广泛的应用.

一、实验目的

1. 了解线偏振光的起偏及检偏过程.
2. 加深对布儒斯特定律和马吕斯定律的理解.
3. 观察圆偏振光和椭圆偏振光.
4. 观察线偏振光通过旋光物质的旋光现象.

3.12　教学视频

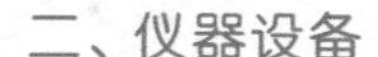

二、仪器设备

WZP-1 型偏振光实验仪由导轨平台、磁力滑座、光源、偏振部件、光电接收单元和聚光镜及白屏(观察实验现象)等组成,图 3.12-1 为其结构示意图.导轨带有导向平台并附有标尺,实验时根据需要选择部件并将磁力滑座的基准面置于导轨平台,旋转磁力滑座可进行升降调节,使系统达到同轴.

三、实验原理

1. 偏振光的基本概念

光是电磁波,它的电矢量 $\boldsymbol{E}$ 和磁矢量 $\boldsymbol{H}$ 相互垂直,且均垂直于光的传播方向 $\boldsymbol{S}$

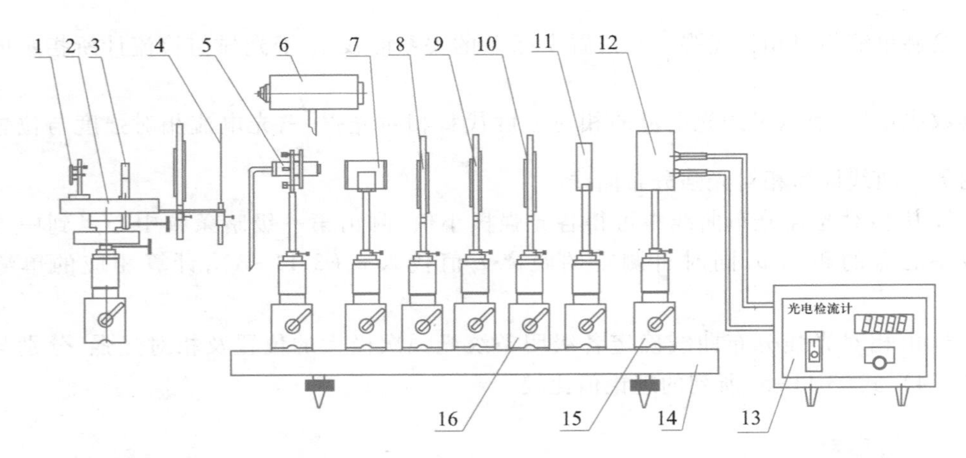

1—涂黑反射镜;2—旋转载物台;3—玻璃片堆;4—白屏;5—半导体激光器及调整架;6—白炽灯;
7—旋光管;8—偏振片组;9—半波片;10—1/4 波片;11—聚光镜;12—光电接收器;
13—光电检流计;14—导轨平台;15—二维磁力滑座;16——维磁力滑座.

图 3.12-1 结构示意图

(图 3.12-2),通常用电矢量 $\boldsymbol{E}$ 代表光的振动方向,并将电矢量 $\boldsymbol{E}$ 和光的传播方向 $\boldsymbol{S}$ 所构成的平面称为光振动面.在传播过程中,电矢量的振动方向始终在某一确定方向的光称为平面偏振光或线偏振光[图 3.12-3(a)].光源发射的光是由大量原子或分子辐射构成的,单个原子或分子辐射的光是偏振光.由于大量原子或分子的热运动和辐射的随机性,它们所发射的光的振动面出现在各个方向的概率是相同的,故这种光源发射的光对外不显现偏振的性质,称为自然光[图 3.12-3(b)].还有一些光,其振动面的取向和电矢量的大小随时间做有规律的变化,而电矢量的末端在垂直于传播方向平面上的轨迹呈椭圆或圆,这种光称为椭圆偏振光或圆偏振光.

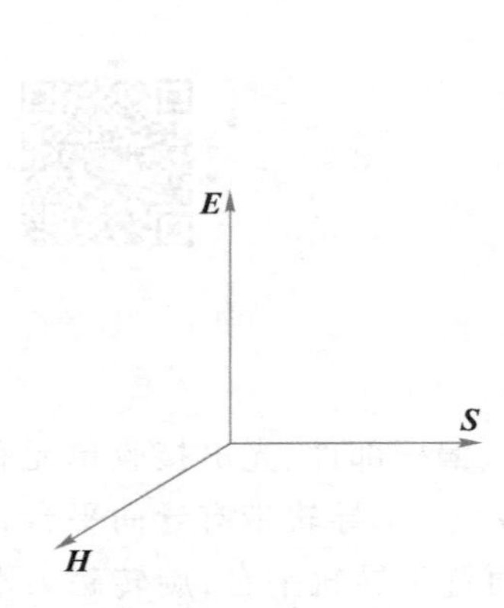

图 3.12-2 光的电矢量、磁矢量及传播方向示意图

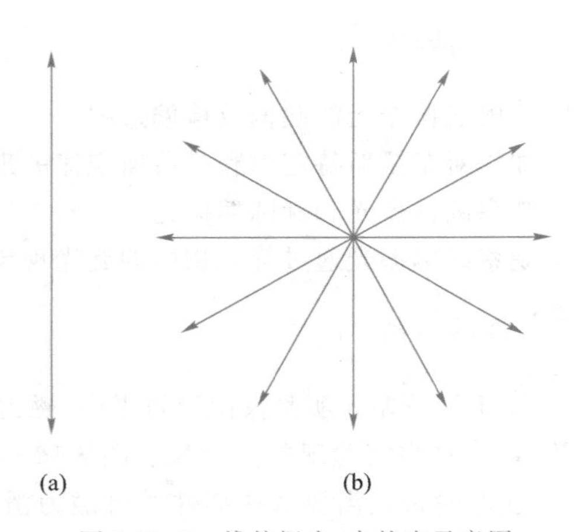

图 3.12-3 线偏振光、自然光示意图

2. 获得偏振光的常用方法

将非偏振光变成偏振光的过程称为起偏,起偏的装置称为起偏器.常用的起偏装

置有：

(1) 反射起偏器

当自然光在两种介质的界面上反射和折射时，反射光和折射光都将成为部分偏振光，逐渐增大入射角，当达到某一特定值 ϕ_b 时，反射光成为完全偏振光，其振动面垂直于入射面(图 3.12-4)，而角 ϕ_b 称为起偏角.由布儒斯特定律得

$$\tan\phi_b=\frac{n_2}{n_1} \quad (3.12-1)$$

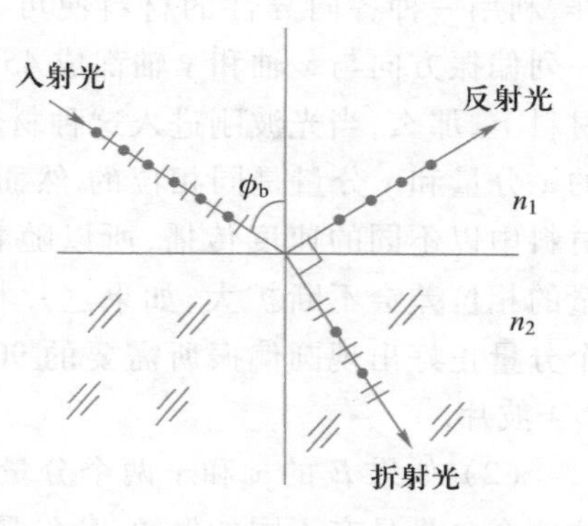

图 3.12-4 反射起偏原理图

式中，n_1 和 n_2 分别为两种介质的绝对折射率，一般介质在空气中的起偏角在 53°~58°之间.例如，当光由空气射向 $n=1.54$ 的玻璃时，$\phi_b=57°$.

若入射光以起偏角 ϕ_b 射到多层平行玻璃片上，经过多次反射最后透射出来的光也就接近于线偏振光，其振动面平行于入射面.由多层玻璃片组成的这种起偏器又称为玻璃片堆.

(2) 偏振片

聚乙烯醇胶膜内部含有刷状结构的链状分子，在胶膜被拉伸时，这些链状分子被拉直并沿拉伸方向平行排列，由于吸收作用，拉伸过的胶膜只允许振动取向垂直于分子排列方向(此方向称为偏振片的偏振轴)的光通过，所以，利用偏振片可从自然光获得偏振光.

3. 偏振光的检测

鉴别光的偏振状态的过程称为检偏，它所用的装置称为检偏器.

按照马吕斯定律，强度为 I_0 的线偏振光通过检偏后，透射光的强度为

$$I=I_0\cos^2\theta \quad (3.12-2)$$

式中，θ 为入射光偏振方向与检偏器偏振轴之间的夹角.显然，当以光线传播方向为轴转动检偏器时，透射光强度 I 将发生周期性变化.当 $\theta=0°$时，透射光强度最大；当 $\theta=90°$时，透射光强度为极小值(消光状态)，接近于全暗；当 $0°<\theta<90°$时，透射光强度介于最大值和最小值之间(图 3.12-5).

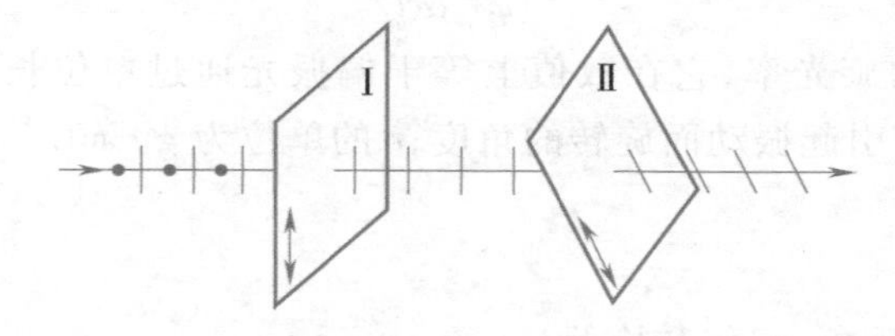

图 3.12-5 马吕斯定律示意图

4. 圆偏振光和椭圆偏振光

(1) 圆偏振光的电矢量 $\boldsymbol{E}$ 不是限定在一个平面上，而是以恒定的大小在垂直于传播方向的平面内旋转.圆偏振光还可以用 $\boldsymbol{E}$ 的 x 和 y 分量 $\boldsymbol{E}_x$ 和 $\boldsymbol{E}_y$ 来表示(图 3.12-6)，这两个分量始终有相等的振幅，但有 90°的相位差，这就同一个质点的圆周运动可以用两个

方向互相垂直而相位差为 90°的简谐振动的叠加来表示一样,利用一种各向异性的材料便可以产生圆偏振光.假如有一列偏振方向与 x 轴和 y 轴都成 45°的线偏振光入射到这种材料上,那么,当光波刚进入这种材料时,该线偏振光电矢量的 x 分量和 y 分量是同相位的.然而由于这两个分量在这种材料中以不同的速度传播,所以随着光波的传播,这两个分量的相位差会不断扩大,如果这片材料的厚度适当,则这两个分量正好出现圆偏振所需要的 90°相位差,这片材料称为 1/4 波片.

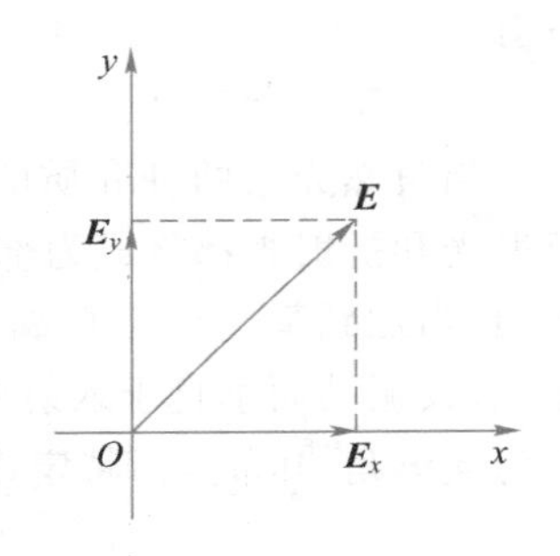

图 3.12-6　圆偏振光的分量

(2) 如果 $\boldsymbol{E}$ 的 x 和 y 两个分量的相位差不是 90°,或当这两个分量具有不同的振幅,$\boldsymbol{E}$ 矢量旋转时描出的就不是一个圆,而是一个椭圆.具有这种性质的光称为椭圆偏振光,它可以视为平面偏振光和圆偏振光的叠加.

(3) 如果使一束线偏振光通过一片 1/4 波片,则由此得到的光的性质将唯一地取决于 1/4 波片的光轴方向与线偏振光的偏振平面之间的夹角 α:

当 $\alpha=0$ 时,获得振动方向平行于光轴的线偏振光;

当 $\alpha=\dfrac{\pi}{2}$时,获得振动方向垂直于光轴的线偏振光;

当 $\alpha=\dfrac{\pi}{4}$时,获得圆偏振光;

当 α 为其他值时,获得椭圆偏振光.

5. 旋光现象

线偏振光通过某些物质的溶液(如蔗糖溶液)后,偏振光的振动面将旋转一定的角度,这种现象称为偏振面的旋转,或称为旋光现象.许多物质具有这样的本领,如石油、酒石酸及一些矿物质如石英、朱砂(HgS)等,这些物质称为“旋光物质”.

当观察者迎着射来的光线看去,振动面顺时针方向旋转的物质称为右旋物质;振动面逆时针方向旋转的物质称为左旋物质.

振动面旋转的角度 φ 称为旋转角或旋光度.实验表明,它与偏振光通过旋光物质的厚度 l 成正比,若为溶液,则又与溶液的质量浓度 c 成正比,即

$$\varphi=\alpha cl$$

式中,α 称为该物质的旋光率,它在数值上等于偏振光通过单位长度(1 dm)、单位浓度($1\ \mathrm{g\cdot mL^{-1}}$)的溶液后引起振动面旋转的角度;$c$ 的单位为 $\mathrm{g\cdot mL^{-1}}$.

四、实验内容

1. 观察光的偏振现象、起偏和检偏

在光源和接收器之间放置偏振片,此为起偏器,放置另一偏振片为检偏器,旋转检偏器观察光强的变化情况.由偏振片转盘刻度值可知,当起偏器、检偏器的偏振化方向平行时,光最强;当偏振方向垂直时,光最弱.将检偏器旋转一周,光强变化四次,两明两暗.固定检偏器,旋转起偏器可产生同样的现象.

通过实验我们知道光通过偏振片后成为偏振光,偏振片起到了起偏器和检偏器的

作用.

2. 验证马吕斯定律

3.12　操作视频

(1) 依照上述实验方法安置仪器,使起偏器和检偏器平行,记录光电接收器的示值 I,然后将检偏器每隔 10°转动一次并记录一次数据,直至转动 90°为止.

(2) 以 $\cos^2\theta$ 为横坐标,$\frac{I}{I_0}$为纵坐标(I_0 为 $\theta=0°$时的光电流值)绘制$\frac{I}{I_0}-\cos^2\theta$关系图,并根据图线验证马吕斯定律.

3. 测量布儒斯特角

(1) 配置光源、旋转载物台、玻璃片堆、偏振片、光电池及白屏.将玻璃片堆置于载物台上,按照载物台以上约三分之二玻璃片堆高度调整入射光.

(2) 调整载物台,使玻璃片堆垂直光轴,此时入射光通过玻璃片堆的法线射向光电池.放入偏振片、白屏.旋转内盘使入射光以 50°~60°角射入玻璃片堆,反射光射到白屏上并使偏振片、白屏与反射光垂直.旋转偏振片,使白屏处于较暗的位置.

(3) 转动内盘,观察白屏,看反射光亮度的改变,如果亮度渐渐变弱,再旋转偏振片使亮度更弱.反复调整直至亮度最弱,接近全暗.这时再旋转偏振片,如果反射光的亮度由弱变强,再变弱,说明此时反射光已是线偏振光.记下刻度盘的两个读数 θ_1 和 θ_1'.

(4) 转动内盘,使入射光与玻璃片堆的法线同轴并射到光电池上,此时数显表头读数最大.记下刻度盘的两个读数 θ_2 和 θ_2'.

布儒斯特角为

$$\phi_b=\frac{1}{2}(|\theta_1-\theta_2|+|\theta_1'-\theta_2'|)$$

4. 观察圆偏振光、椭圆偏振光

在光源前放入两偏振片,将 1/4 波片放入两偏振片之间,并使 1/4 波片的光轴与起偏器的偏振方向成45°角,透过 1/4 波片的光就是圆偏振光.因为人眼不能分辨圆、椭圆偏振光,所以必须借助检偏器来检验,旋转检偏器可在白屏上看到在各个方向上光强保持均匀(由于 1/4 波片的波长与光源的波长不一定能完全相配,这样光强在各个方向上只是大体均匀).

如果 1/4 波片的光轴与起偏器的偏振方向不成 45°角,则由波片出来的光为椭圆偏振光,旋转检偏器可看到光强在各个方向上有强弱变化.

5. 观察旋光现象,测量旋光度

在光源前放入两偏振片使其正交,将装有糖溶液的旋光管放入两偏振片之间.由于糖溶液的旋光作用,所以视场由暗变亮,将偏振片旋转某一角度后,视场由亮变暗.说明偏振光透过旋光物质后仍是偏振光,但其振动面旋转了一个角度 φ,即旋光度.

五、实验数据及处理

1. 验证马吕斯定律 $I=I_0\cos^2\theta$,相关数据记录于表 3.12-1 中.

表 3.12-1

θ	0°	10°	20°	30°	…	90°
I/mA						
$\cos^2\theta$						0
I/I_0						0

I_0 为 $\theta=0°$时的电流值，以 $\cos^2\theta$ 为横坐标，$\frac{I}{I_0}$为纵坐标画图，验证马吕斯定律.

2. 测量布儒斯特角，相关数据记录于表 3.12-2 中.

表 3.12-2

	左窗读数		右窗读数
θ_1		θ_1'	
θ_2		θ_2'	

布儒斯特角 $\phi_b=\frac{1}{2}(|\theta_1-\theta_2|+|\theta_1'-\theta_2'|)$

3. 观察圆偏振光、椭圆偏振光

4. 测定糖溶液的旋光度

六、思考题

1. 求下列情况下理想起偏器、理想检偏器两个光轴之间的夹角：

(1) 透射光是入射自然光强度的$\frac{1}{3}$；

(2) 透射光是最大透射光强度的$\frac{1}{3}$.

2. 如果在互相正交的偏振片 P_1、P_2 中间插入一块半波片，使其光轴与起偏器 P_1 的光轴平行，那么，透过检偏器 P_2 的光斑是亮的还是暗的？将 P_2 转动 90°后，光斑的亮暗是否变化？为什么？

实验 3.13　迈克耳孙干涉仪的调节和使用

迈克耳孙干涉仪在近代物理和计量技术中有着广泛的应用.例如，可用它测量光波的波长、微小长度、光源的相干长度，用相干性较好的光源可对较大的长度进行精密测量，以及可用它来研究温度、压力对光传播的影响等.

一、实验目的

1. 了解迈克耳孙干涉仪的结构特点，学会调整和使用它.

2. 观察等倾干涉条纹的特点.

3. 学习用迈克耳孙干涉仪测量单色光波长及薄玻璃片的厚度.

二、仪器设备

迈克耳孙干涉仪、氦氖激光源或多束光纤激光源.

三、实验原理

1. 迈克耳孙干涉仪的结构

随着应用的需要,迈克耳孙干涉仪有多种多样的形式,其基本的光路如图 3.13-1 所示.图中 S 为光源,A、B 为平行平面玻璃板,A 称为分束镜,在它的一个表面镀有半反射金属膜 M,B 称为补偿板.C、D 为互相垂直的平面反射镜.A、B 与 C、D 均成 45°角.

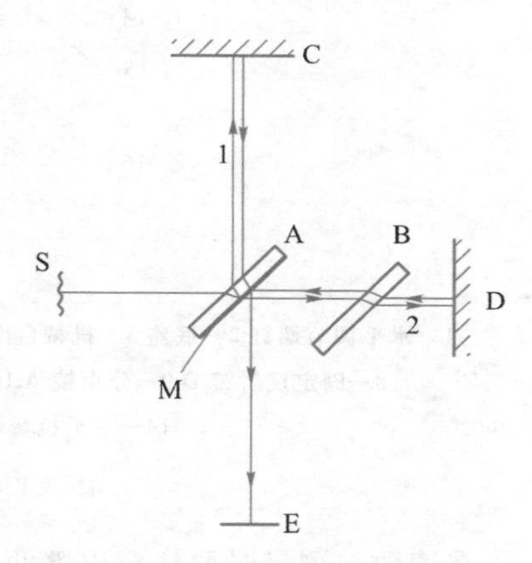

图 3.13-1　迈克耳孙干涉仪的光路示意图

从面光源 S 发出的一束光,在平行平面玻璃板 A 的半反射膜上被分成反射光束 1 和透射光束 2,两束光的光强相等.光束 1 射出 A 后投向 C 镜,反射回来再穿过 A.光束 2 经过 B 投向 D 镜,反射回来再通过 B,在膜面 M 上反射.于是,这两束相干光在空间相遇并产生干涉,通过望远镜或人眼可以观察到干涉条纹.

补偿板 B 的作用是补偿第一束光线因在 A 板中往返两次所多走的光程,使干涉仪对不同波长的光可同时满足等光程的要求.因此 A、B 两板的折射率和厚度都应相同,而且二者应相互平行.为了确保它们的厚度和折射率完全相同,在制作时将同一块平行平板玻璃分割为两块,一块作分束镜,一块作补偿板.

迈克耳孙干涉仪的结构如图 3.13-2 所示.一个机械台面(3)固定在较重的铸铁底座(2)上,底座上有三个水平调节螺钉(1),用来调节台面的水平.在台面上装有螺距为 1 mm的精密丝杆(5),丝杆的一端与齿轮系统(12)相连接,转动粗动手轮(13)或微动鼓轮(15)都可使丝杆转动,从而使骑在丝杆上的反射镜 C(6)沿着导轨(4)移动.C 镜的位置及移动的距离可从装在台面一侧的毫米标尺(图中未画出)、读数窗口(11)及微动鼓轮(15)上读出.粗动手轮(13)分为 100 分格,它每转过 1 分格,C 镜就平移$\frac{1}{100}$ mm(由读数窗口读出).微动鼓轮(15)每转一周,粗动手轮随之转过 1 分格.鼓轮又分为 100 格,因此鼓轮转过 1 格,C 镜平移 10^{-4} mm,这样,最小读数可估读到 10^{-5} mm.D 镜(8)是固定在镜台上的,C、D 两镜的后面各有三个螺钉(7),可调节镜面的侧斜度,D 镜台下面还有一个水平方向的拉簧螺丝(14)和一个垂直方向的拉簧螺丝(16),可以对 D 镜的倾斜度进行更精细的调节.(9)和(10)分别为分束镜 A 和补偿板 B.C、D 两镜面都镀了银,A 的内表面为半反射面,也镀有银.各镀面必须保持清洁,切忌用手触摸,镜面一经污损,仪器将受损而不能使用,因此,使用时要格外小心.精密丝杆及导轨的精度也是很高的,如它们受损,同样会使仪器精度下降,甚至使仪器不能使用.因此,操作时动作要轻要慢,严禁粗鲁、急躁.

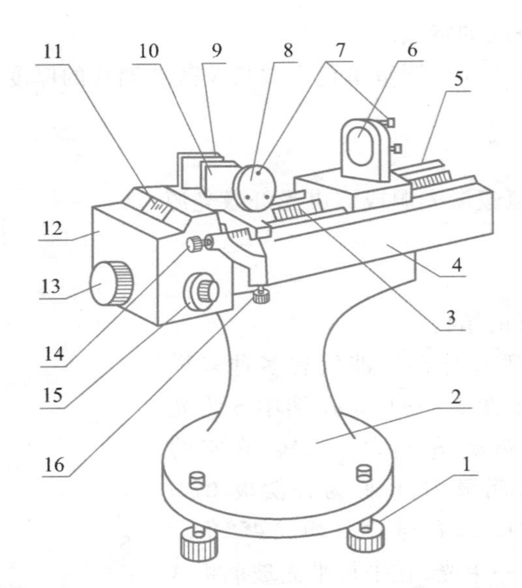

1—水平调节螺钉;2—底座;3—机械台面;4—导轨;5—精密丝杆;6—可动反射镜 C;7—反射镜调节螺丝;
8—固定反射镜 D;9—分束镜 A;10—补偿板 B;11—读数窗口;12—齿轮系统;13—粗动手轮;
14—水平拉簧螺丝;15—微动鼓轮;16—垂直拉簧螺丝.

图 3.13-2　迈克耳孙干涉仪结构图

在读数与测量时要注意以下两点:

(1) 转动微动鼓轮时,粗动手轮随着转动,但转动粗动手轮时,微动鼓轮并不随着转动.因此在读数前应先调整零点,方法如下:将微动鼓轮(15)沿某一方向(例如,顺时针方向)旋转至零,然后以同方向转动粗动手轮(13)使之对齐某一刻度.这以后,在测量时只能以同方向转动微动鼓轮使 C 镜移动,这样才能使粗动手轮与微动鼓轮二者读数相互配合.

(2) 为了使测量结果准确,必须避免引入空程,也就是说,在调整好零点以后,应将微动鼓轮按原方向转几圈,直到干涉条纹开始移动以后,才可开始读数测量.

2. 产生干涉的等效光路

如图 3.13-3 所示(图中未画补偿板 B),观察者自 O 点向 C 镜看去,除直接看到 C 镜外,还可以看到 D 镜经 A 的膜面反射的像 D′.这样在观察者看来,两相干光束好像是同一束光分别经 C 和 D′反射而来的.因此从光学上讲,迈克耳孙干涉仪所产生的干涉图样与 C、D′间的空气层所产生的干涉图样是一样的.在讨论干涉条纹的形成时,只要考虑 C、D′两个面和它们之间的空气层.

3. 等倾干涉花样的形成——单色光波长的测量

当 D 镜垂直于 C 镜时,D′与 C 相互平行,相距为 d,若光束以同一倾角 δ 入射在 D′和 C 上,反射后形成 1 和 2′两束相互平行的相干光,如图 3.13-4 所示.过 P 作 PO 垂直于光线 2′.因 C 和 D′之间为空气层,$n\approx1$,所以两光束的光程差 Δ 为

$$\Delta=MN+NP-MO=\frac{d}{\cos\delta}+\frac{d}{\cos\delta}-PM\sin\delta=\frac{2d}{\cos\delta}-2d\tan\delta\sin\delta$$

有

$$\Delta=2d\cos\delta \qquad (3.13-1)$$

当 d 固定时，由图 3.13-4 可以看出在倾角 δ 相等的方向上两相干光束的光程差 Δ 均相等. 具有相等倾角的各方向光束形成一圆锥面，因此在无穷远处形成的等倾干涉条纹呈圆环形，这时眼睛对无穷远处调焦就可以看到一系列的同心圆环.

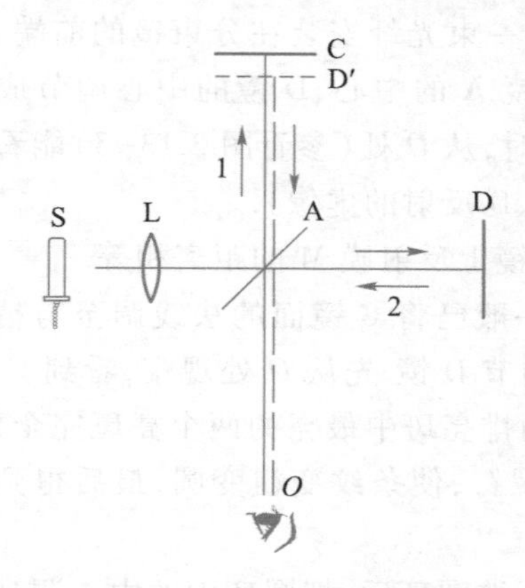

图 3.13-3 迈克耳孙干涉仪等效光路

图 3.13-4 两相干光的光程差的计算参考图

对于等倾干涉条纹，应满足如下条件：

$$2d\cos\delta = k\lambda \qquad \text{明条纹}$$

$$2d\cos\delta = (2k+1)\frac{\lambda}{2} \qquad \text{暗条纹} \tag{3.13-2}$$

由式(3.13-1)可知 δ 越小，干涉圆环的直径越小，它的级次 k 越高. 在圆心处 $\delta=0$，$\cos\delta$ 的值最大，这时

$$\Delta = 2d = k\lambda \tag{3.13-3}$$

因此圆心处的级次最高.

当移动 C 镜使 d 增加时，圆心的干涉条纹级次越来越高，我们就看到圆环一个个从中心“冒”出来. 反之，当 d 减小时，圆环一个个向中心“缩”进去. 由式(3.13-2)可知，每当 d 增加或减少 $\frac{\lambda}{2}$，就会冒出或缩进一个圆环. 因此，若已知移动的距离 Δd 和冒出(或缩进)的圆环数 Δk，就可以求出波长 λ：

$$\lambda = \frac{2\Delta d}{\Delta k} \tag{3.13-4}$$

反之，若已知 λ 和冒出(或缩进)的圆环数，就可以求出 C 镜移动的距离 Δd，这就是用迈克耳孙干涉仪测量微小长度的原理.

四、实验内容

1. 熟悉仪器

对照仪器仔细阅读仪器结构一节，掌握本仪器调节及使用的注意事项. 充分理解各部件的作用，以便正确地进行操作.

3.13 操作视频

2. 调节

因为式(3.13-4)是根据等倾干涉图样推导出来的，想要利用它来

测定 λ，就必须使C、D′相互平行.因此，通过调节要求达到：①有较强而均匀的光入射，②C、D两镜面相互垂直.调节方法如下：

（1）光源的调节.为了得到较强的均匀入射光，在激光源和干涉仪之间加一凸透镜，透镜应靠近干涉仪（如用多束光纤激光源，只需将一束光纤安装在分束镜的前端，不需另加扩束镜）.将激光器窗口中心、透镜中心及分束镜A的中心、D镜的中心调节成大致等高且三者的连线大致垂直于D镜（目测即可）.此时，从 O 处（参看图3.13-3）能看到分别由C、D反射的两排亮斑（此亮斑实际上是透镜C、D反射的虚像）.

（2）转动粗动手轮，尽量使C、D两镜距分束镜上反射膜M的距离相等.

（3）粗调D镜，使D镜垂直于C镜.实验室一般已将C镜面的法线调至与精密丝杆平行，实验者不要动C镜后面的三个螺钉，只能调节D镜.先从 O 处观察，看到C、D镜反射的圆形亮斑后，再仔细调节D镜后的螺钉，使两排亮斑中最亮的两个亮斑完全重合，一般情况下此时即可看到干涉条纹.继续调这三个螺钉，使条纹变粗变圆，最后得到圆形条纹，这时C镜和D镜已大致垂直.

（4）细调D镜，使C、D两镜严格垂直.看到干涉圆环后，把圆环中的中心调到视场中央.如果眼睛上下或左右移动时看到有圆环从中心冒出或缩入中心，表明C、D′还不是完全平行（思考何故?）.这时只能利用D镜台下的水平与垂直拉簧螺丝对D镜做细微的调节，一边调节，一边移动眼睛检查，直到移动眼睛时看不到有圆环冒出或缩进为止.这时C、D两镜就完全垂直了.

3. 测量激光波长

取等倾干涉条纹清晰位置，调节测微尺零点.即先将微动鼓轮沿着一个方向旋转至零，然后以同方位转动粗动手轮对齐读数窗口中的某一刻度.

由式（3.13-4）可知，当 λ 和 Δk 一定时，Δd 为一常量.因此可以轻轻旋转微动鼓轮（与调零点方向一致），移动C镜，使圆环每冒出（或缩进）50个就记录一次C镜的位置，至少连续记录8次，用逐差法处理数据，求出每冒出 Δk（如250条）时所对应的 Δd 的平均值（相关数据填入表3.13-1中），代入式（3.13-4）计算激光波长 λ，并计算其不确定度.

4. 计算移动距离

如给出激光波长，测量圆环变动的数目，可计算出C镜移动的距离.

五、实验数据及处理

表3.13-1

干涉条纹冒出（或缩进）数目	C镜位置读数 d/mm	干涉条纹冒出（或缩进）数目	C镜位置读数 d/mm	Δd/mm	$\overline{\Delta d}$/mm
$k=0$		$k=250$			
$k=50$		$k=300$			
$k=100$		$k=350$			
$k=150$		$k=400$			
$k=200$		$k=450$			

计算：

$$\lambda=\frac{2\Delta d}{\Delta k},\quad 其中\ \Delta k=250 \tag{3.13-5}$$

用逐差法获得 5 个波长测量值，计算波长平均值的标准差，即

$$S_{\bar{\lambda}}=\frac{S_{\lambda}}{\sqrt{n}}=\sqrt{\frac{\sum_{i=1}^{n}(\lambda_i-\bar{\lambda})^2}{n(n-1)}}=\_\_\_\_\_\_\_\_\ \text{mm}$$

$$u_{\text{A}}=t_{0.68}\cdot S_{\bar{\lambda}}=\_\_\_\_\_\_\_\_\ \text{mm},\quad n=5,\quad t_{0.68}=1.14 \tag{3.13-6}$$

B 类不确定度以仪器最小分度作为仪器的示值误差限，折合成标准偏差，并考虑到每次 Δk 测量中有 125 个波长，则

$$u_{\text{B}}=\frac{\Delta_{仪}}{\sqrt{3}}=\frac{1\times10^{-4}}{125\sqrt{3}}\text{mm} \tag{3.13-7}$$

合成不确定度：

$$u_{\bar{\lambda}}=\sqrt{u_{\text{A}}^2+u_{\text{B}}^2}=\_\_\_\_\_\_\_\_\ \text{mm} \tag{3.13-8}$$

实验结果：

$$\begin{cases}\lambda=\bar{\lambda}\pm u_{\bar{\lambda}}=\_\_\_\_\_\_\_\_\ \text{mm}\\ E_u=\_\_\_\_\_\_\_\_\end{cases}$$

六、思考题

1. 试述迈克耳孙干涉仪的原理及调节方法.
2. 测量时为什么微动手轮始终只能向一个方向转动?
3. 为什么 C 和 D′必须完全平行时才能见到一组同心的圆形干涉条纹？如果 C 和 D′不平行，将出现什么样的干涉条纹?

实验 3.14　全息照相

1948 年伽博(D.Gabor)提出用一个合适的相干参考波与一个物体的散射波叠加，则此散射波的振幅和相位的分布就以干涉图样的形式被记录在干板上，所记录的干涉图称为全息图.如移去被摄物体，用相干光照射全息图，透射光的一部分就能重新模拟出原物的散射波前，于是重现一个非常逼真的三维图像.1960 年激光的出现促进了全息照相术的发展，全息技术得到了不断完善，伽博于 1971 年荣获诺贝尔物理学奖.

全息照相的应用从信息储存到图像识别，从干涉计量到无损检测，从物体表面的研究到振动分析，渗透到军事以及工农业生产的各个领域，甚至进入我们的日常生活，如产品商标、书籍装帧以及小工艺品等.本实验将介绍全息照相的基本原理及全息照相的基本方法.

一、实验目的

1. 了解全息照相的基本原理和实验装置.

2. 初步掌握全息照相的实验技术，拍摄一幅漫反射全息照片和一幅体积全息照片.

3. 学习全息照片再现和翻拍的方法.

二、仪器设备

激光全息试验台、氦氖激光器及电源、分束镜、全反射镜、扩束镜、全息感光干板（简称全息干板或干板）、曝光定时器、被拍摄物体、显影液、定影液.

三、实验原理

物体发出的光是电磁波，它具有振幅分布（反映光的强弱）及相位分布两个方面的信息.普通的照相只记录了物体成像平面上的光强分布，即振幅的空间分布，而丢失了相位分布的信息；全息照相则利用干涉方法记录物光抵达干板时的振幅与相位的全部信息，它记录的不是物体的像，而是物光与另一束与之相干的参考光抵达干板的干涉条纹.所以全息底片上一般看不到原物体的像，必须用原来的参考光照明，方可得到原物体的立体像，这被称为全息底片的再现.

全息照相怎样记录物光振幅和相位分布的信息？怎样观察全息底片再现的原物体的立体像？

1. 平面全息

如图 3.14-1 所示，设参考光为平面余弦波，垂直照射到干板（又称全息干板）上，它在干板上各点的振动的振幅相同，相位也相同，可用三角函数式表示为 $\widetilde{R}=A_R\cos(\omega t+\varphi_R)$，也可用复数式表示为

$$\widetilde{R}=A_R\exp[\mathrm{i}(\omega t+\varphi_R)]=A_R\exp(\mathrm{i}\varphi_R)\exp(\mathrm{i}\omega t)$$

式中，时间项 $\exp(\mathrm{i}\omega t)$ 对各相干光都是一样的，可以省略不计，令

$$R=A_R\exp(\mathrm{i}\varphi_R) \tag{3.14-1}$$

为参考光的复数振幅，它同时包含了参考光的振幅信息和相位信息.

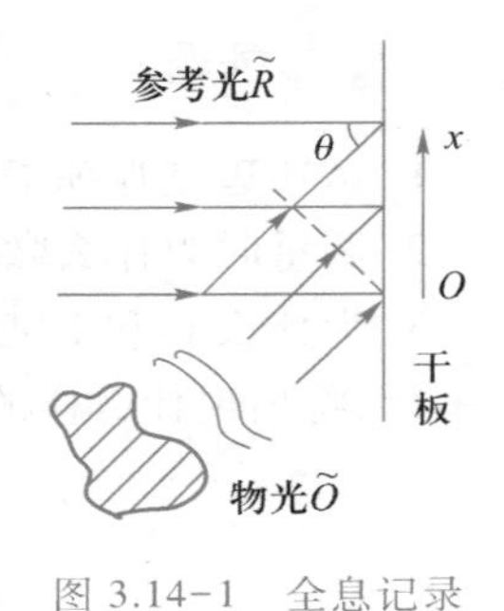

图 3.14-1　全息记录

又设在干板的小区域$\{x\}$内所接收到的物光也接近于平行光，它的入射角是 θ，在$\{x\}$区域内各点相应的相位差为$\frac{2\pi}{\lambda}x\sin\theta$，物光的复数式表示为

$$\begin{aligned}\widetilde{O}&=A_O(x,y)\exp\left\{\mathrm{i}\left[\omega t+\varphi_O-\left(\frac{2\pi}{\lambda}\right)x\sin\theta\right]\right\}\\&=A_O(x,y)\exp\left\{\mathrm{i}\left[\varphi_O-\left(\frac{2\pi}{\lambda}\right)x\sin\theta\right]\right\}\exp(\mathrm{i}\omega t)\end{aligned}$$

令

$$O(x,y)=A_O(x,y)\exp\left\{\mathrm{i}\left[\varphi_O-\left(\frac{2\pi}{\lambda}\right)x\sin\theta\right]\right\} \tag{3.14-2}$$

为物光的复数振幅，它同时包含了物光的振幅信息和相位信息.

物光和参考光在$\{x\}$区域叠加，合成光波的光强分布可用合成光波复数振幅的平方

表示：

$$I(x,y)=|R+O(x,y)|^2=[R^*+O^*(x,y)][R+O(x,y)]$$
$$=\left|A_R\exp(\mathrm{i}\varphi_R)+A_O(x,y)\exp\left\{\mathrm{i}\left[\varphi_O-\left(\frac{2\pi}{\lambda}\right)x\sin\theta\right]\right\}\right|^2$$
$$=A_R^2+A_O^2(x,y)+A_RA_O(x,y)\left\{\exp\left\{\mathrm{i}\left[\varphi_R-\varphi_O+\left(\frac{2\pi}{\lambda}\right)x\sin\theta\right]\right\}+\right.$$
$$\left.\exp\left\{-\mathrm{i}\left[\varphi_R-\varphi_O+\left(\frac{2\pi}{\lambda}\right)x\sin\theta\right]\right\}\right\}$$
$$=A_R^2+A_O^2(x,y)+2A_RA_O(x,y)\cos\left[\varphi_R-\varphi_O+\left(\frac{2\pi}{\lambda}\right)x\sin\theta\right]\tag{3.14-3}$$

由式(3.14-3)可以看出，沿 x 方向合光强在最大值 $(A_R+A_O)^2$ 和最小值 $(A_R-A_O)^2$ 之间变化，这形成了明暗相间的干涉条纹，变化的空间周期可由下式决定：

$$\frac{2\pi}{\lambda}x\sin\theta=2k\pi$$

相邻两条纹间的间距为

$$d=\frac{\lambda}{\sin\theta}\tag{3.14-4}$$

这样的光强分布 $I(x,y)$ 在干板上被记录下来，经过后面还要讲到的显影、定影和冲洗底片的处理过程后，就得到了我们所需要的全息底片，它的干涉条纹的明暗分布包含了物光振幅 A_O 和相位 φ_O 两方面的信息.

2. 全息再现

用光波照明全息底片时，片上各点光振幅的透射率可表示为

$$\tau(x,y)=\frac{\text{透射振幅}}{\text{入射振幅}}=\tau_0+\beta I(x,y)$$

τ_0 是由参考波产生的一项均匀的"偏置"透射率，β 为 $\tau-I$ 曲线中线性部分的透射率.对于负片，β 是负数；对于正片，β 是正数.

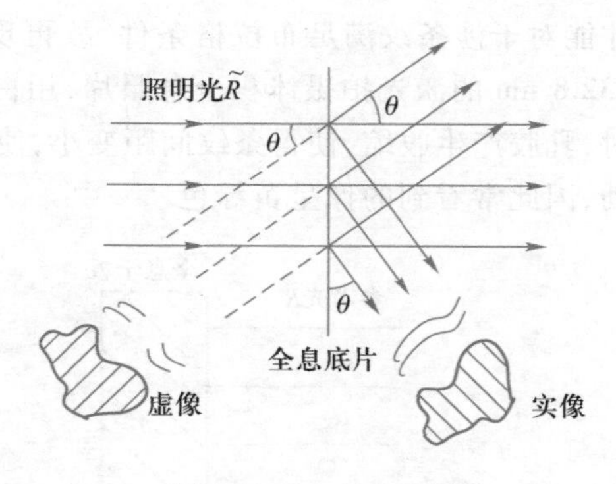

图 3.14-2 全息再现

如图 3.14-2 所示，若以原参考光垂直照射到全息底片上，那么透过全息底片的透射光波的复数振幅可表示为

$$U(x,y)=\tau A_R\exp(\mathrm{i}\varphi_R)=[\tau_0+\beta I(x,y)]A_R\exp(\mathrm{i}\varphi_R)$$

将式(3.14-3)代入上式得到

$$U(x,y)=(\tau_0+\beta A_R^2+\beta A_O^2)A_R\exp(\mathrm{i}\varphi_R)+$$
$$\beta A_RA_O\left\{\exp\left\{\mathrm{i}\left[\varphi_R-\varphi_O+\left(\frac{2\pi}{\lambda}\right)x\sin\theta\right]\right\}+\right.$$
$$\left.\exp\left\{-\mathrm{i}\left[\varphi_R-\varphi_O+\left(\frac{2\pi}{\lambda}\right)x\sin\theta\right]\right\}\right\}A_R\exp(\mathrm{i}\varphi_R)$$

$$= (\tau_0+\beta A_R^2+\beta A_O^2)A_R\exp(\mathrm{i}\varphi_R)+$$
$$\beta A_R^2\exp\ (2\mathrm{i}\varphi_R)A_O\exp\left\{-\mathrm{i}\left[\varphi_O-\left(\frac{2\pi}{\lambda}\right)x\sin\ \theta\right]\right\}+$$
$$\beta A_R^2A_O\exp\left\{-\mathrm{i}\left[\varphi_O-\left(\frac{2\pi}{\lambda}\right)x\sin\ \theta\right]\right\} \tag{3.14-5}$$

式(3.14-5)中的第一项与原来照明光波仅差一个因子,它是直接透射过全息底片的照明光波;式(3.14-5)中的第三项和式(3.14-2)相比,可见它与原物光的复数振幅仅差一个常数因子,因此在视觉效果上两者完全一样,它在 θ 角方向再现原物体的立体像(虚像);式(3.14-5)中第二项与原物光的复数振幅相比较,其振幅部分差一常数因子,相位部分也差一常数因子,而且符号相反,它在 $-\theta$ 角方向形成共轭实像.

这样,可以把全息片的干涉条纹比作形状复杂的光栅,照明光入射时,除了零级透射光波外,其+1 级衍射波就像是从原来的虚物发出的光波一样,而其-1 级衍射波则形成原物的共轭实像.

3. 体积全息

上述平面全息及其再现,实际上只考虑了二维光波的记录,把记录介质也看成二维的,不考虑厚度的影响,只对常用的较薄介质,如 5 μm 以下的全息乳胶是完全适用的,然而,对 5~20 μm,甚至更厚的乳胶,沿厚度方向可有数层条纹的分布,则必须视为体积全息.如图 3.14-3 所示,物光和参考光从乳胶两面以接近 180°的交角入射,条纹间距小于 1 μm,故沿厚乳胶层形成多层等间距干涉条纹层,冲洗底片后,就得到一张体积全息照片.当用光照明时,体积全息照片就像一个半波堆叠型的干涉滤波器,对入射光波有较强的选择性,因此这种体积全息可以用白光来再现,因为只有白光中的某些特定波段的光才能对干涉条纹满足布拉格条件,故再现像为一与条纹间距相应的彩色像.如用波长为 632.8 nm 的激光拍摄体积全息照片,用白光再现时,本应看到红色的像,但在显影、定影时,乳胶产生收缩,使得条纹间距变小,使实际观察到的反射全息像的颜色向短波方向移动,因此常看到的像呈黄绿色.

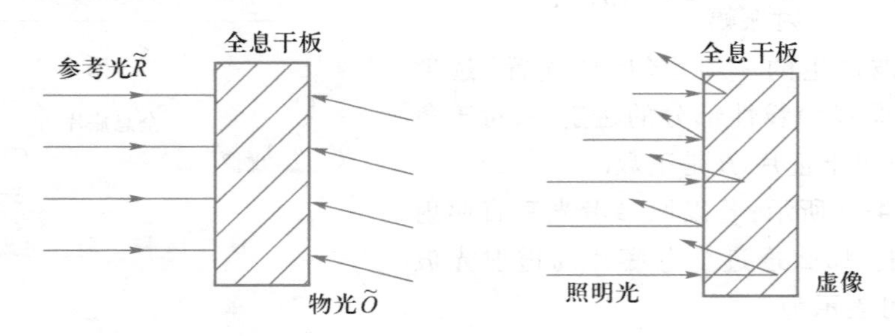

图 3.14-3 体积全息

4. 全息照相的特点

(1) 能储存物体光波全部信息,真实再现物体光波得到的立体像,如果从不同角度去观察再现的全息图,就可以看到物体不同的侧面.

(2) 全息底片不怕擦伤、污染、破碎,剩下一小片全息底片仍然保留着物体光波的全部信息,再现完整的立体像.这是因为拍摄反射全息底片时,不用透镜,物体上每一点的光波信息都分布在整片板上，反过来说，全息底片上每一小部分都完整地储存着物光的全部信息，所以剩下一小片全息底片仍能再现完整的立体像.

（3）同一张全息底片上可储存许多波面，即可多次曝光，照许多幅像，可用两种方法实现：一种方法是照射光波方向不变，在同一张全息底片上重叠多次曝光，再现时多个波面同时再现出来，形成反映物体相位或形状特点的干涉条纹，这是构成全息干涉计量的理论基础；另一种方法是改变照射光角度，拍多幅像，再现时，可转动底片，观察被拍摄的各物体的像.

5. 全息照相系统的要求

（1）要有足够稳定的系统

全息底片上记录的干涉条纹间距很小，如果全息底片在曝光过程中条纹移动超过半个条纹宽度，就不能形成全息图；条纹移动小于半个条纹宽度，全息图像虽然形成，但清晰度会受到影响.物光与参考光夹角 θ 越大，条纹的间距就越小，曝光过程中所受到的限制也就越大，要求工作系统越稳定.造成条纹移动主要有以下原因：

地面震动引起工作台面的震动；光学元件及物体夹持不够牢固引起的震动；周围空气或通风系统中气流通过光路引起的扰动；工作系统任何部分的温度变化引起的条纹漂移；强声震动引起空气密度变化也会带来条纹漂移或产生附加条纹.因此，实验中采用气垫隔震，系统中光学元件和各种支架都用磁钢牢固地吸在钢板上，保证各元件间没有相对移动，使整个系统组成一个"刚体"，在曝光过程中不能高声谈话，不能走动，以保证条纹不漂移.

（2）要有好的相干光源

根据光学原理知道，光源的单色性越好，即谱线越窄，相干长度就越长，采用氦氖激光作光源可较好地满足要求.

（3）参考光与物光光强之比通常以 4:1到 10:1为宜，光程差要小.

6. 全息照相的光路布置

（1）拍摄漫反射全息照片，用图 3.14-4 所示的光路.若被拍摄物体较大，则用 100 倍显微镜前片作扩束镜；若被拍摄物体较小，则用 40 倍显微镜前片作扩束镜，使整个被拍摄物体照明均匀.

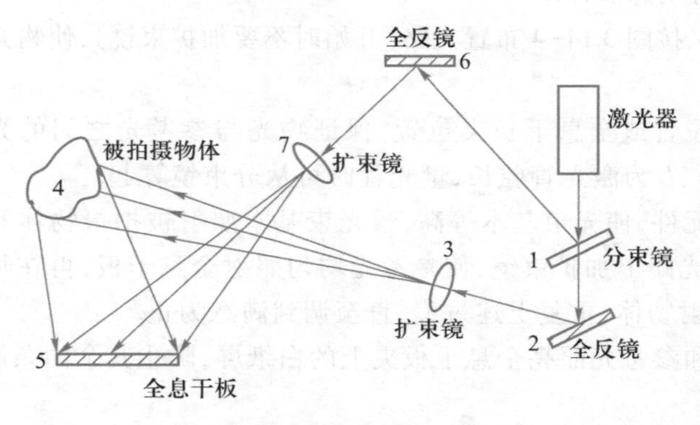

图 3.14-4 拍摄漫反射全息照片的光路

（2）拍摄体积全息照片的光路如图3.14-5所示.

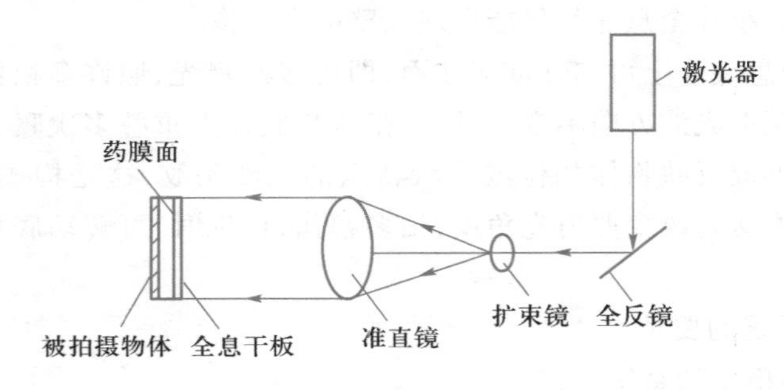

图3.14-5 拍摄体积全息照片的光路

（3）同时拍摄漫反射全息照片和体积全息照片的光路如图3.14-6所示.

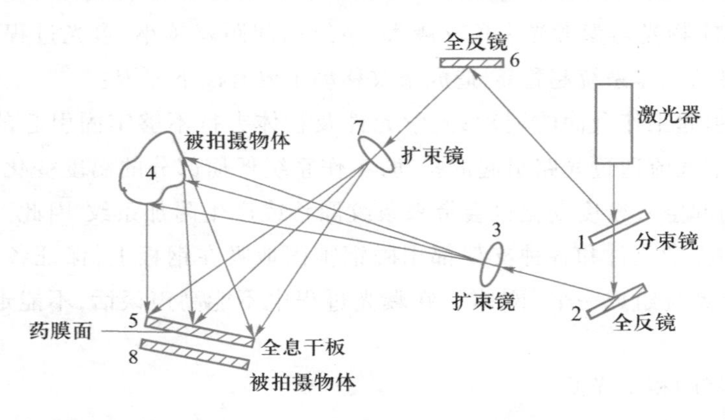

图3.14-6 漫反射全息-体积全息光路

四、实验内容

3.14 操作视频

1. 按图3.14-7搭成迈克耳孙干涉仪光路，如获得稳定的干涉条纹，说明工作台已处于稳定的可拍摄全息照片的状态.在搭制光路过程中同时可熟悉全息台上各光学元件的使用与调节.

2. 拍摄漫反射全息照片.

（1）调整光路，按图3.14-4布置光路（开始时不要加扩束镜），使物光与参考光成30°~45°的角度.

① 调整物体位置或全息干板夹位置，保证物光与参考光之间的光程差$\delta=0$或$\delta=2kL(k=1,2,3,\cdots)$，$L$为激光管腔长，量光程时可从分束镜算起.

② 调节光学元件，使光束基本等高，激光束基本照射被拍摄物体和全息干板的中心部位，然后在参考光路上加扩束镜，使参考光均匀照射全息干板，再在物光光路上加扩束镜，使激光均匀照射物体，重复上述过程，直至调到满意为止.

③ 只让物光和参考光照亮全息干板夹上的白纸屏，防止其余的杂散光对全息干板的影响.

④ 熟悉曝光定时器的使用，作两次模拟拍摄.

(2) 关闭室内所有光源,安装全息干板,等 1~2 min,待工作台稳定后,打开激光光源进行曝光.

(3) 冲洗全息底片.取下曝光后的干板,放入显影药液中显影 10~20 s,取出来在暗绿灯下判断显影程度,显影合适时,放入定影药液中定影 1~2 min 后,取出来在自来水中清洗 1~2 min,最后将全息底片用吹风机吹干.

(4) 观察全息照片的再现.用原参考光再现漫反射全息图的像.细激光束经扩束后照射全息底片,转动全息底片,透过全息底片观察原物的三维立体虚像.用细光束直接照射全息底片,用白屏接收物体的实像.仔细观察,看看实像与原物有什么不同.

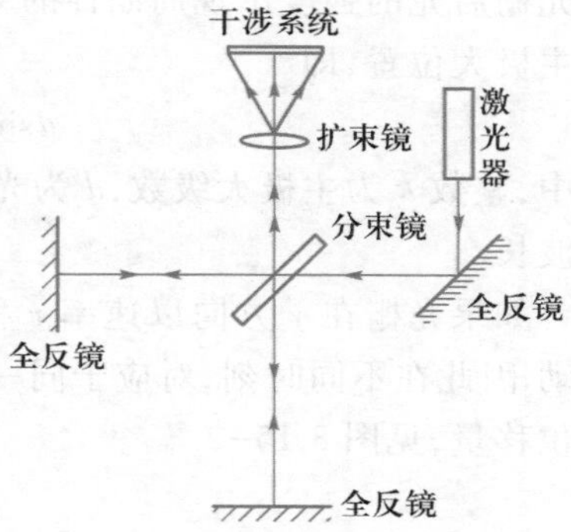

3. 拍摄体积全息照片(实验步骤参照 2).

图 3.14-7 迈克耳孙干涉仪光路

五、思考题

1. 拍摄一张优质全息照片应具备哪些基本条件?
2. 用两个激光光源分别作参考光和物光,能否制作一张全息底片并再现原物的像?

实验 3.15 双光栅微弱振动实验

一、实验目的

1. 了解光的多普勒频移形成光拍的原理,并测量光拍拍频.
2. 学会精确测量微弱振动位移的方法.
3. 用双光栅微弱振动测量仪测量音叉振动的微振幅.

二、仪器设备

双踪示波器、FB505 型双光栅微弱振动测量仪.

三、实验原理

1. 位移光栅的多普勒频移

多普勒效应是指光源、接收器、传播介质或中间反射器之间的相对运动所引起的接收器接收到的光波频率与光源频率发生的变化,由此产生的频率变化称为多普勒频移.

介质对光传播有不同的相位延迟作用,对于两束相同的单色光,若初始时刻相位相同,经过相同的几何路径,但在不同折射率的介质中传播,出射时两光的相位则不相同.对于相位光栅,当激光平面波垂直入射时,由于相位光栅上不同的光密和光疏介质部分对光波的相位延迟作用,所以入射的平面波变成出射时的摺曲波阵面,见图 3.15-1.

激光平面波垂直入射到光栅,由于光栅上每缝自身的衍射作用和缝之间的干涉,通

过光栅后光的强度出现周期性的变化.在远场,我们可以用大家熟知的光栅衍射方程来表示主极大位置,即

$$d\sin\theta=\pm k\lambda,\quad k=0,1,2,\cdots \tag{3.15-1}$$

式中,整数 k 为主极大级数,d 为光栅常量(本实验选用 $d=10^{-2}$ mm),θ 为衍射角,λ 为光波波长.

如果光栅在 y 方向以速率 v 移动,则从光栅出射的光的波阵面也以速率 v 在 y 方向移动.因此在不同时刻,对应于同一级的衍射光波,它从光栅出射时,在 y 方向也有一个 vt 的位移量,见图 3.15-2.

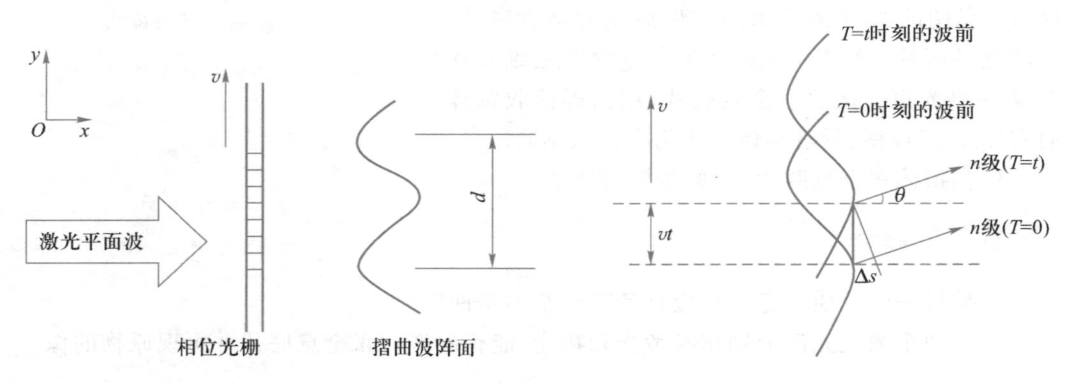

图 3.15-1　出射时的褶曲波阵面　　图 3.15-2　衍射光线在 y 方向上的位移量

这个位移量对应于出射光波相位的变化量为

$$\Delta\phi(t)=\frac{2\pi}{\lambda}\Delta s=\frac{2\pi}{\lambda}vt\sin\theta \tag{3.15-2}$$

把式(3.15-1)代入式(3.15-2)得

$$\Delta\phi(t)=\frac{2\pi}{\lambda}vt\frac{k\lambda}{d}=k2\pi\frac{v}{d}t=k\omega_d t \tag{3.15-3}$$

式中,$\omega_d=2\pi\dfrac{v}{d}$.

若激光从一静止的光栅出射时,光波电矢量方程为

$$\boldsymbol{E}=\boldsymbol{E}_0\cos\omega_0 t$$

而激光从相位移动光栅出射时,光波电矢量方程则为

$$\boldsymbol{E}=\boldsymbol{E}_0\cos[\omega_0 t+\Delta\phi(t)]=\boldsymbol{E}_0\cos[(\omega_0+k\omega_d)t] \tag{3.15-4}$$

显然可见,移动的相位光栅 k 级衍射光波相对于静止的相位光栅有一个 $k\omega_d$ 的多普勒频移,如图 3.15-3 所示.

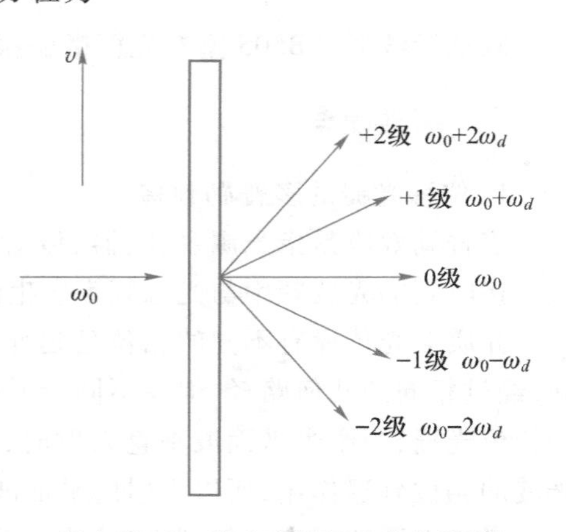

图 3.15-3　移动光栅的多普勒频移

2. 光拍的获得与检测

由于光频率很高,所以为了在光频 ω_0 中检测出多普勒频移量,必须采用"拍"的方法,

即要把已频移的和未频移的光束互相平行叠加，以形成光拍.由于拍频较低，容易测得，所以通过拍频即可检测出多普勒频移量.

本实验形成光拍的方法是采用两片完全相同的光栅平行紧贴，一片 B 静止，另一片 A 相对移动.激光通过双光栅后所形成的衍射光，即为以上两种光束的平行叠加.其形成的第 k 级衍射光波的多普勒频移如图 3.15-4 所示.

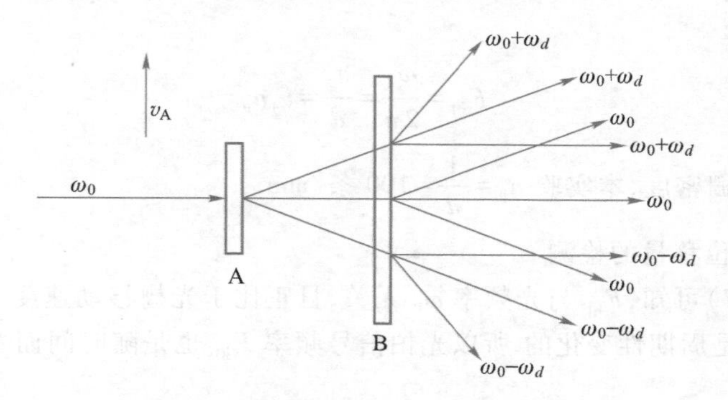

图 3.15-4　k 级衍射光波的多普勒频移

光栅 A 按速率 v_A 移动，起频移作用，而光栅 B 静止不动，只起衍射作用，故通过双光栅后射出的衍射光包含了两种以上不同频率成分而又平行的光束.由于双光栅紧贴，激光束具有一定宽度，故该光束能平行叠加，这样直接而又简单地形成了光拍，如图 3.15-5 所示.

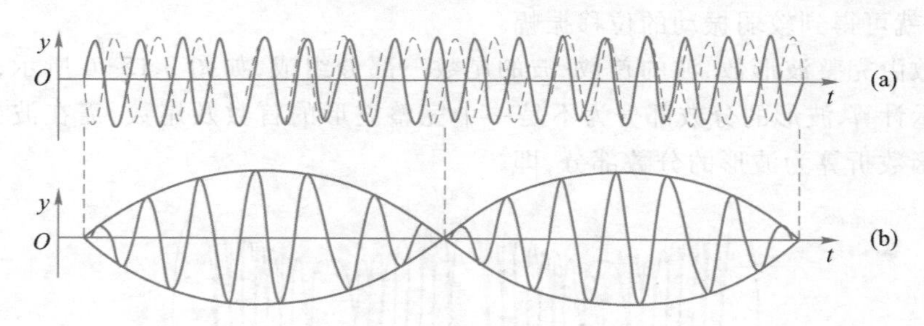

图 3.15-5　频差较小的二列光波叠加形成“拍”

当激光经过双光栅所形成的衍射光叠加成光拍信号，光拍信号进入光电检测器后，其输出电流可由下述关系求得：

光束 1：

$$E_1=E_{10}\cos(\omega_0 t+\varphi_1)$$

光束 2：

$$E_2=E_{20}\cos[(\omega_0+\omega_d)t+\varphi_2]\ (\text{取 } k=1)$$

光电流：

$$\begin{aligned}I&=\xi(E_1+E_2)^2\\&=\xi\{E_{10}^2\cos^2(\omega_0 t+\varphi_1)+E_{20}^2\cos^2[(\omega_0+\omega_d)t+\varphi_2]+\\&\quad E_{10}E_{20}\cos[(\omega_0+\omega_d-\omega_0)t+(\varphi_2-\varphi_1)]+\\&\quad E_{10}E_{20}\cos[(\omega_0+\omega_d+\omega_0)t+(\varphi_2+\varphi_1)]\}\end{aligned}\tag{3.15-5}$$

式中，ξ 为光电转换常量.

因光波频率 ω_0 甚高，所以对于式(3.15-5)第一、第二、第四项，光电检测器无法反应，式(3.15-5)第三项即为拍频信号，因为频率较低，光电检测器能做出相应的响应.其光电流为

$$\begin{aligned} i_S &= \xi\{E_{10}E_{20}\cos[(\omega_0+\omega_d-\omega_0)t+(\varphi_2-\varphi_1)]\} \\ &= \xi\{E_{10}E_{20}\cos[\omega_d t+(\varphi_2-\varphi_1)]\} \end{aligned} \tag{3.15-6}$$

拍频 $F_{拍}$ 为

$$F_{拍}=\frac{\omega_d}{2\pi}=\frac{v_A}{d}=v_A n_\theta \tag{3.15-7}$$

其中 $n_\theta=\dfrac{1}{d}$ 为光栅密度，本实验 $n_\theta=\dfrac{1}{d}=100$ 条/mm.

3. 微弱振动位移量的检测

从式(3.15-7)可知，$F_{拍}$ 与光频率 ω_0 无关，且正比于光栅移动速度 v_A.如果把光栅粘在音叉上，则 v_A 是周期性变化的.所以光拍信号频率 $F_{拍}$ 也是随时间而变化的，微弱振动的位移振幅为

$$A=\frac{1}{2}\int_0^{\frac{T}{2}}v(t)\,dt=\frac{1}{2}\int_0^{\frac{T}{2}}\frac{F_{拍}(t)}{n_\theta}dt=\frac{1}{2n_\theta}\int_0^{\frac{T}{2}}F_{拍}(t)\,dt \tag{3.15-8}$$

式中，T 为音叉振动周期，$\int_0^{\frac{T}{2}}F_{拍}(t)\,dt$ 表示$\dfrac{T}{2}$时间内的拍频波的个数.因此，只要测得拍频波的个数，就可得到较弱振动的位移振幅.

波形数由完整波形数、波的首数、波的尾数三部分组成，如图 3.15-6 所示，根据示波器上的显示计算.波形的分数部分为不是一个完整波形的首数及尾数，需在波群的两端，按反正弦函数折算为波形的分数部分，即

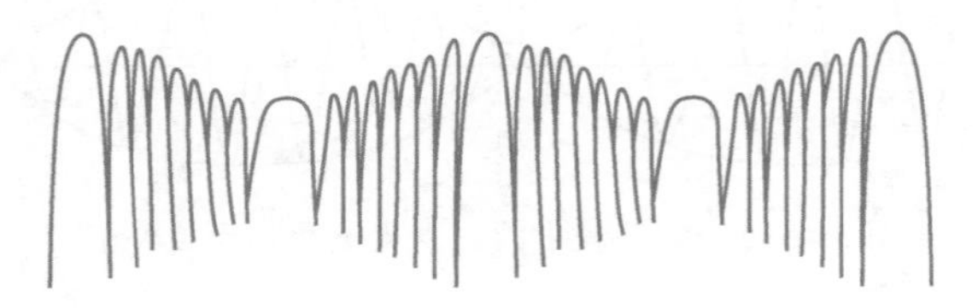

图 3.15-6　示波器显示拍频波形

波形数 = 完整波形数 + 波的首数和尾数中满$\dfrac{1}{2}$、$\dfrac{1}{4}$或$\dfrac{3}{4}$个波形的分数部分 + $\dfrac{\arcsin a}{360°}+\dfrac{\arcsin b}{360°}$

式中，a、b 为波群的首、尾幅度和该处完整波形的振幅之比.波群指$\dfrac{T}{2}$内的波形，波形分数若满$\dfrac{1}{2}$个波形为 0.5，满$\dfrac{1}{4}$个波形为 0.25，满$\dfrac{3}{4}$个波形为 0.75.

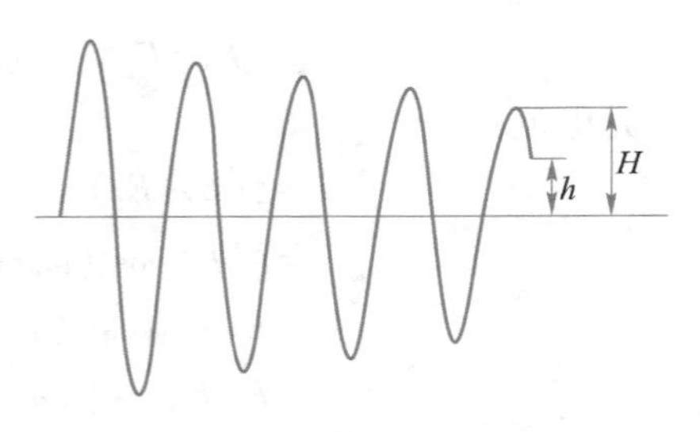

图 3.15-7　计算波形数

如图 3.15-7 所示，在 $T/2$ 内，完整波形数为

4,尾数分数部分大于 1/4 但不到 1/2,故有

$$波形数=4+0.50-\frac{\arcsin 0.6}{360^\circ}=4.50-\frac{36.87^\circ}{360^\circ}\approx 4.5-0.10\approx 4.4$$

四、实验内容

1. 熟悉双踪示波器的使用方法.

2. 将示波器的 Y_1、Y_2、X 外触发器接至双光栅微弱振动测量仪的 Y_1、Y_2、X 的输出插座上,开启各自的电源.

3.15　操作视频

3. 几何光路调整.调节激光器固定架,左右、上下调节,使红色激光通过静光栅、动光栅,让某一级衍射光正好落入光电池前的小孔内.调节光电池架手轮,锁紧光电池架.调节驱动音叉"功率"旋钮至 4 点钟位置左右,频率调节到506 Hz,一边细心调节激光器位移上下、左右调节器,一边观察示波器,应看到清晰无重叠的拍频波.

4. 双光栅调整.轻轻敲击音叉,调节示波器,配合调节激光器输出功率(一般调节到最大即可),调节静光栅位移调节器,找到清晰无重叠的拍频波即可.

5. 音叉谐振调节.先将"功率"旋钮置于 4~5 点钟位置附近,调节"频率"粗调旋钮至505 Hz附近,然后细心调节"频率"细调旋钮,使音叉谐振.调节时用手轻轻地按音叉顶部,找出调节方向.如音叉谐振太强烈,将"功率"旋钮向小钟点方向转动,使在示波器上出现的$\frac{T}{2}$内光拍的波形数为 15 个左右.记录此时音叉振动频率、屏上完整波形数、不足一个完整波形的首数及尾数值以及对应该处完整波形的振幅值.

6. 测出外力驱动音叉时的谐振曲线.固定"功率"旋钮位置,在音叉谐振点附近,小心调节"频率"旋钮,测出音叉的振动频率与对应的信号振幅大小,频率间隔可以取 0.1 Hz,选 8 个点,分别测出对应的波形数,由式(3.15-8),计算出各自的振幅 A.

7. 保持信号输出功率、频率不变,逐一改变被测棒在音叉的五个不同位置的有效质量,调节"频率"细调旋钮,研究谐振曲线的变化趋势.注:被测棒质量为(0.033±0.002)g.

8. 保持信号频率不变,从小到大改变输出功率,研究在不同输出功率时谐振曲线的变化趋势.

9. 把功率旋钮逆时针转到底,用手转动静光栅调节手柄,调节静光栅位移调节器上下移动,或用手轻轻敲击音叉,就可以在示波器上看到双光栅的多普勒频移产生的拍频波,并在喇叭中听到其声音.音调随旋转运动速度而变.

五、实验数据及处理

1. 求出音叉谐振时光拍信号的平均频率.

2. 求出音叉在谐振点时做微弱振动的位移振幅.

3. 在坐标纸上画出音叉的振幅-频率曲线.

4. 作出音叉不同有效质量时的谐振曲线,定性讨论其变化趋势.

六、思考题

1. 如何判断动光栅与静光栅的刻痕已平行？
2. 做外力驱动音叉谐振曲线时，为什么要固定信号功率？
3. 本实验测量方法有何优点？测量微振动位移的灵敏度是多少？

实验 3.16　光电效应和普朗克常量的测定

一、实验目的

3.16　教学视频

1. 通过光电效应实验了解光的量子性.
2. 测量光电管的弱电流特性，找出不同光频率下的截止电压.
3. 验证爱因斯坦方程，并由此求出普朗克常量.

二、仪器设备

ZKY-GD-4 型光电效应（普朗克常量）实验仪（以下简称实验仪）. 仪器由汞灯及电源、滤色片、光阑、光电管、智能实验仪构成，实验仪的调节面板如图 3.16-1 所示. 实验仪有手动和自动两种工作模式，具有数据自动采集、存贮，实时显示采集数据，动态显示采集曲线（连接普通示波器，可同时显示 5 个存贮区中存贮的曲线），及采集完成后查询数据的功能.

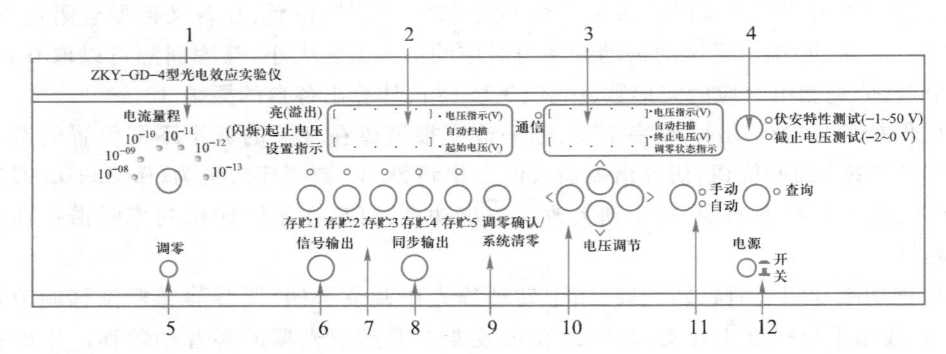

1—电流量程;2—电流指示;3—电压指示;4—实验类型选择;5—调零;6—信号输出;7—数据存贮;8—同步输出;9—调零确认/系统清零;10—电压调节;11—工作状态;12—电源开关.

图 3.16-1　光电效应实验仪面板示意图

三、实验原理

光电效应是指一定频率的光照射在金属表面时会有电子从金属表面逸出的现象.

按照爱因斯坦的光量子理论，光能并不像电磁波理论所想象的那样，分布在波阵面上，而是集中在被称为光子的微粒上，但这种微粒仍然保持着频率（或波长）的概念，频率为 ν 的光子具有能量 $E=h\nu$，h 为普朗克常量. 当光子照射到金属表面上时，能量被金属中的电子全部吸收.电子把该能量的一部分用来克服金属表面对它的吸引力,余下的就变为电子离开金属表面后的动能.设电子脱离金属表面耗费的能量为 W,按照能量守恒原理,爱因斯坦提出了著名的光电效应方程:

$$h\nu=\frac{1}{2}mv^2+W \tag{3.16-1}$$

式中,h 为普朗克常量,ν 为入射光的频率,m 为电子的质量,v 为光电子逸出金属表面时的初速度,W 为受光线照射的金属材料的逸出功.

研究光电效应的实验电路如图 3.16-2 所示.

当光照射光电管阴极时,阴极释放出的光电子在电场的作用下向阳极迁移,在回路中形成光电流.实验规律如下:

(1) 光强一定时,随着光电管两端的电压的增大,光电流趋于一个饱和值 I_{H},其伏安特性曲线如图 3.16-3 所示.对不同的光强,饱和电流 I_{H} 与光强成正比.

(2) 当光电管两端加反向电压时,光电流迅速减小,但不立即降到零,直至反向电压值达到 U_{a} 时,光电流才为零,U_{a} 称为截止电压.这表明此时具有最大动能的光电子被反向电场所阻挡,于是有

$$eU_{\mathrm{a}}=\frac{1}{2}mv^2 \tag{3.16-2}$$

实验表明光电子的最大动能与入射光强无关,只与入射光的频率有关.

将式(3.16-2)代入式(3.16-1),即有

$$eU_{\mathrm{a}}=h\nu-W \tag{3.16-3}$$

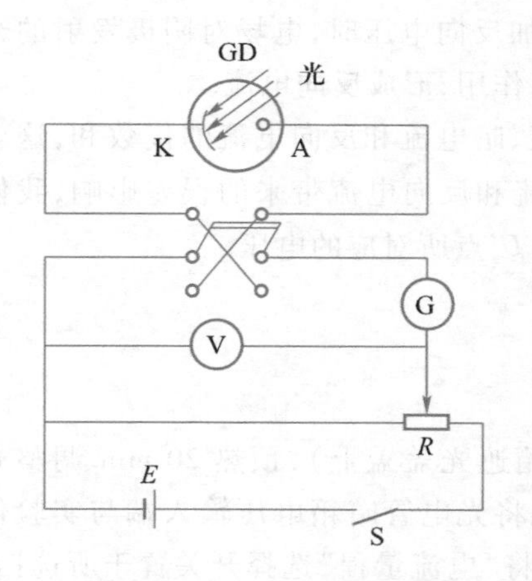

图 3.16-2 光电效应实验电路图

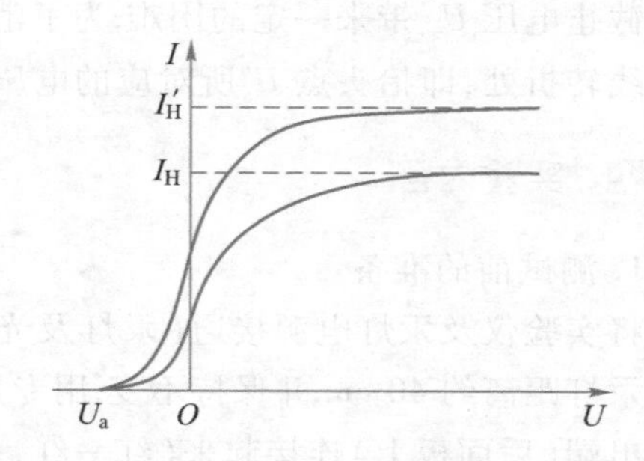

图 3.16-3 光电效应的伏安特性曲线

金属材料的逸出功 W 是金属的固有属性,对于给定的金属材料 W 是一个定值,它与入射光的频率无关.将式(3.16-3)改为

$$U_{\mathrm{a}}=\frac{h}{e}\nu-\frac{W}{e}=\frac{h}{e}(\nu-\nu_0) \tag{3.16-4}$$

式(3.16-4)表明,截止电压 U_{a} 是入射光频率 ν 的线性函数.只要用实验方法得出不同频率对应的截止电压,求出直线斜率 $k=\frac{h}{e}$,就可算出普朗克常量 h.其中 $e=1.60\times10^{-19}\ \mathrm{C}$ 是

电子电荷量的绝对值.

理论上,测出各频率的光照射下阴极电流为零时对应的 U_{AK},其绝对值即该频率的截止电压,然而实际上测出的光电管的伏安特性曲线如图 3.16-4 所示,主要因素有两方面:

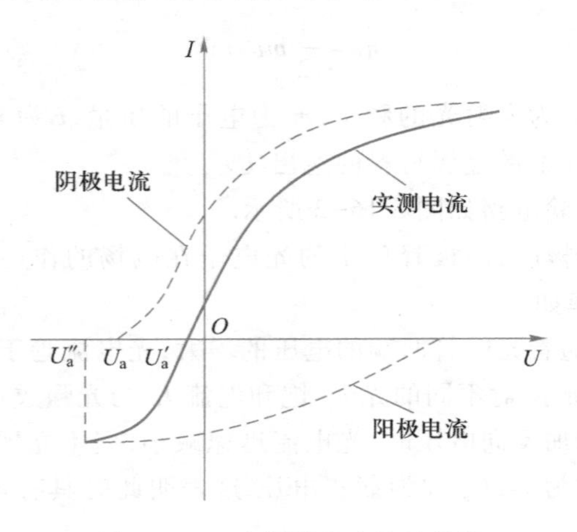

图 3.16-4 实测的伏安特性曲线

(1) 暗电流:光电管没有受到光照也会产生电流,称为暗电流.它是阴极在常温下的热电子发射以及光电管管座和玻壳表面的漏电阻等因素造成的.暗电流一般很弱,和电压的关系接近线性.

(2) 反向电流:由于制作或使用过程时,阳极上常溅射有阴极材料,所以在光的照射下,阳极也会发射光电子并形成光电流,当光电管加反向电压时,电场对阴极发射的光电子起了减速作用,而对阳极发射的光电子起了加速作用,形成反向电流.

综合上述因素,我们实测的光电流是阴极电流、暗电流和反向电流的代数和,这就给确定截止电压 U_a 带来一定的困难.为了消除暗电流和反向电流带来的误差影响,我们应取曲线转折处,即抬头点 U''_a所对应的电压,而不是 U'_a点所对应的电压.

四、实验内容

1. 测试前的准备

将实验仪及汞灯电源接通(汞灯及光电管暗箱遮光盖盖上),预热 20 min.调整光电管与汞灯距离约 40 cm 并保持不变.用专用连接线将光电管暗箱电压输入端与实验仪电压输出端(后面板上)连接起来(红—红,蓝—蓝).将“电流量程”选择开关置于所选挡位,进行测试前调零.实验仪在开机或改变电流量程后,都会自动进入调零状态.调零时应将光电管暗箱电流输出端 K 与实验仪微电流输入端(后面板上)断开,旋转“调零”旋钮,使电流指示为“000.0”.调节好后,用高频匹配电缆将电流输入连接起来,按“调零确认/系统清零”键,系统进入测试状态.

若要动态显示采集曲线,须将实验仪的“信号输出”端口接至示波器的“Y”输入端,“同步输出”端口接至示波器的“外触发”输入端.示波器“触发源”开关拨至“外”,“Y 衰减”旋钮拨至约“1V/格”,“扫描时间”旋钮拨至约“20μs/格”.此时示波器将用轮流扫描的方式显示 5 个存贮区中存贮的曲线,横轴代表电压 U_{AK},纵轴代表电流 I.

2. 测普朗克常量 h

本实验仪器的光电管反向电流、暗电流水平较低,在测量各谱线的截止电压 U_a 时,可采用零电流法,即直接将各谱线照射下测得的电流为零时对应的电压 U_{AK} 的绝对值作为截止电压 U_a.

(1) 手动测量

使"手动/自动"模式键处于手动模式.将直径为 4 mm 的光阑及 365 nm 的滤色片装在光电管暗箱光输入口上,打开汞灯遮光盖.此时电压表显示 U_{AK} 的值,单位为 V;电流表显示与 U_{AK} 对应的电流值 I,单位为所选择的"电流量程".用电压调节键←、↑、→、↓,可调节 U_{AK} 的值.←、→键用于选择调节位,↑、↓键用于调节值的大小.

从低到高调节电压(绝对值减小),观察电流值的变化,寻找电流为零时对应的 U_{AK},以其绝对值作为该波长对应的 U_a 的值,并将数据记于表 3.16-1 中.在电流明显变化的地方,多测几个电压值.

依次换上 405 nm、436 nm、546 nm、577 nm 的滤色片,重复以上测量步骤.

(2) 自动测量

按"手动/自动"模式键切换到自动模式,此时电流指示左边的指示灯闪烁,表示系统处于自动测量扫描范围设置状态,用电压调节键可设置扫描起始和终止电压.

对各条谱线,建议扫描范围大致设置为:365 nm,-1.90~-1.50 V;405 nm,-1.60~-1.20 V;436 nm,-1.35~-0.95 V;546 nm,-0.80~-0.40 V;577 nm,-0.65~-0.25 V.

实验仪设有 5 个数据存贮区,每个存贮区可存贮 500 组数据,并有指示灯表示其状态.灯亮表示该存贮区已存有数据,灯不亮表示空存贮区,灯闪烁表示系统预选的或正在存贮数据的存贮区.

设置好扫描起始和终止电压后,按下相应的存贮区按键,仪器将先清除存贮区原有数据,等待约 30 s,然后按 4 mV 的步长自动扫描,并显示、存贮相应的电压、电流值.

扫描完成后,仪器自动进入数据查询状态,此时查询指示灯亮,显示区显示扫描起始电压和相应的电流值.用电压调节键改变电压值,就可查阅到在测试过程中,扫描电压为当前显示值时相应的电流值.读取电流为零时对应的 U_{AK},以其绝对值作为该波长对应的 U_a 的值,并记录数据.

按"查询"键,查询指示灯灭,系统回复到扫描范围设置状态,可进行下一次测量.

在自动测量过程中或测量完成后,按"手动/自动"键,系统回复到手动测量模式,模式转换前工作的存贮区内的数据将被清除.

若仪器与示波器连接,则可观察到 U_{AK} 为负值时各谱线在选定的扫描范围内的伏安特性曲线.

五、注意事项

1. 滤色片是精密光学元件,使用时应避免污染,切勿用手触摸以保证其良好的透光性.

2. 更换滤色片时必须先将光源出光孔遮住,实验完毕应及时用遮光盖盖住光电管暗盒的进光窗口,避免强光直射阴极.

六、实验数据及处理

1. 手动测量模式

表 3.16-1

光源与光电管的距离 L=________ cm，　光阑孔径 Φ=________ mm

365 nm	U_{AK}/V									
	$I_{AK}/(10^{-13}$ A)									
405 nm	U_{AK}/V									
	$I_{AK}/(10^{-13}$ A)									
436 nm	U_{AK}/V									
	$I_{AK}/(10^{-13}$ A)									
546 nm	U_{AK}/V									
	$I_{AK}/(10^{-13}$ A)									
577 nm	U_{AK}/V									
	$I_{AK}/(10^{-13}$ A)									

在坐标纸上作出不同波长(频率)的 $I-U$ 曲线,从曲线中找出电流为零的点,该点对应的电压值就是 I_{AK} 的截止电压 U_a,并记入表 3.16-2 中.

表 3.16-2

波长 λ_i/nm	365	405	436	546	577
频率 $\nu/(10^{14}$ Hz)	8.22	7.41	6.88	5.49	5.20
截止电压 U_a/V					

把不同频率下截止电压 U_a 描绘在方格纸上.如果光电效应遵守爱因斯坦光电效应方程,则 $U_a=f(\nu)$ 应该是一条直线.求出直线的斜率 $k=\dfrac{\Delta U_a}{\Delta\nu}$,从而求出普朗克常量 h,并算出所测值与公认值之间的误差.

2. 自动测量模式(表格同表 3.16-2)

数据处理方法同上.

七、思考题

1. 从近代物理发展史来看,本实验有什么意义?

2. 本实验测定普朗克常量,引起误差的因素主要有哪几个? 如何提高测量结果的准确度?

实验 3.17　光电器件特性的综合测量

一、实验目的

1. 了解半导体激光器、发光二极管、光敏电阻、光电晶体管的特点，并测量它们的特性曲线.

2. 进一步理解激光调制理论.

3. 利用直接调制方法，观察在发射端加入调制信号（如正弦、音频信号）后输出的波形.

二、仪器设备

光电器件综合测量系统.

该套仪器分为调制和解调两部分，调制部分由激光二极管（英文缩略为 LD）、发光二极管（英文缩略为 LED）以及 LD、LED 特性测量仪组成，解调部分由光敏电阻、光电晶体管和光电器件特性测量仪以及功率仪组成.其中 LD、LED、会聚透镜、光敏电阻和光电晶体管的共轴调节在导轨上完成.本套仪器采用了直接调制中模拟调制的方法，将连续的模拟信号（本仪器采用正弦信号和音频信号）直接对光源进行光强度调制，通过光电器件接收被调制的光并进行光电转换，在光电器件两端电压一定的情况下，调节光源光强，则可通过光电器件的端电流变化反映调制解调特性.系统整体装置如图 3.17-1 所示.

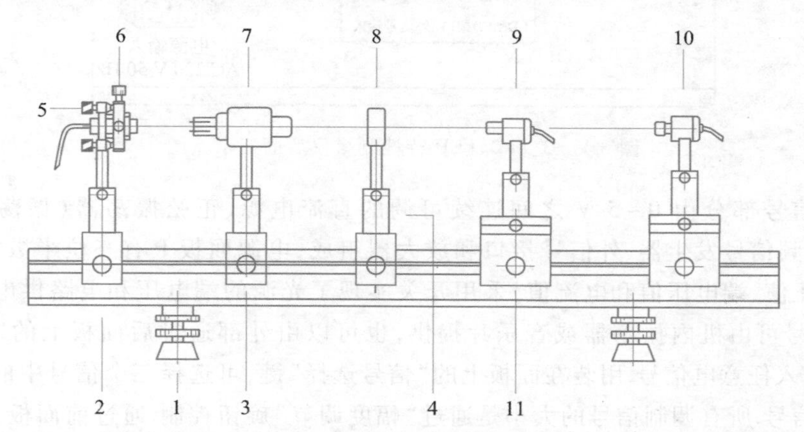

1—可调底脚；2—导轨；3—滑座；4—支座；5—四维调节架；6—LD；7—LED；8—会聚透镜；9—光敏电阻/光电晶体管；10—硅光电池；11—横向可调滑座.

图 3.17-1　光电特性测量系统装置图

（1）采用铝制三角形带标尺的导轨，配合马蹄形滑块，光路调好后滑块在上面任意滑动光路基本不变.

（2）光源.发射部分分别采用激光二极管（输出波长 650 nm 红光）和发光二极管（输出白光）作为替换性光源，应用其直接调制原理，实现对于输出光强的线性调制.其中 LD

工作电压 $U<4.5$ V，正常工作时，工作电流 $I<60$ mA，输出功率为 0～5 mW 连续可调.白光 LED 输出功率为 50 mW，最大工作电压为 3.17 V，由于其输出光比较发散，所以使用 LED 作为光源时必须加会聚透镜聚光.

（3）接收部分.接收部分分为光敏电阻、光电晶体管（光电器件）特性测量仪和功率仪两部分.光敏电阻、光电晶体管作为特性测量仪的替换性光电接收器.选用硅光电池作为功率仪的功率探测器.接收器的前端采用一个光屏蔽罩，消除了背景光引起的光路不稳定造成传输信号失真的问题.

（4）LD、LED 特性测量仪.它为 LD、LED 提供电源信号及经正弦信号、音频信号调制后的信号.图 3.17-2 和图 3.17-3 分别为 LD、LED 特性测量仪的前面板和后面板示意图.

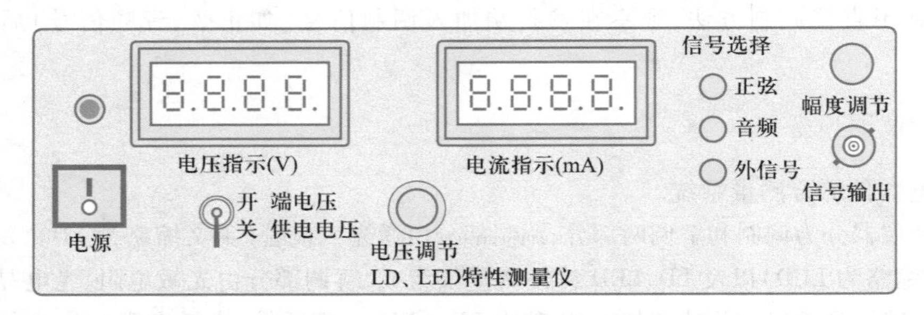

图 3.17-2　LD、LED 特性测量仪前面板示意图

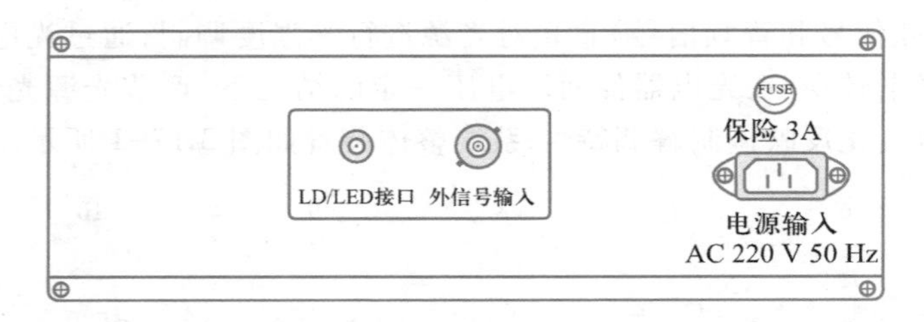

图 3.17-3　LD、LED 特性测量仪后面板示意图

调制信号部分由 0～5 V 之间连续可调的直流电源、正弦振荡器（振荡频率约为 1 kHz）、音频信号发生器、外信号接口和放大器组成，电源面板上有三位半数字表，可显示供电电压值、端电压值和电流值，采用开关实现了光源的端电压和电路供电电压的切换.调制信号可由机内振荡器或音乐片提供，也可以由外部通过后面板上的“外信号输入”插孔输入任意电信号.用装在面板上的“信号选择”键，可选择三个信号中的任意信号作为调制信号.所有调制信号的大小是通过“幅度调节”旋钮控制.通过前面板上的“信号输出”插孔输出参考信号，接到双踪示波器上与输入信号比较，观察调制器的输出特性.

（5）接收信号部分.它是指光电器件把被调制的激光经过光电转换，通过“传感器接口”输入到光敏电阻、光电晶体管（光电器件）特性测量仪或者功率仪上.经过放大后的信号接到双踪示波器，同标准信号（由电源面板上的“输出”插孔输出）比较，观察调制器的输出特性.音频或外信号经放大器放大后的信号也可接入扬声器，再现解调信号.光敏电阻、光电晶体管（光电器件）特性测量仪的前后面板图见图 3.17-4、图 3.17-5.功率仪的前后面板图见图 3.17-6、图 3.17-7.

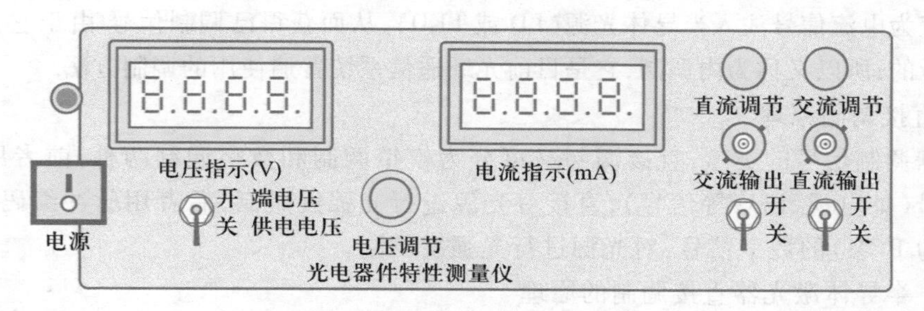

图 3.17-4 光电器件特性测量仪前面板图

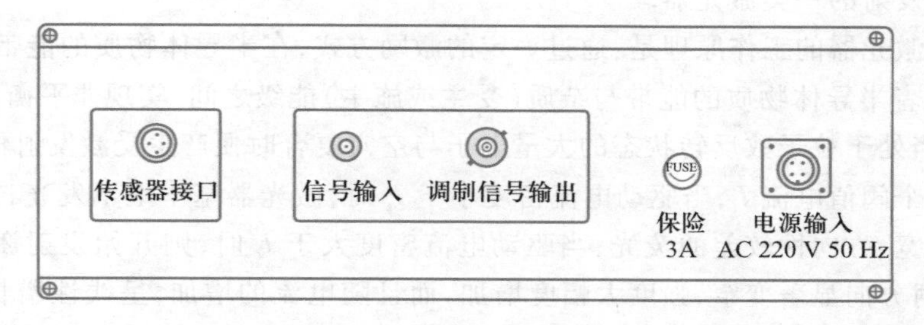

图 3.17-5 光电器件特性测量仪后面板图

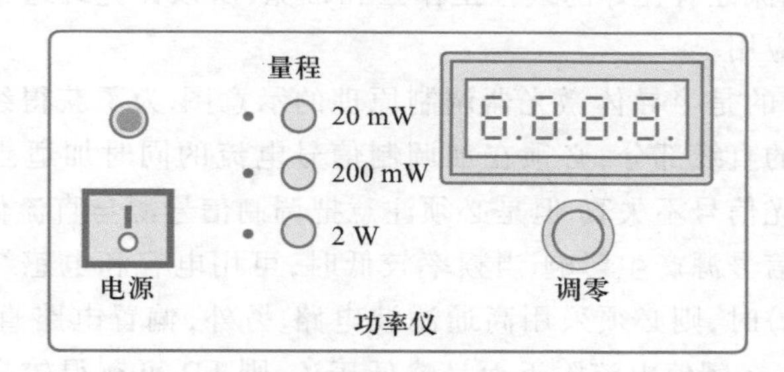

图 3.17-6 功率仪前面板图

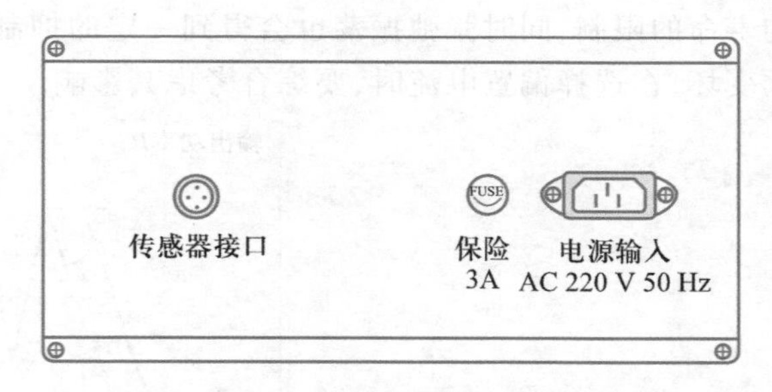

图 3.17-7 功率仪后面板图

三、实验原理

把欲传输的信息加载于激光辐射的过程称为激光调制.由已调制的激光辐射中还原出所加载信息的过程称为解调.由于激光起到"携带"信息的作用,所以我们称其为载波.通常将欲传递的信息称为调制信号.被调制的激光称为已调波或调制光.直接调制是要把传递的信息转变为电流信号注入半导体光源(LD 或 LED),从而获得已调制信号.由于它是在光源内部进行的,所以又称为内调制,它是目前光纤通信系统普遍使用的调制方法.

1. 直接调制原理

根据调制信号的类型,直接调制又可分为模拟调制和数字调制两种,前者用连续的模拟信号(如电视、语音等信号),直接对光源进行光强度调制,后者用脉冲编码调制(英文缩略为 PCM)的数字信号,对光源进行光强度调制.

(1) 半导体激光器直接调制的原理

半导体激光器又称为激光二极管(laser diode,LD),是采用半导体材料作为工作物质而产生受激发射的一类激光器.

半导体激光器的工作原理是:通过一定的激励方式,在半导体物质的能带(导带与价带)之间,或者半导体物质的能带与杂质(受主或施主)能级之间,实现非平衡载流子的粒子数反转,当处于粒子数反转状态的大量电子与空穴复合时便产生受激发射作用.半导体激光器有一个阈值电流 I_t,当驱动电流密度小于 I_t 时,激光器基本上不发光,或只发出很弱的谱线较宽、方向性较差的荧光;当驱动电流密度大于 I_t 时,则开始发射激光,此时谱线宽度、辐射方向显著变窄,强度大幅度增加,而且随电流的增加,呈线性增长.若把调制信号加到激光器(电源)上,即可以直接改变(调制)激光器输出光信号的强度.由于这种调制方式简单,且能保证有良好的线性工作区和带宽,所以在光纤通信、光盘和光复印等方面得到了广泛的应用.

图 3.17-8 所示的是半导体激光器调制原理的示意图.为了获得线性调制,使工作点处于输出特性曲线的直线部分,必须在加调制信号电流的同时加适当的偏置电流 I_b,这样就可以使输出的光信号不失真.但是必须注意把调制信号源与直流偏置源相间隔,避免直流偏置源对调制信号源产生影响.当频率较低时,可用电容和电感线圈串接来实现;当频率很高(>50 MHz)时,则必须采用高通滤波电路.另外,偏置电路直接影响 LD 的调制性能,通常应选择 I_b 在阈值电流附近而且略低于 I_t,则 LD 可获得较高的调制速率,因为在这种情况下,LD 连续发射光信号不需要准备时间(即延迟时间很小),其调制速率不受激光器中载流子平均寿命的限制,同时张弛振荡也会得到一定的抑制.但 I_b 选得太大,又会使激光器的消光比变坏,在选择偏置电流时,要综合考虑其影响.

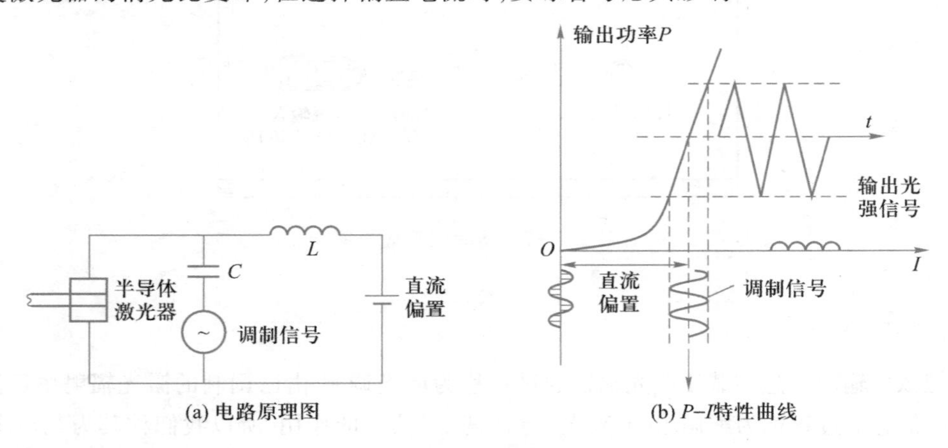

图 3.17-8 半导体激光器调制

(2) 发光二极管的调制特性

发光二极管(light emitting diode,LED)发射的是自发辐射光.在电场作用下,半导体材料发光是基于电子能级跃迁的原理.当发光二极管的 pn 结上加有正向电压时,外加电场将削弱内建电场,使空间电荷区变窄,载流子扩散运动加强.由能带理论可知,当导带中的电子与价带中的空穴复合时,电子由高能级向低能级跃迁,同时电子将多余的能量以光子的形式释放出来,产生电致发光现象.

由于发光二极管不是阈值器件,它的输出光功率不像半导体激光器那样,会随着注入电流的变化而发生突变,所以,其 $P-I$ 特性曲线的线性比较好.发光二极管的 $P-I$ 特性曲线明显优于半导体激光器,它在模拟光纤通信系统中得到广泛应用;但在数字光纤通信系统中,因它不可能获得很高的调制速率(最高只能达到 100 $\mathrm{Mbit\cdot s^{-1}}$),其应用受到限制.

(3) 半导体光源的模拟调制

无论是使用 LD 还是使用 LED 作光源,都要施加偏置电流 I_b,使其工作于 LD 或 LED 的 $P-I$ 特性曲线的直线段,如图 3.17-8(b)和图 3.17-9 所示.其调制线性好坏与调制深度 m 有关:

$$\mathrm{LD}: m=\frac{\text{调制电流幅度}}{\text{偏置电流}-\text{阈值电流}}$$

$$\mathrm{LED}: m=\frac{\text{调制电流幅度}}{\text{偏置电流}}$$

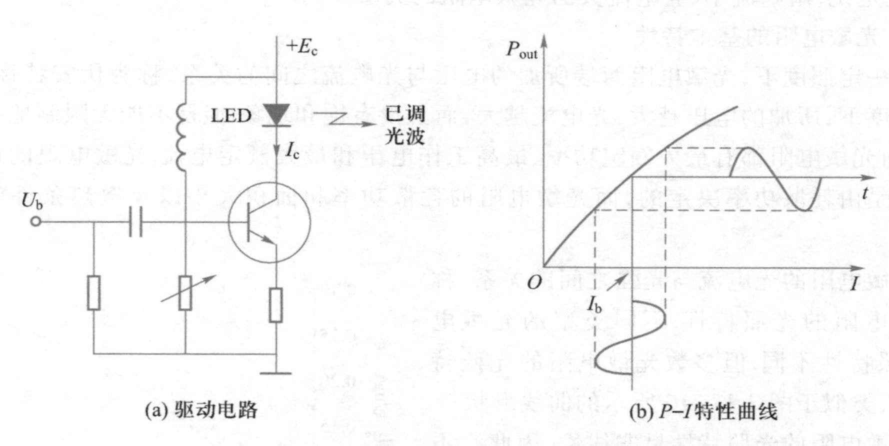

图 3.17-9 模拟信号驱动电路及光强度调制

由图可见,当 m 较大时,调制信号幅度大,则线性较差;当 m 较小时,虽然线性好,但调制信号幅度小.因此,应选择合适的 m 值.另外,在模拟调制中,光源器件本身的线性特性是决定模拟调制好坏的因素,在线性度要求较高的应用中,需要进行非线性补偿,即用电子技术校正光源引起的非线性失真.

(4) 半导体光源的数字调制

数字调制是用二进制数字信号"1"码和"0"码对光源发出的光载波进行调制的.数字信号大都采用脉冲编码调制(PCM),可将连续的模拟信号变成 PCM 数字信号,称为"模/数"(A/D)变换.然后,再将 PCM 数字信号对光源进行强度调制.

2. 光电器件

光电器件是光电传感器中最重要的部件，常见的有真空光电元件和半导体光电元件两大类，它们的工作原理都基于不同形式的光电效应，可以分为外光电器件和内光电器件.下面介绍光敏电阻、光电晶体管和硅光电池等内光电器件的特点.

(1) 光敏电阻

① 光敏电阻的结构与特性

光敏电阻是一种光电效应半导体器件，应用于光存在与否的感应（数字量）以及光强度的测量（模拟量）等领域.它的体电阻系数随照明强度的增强而减小，容许更多的光电流流过.这种阻性特征使得它具有很好的品质：通过调节供应电源就可以从探测器上获得信号流，且有着很宽的范围，光敏电阻通常由光敏层、玻璃基片（或树脂防潮膜）和电极等组成.光敏电阻是利用半导体光电导效应制成的一种特殊电阻器，对光线十分敏感，它在无光照射时，呈高阻状态；当有光照射时，其电阻值迅速减小.

② 光敏电阻的主要参量

光敏电阻在室温条件下，在全暗环境经过一定时间后测量的电阻值称为暗电阻，此时流过的电流称为暗电流.

光敏电阻在某一光照下的阻值，称为该光照下的亮电阻，此时流过的电流称为亮电流.

亮电流与暗电流之差称为光电流.光敏电阻的暗电阻越大，亮电阻越小，则性能越好.也就是说，暗电流小、亮电流大的光敏电阻的灵敏度高.

③ 光敏电阻的基本特性

在一定照度下，光敏电阻两端所加的电压与光电流之间的关系，称为伏安特性，在一定光照度下，所加的电压越大，光电流越大，而且没有饱和现象.但是不能无限制地提高电压，任何光敏电阻都有最大额定功率、最高工作电压和最大额定电流.光敏电阻的最高工作电压是由耗散功率决定的，而光敏电阻的耗散功率和面积大小以及散热条件等因素有关.

光敏电阻的光电流与光强之间的关系，称为光敏电阻的光照特性.不同类型的光敏电阻，光照特性不同.但多数光敏电阻的光照特性曲线，类似于图3.17-10所示的曲线形状.

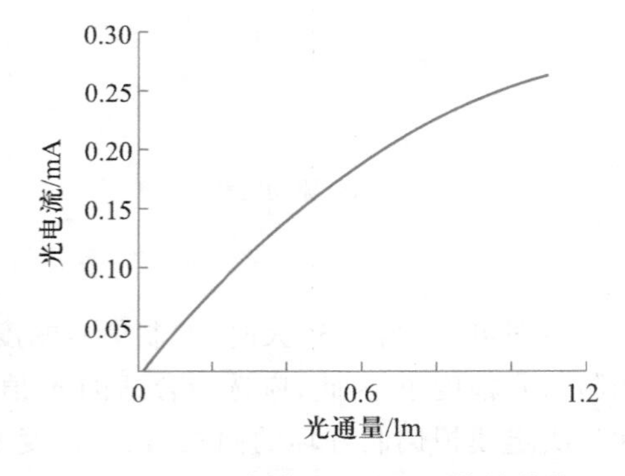

图3.17-10 光敏电阻的光照特性曲线

光敏电阻的光照特性呈非线性，因此它不宜作为测量元件，一般在自动控制系统中常用作开关式光电信号传感元件.其灵敏度是不同的，称为光敏电阻的光谱特性.

光敏电阻也和其他半导体器件一样，受温度的影响较大.当温度升高时，它的暗电阻和灵敏度都下降.光敏电阻的温度系数越小越好，但不同材料的光敏电阻，温度系数是不同的.温度不仅影响光敏电阻的灵敏度，同时对光谱特性也有很大影响.

光敏电阻受到脉冲光照射时，光电流并不会立即上升到最大饱和值，而光照去掉后，光电流也并不会立即下降到零.这说明光电流的变化对于光的变化,在时间上有一个滞后,这就是光电导的弛豫现象.

(2) 光电晶体管

① 光电晶体管的结构特性

光电二极管和光电晶体管的工作原理也是基于内光电效应,和光敏电阻的差别仅在于光线照射在半导体 pn 结上,pn 结参与了光电转换过程.光电二极管的结构和普通二极管相似,只是它的 pn 结装在管壳顶部,光线通过透镜制成的窗口,可以集中照射在 pn 结上,光电二极管在电路中通常处于反向偏置状态.

当 pn 结加反向电压时,反向电流的大小取决于 p 区和 n 区中少数载流子的浓度,无光照时 p 区中少数载流子(电子)和 n 区中的少数载流子(空穴)都很少,因此反向电流很小.但是当光线照射 pn 结时,只要光子能量大于材料的禁带宽度,就会在 pn 结及其附近产生光电子空穴对,从而使 p 区和 n 区少数载流子浓度大大增加,它们在外加反向电压和 pn 结内电场作用下定向运动,分别在两个方向上渡越 pn 结,使反向电流明显增大,如果入射光的照度变化,光生电子空穴对的浓度将相应变动,通过外电路的光电流也会随之变动,光电二极管就把光信号转换成电信号.

光电晶体管有两个 pn 结,因而可以获得电流增益,它比光电二极管具有更高的灵敏度.

② 光照特性

当外加偏置电压一定时,光电晶体管的输出电流和光的照度之间的关系称为光照特性,一般说来,光电二极管光电特性的线性较好,而光电晶体管在照度小时,光电流随照度增加较小,并且在照度足够大时,输出电流有饱和现象.这是由于光电晶体管的电流放大倍数在小电流和大电流时都下降.

③ 伏安特性

光电晶体管在不同照度下的伏安特性,就像普通晶体管在不同基极电流下的输出特性一样,在这里改变照度就相当于改变一般晶体管的基极电流,从而得到一簇曲线.

④ 温度特性

温度的变化对光电晶体管的亮电流影响较小,但是对暗电流的影响却十分显著.光电晶体管在高照度下工作时,由于亮电流比暗电流大得多,所以温度的影响相对来说比较小.但在低照度下工作时,因为亮电流较小,所以暗电流随温度变化就会严重影响输出信号的温度稳定性.在这种情况下,应当选用硅光敏管,这是因为硅管的暗电流要比锗管小几个数量级.同时还可以在电路中采取适当的温度补偿措施,或者将光信号进行调制,对输出的电信号采用交流放大,利用电路中隔直电容的作用,就可以隔断暗电流,消除温度的影响.

(3) 光伏效应器件

光电池是一种自发电式的光电元件,它受到光照时自身能产生一定方向的电动势,在不加电源的情况下,只要接通外电路,便有电流通过.光电池的种类很多,有硒、氧化亚铜、硫化铊、硫化镉、锗、硅、砷化镓光电池等,其中应用最广泛的是硅光电池,因为它有一系列优点,如性能稳定、光谱范围宽、频率特性好、转换效率高、能耐高温辐射等.另外,由于硒光电池的光谱峰值位于人眼的视觉范围,所以很多分析仪器、测量仪表也常用到它.下面着重介绍硅光电池.

① 工作原理

硅光电池的工作原理基于光伏效应,它是在一块 n 型硅片上用扩散的方法掺入一些 p 型杂质而形成的一个大面积 pn 结.当光照射 p 区表面时,若光子能量大于硅的禁带宽度,则在 p 区内每吸收一个光子便产生一个电子空穴对,p 区表面吸收的光子最多,激发的电子空穴最多,越向内部越少.这种浓度差便形成从表面向体内扩散的自然趋势.pn 结内电场的方向是由 n 区指向 p 区的,它使扩散到 pn 结附近的电子空穴对分离,光生电子被推向 n 区,光生空穴被留在 p 区,从而使 n 区带负电,p 区带正电,形成光生电动势.若用导线连接 p 区和 n 区,电路中就有光电流流过.

② 光谱特性

光电池对不同波长的光,灵敏度是不同的.不同材料的光电池适用的入射光波长范围也不相同.硅光电池的适用范围宽,对应的入射光波长可在 0.45~1.1 μm 之间,而硒光电池只能在 0.34~0.57 μm 波长范围,它适用于可见光检测.

③ 温度特性

光电池的温度特性是指开路电压和短路电流随温度变化的情况.它关系到应用光电池的仪器设备的温度漂移,影响测量精度或控制精度等重要指标,因此温度特性是光电池的重要特性之一.

四、实验内容

实验时,首先调节导轨下面的两个底脚,把导轨调节水平,然后按照下面的内容进行实验.

1. 测量发光器件伏安特性($I-U$ 特性)和光电特性($P-I$ 特性)

(1) 测量 LD 的 $I-U$ 特性和 $P-I$ 特性

在导轨上依次放上 LD 和硅光电池.将 LD 接线连入 LD、LED 特性测量仪后面板插孔,打开测量仪电源.将硅光电池接线和功率仪的传感器接口相连,同时打开功率仪电源.调节固定 LD 的四维调节架和硅光电池的调节架螺丝,使两者等高共轴,使从 LD 发出的光全被硅光电池接收.LD、LED 特性测量仪开关由供电电压挡调节到端电压挡,缓慢旋转电压调节旋钮,电压从 0V 到 3.17V 逐渐增加,选取 8 个电压值,记录相应的 LD 电流,并用功率仪测量出 LD 的发光功率,把 U、I、P 测量值记录在表 3.17-1 中,绘出 $I-U$ 特性曲线和 $P-I$ 特性曲线.(注:LD 的最大输入电压 $U_{max} \approx 3.17$ V,最大输入电流 $I_{max} \approx$ 60 mA.)

(2) 测量 LED 的 $I-U$ 特性和 $P-I$ 特性

在导轨上依次放上 LED、会聚透镜和硅光电池,将 LED 连入 LD、LED 特性测量仪,硅光电池连接功率仪,调节三者的高度,使 LED 发出的光经会聚透镜后,可以全被硅光电池接收.下面操作同 LD 的测量步骤,同样选取 8 个电压值和对应的电流值及功率,记录数据(表格参照表 3.17-1).(注:LED 的最大输入电压 $U_{max} \approx 3.17$ V,最大输入电流 $I_{max} \approx 15$ mA.)

比较 LD 和 LED 的 $I-U$ 特性和 $P-I$ 特性曲线差异,分析特点.

2. 测量光电器件伏安特性($I-U$ 特性)和光照特性($I-P$ 特性)

分别采用 LD、LED 作为光源,采用光敏电阻、光电晶体管作为传感器,测量光敏电阻、光电晶体管的 $I-U$ 特性及 $I-P$ 特性.

(1) 测量光敏电阻的 $I-U$ 特性和 $I-P$(P 为输入光功率,I 为光敏电阻电流)特性

① 当光源光强一定时(即调节 LD/LED 的端电压为某一确定值不变),调节光敏电阻的端电压 $U_{R(D)}$,选择三个电压值(参考 4 V、8 V、12 V),分别测量其电流值,记录在表 3.17-2 中,并绘出 $U-I$ 曲线.分析当光源光强一定时,光敏电阻的阻值是否变化.

② 保持光敏电阻的端电压为某一确定值(参考 8 V)不变,改变输出光强(通过调节 LD/LED 的端电压来实现),测量输出光功率及光敏电阻电流,记录在表 3.17-3 中,绘出 $I-P$ 曲线,并分析随着光强的变化光敏电阻的阻值是否变化.

(提示:用 LED 作光源测量光敏电阻的 $I-U$ 特性和 $I-P$ 特性的数据表格参照表 3.17-2、表 3.17-3.)

(2) 测量光电晶体管的 $I-U$ 特性和 $I-P$ 特性

① 当光源光强一定时(即调节 LD/LED 的端电压为某一确定值不变),调节光电晶体管的端电压值,测量其端电压和电流,绘出 $I-U$ 曲线.

② 保持光电晶体管的端电压为某一确定值不变,改变输出光强,测量光电晶体管电流,绘出 $I-P$ 曲线.分析随着光源光强的变化,光电晶体管电流的变化.(相应数据表格参照表 3.17-2、表 3.17-3.)

3. 光通信演示实验

(1) 光传载正弦信号的演示实验

LD、LED 特性测量仪面板上的信号选择键开关可以提供三种不同的调制信号.按下"正弦"键,机内单一频率的正弦波振荡器工作,此交流信号加载到直接调制的直流信号中,形成加法器.同时,通过面板上的"输出"孔,输出此信号.把它接到数字示波器的 CH_1 上,观察正弦输出波形.调节光敏电阻、光电晶体管(光电器件)特性测量仪的电压调节旋钮,把被调制信号经光电转换、放大后接到示波器 CH_2 上,与 CH_1 上的参考信号比较.把电源上的幅度调节、电压调节、示波器上的增益(或衰减)这几部分调好,才能观察到很好的输出波形.

(2) 光传载音频及外信号的演示实验

按下 LD、LED 特性测量仪面板上信号选择开关中的"音频"键,此时,正弦信号被切断,输出音频信号.输出信号通过放大器的扬声器播放,改变工作点,此时,所听到的音质不同,通过通光和遮光,演示激光通信.音频信号接到示波器上,可以看到我们听到的音频信号的波形,它是由不同振幅、不同频率的正弦波叠加而成的.也可以用光缆把输出信号和接收器连接起来,实现模拟激光光纤通信.调制信号也可以用录音机输出的电信号,把它接到电源面板上的"输入"端,这时要按下信号选择开关中的"外调"键,其他信号源被切断,输出录音机放出的音频信号.

五、实验数据及处理

表 3.17-1 LD 的 U、I、P 测量数据表

U/V	I/mA	P/mW

续表

U/V	I/mA	P/mW

表 3.17-2 LD 为光源测光敏电阻的 U、I 数据表

LD U/V	光敏电阻 I/mA		
	$U_{R(D)}=4$ V	$U_{R(D)}=8$ V	$U_{R(D)}=12$ V

表 3.17-3 LD 光源输出功率与光敏电阻电流 I 关系数据表

LD		光敏电阻
U/V	P/mW	I/mA

六、思考题

1. 根据实验数据和曲线,分析随着入射光强的变化光敏电阻的阻值如何变化?
2. 比较光电晶体管和光电二极管的伏安特性,分析其特点.
3. 激光直接调制时,要注意哪些问题?

实验 3.18 半导体泵浦激光器实验

一、实验目的

1. 了解激光器的基本结构和激光倍频技术.

2. 掌握激光光路的调整方法.

3. 观察激光的横模,测量激光器注入电流和输出激光功率的关系,测量阈值.

4. 测量不同相位匹配角所对应的倍频光功率,作出角度与倍频光功率的关系图,并找出最佳相位匹配角.

二、仪器设备

LBJ-1 型半导体泵浦激光器.

图 3.18-1 为实验装置示意图,整个装置由光具座系统、准直光源系统和激光器系统组成.

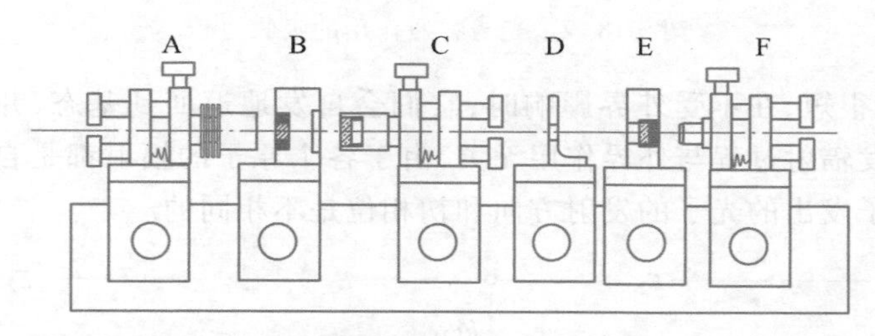

A—泵浦源、耦合透镜和工作物质的组合体(工作物质系统);B—倍频晶体 KTP;
C—输出镜;D—滤光片;E—扩束镜;F—准直光源.

图 3.18-1 实验装置示意图

1. 光具座系统

实验装置中使用三角形导轨稳定性好,配合马蹄形滑块,在滑块移动过程中不会左右晃动,同轴性好.实验中对于工作物质系统(A)、输出镜(C)和准直光源(F),使用四维调整架调节.四维调整架可调范围大,既可以调整在同一平面内的水平、竖直移动,又可以调整俯仰.倍频晶体(B)选用二维调整架,且用可旋转、带刻度的倍频晶体架固定.旋转倍频晶体的角度,可以改变相位角.

2. 准直光源系统

准直光源系统由小孔光阑和准直光源组成.根据光轴高度确定小孔光阑的高度.准直光源选用 650 nm 激光二极管,它的强度可调,可以在调整过程中根据眼睛判断调整光强到适合观察.

3. 激光器系统

各光学元件的参数:工作物质 $Nd^{3+}:YVO_4$,尺寸为 1 mm×3 mm×3 mm.倍频晶体 KTP,尺寸为 2 mm×2 mm×5 mm,相位匹配为Ⅱ类,$\phi=23.5°$,$\theta=90°$.输出镜的曲率半径为

100 mm,口径为 13 mm,厚度为 3 mm,自聚焦柱面透镜的焦距为 2.5 mm.

三、实验原理

1. 光与物质的相互作用

激光束是一种高亮度的定向能束,单色性好,发散角很小,具有优异的相干性.

光与物质的相互作用可以归结为光与原子的相互作用,有三种过程:吸收、自发辐射和受激辐射.

如果一个原子开始处于基态 E_1,在没有外来光子时,它的状态将保持不变,如图 3.18-2(a)所示.如果一个能量为 $h\nu_{21}$ 的光子接近,则它吸收这个光子,处于激发态 E_2,如图 3.18-2(b)所示.在此过程中不是所有的光子都能被原子吸收,只有当外来光子的能量正好等于原子的能级间隔 E_2-E_1 时才能被吸收.

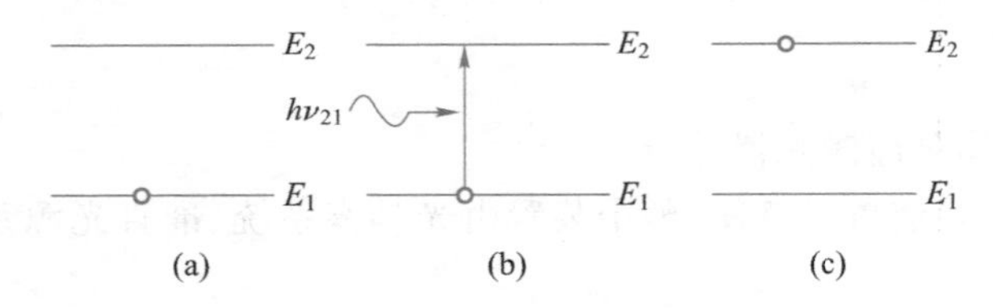

图 3.18-2 光与物质作用的吸收过程

激发态寿命很短,在不受外界影响时,它们会自发地返回到基态,并发出光子,如图 3.18-3 所示.自发辐射过程与外界作用无关,由于各个原子的辐射都是自发的、独立进行的,因而不同原子发出的光子的发射方向和初相位是不相同的.

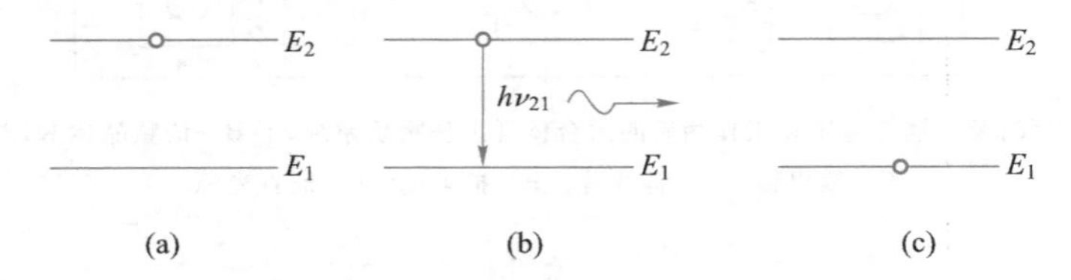

图 3.18-3 光与物质作用的自发辐射过程

处于激发态的原子,在外界光子的影响下,会从高能态向低能态跃迁,并且两个状态间的能量差以辐射光子的形式发射出去,如图 3.18-4 所示.只有外来光子的能量正好为激发态与基态的能级差时,才能引起受激辐射,且受激辐射发出的光子与外来光子的频率、发射方向、偏振态和相位完全相同.激光的产生主要依赖受激辐射过程.

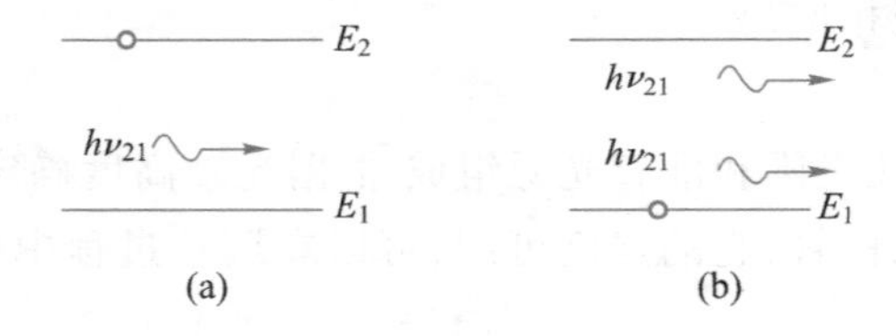

图 3.18-4 光与物质作用的受激辐射过程

2. 激光器结构

激光器主要由工作物质、谐振腔、泵浦源组成.工作物质主要提供粒子数反转.泵浦过

程使粒子从基态 E_1 抽运到激发态 E_3,E_3 上的粒子通过无辐射跃迁(该过程粒子从高能级跃迁到低能级时能量转化为热能或晶格振动能,但不辐射光子)迅速转移到亚稳态 E_2,E_2 是一个寿命较长的能级,这样处于 E_2 上的粒子不断积累,E_1 上的粒子又由于抽运过程而减少,从而实现 E_2 与 E_1 能级间的粒子数反转.图 3.18-5 是三能级系统的示意图.

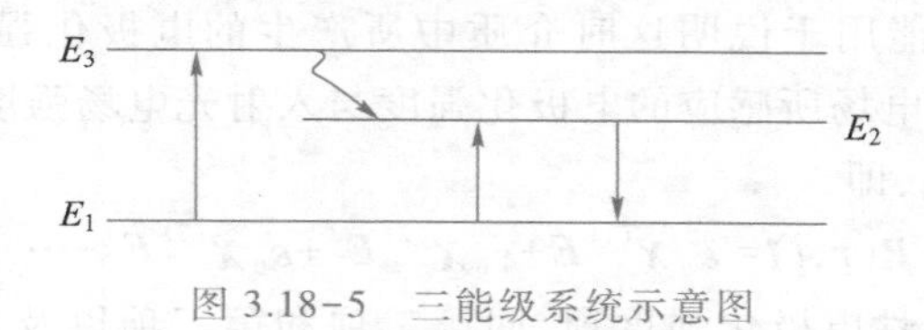

图 3.18-5　三能级系统示意图

激光的产生必须有能提供光学正反馈的谐振腔.处于激发态的粒子由于不稳定而自发辐射到基态,自发辐射产生的光子各个方向都有.偏离轴向的光子很快逸出腔外,只有沿轴向的光子,部分通过输出镜输出,部分被反射回工作物质.这部分光子在两个反射镜间往返多次被放大,形成受激辐射的光放大,即产生激光.

3. 光的倍频原理及实现

光的倍频是一种常用的扩展波段的非线性光学方法.激光倍频是将频率为 ω 的光,通过晶体中的非线性作用,产生频率为 2ω 的光.

在这里,为了更直接地了解光学极化率的物理意义以及其与电极化强度和光场强度之间的关系,我们略去具体的推导过程及变换,简洁地引入光学极化率 $\chi^{(n)}$ 以及微观原子(分子)极化率 α,超极化率 β、γ,来讨论倍频效应的实现过程.

当光与物质相互作用时,物质中的原子会因感应而产生电偶极矩.单位体积内的感应电偶极矩叠加起来,形成电极化强度矢量.电极化强度产生的极化场发射出次级电极辐射.当外场的光电场强度比物质原子的内场强度小得多时,这种感应的电极化强度是空间位置和时间的函数 $\boldsymbol{P}(\boldsymbol{r},t)$,它与入射的光电场强度 $\boldsymbol{E}(\boldsymbol{r},t)$ 之间的关系式为

$$\boldsymbol{P}(\boldsymbol{r},t)=\varepsilon_0\boldsymbol{\chi}^{(1)}\boldsymbol{E}(\boldsymbol{r},t) \tag{3.18-1}$$

式中,ε_0 为真空介电常量;$\boldsymbol{\chi}^{(1)}$ 为介质的线性光学极化率,通常情况下,$\boldsymbol{\chi}^{(1)}$ 是复数张量,如对双折射介质而言,它的各个对角元并不相等.从式(3.18-1)出发,配合电磁波在介质中传播的波动方程:

$$\nabla^2\boldsymbol{E}(\boldsymbol{r},t)-\mu_0\sigma\frac{\partial\boldsymbol{E}(\boldsymbol{r},t)}{\partial t}-\mu_0\varepsilon_0\frac{\partial^2\boldsymbol{E}(\boldsymbol{r},t)}{\partial t^2}=\mu_0\frac{\partial^2\boldsymbol{P}(\boldsymbol{r},t)}{\partial t^2} \tag{3.18-2}$$

人们可以解释介质中存在的吸收、折射和色散等效应.其中 μ_0 是真空磁导率,σ 为介质的电导率.一般来讲,$\boldsymbol{\chi}^{(1)}$ 的实部对应介质体系的折射和色散,而虚部对应介质体系的吸收.

一般而言,介质中的电极化强度 $\boldsymbol{P}(\boldsymbol{r},t)$ 可以按频率做傅里叶变换,有

$$\boldsymbol{P}(\boldsymbol{r},t)=\frac{1}{2}\int_{-\infty}^{\infty}\boldsymbol{P}(\boldsymbol{r},\omega)\mathrm{e}^{-\mathrm{i}\omega t}\mathrm{d}\omega+\mathrm{c.c.} \tag{3.18-3}$$

其中几乎遍及所有极化成分的频率.$\boldsymbol{P}(\boldsymbol{r},\omega)$ 则是 ω 频率成分对应的电极化强度.同样光电场强度相应的表达式为

$$\boldsymbol{E}(\boldsymbol{r},t)=\frac{1}{2}\int_{-\infty}^{\infty}\boldsymbol{E}(\boldsymbol{r},\omega)\mathrm{e}^{-\mathrm{i}\omega t}\mathrm{d}\omega+\mathrm{c.c.} \tag{3.18-4}$$

其中 $\boldsymbol{E}(\boldsymbol{r},\omega)$ 是 ω 频率成分对应的光电场强度.则对于线性极化的矢量表达式为

$$\boldsymbol{P}(\boldsymbol{r},\omega)=\varepsilon_0\boldsymbol{\chi}^{(1)}\boldsymbol{E}(\boldsymbol{r},\omega) \tag{3.18-5}$$

在激光没有出现之前，当有几种不同频率的光波同时与该物质作用时，各种频率的光都线性独立地反射、折射和散射，满足波的叠加原理，不会产生新的频率.

当外界光电场的强度足够大时（如激光），物质对光场的响应与光电场具有非线性关系，式(3.18-1)已经不能用于说明这时介质中所产生的电极化强度与光电场强度的关系，而必须进行修正.光电场所感应的电极化强度与入射光电场强度的关系式中必须考虑光电场强度的高幂次项，即

$$\boldsymbol{P}(\boldsymbol{r},t)=\varepsilon_0\boldsymbol{\chi}^{(1)}\boldsymbol{E}+\varepsilon_0\boldsymbol{\chi}^{(2)}\boldsymbol{E}^2+\varepsilon_0\boldsymbol{\chi}^{(3)}\boldsymbol{E}^3+\cdots \tag{3.18-6}$$

右边第一项即是线性电极化强度项，而第二项和第三项以及更高幂次项，即是非线性光学效应的基本根源.$\boldsymbol{\chi}^{(2)}$、$\boldsymbol{\chi}^{(3)}$分别为二阶及三阶非线性极化率张量，它们以及高阶非线性极化率张量是表征光与物质相互作用的基本参量.

对于单个分子或原子来讲，电场所产生的偶极矩振幅与光电场振幅的关系可写为

$$P=\alpha E+\beta E^2+\gamma E^3+\cdots=P^{(1)}+P^{(2)}+P^{(3)}+\cdots \tag{3.18-7}$$

这里要指出，在凝聚态材料中，由于外光电场的作用，介质内部会产生极化，这种极化的结果会使得原子、分子实际受到的电场强度会不同于外加的光电场强度，即有一个定域场修正因子f，它与介质的特性有关.严格地讲，在β与$\chi^{(2)}$等系数的转换关系中必须考虑定域场因子，但为简单起见，在这里讨论和处理非线性极化率时，先暂不考虑定域场修正问题.式(3.18-7)中α、β、γ、…均由介质决定，且逐次减小，它们的数量级之比为

$$\frac{\beta}{\alpha}=\frac{\gamma}{\beta}=\cdots=\frac{1}{E_{\text{原子}}} \tag{3.18-8}$$

其中$E_{\text{原子}}$为原子中的电场，其量级为$10^8\ \mathrm{V\cdot cm^{-1}}$.当$E$很小时，上式中的非线性项$E^2$、$E^3$等均是小量，可以忽略不计；如果$E$很大时，非线性项就不能忽略.当考虑电场的平方项时：

$$P^{(2)}=\beta E^2=\beta E_0^2\cos^2\omega t=\beta\frac{E_0^2}{2}(1+\cos 2\omega t) \tag{3.18-9}$$

则出现了直流项和二倍频项$\cos 2\omega t$，直流项称为光学整流.当激光以一定角度入射到倍频晶体时，在晶体后产生倍频光，产生倍频光的入射角称为匹配角.

倍频光的转换效率为倍频光与基频光的光强比，通过非线性光学理论可以证明

$$\eta=\frac{I_{2\omega}}{I_\omega}\propto\beta L^2 I_\omega\frac{\sin^2(\Delta kl/2)}{\Delta kl/2} \tag{3.18-10}$$

式中，L为晶体长度，I_ω、$I_{2\omega}$分别为入射的基频光与输出的倍频光的光强，$\Delta k=k_\omega-2k_{2\omega}$，$k_\omega$、$k_{2\omega}$分别为基频光和倍频光的波矢.

在正常色散的情况下，倍频光的折射率$n_{2\omega}$总是大于基频光的折射率，因此相位匹配.双折射晶体中o光和e光的折射率不同，且e光的折射率随着其传播方向与光轴间夹角的变化而改变，可以利用双折射晶体中o光、e光间的折射率差来补偿介质对不同波长光的正常色散，实现相位匹配.

由于连续泵浦激光器不能提供高转换效率所需要的高功率密度，所以，解决该问题的有效方法是腔内倍频，即在激光谐振腔中放入非线性晶体，该腔内的功率约比放入前输出功率大$\frac{1+R}{1-R}$倍，将透射率为T的输出镜换成一个对基波100%反射而对二次谐波

100%透射的输出镜,就能使二次谐波耦合输出谐振腔.从功能上讲,二次谐波晶体类似于一般激光器的透射镜,起到耦合输出镜的作用.此时激光器内的非线性晶体就耦合输出2000 倍于一般的激光器中透射镜耦合输出激光的功率.因为利用了激光腔内功率密度高的优点,所以只需得到与输出镜最佳透过率相等的转换效率,就能将基波输出全部转换成谐波输出.

4. 工作物质

在本实验中所使用的 $Nd^{3+}:YVO_4$ 晶体在脉冲运转时的阈值相对较低.它有两个突出特点,分别是:受激发射截面大,比 $Nd^{3+}:YAG$ 大五倍;对 809 nm 波长存在很宽的吸收带.

钒酸钇是自然双折射晶体,激光输出沿着特殊的 π 方向成线性偏振.偏振输出避免了多余的热致双折射.在这种单轴晶体中,泵浦吸收就是最强的.在 π 方向上,$Nd^{3+}:YVO_4$ 的吸收系数大约是 $Nd^{3+}:YAG$ 的 4 倍.在 $Nd^{3+}:YVO_4$ 中,斯塔克分裂较少,多次跃迁较多,因此,在 809 nm 左右的泵浦波长时,$Nd^{3+}:YVO_4$ 的吸收谱比 $Nd^{3+}:YAG$ 的宽,且没有那么尖,其激光性能更能适应二极管的温度变化.

5. 实验原理图(图 3.18-6)

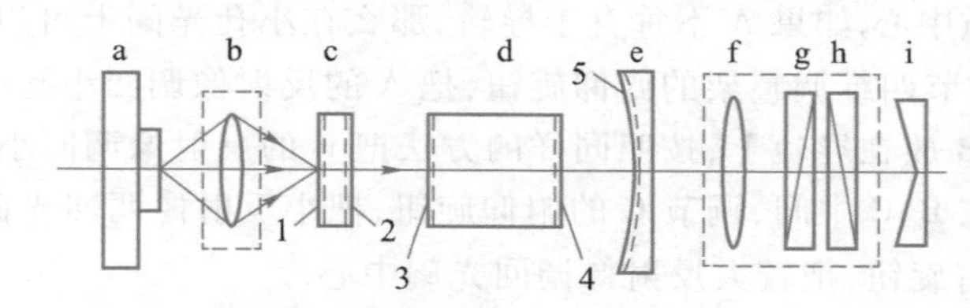

a—激光二极管; b—耦合透镜; c—Nd^{3+}: YVO_4; d—KTP; e—输出镜;

f—扩束镜; g—起偏器; h—检偏器; i—功率计.

图 3.18-6　实验原理图

谐振腔内光学元件各表面镀膜情况:

元件 c 的镀膜:1 面 HR@ 1064 nm、532 nm>99.8%;HT@ 808 nm>95%

　　　　　　　2 面 HT@ 1064 nm、532 nm>99.8%

元件 d 的镀膜:3 面 HT@ 1064 nm、532 nm>99.8%

　　　　　　　4 面 HT@ 1064 nm、532 nm>99.8%

元件 e 的镀膜:5 面 HR@ 1064 nm>99.8%;HT@ 532 nm>90%

实验使用 808 nm LD 泵浦 $Nd^{3+}:YVO_4$ 晶体得到波长为 1064 nm 的近红外激光,再用 KTP 晶体进行腔内倍频得到波长为 532 nm 的绿光.长度为 1 mm 的 $Nd^{3+}:YVO_4$ 晶体作工作介质,泵浦面(1 面)镀 808 nm 增透、1064 nm 和 532 nm 全反膜,此端面直接用作谐振腔的前全反镜.另一面(2 面)镀 1064 nm 和 532 nm 增透膜以降低基频光的腔内损耗,入射到内部的光约 95%被吸收.倍频晶体 KTP 采用Ⅱ类相位匹配,它的通光面同时对 1064 nm和 532 nm 高透,以降低基频光和倍频光的腔内损耗,采用断根面泵浦以提高空间耦合效率.输出镜凹面(5 面)镀 1064 nm 全反和 532 nm 增透膜.1 面和 5 面是构成谐振腔的两个端面,腔形为平凹腔,工作物质受热后弯曲,腔形就变成凹凹腔.采用端面泵浦以提高空间耦合效率,用等焦距为 5 mm 的梯度折射率自聚焦柱面透镜收集 808 nm LD 激光,聚焦成 0.1 μm 的细光束,使光束束腰在 $Nd^{3+}:YVO_4$ 晶体内部.用 650 nm 激光二极管作指示光源.

四、实验内容

1. 全固体激光器的调节

(1) 固定导轨

把导轨放在实验台上,分别调整光具座的四个底脚螺丝,直到导轨稳定(即按住每两个底脚,导轨都不动),再锁定各个底脚螺丝.

(2) 定光轴、调准直光

打开650 nm激光二极管准直光源F,让小孔光阑靠近F,调节F的调整架,使准直光通过小孔.在导轨上拉动小孔光阑,使小孔离F较远处.调节F的调整架,使准直光都可通过小孔中心.经过不断的调节,使小孔在任何位置准直光都可通过小孔中心,最后达到准直光光束与光具座导轨平行.

(3) 利用小孔光阑通过反射像法调整A、B、C光学器件的中心共轴

将小孔光阑贴近A,并打开准直光源,调整A的上下、左右位置,使准直光通过小孔光阑,照到工作物质中心.如果A不垂直于导轨,那么在小孔光阑上可以看到A的反射像偏离小孔中心.再调节四维调整架的俯仰旋钮,把A的反射像调回小孔中心.

调完A后,把B放在导轨上,按照同样的方法把B的反射像调回小孔.再把C放在导轨上,用一白屏放在B、C中间,调节C的俯仰旋钮,把小反射像调回光阑中心.移开白屏,调节C的上下、左右旋钮,把较大反射像调回光阑中心.

在此过程中,A、B、C三个器件紧密靠近,当反射像不明显时,调整准直光光强使之适合调试.

(4) 以上步骤做完后,关闭并撤去准直光电源,打开808 nm LD的电源,LD发出波长为808 nm的泵浦光,波长为808 nm的光经耦合系统聚到Nd^{3+}:YVO_4中,泵浦后Nd^{3+}:YVO_4晶体产生波长为1064 nm的光,经KTP晶体倍频,在输出端输出波长为532 nm绿光.当绿光通过小孔中心时,关闭并撤去准直光源,同时撤去小孔光阑,用功率计接收输出光束,微调A、B、C使功率最高,即完成光路调整.

另外,在第一次调整装置时可能各调整架的中心并没有同光轴,即无论怎么调节调整架都不能使光学器件的中心共轴,或者只有调整架调节幅度很大时才能使光学器件的中心共轴,这时应该调节调整架与滑块的相对位置,使调整架的中心与光轴基本重合.

2. 观察横模

本实验中由LD发出波长为808 nm的光泵浦Nd^{3+}:YVO_4,通过腔内倍频产生连续的绿光,且输出功率较低,约10 mW,因此采用直接观测法:

(1) 在输出镜与光屏之间放置2.5倍扩束镜(使光屏上的激光光斑扩大,便于观察激光模式).

(2) 调整输出镜的俯仰角,观察横模的变化,并记录图形.

3. 测量激光器的参数

(1) 阈值

光在谐振腔内的增益等于损耗时的条件称为阈值条件,这是一个临界条件,只有大

于阈值时激光器才能正常运转,输出激光.

利用功率计接收,不断地降低泵浦能量,一直到某一临界能量高于这个泵浦能量激光器出光,低于此值时激光器不出光.这个临界能量就为该器件的阈值能量.本实验系统改变电流来使泵浦能量改变.

(2) 注入电流-输出功率曲线的绘制($I-P$ 曲线)

先将功率计调零,然后将波长选择为 532 nm 挡,量程选择为 20 mW 挡,调出基模,并将泵浦电流调至最大,逐步减小泵浦电流,记录泵浦电流和所对应的输出功率,绘制$I-P$曲线.

(3) 观察相位匹配对光强的影响

双折射晶体对应于入射光的偏振方向有两个不同的折射率.就是说,某一方向的偏振光的折射率和与之垂直的偏振光的折射率不同.如果充分利用这一特点,就可能满足相位匹配.只要入射光相对于晶体成某一角度,就可以做到入射光的折射率与倍频光的感应折射率相等.相位匹配角指的就是入射光方向与晶体光轴之间的夹角.在同一输入能量下,转动倍频晶体,用功率计接收输出光功率,测量不同角度下的倍频光功率,作出角度与倍频光功率关系图,从图中找出功率最大的相位角,即为最佳相位匹配角.

五、注意事项

1. 实验中激光器输出的光能量高,功率密度大,应避免直射到眼睛.
2. 输出镜与工作物质之间距离应小于 30 mm.
3. KTP 与 Nd^{3+}:YVO_4 应靠近.
4. 不能直接照射准直光源.

六、实验数据及处理

设计数据表格,记录数据,并作出相应的曲线.

七、思考题

1. 相位匹配角是如何影响倍频效率的?
2. 实验中为什么采用内腔式倍频?
3. 试简述灯泵与 LD 泵浦的区别.

实验 3.19 太阳能电池基本特性的测量

太阳能的利用和太阳能电池特性研究是 21 世纪新型能源开发的重点课题.目前硅太阳能电池除应用于人造地球卫星和宇宙飞船外,已大量用于民用领域:如太阳能汽车、太阳能游艇、太阳能收音机、太阳能计算机、太阳能乡村电站等.太阳能是一种清洁、“绿色”能源,因此,世界各国十分重视对太阳能电池的研究和利用.本实验的目的主要是探讨太阳能电池的基本特性.太阳能电池能够吸收光的能量,并将所吸收的光子能量转化为电能.

一、实验目的

1. 了解太阳能电池的主要结构.
2. 测量太阳能电池在光照时的输出伏安特性.
3. 测量太阳能电池的光照特性.

3.19　教学视频

二、仪器设备

光具座及滑块座、具有引出接线的盒装太阳能电池板、刻度尺、碘钨灯白光光源(220 V/100 W)、电阻箱、直流稳压电源、遮光罩(图 3.19-1).

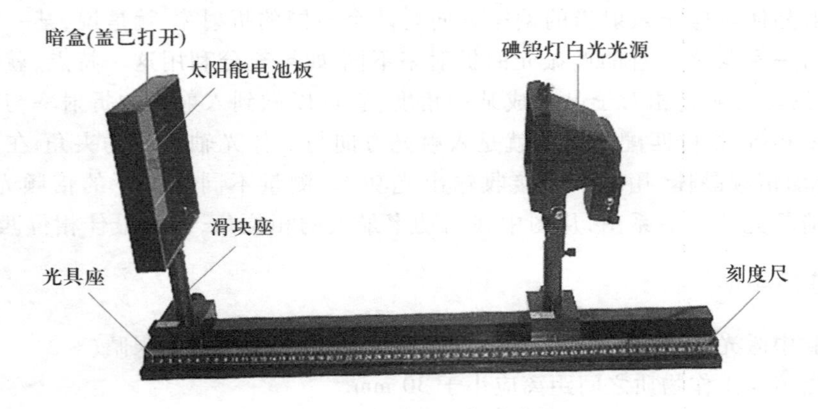

图 3.19-1　部分实验仪器结构图

三、实验原理

太阳能电池在没有光照时其特性可视为一个二极管,在没有光照时其正向偏压 U 与通过电流 I 的关系式为

$$I=I_0\cdot(e^{\beta U}-1) \tag{3.19-1}$$

式中,I_0 和 β 是常量.

由半导体理论,二极管主要是由能隙为 E_c-E_v 的半导体构成,如图 3.19-2 所示. E_c 代表半导体导带,E_v 代表半导体价带.当入射光子能量大于能隙时,光子会被半导体吸收,产生电子和空穴对.电子和空穴对会分别受到二极管之内电场的影响而产生光电流.

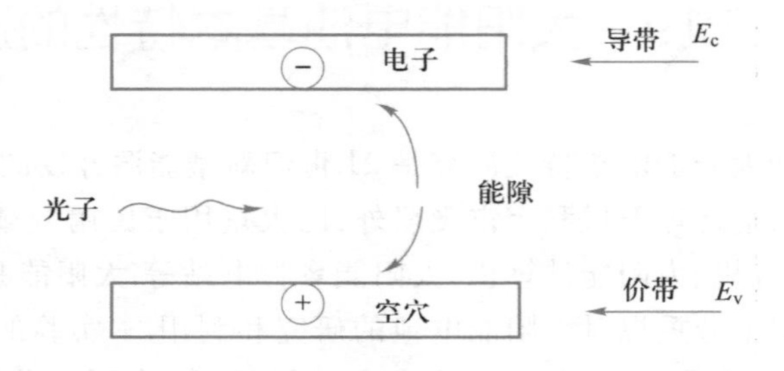

图 3.19-2　电子和空穴在电场的作用下产生光电流

假设太阳能电池的理论模型是由一理想电流源(光照产生光电流的电流源)、一个理想二极管、一个并联电阻 R_{sh} 与一个电阻 R_s 所组成,如图 3.19-3 所示.

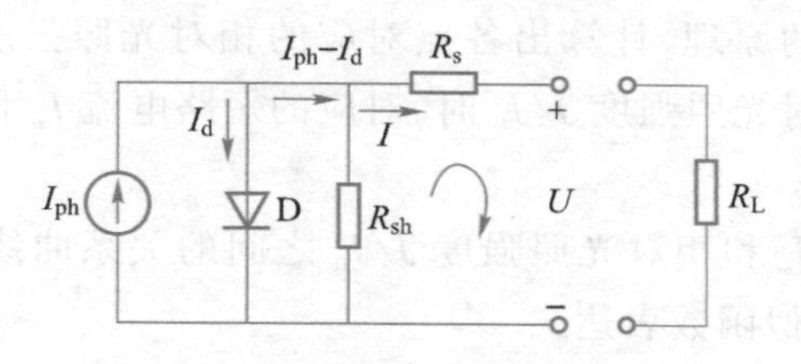

图 3.19-3 太阳能电池的理论模型电路图

图中,I_{ph} 为太阳能电池在光照时的等效电源输出电流,I_d 为光照时通过太阳能电池内部二极管的电流.由基尔霍夫定律得:

$$IR_s+U=(I_{ph}-I_d-I)R_{sh} \tag{3.19-2}$$

式中,I 为太阳能电池的输出电流,U 为输出电压.由(3.19-2)式可得:

$$I\left(1+\frac{R_s}{R_{sh}}\right)=I_{ph}-\frac{U}{R_{sh}}-I_d \tag{3.19-3}$$

假定 $R_{sh}=\infty$ 和 $R_s=0$,太阳能电池可简化为图 3.19-4 所示电路.

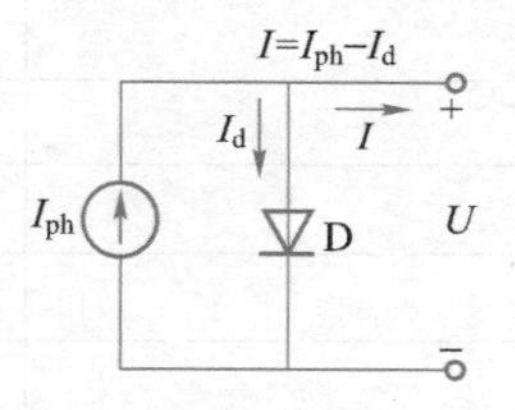

图 3.19-4 太阳能电池的简化电路图

这里,

$$I=I_{ph}-I_d=I_{ph}-I_0(e^{\beta U}-1)$$

在短路时,

$$U=0,\quad I_{ph}=I_{sc}$$

而在开路时,

$$I=0,\quad I_{sc}-I_0(e^{\beta U_{oc}}-1)=0$$

所以有

$$U_{oc}=\frac{1}{\beta}\ln\left(\frac{I_{sc}}{I_0}+1\right) \tag{3.19-4}$$

式(3.19-4)即为在 $R_{sh}=\infty$ 和 $R_s=0$ 的情况下,太阳能电池的开路电压 U_{oc} 和短路电流 I_{sc} 的关系式.其中 U_{oc} 为开路电压,I_{sc} 为短路电流,而 I_0、β 是常量.

四、实验内容

1. 在白光光源照射下,不加偏压,光源到太阳能电池距离保持 25 cm 不变,测量太阳能电池的输出电流 I 对太阳能电池的输出电压 U 的关系,测量结果记录在表 3.19-1 中.

(1) 画出测量线路图.

(2) 测量电池在不同负载电阻下,I 对 U 变化关系,画出 I-U 曲线图.

(3) 用外推法求短路电流 I_{sc} 和开路电压 U_{oc}.

(4) 画出太阳能电池输出功率与负载电阻的关系曲线,求出太阳能电池的最大输出功率和最大输出功率时对应的负载电阻.

(5) 计算填充因子 $FF=P_m/(I_{sc}\cdot U_{oc})$.

2. 测量太阳能电池的光照特性:

在暗箱中(用遮光罩挡光),我们把太阳能电池在距离白光光源 $x_0=25$ cm 的水平距离接收到的光照强度作为标准光照强度 J_0,然后改变太阳能电池到光源的距离 x_i,根据光照强度和距离成反比的原理,计算出各点对应的相对光照强度 $J/J_0=x_0/x_i$ 的数值.测量太阳能电池在不同相对光照强度 J/J_0 时,对应的短路电流 I_{sc} 和开路电压 U_{oc} 的值.测量结果记录在表 3.19-2 中.

(1) 描绘短路电流 I_{sc} 和相对光照强度 J/J_0 之间的关系曲线,求短路电流 I_{sc} 和与相对光照强度 J/J_0 之间近似函数表达式.

(2) 描绘出开路电压 U_{oc} 和相对光照强度 J/J_0 之间的关系曲线,求开路电压 U_{oc} 与相对光照强度 J/J_0 之间近似函数表达式.

五、实验数据及处理

1. 恒定光照下太阳能电池在不加偏压时的伏安特性

表 3.19-1

R/Ω	U_1/V	I/mA	P/mW

2. 太阳能电池短路电流 I_{sc}、开路电压 U_{oc} 与相对光照强度 J/J_0 的对应关系

表 3.19-2

灯与太阳能电池距离 x_i/cm	相对光照强度 J/J_0	I_{sc}/mA	U_{oc}

续表

灯与太阳能电池距离 x_i/cm	相对光照强度 J/J_0	I_{sc}/mA	U_{oc}

六、思考题

1. 太阳能电池是由什么材料做成的？简述它的工作原理.

2. 填充因子是代表太阳能电池性能优劣的一个重要参量，它与哪些物理量有关？如何计算？

实验 3.20 液晶电光效应综合实验

液晶是介于液体与晶体之间的一种物质状态.一般的液体内部分子排列是无序的，而液晶既具有液体的流动性，其分子又按一定规律有序排列，使它呈现晶体的各向异性.当光通过液晶时，会产生偏振面旋转，双折射等效应.液晶分子是含有极性基团的极性分子，在电场作用下，偶极子会按电场方向取向，导致分子原有的排列方式发生变化，从而液晶的光学性质也随之发生改变，这种因外电场引起的液晶光学性质的改变称为液晶的电光效应.

1888 年，奥地利植物学家莱尼茨尔在做有机物溶解实验时，在一定的温度范围内观察到液晶.1961 年美国的海尔迈耶发现了液晶的一系列电光效应，并制成了显示器件.从 20 世纪 70 年代开始，日本公司将液晶与集成电路技术结合，制成了一系列的液晶显示器件，并至今在这一领域保持领先地位.液晶显示器件由于具有驱动电压低（一般为几伏），功耗极小，体积小，寿命长，环保无辐射等优点，在当今各种显示器件的竞争中有很大优势.

一、实验目的

1. 在掌握液晶光开关的基本工作原理的基础上，测量液晶光开关的电光特性曲线，并由电光特性曲线得到液晶的阈值电压和关断电压.

2. 测量驱动电压周期变化时，液晶光开关的时间响应曲线，并由时间响应曲线得到液晶的上升时间和下降时间.

3. 测量由液晶光开关矩阵所构成的液晶显示器的视角特性以及在不同视角下的对比度，了解液晶光开关的工作条件.

二、仪器设备

ZKY-LCDEO-2 型液晶电光效应综合实验仪、示波器

三、实验原理

3.20 教学视频

1. 液晶光开关的工作原理

液晶的种类很多，仅以常用的TN(扭曲向列)型液晶为例，说明其工作原理.

TN型液晶光开关的结构如图3.20-1所示.在两块玻璃板之间夹有正性向列相液晶，液晶分子的形状如同火柴一样，为棍状.棍的长度为十几 Å($1\ \text{Å}=10^{-10}$ m)，直径为4~6 Å，液晶层厚度一般为5~8 μm.玻璃板的内表面涂有透明电极，电极的表面预先做了定向处理(可用软绒布朝一个方向摩擦，也可在电极表面涂取向剂)，这样，液晶分子在透明电极表面就会"躺倒"在摩擦所形成的微沟槽里；电极表面的液晶分子按一定方向排列，且上下电极上的定向方向相互垂直.上下电极之间的那些液晶分子因范德瓦耳斯力的作用，趋向于平行排列.然而由于上下电极上液晶的定向方向相互垂直，所以从俯视方向看，液晶分子的排列从上电极的沿-45°方向排列逐步地、均匀地扭曲到下电极的沿+45°方向排列，整个扭曲了90°.如图3.20-1左图所示.

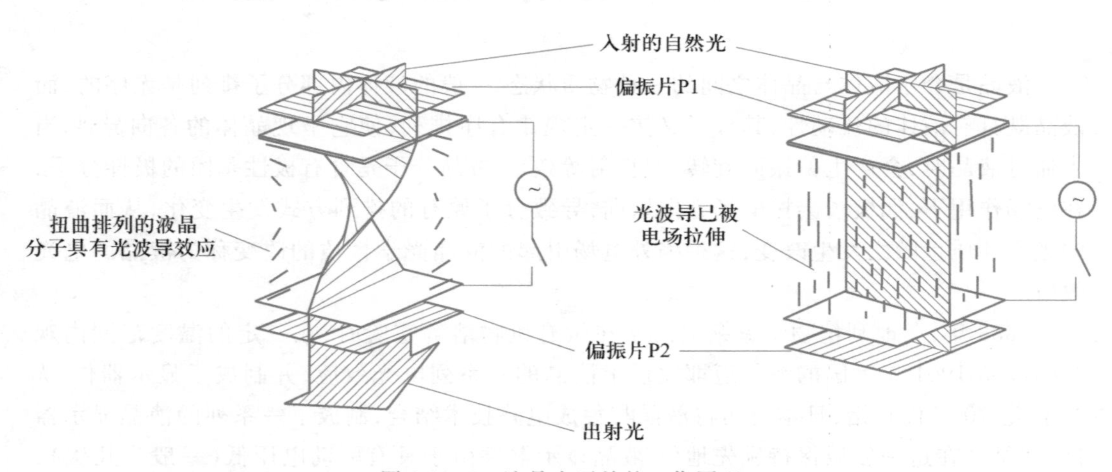

图3.20-1 液晶光开关的工作原理

理论和实验都证明,上述均匀扭曲排列起来的结构具有光波导的性质,即偏振光从上电极表面透过扭曲排列起来的液晶传播到下电极表面时,偏振方向会旋转 90°.

取两张偏振片贴在玻璃的两面,P1 的透光轴与上电极的定向方向相同,P2 的透光轴与下电极的定向方向相同,于是 P1 和 P2 的透光轴相互正交.

在未加驱动电压的情况下,来自光源的自然光经过偏振片 P1 后只剩下平行于透光轴的线偏振光,该线偏振光到达输出面时,其偏振面旋转了 90°.这时光的偏振面与 P2 的透光轴平行,因而有光通过.

在施加足够电压情况下(一般为 1~2 V),在静电场的作用下,除了基片附近的液晶分子被基片"锚定"以外,其他液晶分子趋于平行于电场方向排列.于是原来的扭曲结构被破坏,成了均匀结构,如图 3.20-1 右图所示.从 P1 透射出来的偏振光的偏振方向在液晶中传播时不再旋转,偏振光保持原来的偏振方向到达下电极.这时光的偏振方向与 P2 正交,因而光被关断.

由于上述光开关在没有电场的情况下让光透过,加上电场的时候光被关断,所以称为常通型光开关,该模式称为常白模式.若 P1 和 P2 的透光轴相互平行,则构成常黑模式.

液晶可分为热致液晶与溶致液晶.热致液晶在一定的温度范围内呈现液晶的光学各向异性,溶致液晶是溶质溶于溶剂中形成的液晶.目前用于显示器件的都是热致液晶,它的特性随温度的改变而有一定变化.

2. 液晶光开关的电光特性

图 3.20-2 为光线垂直液晶面入射时本实验所用液晶相对透射率(以不加电场时的透射率为 100%)与外加电压的关系.

由图 3.20-2 可见,对于常白模式的液晶,其透射率随外加电压的升高而逐渐降低,在一定电压下达到最低点,此后略有变化.可以根据此电光特性曲线图得出液晶的阈值电压和关断电压.

阈值电压:透射率为 90%时的驱动电压;

关断电压:透射率为 10%时的驱动电压.

液晶的电光特性曲线越陡,即阈值电压与关断电压的差值越小,由液晶开关单元构成的显示器件允许的驱动路数就越多.TN 型液晶最多允许 16 路驱动,故常用于数码显示.在电脑、电视等需要高分辨率的显示器件中,常采用 STN(超扭曲向列)型液晶,以改善电光特性曲线的陡度,增加驱动路数.

3. 液晶光开关的时间响应特性

加上(或去掉)驱动电压能使液晶的开关状态发生改变,是因为液晶的分子排序发生了改变,这种重新排序需要一定时间,反映在时间响应曲线上,用上升时间 τ_r 和下降时间 τ_d 描述.给液晶开关加上一个如图 3.20-3 上图所示的周期性变化的电压,就可以得到液晶的时间响应曲线,上升时间和下降时间,如图 3.20-3 下图所示.

上升时间:透射率由 10%升到 90%所需时间;

下降时间:透射率由 90%降到 10%所需时间.

液晶的响应时间越短,显示动态图像的效果越好,这是液晶显示器的重要指标.早期的液晶显示器在这方面逊色于其他显示器,现在通过结构方面的技术改进,已达到很好的效果.

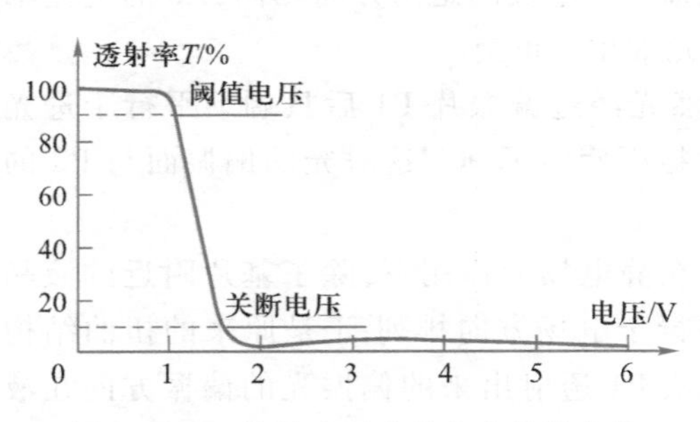

图 3.20-2 液晶光开光的电光特性曲线

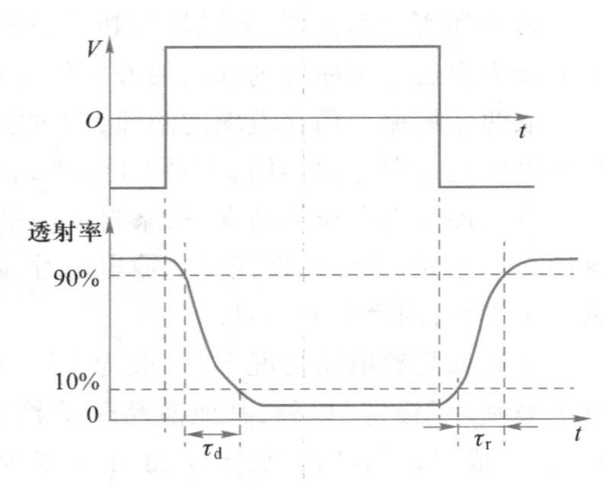

图 3.20-3 液晶驱动电压和时间响应图

4. 液晶光开关的视角特性

液晶光开关的视角特性表示对比度与视角的关系.对比度定义为光开关打开和关断时透射光强度之比,对比度大于 5 时,可以获得满意的图像,对比度小于 2,图像就模糊不清了.

图 3.20-4 表示了某种液晶视角特性的理论计算结果.图 3.20-4 中,用与原点的距离表示垂直视角(入射光线方向与液晶屏法线方向的夹角)的大小.

图中 3 个同心圆分别表示垂直视角为 30°,60°和 90°.90°同心圆外面标注的数字表示水平视角(入射光线在液晶屏上的投影与 0°方向之间的夹角)的大小.图 3.20-4 中的闭合曲线为不同对比度时的等对比度曲线.

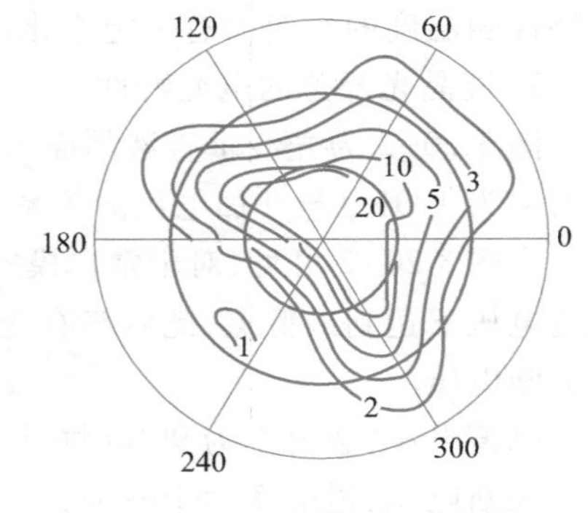

图 3.20-4 液晶的视角特性

由图 3.20-4 可以看出,液晶的对比度与垂直与水平视角都有关,而且具有非对称性.若我们把具有图 3.20-4 所示视角特性的液晶开关逆时针旋转,以 220°方向向下,并由多个显示开关组成液晶显示屏.则该液晶显示屏的左右视角特性对称,在左、右和俯视 3 个方向,垂直视角接近 60°时对比度为 5,观看效果较好.在仰视方向对比度随着垂直视角的加大迅速降低,观看效果差.

5. 液晶光开关构成图像显示矩阵的方法

除了液晶显示器以外,其他显示器靠自身发光来实现信息显示功能.这些显示器的显示方式主要有:阴极射线管显示(CRT)、等离子体显示(PDP)、电致发光显示(ELD)、发光二极管(LED)显示、有机发光二极管(OLED)显示、真空荧光管显示(VFD)、场发射显示(FED).这些显示器因为要发光,所以要消耗大量的能量.

液晶显示器通过对外界光线的开关控制来完成信息显示任务,为非主动发光型显示,其最大的优点在于能耗极低.正因为如此,液晶显示器在便携式装置,例如电子表、万用表、手机、传呼机等的显示应用上具有不可代替地位.下面我们来看看如何利用液晶光开关来实现图像显示任务.

矩阵显示方式,是把图 3.20-5(a)所示的横条形状的透明电极做在一块玻璃片上,称为行驱动电极,简称行电极(常用 X_i 表示),而把竖条形状的电极制在另一块玻璃片上,称为列驱动电极,简称列电极(常用 S_i 表示).把这两块玻璃片面对面组合起来,把液晶灌注在这两片玻璃之间构成液晶盒.为了画面简洁,我们通常将横条形状和竖条形状的 ITO 电极抽象为横线和竖线,分别代表扫描电极和信号电极,如图 3.20-5(b)所示.

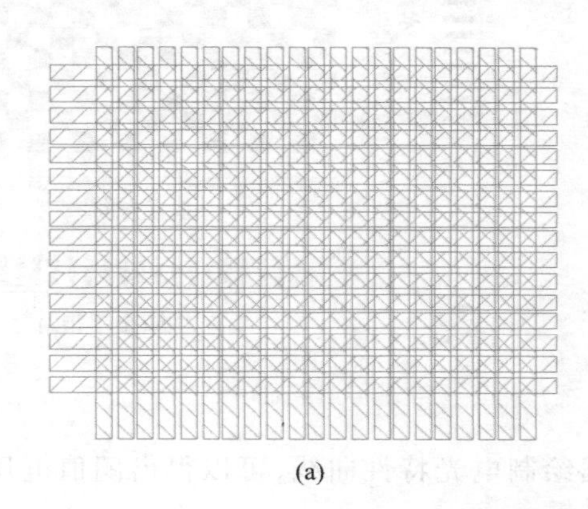
(a)

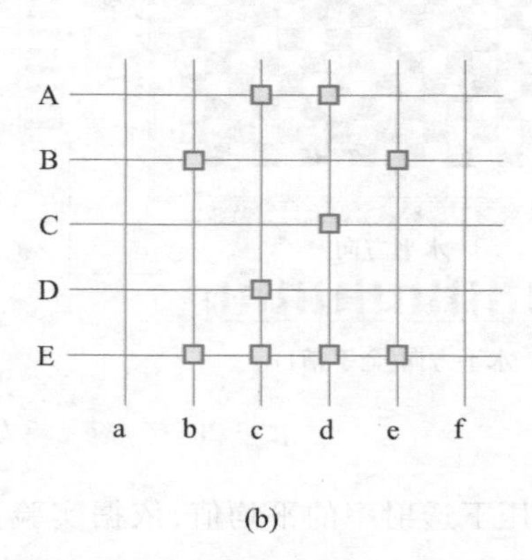

(b)

图 3.20-5　液晶光开关组成的矩阵式图像显示器

矩阵型显示器的工作方式为扫描方式.显示原理可依以下的简化说明做一介绍.

欲显示图 3.20-5(b)所示的那些有方块的像素,首先在第 A 行加上高电平,其余行加上低电平,同时在列电极的对应电极 c、d 上加上低电平,于是 A 行的那些带有方块的像素就被显示出来了.然后第 B 行加上高电平,其余行加上低电平,同时在列电极的对应电极 b、e 上加上低电平,于是 B 行的那些带有方块的像素被显示出来了.然后是第 C 行、第 D 行 …… ,以此类推,最后显示出一整场的图像.这种工作方式称为扫描方式.

这种分时间扫描每一行的方式是平板显示器的共同的寻址方式,依这种方式,可以让每一个液晶光开关按照其上的电压的幅值让外界光关断或通过,从而显示出任意文字和图像.

四、实验内容

实验开始前将液晶板金手指 1(如图 3.20-6)插入转盘上的插槽,液晶凸起面必须正对光源发射方向.打开电源开关,点亮光源,使光源预热 10 分钟左右.

3.20　操作视频

在正式进行实验前,首先需要检查仪器的初始状态,看发射器光线是否垂直入射到接收器;在静态 0 V 供电电压条件下,透射率显示经校准后是否为“100%”.如果显示正确,则可以开始实验.

1. 液晶光开关电光特性测量

将模式转换开关置于静态模式,将透射率显示校准为 100%,按表 3.20-1 的数据改变电压,使得电压值从 0 V 到 5 V 变化,记录相应电压下的透射率数值.重复 3 次并计算

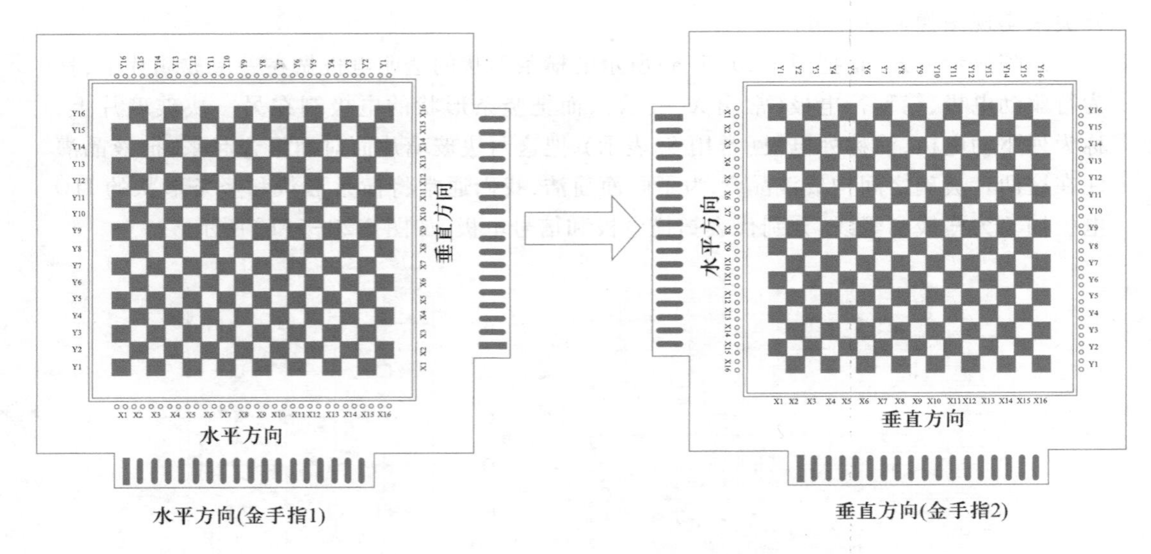

图 3.20-6　液晶板方向(视角为正视液晶屏凸起面)

相应电压下透射率的平均值,依据实验数据绘制电光特性曲线,可以得出阈值电压和关断电压.

2. 液晶的时间响应特性的测量

将模式转换开关置于静态模式,透射率显示调到 100%,然后将液晶供电电压调到 2.00 V,在液晶静态闪烁状态下,用存储示波器观察此光开关时间响应特性曲线,可以根据此曲线得到液晶的上升时间 τ_r 和下降时间 τ_d.

3. 液晶光开关视角特性的测量

(1) 水平方向视角特性的测量

将模式转换开关置于静态模式.首先将透射率显示调到 100%,然后再进行实验.

确定当前液晶板为金手指 1 插入的插槽(如图 3.20-6 所示).在供电电压为 0 V 时,按照表 3.20-2 所列举的角度调节液晶屏与入射激光的角度,在每一角度下测量光强透射率最大值 T_{max}.然后将供电电压设置为 2 V,再次调节液晶屏角度,测量光强透射率最小值 T_{min},并计算其对比度.以角度为横坐标,对比度为纵坐标,绘制水平方向对比度随入射光入射角而变化的曲线.

(2) 垂直方向视角特性的测量

关断总电源后,取下液晶显示屏,将液晶板旋转 90°,将金手指 2(垂直方向)插入转盘插槽(如图 3.20-6 所示).重新通电,将模式转换开关置于静态模式.按照与(1)相同的方法和步骤,可测量垂直方向的视角特性.并记录数据.

4. 液晶显示器显示原理

将模式转换开关置于动态(图像显示)模式.液晶供电电压调到 5 V 左右.

此时矩阵开关板上的每个按键位置对应一个液晶光开关像素.初始时各像素都处于开通状态,按 1 次矩阵开光板上的某一按键,可改变相应液晶像素的通断状态,所以可以利用点阵输入关断(或点亮)对应的像素,使暗像素(或点亮像素)组合成一个字符或文字.以此让学生体会液晶显示器件组成图像和文字的工作原理.矩阵开关板右上角的按键为清屏键,用以清除已输入在显示屏上的图形.

实验完成后,关闭电源开关,取下液晶板妥善保存.

五、实验数据及处理

1. 液晶光开关的电光特性

将模式转换开关置于静态模式,将透射率显示校准为100%,改变电压,使得电压值从0 V到6 V变化,记录相应电压下的透射率数值填入表3.20-1.

表 3.20-1

电压/V		0	0.5	0.8	0.9	1.0	1.1	1.2	1.3	1.4	1.5	1.6	1.7	2.0	3.0	4.0	5.0
透射率/%	1																
	2																
	3																
	平均																

由表3.20-1画出电光特性曲线.

由曲线图可以得出液晶的阈值电压和关断电压.

2. 液晶的时间响应特性

将模式转换开关置于静态模式,透射率显示调到100%,然后将液晶供电电压调到2.00 V,在液晶静态闪烁状态下,用存储示波器或用信号适配器接模拟示波器可以得出液晶的开关时间响应曲线.记录下不同时间的透射率,填入表3.20-2.

表 3.20-2

时间/s																
透射率/%																

根据表3.20-2,画出时间响应曲线.

由表3.20-2和时间响应曲线图可以得到液晶的响应时间.

3. 液晶光开关的视角特性

将模式置于静态模式,将透射率显示调到100%,以水平方向插入液晶板,在供电电压为0 V时,调节液晶屏与入射激光的角度,在每一角度下测量光强透射率最大值T_{max}.然后将供电电压设为2 V,再次调节液晶屏角度,测量光强透射率最小值T_{min},将数据记入表3.20-3中,并计算其对比度.

表 3.20-3

正角度/°	0	5	10	15	20	25	30	35	40	45	50	55	60	65	70	75
T_{max}(0 V)																
T_{min}(2 V)																
T_{max}/T_{min}																

续表

负角度/°	0	5	10	15	20	25	30	35	40	45	50	55	60	65	70	75
T_{max}(0 V)																
T_{min}(2 V)																
T_{max}/T_{min}																

由上表数据可以找出比较好的水平视角显示范围.

将液晶板以垂直方向插入插槽,按照与测量水平方向视角特性相同的方法,测量垂直方向视角特性,并将数据记入表 3.20-4 中.

表 3.20-4

正角度/°	0	5	10	15	20	25	30	35	40	45	50	55	60	65	70	75
T_{max}(0 V)																
T_{min}(2 V)																
T_{max}/T_{min}																
负角度/°	0	5	10	15	20	25	30	35	40	45	50	55	60	65	70	75
T_{max}(0 V)																
T_{min}(2 V)																
T_{max}/T_{min}																

由上表数据可以找出比较好的垂直视角显示范围.

六、注意事项

1. 禁止用光束照射他人眼睛或直视光束本身,以防伤害眼睛!

2. 在进行液晶视角特性实验中,更换液晶板方向时,务必断开总电源后,再进行插取,否则将会损坏液晶板;

3. 液晶板凸起面必须要朝向光源发射方向,否则实验记录的数据为错误数据;

4. 在调节透射率为 100%时,如果透射率显示不稳定,则可能是光源预热时间不够,或光路没有对准,需要仔细检查,调节好光路;

5. 在校准透射率为 100%前,必须将液晶供电电压显示调到 0.00 V 或显示大于“250”,否则无法校准透射率为 100%.在实验中,电压为 0.00 V 时,不要长时间按住“透射率校准”按钮,否则透射率显示将进入非工作状态,本组测试的数据为错误数据,需要重新进行本组实验数据记录.

七、思考题

请简述常黑模式和常白模式液晶光开关的区别.

实验 3.21　红外物理特性及应用

波长范围在 0.75 ~ 1000 μm 的电磁波称为红外波，对红外频谱的研究是光谱学的重要组成部分.对热辐射的深入研究导致了普朗克量子理论的创立，对原子与分子的红外光谱研究，帮助我们洞察它们的电子、振动、旋转的能级结构，并成为材料分析的重要工具.对红外材料的性质，如吸收、发射、反射率、折射率、电光系数等的研究，为它们在各个领域的应用研究奠定了基础.

光纤通信早已成为固定通信网的主要传输技术，人们目前正积极研究将光通信用于微波通信一直占据的宽带无线通信领域.无论光纤通信还是无线光通信，用的都是红外波.这是因为，光纤通信中，由石英材料构成的光纤在 0.8 ~ 1.7 μm 的波段范围内有几个低损耗区，而无线大气通信中，考虑到大气对光波的吸收，散射损耗及避开太阳光散射形成的背景辐射，一般在 0.81 ~ 0.86 μm、1.55 ~ 1.6 μm 两个波段范围内选择通信波长.因此，一般所称的光通信实际就是红外通信.

一、实验目的

3.21　教学视频

1. 了解红外通信的原理及基本特性.
2. 测量部分材料的红外特性.
3. 测量红外发射管和红外接收管的伏安特性.

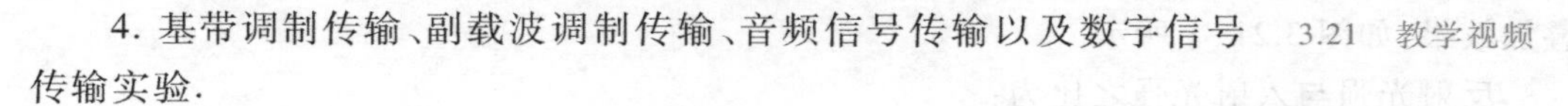

4. 基带调制传输、副载波调制传输、音频信号传输以及数字信号传输实验.

二、实验仪器

ZKY-HWC 型红外通信特性实验仪、示波器、信号发生器.

三、实验原理

1. 红外通信

在现代通信技术中，为了避免信号互相干扰，提高通信质量与通信容量，通常用信号对载波进行调制，用载波传输信号，在接收端再将需要的信号解调还原出来.不管用什么方式调制，调制后的载波要占用一定的频带宽度，如音频信号要占用几千 Hz 的带宽，模拟电视信号要占用 8 MHz 的带宽.载波的频率间隔若小于信号带宽，则不同信号间要互相干扰.能够用作无线电通信的频率资源非常有限，国际国内都对通信频率进行统一规划和管理，仍难以满足日益增长的信息需求.通信容量与所用载波频率成正比，与波长成反比，目前微波波长能做到厘米量级，在开发应用毫米波和亚毫米波时遇到了困难.红外波波长比微波短得多，用红外波作载波，其潜在的通信容量是微波通信无法比拟的，红外通信就是用红外波作载波的通信方式.红外波传输的介质可以是光纤或空间，本实验采用空间传输.

2. 红外材料

光在光学介质中传播时，材料的吸收，散射，会使光波在传播过程中逐渐衰减，对于

确定的介质,光的衰减 dI 与材料的衰减系数 α、光强 I、传播距离 dx 成正比:

$$dI=-\alpha I dx \tag{3.21-1}$$

对上式积分,可得:

$$I=I_0 e^{-\alpha L} \tag{3.21-2}$$

上式中 L 为材料的厚度.

材料的衰减系数是由材料本身的结构及性质决定的,不同的波长衰减系数不同.普通的光学材料由于在红外波段衰减较大,通常并不适用于红外波段.常用的红外光学材料包括:石英晶体及石英玻璃,它在0.14~4.5 μm的波长范围内都有较高的透射率.半导体材料及它们的化合物如锗、硅、金刚石、氮化硅、碳化硅、砷化镓、磷化镓.氟化物晶体如氟化钙、氟化镁.氧化物陶瓷如蓝宝石单晶(Al_2O_3)、尖晶石($MgAl_2O_4$)、氮氧化铝、氧化镁、氧化钇、氧化锆.还有硫化锌、硒化锌以及一些硫化物玻璃、锗硫系玻璃等.

光波在不同折射率的介质表面会反射,入射角为零或入射角很小时反射率:

$$R=\left(\frac{n_1-n_2}{n_1+n_2}\right)^2 \tag{3.21-3}$$

由式(3.21-3)可见,反射率取决于界面两边材料的折射率.由于色散,材料在不同波长的折射率不同.折射率与衰减系数是表征材料光学特性的最基本参量.

材料通常有两个界面,测量到的反射与透射光强是在两界面间反射的多个光束的叠加效果,如图3.21-1所示.

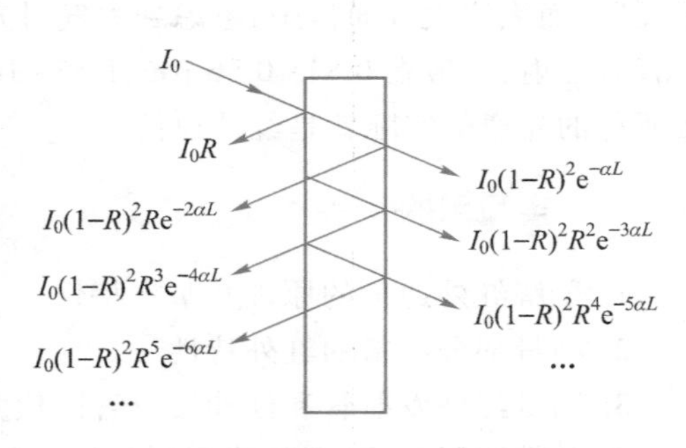

图3.21-1 光在两界面间的多次反射

反射光强与入射光强之比为:

$$\frac{I_R}{I_0}=R[1+(1-R)^2e^{-2\alpha L}(1+R^2e^{-2\alpha L}+R^4e^{-4\alpha L}+L)]=R\left[1+\frac{(1-R)^2e^{-2\alpha L}}{1-R^2e^{-2\alpha L}}\right] \tag{3.21-4}$$

在上式的推导中,用到无穷级数 $1+x+x^2+x^3+\cdots=(1-x)^{-1}$.透射光强与入射光强之比为:

$$\frac{I_T}{I_0}=(1-R)^2e^{-\alpha L}(1+R^2e^{-2\alpha L}+R^4e^{-4\alpha L}+L)=\frac{(1-R)^2e^{-\alpha L}}{1-R^2e^{-2\alpha L}} \tag{3.21-5}$$

原则上,测量出 I_0、I_R、I_T,联立式(3.21-4)、式(3.21-5)两式,可以求出 R 与 α(不一定是解析解).下面讨论两种特殊情况下求 R 与 α.

对于衰减可忽略不计的红外光学材料,$\alpha=0$,$e^{-\alpha L}=1$,此时,由式(3.21-4)可解出:

$$R=\frac{I_R/I_0}{2-I_R/I_0} \tag{3.21-6}$$

对于衰减较大的非红外光学材料,可以认为多次反射的光线经材料衰减后光强度接近零,对图3.21-1中的反射光线与透射光线都可只取第一项,此时:

$$R=\frac{I_R}{I_0} \tag{3.21-7}$$

$$\alpha=\frac{1}{L}\ln\frac{I_0(1-R)^2}{I_T} \tag{3.21-8}$$

空气的折射率为 1,求出反射率后,可由式(3.21-3)解出材料的折射率:

$$n=\frac{1+\sqrt{R}}{1-\sqrt{R}} \tag{3.21-9}$$

很多红外光学材料的折射率较大,在空气与红外材料的界面会产生严重的反射.例如硫化锌的折射率为 2.2,反射率为 14%,锗的折射率为 4,反射率为 36%.为了降低表面反射损失,通常在光学元件表面镀上一层或多层增透膜来提高光学元件的透射率.

3. 发光二极管

红外通信的光源为半导体激光器或发光二极管,本实验采用发光二极管.

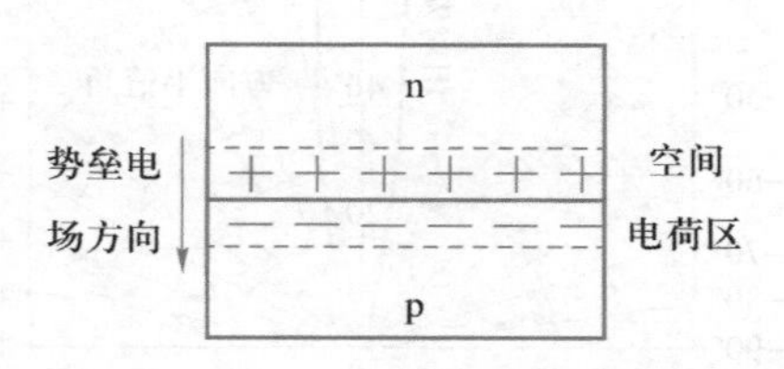

图 3.21-2　半导体 pn 结示意图

发光二极管是由 p 型和 n 型半导体组成的二极管.p 型半导体中有相当数量的空穴,几乎没有自由电子.n 型半导体中有相当数量的自由电子,几乎没有空穴.如图 3.21-2 所示,当两种半导体结合在一起形成 pn 结时,n 区的电子(带负电)向 p 区扩散,p 区的空穴(带正电)向 n 区扩散,在 pn 结附近形成空间电荷区与势垒电场.势垒电场会使载流子向扩散的反方向做漂移运动,最终扩散与漂移达到平衡,使流过 pn 结的净电流为零.在空间电荷区内,p 区的空穴被来自 n 区的电子复合,n 区的电子被来自 p 区的空穴复合,使该区内几乎没有能导电的载流子,又称为结区或耗尽区.

当加上与势垒电场方向相反的正向偏压时,结区变窄,在外电场作用下,p 区的空穴和 n 区的电子就向对方扩散运动,从而在 pn 结附近产生电子与空穴的复合,并以热能或光能的形式释放能量.采用适当的材料,使复合能量以发射光子的形式释放,就构成发光二极管.采用不同的材料及材料组分,可以控制发光二极管发射光谱的中心波长.

图 3.21-3、图 3.21-4 分别为发光二极管的伏安特性与输出特性.从图 3.21-3 可见,发光二极管的伏安特性与一般的二极管类似.从图 3.21-4 可见,发光二极管输出光功率与驱动电流近似呈线性关系.这是因为:驱动电流与注入 pn 结的电荷数成正比,在复合发光的量子效率一定的情况下,输出光功率与注入电荷数成正比.

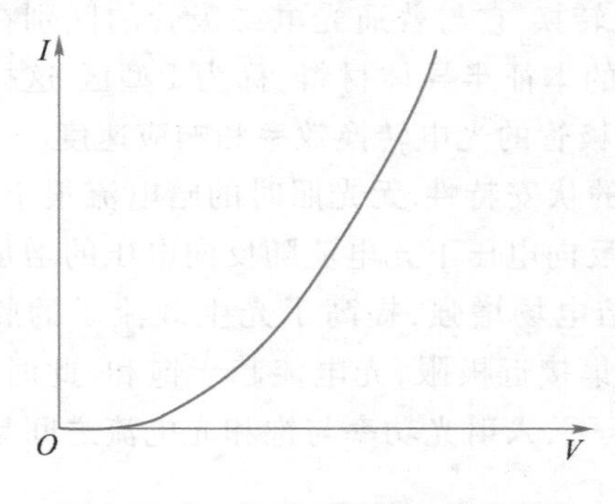

图 3.21-3　发光二极管的伏安特性

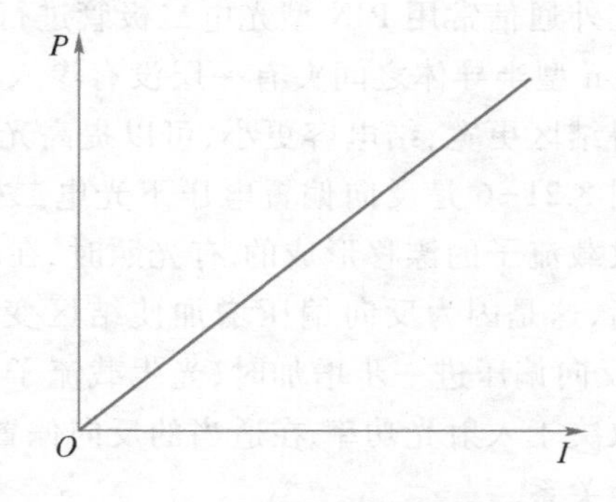

图 3.21-4　发光二极管输出特性

红外发光二极管的发射强度随发射方向而异.其角度特性如图 3.21-5 所示,图中的发射强度是以最大值为基准,当方向角度为零度时,其发射强度定义为 100%.当方向角度增大时，其发射强度相对减少，发射强度如由光轴取其方向角度一半时，其值即为峰值的一半，此角度称为方向半值角，此角度越小即代表元件之指向性越灵敏.

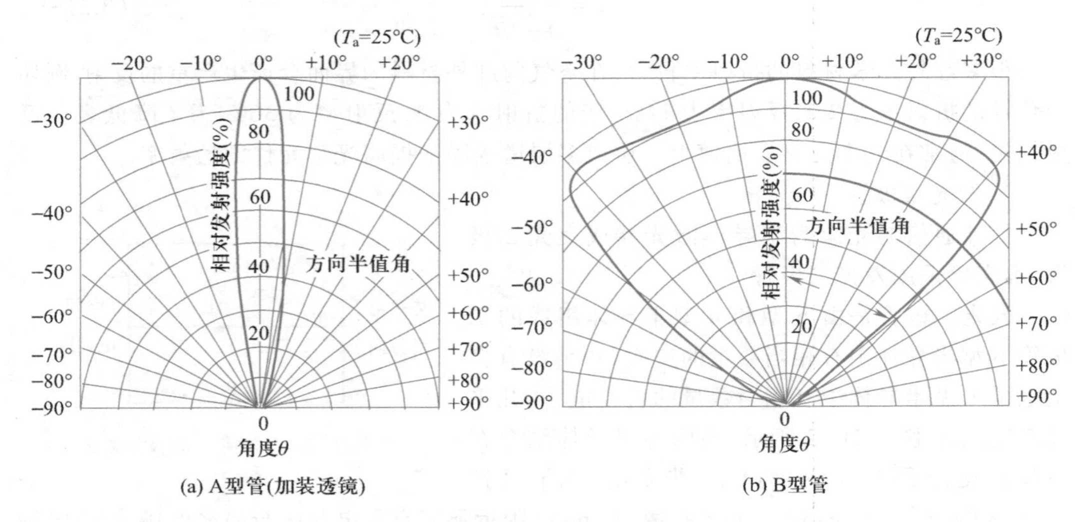

图 3.21-5　两种红外发光二极管的角度特性曲线图

一般所使用的红外发光二极管均附有透镜，使其指向性更灵敏，而图 3.21-5(a)的曲线就是附有透镜的情况，方向半值角大约为±7°.另外每一种型号的红外发光二极管其辐射角度亦有所不同，图 3.21-5 (b)所示曲线为另一种型号的元件的特性，方向半值角大约为±50°.

4. 光电二极管

红外通信接收端由光电二极管完成光电转换.光电二极管是工作在无偏压或反向偏置状态下的 pn 结，反向偏压电场方向与势垒电场方向一致，使结区变宽，无光照时只有很小的暗电流.当 pn 结受光照射时，价电子吸收光能后挣脱价键的束缚成为自由电子，在结区产生电子-空穴对，在电场作用下，电子向 n 区运动，空穴向 p 区运动，形成光电流.

红外通信常用 PIN 型光电二极管进行光电转换.它与普通光电二极管的区别在于在 p 型和 n 型半导体之间夹有一层没有渗入杂质的本征半导体材料，称为 I 型区.这样的结构使得结区更宽，结电容更小，可以提高光电二极管的光电转换效率和响应速度.

图 3.21-6 是反向偏置电压下光电二极管的伏安特性.无光照时的暗电流很小，它是由少数载流子的漂移形成的.有光照时，在较低反向电压下光电流随反向电压的增加有一定升高，这是因为反向偏压增加使结区变宽，结电场增强，提高了光生载流子的收集效率.当反向偏压进一步增加时，光生载流子的收集接近极限，光电流趋于饱和，此时，光电流仅取决于入射光功率.在适当的反向偏置电压下，入射光功率与饱和光电流之间呈较好的线性关系.

图 3.21-7 是光电转换电路，光电二极管接在晶体管基极，集电极电流与基极电流之间有固定的放大关系，基极电流与入射光功率成正比，则流过 R 的电流与 R 两端的电压也与光功率成正比.

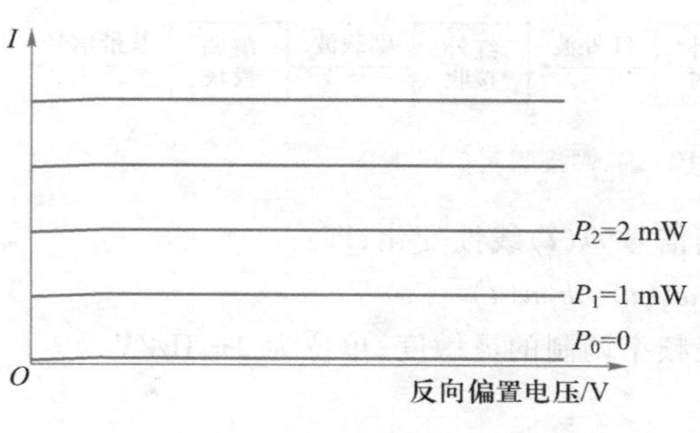

图 3.21-6 光电二极管的伏安特性

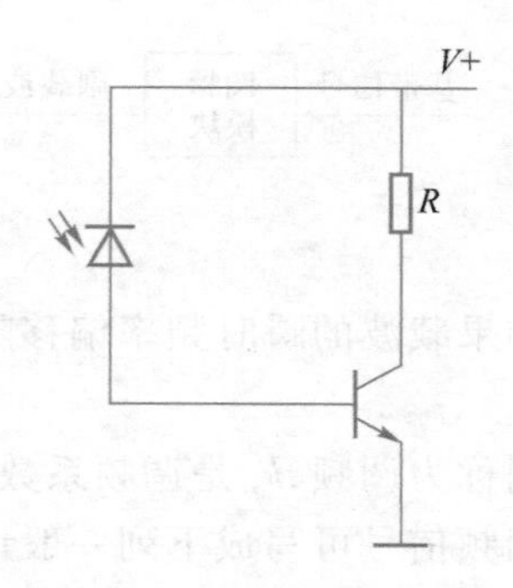

图 3.21-7 简单的光电转换电路

5. 光源的调制

对光源的调制可以采用内调制或外调制.内调制用信号直接控制光源的电流,使光源的发光强度随外加信号变化,内调制易于实现,一般用于中低速传输系统.外调制时光源输出功率恒定,利用光通过介质时的电光效应,声光效应或磁光效应实现信号对光强的调制,一般用于高速传输系统.本实验采用内调制.

图 3.21-8 是简单的调制电路.调制信号耦合到晶体管基极,晶体管作共发射极连接,流过发光二极管的集电极电流由基极电流控制,R_1、R_2 提供直流偏置电流.图 3.21-9是调制原理图,由图 3.21-9 可见,由于光源的输出光功率与驱动电流呈线性关系,在适当的直流偏置下,随调制信号变化的电流变化由发光二极管转换成了相应的光输出功率变化.

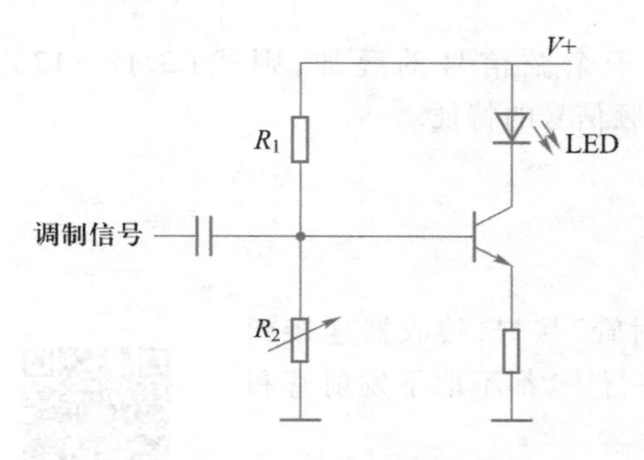

图 3.21-8 简单的调制电路

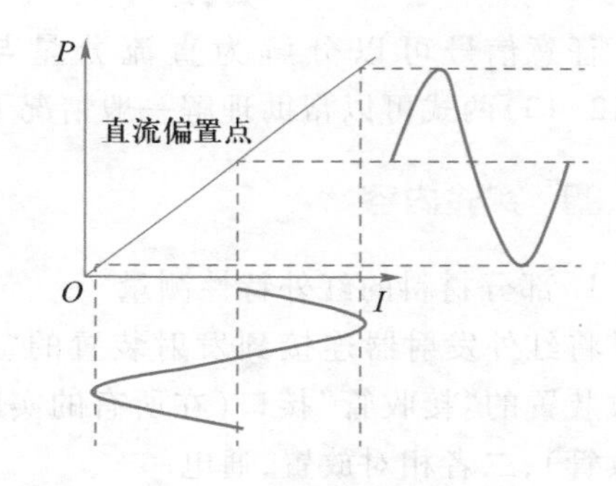

图 3.21-9 调制原理图

6. 副载波调制

由需要传输的信号直接对光源进行调制,称为基带调制.

在某些应用场合,例如有线电视需要在同一根光纤上同时传输多路电视信号,此时可用 N 个基带信号对频率为 $f_1, f_2, \cdots, f_N$ 的 N 个副载波频率进行调制,将已调制的 N 个副载波合成一个频分复用信号,驱动发光二极管.在接收端,由光电二极管还原频分复用信号,再由带通滤波器分离出副载波,解调后得到需要的基带信号.

对副载波的调制可采用调幅,调频等不同方法.调频具有抗干扰能力强,信号失真小的优点,本实验采用调频法.

图 3.21-10 是副载波调制传输框图.

图 3.21-10 副载波调制传输框图

如果载波的瞬时频率偏移随调制信号 $m(t)$ 线性变化,即:

$$\omega_d(t)=k_f m(t) \tag{3.21-10}$$

则称为调频,k_f 是调频系数,代表频率调制的灵敏度,单位为 2π Hz/V.

调频信号可写成下列一般形式:

$$u(t)=A\cos\left[\omega t+k_f\int_0^t m(\tau)\mathrm{d}\tau\right] \tag{3.21-11}$$

式中 ω 为载波的角频率,$k_f\int_0^t m(\tau)\mathrm{d}\tau]$ 为调频信号的瞬时相位偏移.下面考虑两种特殊情况.

假设 $m(t)$ 为电压为 V 的直流信号,则式(3.21-11)可以写为:

$$u(t)=A\cos[(\omega+k_f V)t] \tag{3.21-12}$$

式(3.21-12)表明直流信号调制后的载波仍为余弦波,但角频率偏移了 $k_f V$.

假设 $m(t)=U\cos\Omega t$,则式(3.21-11)可以写为:

$$u(t)=A\cos\left[\omega t+\frac{k_f U}{\Omega}\sin\Omega t\right] \tag{3.21-13}$$

可以证明,已调信号包括载频分量 ω 和若干个边频分量 $\omega\pm n\Omega$,边频分量的频率间隔为 Ω.

任意信号可以分解为直流分量与若干余弦信号的叠加,则式(3.12-12)、式(3.12-13)两式可以帮助理解一般情况下调频信号的特征.

四、实验内容

1. 部分材料的红外特性测量

将红外发射器连接到发射装置的"发射管"接口,接收器连接到接收装置的"接收管"接口(在所有的实验进行中,都不取下发射管和接收管),二者相对放置,通电.

3.21 操作视频

连接电压源输出到发射模块信号输入端2(注意按极性连接),向发射管输入直流信号.将发射系统显示窗口设置为"电压源".接收系统显示窗口设置为"光功率计".

在电压源输出为0时,若光功率计显示不为0,即为背景光干扰或0点误差,记下此时显示的背景值,以后的光强测量数据应是显示值减去该背景值.

调节电压源,使初始光强 $I_0>4$ mW,微调接收器受光方向,使显示值最大.

按照表3.21-1样品编号安装样品(样品测试镜厚度都为2 mm),测量透射光强 I_T.

将接收端红外接收器取下,移到紧靠发光二极管处安装好,微调样品入射角与接收器方位,使接收到的反射光最强,测量反射光强 I_R.将测量数据记入表3.21-1中.

2. 发光二极管的伏安特性与输出特性测量

将红外发射器与接收器相对放置，连接电压源输出到发射模块信号输入端 2（注意按极性连接），微调接收端受光方向，使显示值最大.将发射系统显示窗口设置为“发射电流”，接收系统显示窗口设置为“光功率计”.

调节电压源，改变发射管电流，记录发射电流与接收器接收到的光功率（与发射光功率成正比）.将发射系统显示窗口切换到“正向偏压”，记录与发射电流对应的发射管两端电压.

改变发射电流，将数据记录于表 3.21-2 中.（注：仪器实际显示值可能无法精确的调节到表 3.21-2 中设定值，应按实际调节的发射电流数值为准.）

3. 红外发光二极管角度特性测量

将红外发射器与接收器相对放置，固定接收器.将发射系统显示窗口设置为“电压源”，将接收系统显示窗口设置为“光功率计”.连接电压源输出到发射模块信号输入端 2，微调接收端受光方向，使显示值最大.增大电压源输出，使接收的光功率大于 4 mW.

然后以最大接收光功率点为 0°，记录此时的光功率，以顺时针方向（作为正角度方向）每隔 5°（也可以根据需要调整角度间隔）记录一次光功率，填入表 3.21-3 中.再以逆时针方向（作为负角度方向）每隔 5°记录一次光功率，填入表 3.21-3 中.

4. 光电二极管伏安特性的测量

连接方式同实验内容 2.调节发射装置的电压源，使光电二极管接收到的光功率如表 3.21-3 所示.

调节接收装置的反向偏压调节，在不同输入光功率时，切换显示状态，分别测量光电二极管反向偏置电压与光电流，记录于表 3.21-4 中.

5. 基带调制传输实验

发射管和接收管的连接方式不变.

将信号发生器信号输出接入发射装置信号输入端 1，要求信号频率低于 100 kHz.将电压源输出连接到发射模块信号输入端 2（注意按极性连接），调节电压源为 2.5 V，以提供直流偏置.

将发射装置信号输入观测点接入双踪示波器的其中一路，观测输入信号波形.将接收装置信号输出端的观测点接入双踪示波器的另一路，观测经红外传输后接收模块输出的波形.

观测信号经红外传输后，波形是否失真，频率有无变化，记入表 3.21-5 中.

调节信号发生器输出幅度，当幅度超过一定值后，可观测到接收信号明显失真（参见图 3.21-9），记录信号不失真对应的输入电压范围于表 3.21-5 中.

转动接收器角度以改变接收到的光强，或在红外传输光路中插入衰减板，用遮挡物遮挡，观测对输出的影响，结果记入表 3.21-5 中.

6. 副载波调制传输实验

（1）观测调频电路的电压频率关系

将发射装置中的电压源输出接入 $V-F$ 变换模块的 V 信号输入，用直流信号作调制信号.根据调频原理，直流信号调制后的载波角频率偏移 $k_f V$.将 F 信号输出的“频率测量”接入示波器，观测输入电压与 F 信号输出频率之间的 $V-F$ 变换关系.调节电压源，通过在示波器上读输出信号的周期来换算成频率(也可以直接用频率计读频率).将输出频率 f_V 随电压的变化记入表 3.21-6 中.

(2) 副载波调制传输实验

通过信号发生器,将频率约为 1 kHz,幅度 V_{p-p} 小于 5 V 的正弦信号接入发射装置 $V-F$ 变换模块的外信号输入端,再将 $V-F$ 变换模块 F 信号输出接入发射模块信号输入端 2,用副载波信号作发光二极管调制信号.

此时接收装置接收信号输出端输出的是经光电二极管还原的副载波信号,将接收信号输出接入 $F-V$ 变换模块 F 信号输入端,在 V 信号输出端输出经解调后的基带信号.

用示波器观测基带信号(将"外信号观测"接入示波器),以及经调频,红外传输后解调的基带信号波形($F-V$ 变换模块的"观测点"),传输后的频率可以从 F 信号输入的"频率测量"处测得.将观测情况记入表 3.21-7 中.

基带调制是幅度调制,基带传输实验中,衰减会使输出幅度减小,传输过程的外界干扰容易使信号失真.副载波传输采用频率调制,解调电路的输出只与接收到的瞬时频率有关,可以观察到在一定的范围内,衰减对输出几乎无影响,表明调频方式抗外界干扰能力强,信号失真小.

7. 音频信号传输实验

将发射装置"音频信号输出"接入发射模块信号输入端;

将接收装置"接收信号输出"端接入音频模块音频信号输入端.

倾听音频模块播放出来的音乐.定性观察位置没对正、衰减、遮挡等因素对传输的影响.

8. 数字信号传输实验

若需传输的信号本身是数字形式,或将模拟信号数字化(模数转换)后进行传输,称为数字信号传输,数字传输具有抗干扰能力强,传输质量高;易于进行加密和解密,保密性强;可以通过时分复用提高信道利用率;便于建立综合业务数字网等优点,是今后通信业务的发展方向.

本实验用编码器发送二进制数字信号(地址和数据),并用数码管显示地址一致时所发送的数据.

将发射装置数字信号输出接入发射模块信号输入端,接收装置接收信号输出端接入数字信号解调模块数字信号输入端.

设置发射地址和接收地址,设置发射装置的数字显示.可以观测到,地址一致,信号正常传输时,接收数字随发射数字而改变.地址不一致或光信号不能正常传输时,数字信号不能正常接收.

在改变地址位和数字位的时候,也可以用示波器观察改变时的传输波形(接发射模块的"观测点"),加深对二进制数字信号传输的理解.

五、实验数据及处理

1. 部分材料的红外特性测量

表 3.21-1

初始光强 I_0 =______ mW

材料	样品厚度/mm	透射光强 I_T/mW	反射光强 I_R/mW	反射率 R	折射率 n	衰减系数 α/mm
测试镜 1#						
测试镜 2#						
测试镜 3#						

说明：1#镜片可见与红外都透光，衰减可忽略不计（$\alpha=0$）.2#镜片不透可见光，透红外线，对红外线的衰减可忽略不计.3#镜片对可见光有部分透射率，对红外线衰减严重.

对衰减可忽略不计的红外光学材料，用式（3.21-6）计算反射率，用式（3.21-9）计算折射率.

对衰减严重的材料，用式（3.21-7）计算反射率，用式（3.21-8）计算衰减系数，用式（3.21-9）计算折射率.

2. 发光二极管伏安特性与输出特性测量

表 3.21-2

正向偏压/V										
发射管电流/mA	0	5	10	15	20	25	30	35	40	45
光功率/mW										

以表 3.21-2 数据作所测发光二极管的伏安特性曲线和输出特性曲线，讨论所作曲线与图 3.21-3、图 3.21-4 所描述的规律是否符合.

3. 红外发光二极管角度特性测量

表 3.21-3

转动角度	−30°	−25°	−20°	−15°	−10°	−5°	0°	5°	10°	15°	20°	25°	30°
光功率/mW													

根据表 3.21-3 中的数据，以角度为横坐标，光强为纵坐标，作红外发光二极管发射光强和角度之间的关系曲线，并得出方向半值角（光强超过最大光强 60%的角度）.

4. 光电二极管伏安特性的测量

表 3.21-4

反向偏置电压/V		0	0.5	1	2	3	4	5
$P=0$	光电流/μA							
$P=1$ mW								
$P=2$ mW								
$P=3$ mW								

以表3.21-4数据，作光电二极管的伏安特性曲线.讨论所作曲线与图3.21-6所描述的规律是否符合.

5. 基带调制传输实验

表3.21-5

发光二极管调制电路输入信号			光电二极管光电转换电路输出信号			
波形	频率/kHz	不失真输入电压范围	波形	频率/kHz	信号失真度描述	衰减对输出的影响
正弦波						
方波						

对表3.21-5结果进行定性讨论.

6. 观测调频电路的电压频率关系

表3.21-6

输入电压/V	0	0.2	0.4	0.6	0.8	1.0	1.2	1.4	1.6	1.8	2.0
输出频率f_V/kHz											

以输入电压作横坐标，输出角频率$\omega_V=2\pi f_V$为纵坐标在坐标纸上作图.直线的斜率为调频系数k_f，求出k_f.

7. 副载波调制传输实验

表3.21-7

基带信号		红外传输后解调的基带信号			
幅度/V	频率/kHz	幅度/V	频率/kHz	信号失真程度	衰减对输出的影响

改变输入基带信号的频率（400 Hz~5 kHz）和幅度，转动接收器角度使输入接收器的光强改变，观测$F-V$变换模块输出的波形.

六、思考题

1. 请简述与其他介质相比，红外波作为通信传播介质的优缺点.
2. 请查阅资料，并简要描述LED作为光源其角度特性.

第4章 设计研究性实验

一、设计研究性实验的目的与任务

为了进一步培养学生分析、研究和解决实际问题的能力，本书编入了部分设计研究性实验.设计研究性实验是基础性及综合性实验的延伸，具有探索性和研究性的特点，有利于激发学生探索物理规律的热情，感受科学研究的过程，培养动手能力和创新能力.

设计研究性实验要求学生根据实验要求，应用相关理论，确定实验方法，选择配套仪器设备进行实验，最后写出完整的实验报告.

二、实验原则

1. 实验方案

根据课题所要研究的内容，设计各种可能的实验方案，然后比较各种方案能达到的实验准确度、各自适用条件及实施的可能性，以确定"最佳实验方案".例如，测量本地区的重力加速度，可用单摆、可逆摆、自由落体法和多普勒效应等，各种方法都有各自的优缺点.因此要在实验室所提供的实验条件基础上，通过分析，确定一个误差相对较小、测量方法相对完善的实验方案.

2. 测量方法

实验方案确定后，为使各物理量测量结果的误差最小，需要进行误差来源及误差传递的分析，并结合提供的仪器，确定合适的具体测量方法.因为测量同一个物理量，往往有好几种测量方法可供选择.例如，在用自由落体法测重力加速度实验中，对于时间的测量，可以用光电计时法、火花打点计时法、频闪照相法及用秒表计时等多种具体方法.在仪器已确定的情况下，对某一量的测量，若有几种测量方法可供选择时，则应先选择测量结果误差最小的那种方法.

3. 测量仪器

应在能满足分辨率和精度要求的条件下，尽可能选择实验室现有的仪器.

4. 测量条件

确定测量的最有利条件，也就是确定在什么条件下进行测量引起的误差最小.

电学仪表在准确度等级选定后，还要注意选择合适的量程进行测量，才能使相对误差最小.一般应使测量值在接近满量程处测量.

5. 数据处理方法

可参阅有关的数据处理理论，选用一种既能充分利用测量数据，又符合客观实际的数据处理方法.

6. 实验仪器

需要使用多种仪器时,仪器的合理配套问题比较复杂,一般规定各仪器的分误差对总误差的影响都相同,即按等作用原理选择、配套仪器.

三、教学方式与基本要求

1. 教学方式

设计研究性实验采用指导式、探究式教学方式.学生选定实验课题后,在查阅有关资料和参考书(包括网络资源)的基础上,提出实验方案并按约定的时间到实验室进行实验,对于复杂的实验可分几个时间单元进行.

2. 基本要求

设计研究性实验提出了研究对象和一些基本要求,对实验的难点也做了适当的提示.在学生选定实验课题后,给学生指定一些资料和参考书,要求学生阅读有关参考资料学习相关知识后由学生独立思考、设计实验方案,选择合适的仪器设备,再进行实验,最后处理数据和分析实验结果并写出实验报告.优秀的实验报告可在大组范围做汇报交流.

希望学生通过设计研究性实验的实践,逐步增强进行科学实验的能力和提高自身的科研素质.

实验4.1 固体密度的测定

一、实验目的

1. 了解固体密度的测量原理.
2. 掌握测量规则、不规则固体密度的方法.

二、设计要求

1. 根据固体密度的测量原理,设计多种测量规则、不规则固体密度的方法.
2. 选择合适的实验仪器,并拟定具体的实验步骤.
3. 自拟数据表格,处理实验数据并分析测量不确定度.

三、思考题

1. 本实验中影响测量结果的因素有哪些?
2. 能否用流体静力称衡法测定液体密度? 如果能测,如何测量?
3. 比较几种测量固体密度的方法,说明各自的适用范围和特点.

四、参考文献

[1] 吴泳华,霍剑青,浦其荣.大学物理实验:第1册[M].2版.北京:高等教育出版社,2005.

[2] 崔益和,殷长荣.物理实验[M].苏州:苏州大学出版社,2003.

实验 4.2　重力加速度的测定

一、实验目的

1. 学习测量重力加速度的不同方法.
2. 测量当地的重力加速度.
3. 比较不同方法测得的结果,分析各方法的优缺点.

二、设计要求

1. 查阅相关资料了解测定重力加速度的各种方法及其原理.
2. 选取合适的实验仪器,拟定实验步骤.
3. 设计数据记录表格,完成测量.
4. 分析、评价实验结果.

三、思考题

试分析各测量方法中误差的主要来源,并讨论如何减小误差.

四、参考文献

[1] 杨述武,赵立竹,沈国土,等.普通物理实验(1):力学、热学部分[M].4 版.北京:高等教育出版社,2007.

实验 4.3　碰撞和动量守恒定律的研究

一、实验目的

1. 验证动量守恒定律.
2. 了解完全弹性碰撞和完全非弹性碰撞的特点.

二、设计要求

根据动量守恒定律,设计研究质量近似相等的两个滑块在气垫导轨上的完全弹性碰撞和完全非弹性碰撞.

三、思考题

1. 在完全弹性碰撞的研究中,每次测得的速度是否接近理论公式的计算值,它们的差异有多大?

2. 在完全非弹性碰撞的研究中,每次测得的速度是否接近理论公式的计算值,它们的差异有多大?

3. 比较每次实验中碰撞前后的动量,从中能找出什么规律?

4. 分析本实验中产生误差的原因.

四、参考文献

[1] 方建兴,江美福,魏品良.物理实验[M].苏州:苏州大学出版社,2002.

[2] 李相银,姚安居,杨庆.大学实验物理教程[M].南京:东南大学出版社,2000.

实验4.4　超声波频率的测量

一、实验目的

1. 掌握用共振干涉法和相位比较法测量超声波频率的原理和特点.

2. 选择一种方法测量超声波的频率.

3. 将测量结果与低频信号发生器的输出信号频率进行比较,给出合成不确定度和相对不确定度.

二、设计要求

1. 写出实验原理.

2. 根据实验目的,写出设计该实验所需的仪器,画出实验方框图.

3. 根据所选择的实验方法,写出实验步骤.

4. 设计数据记录表格,完成测量.

5. 由测量结果计算出超声波的频率,计算出合成不确定度和相对不确定度.

三、思考题

1. 为什么要让换能器工作在谐振状态?

2. 为什么接收换能器与发射换能器距离越大,接收信号越弱?

四、参考资料

本书实验3.2.

实验4.5　液体比热容的测定

一、实验目的

1. 学习测量液体比热容的原理和方法.

2. 了解量热实验中产生误差的因素及减小误差的措施.

二、设计要求

1. 根据测液体比热容的实验原理,设计多种测量液体比热容的方法.
2. 选取合适的实验仪器,并拟定具体的实验步骤.
3. 自拟数据记录表格、处理实验数据并分析测量不确定度.
4. 合理评价实验结果,提出减小实验误差、改进实验的方法.

三、思考题

1. 试分析量热过程中影响测量结果的因素有哪些?已采取哪些措施减小实验误差?还可以做哪些改进?
2. 为了减小测量温度的误差,实验中应采取哪些措施?

四、参考文献

[1] 丁慎训,张连芳.物理实验教程[M].2 版.北京:清华大学出版社,2002.
[2] 华中工学院,天津大学,上海交通大学.物理实验[M].北京:高等教育出版社,1981.

实验 4.6　电阻表的组装

一、实验目的

1. 掌握用惠斯通电桥测量表头内阻的方法.
2. 了解电阻表的原理,按要求组装电阻表.
3. 用组装成的电阻表测量未知电阻.

二、设计要求

1. 用惠斯通电桥测量一个 100 μA 表头的内阻.
2. 利用上述表头、两个 ZX21 型电阻箱、一节一号干电池、一个 750 Ω 的滑线变阻器、一只开关以及若干导线组装一个中值电阻为 10 kΩ 的电阻表.
3. 用组装成的电阻表测量一个未知电阻.

三、思考题

1. 用惠斯通电桥测量电阻的原理及方法是什么?用它来测量表头的内阻需要注意流过表头的电流不得超过其量程,试设法解决该问题.
2. 电阻表的工作原理是什么?什么是电阻表的中值电阻?如何确定电阻表中值电阻的大小?在确定了电池的电压和表头的内阻以后,如何使中值电阻等于预定值?
3. 如果电池的电压在某一范围(如 1.35~1.55 V)内变动时,要求电阻表均能工作,则如何设计组装电阻表?
4. 当表头满偏时,对应的待测电阻值是多少?当表头不偏转时,对应的待测电阻值是多少？如何确定流过表头的电流与待测电阻之间的关系？

四、参考资料

本书实验2.15.

五、参考文献

[1] 辽宁省计量局.电学计量[M].北京:中国计量出版社,1988.

实验4.7 用电位差计校准电流表

一、实验目的

1. 了解电位差计的工作原理,掌握电位差计的使用方法.
2. 用UJ24型电位差计校准微安表.

二、设计要求

1. 设计用电位差计校准微安表的电路,画出电路图.
2. 在下述仪器中选取合适的器具,如ZX21型电阻箱、滑线变阻器、稳压电源、电流表、电压表、开关、导线等,并选用合适的参量,利用UJ24型电位差计对一个100 μA、1.5级的微安表进行校准.
3. 校准微安表,并作出校正曲线.

三、思考题

1. 电位差计是用来测量电动势或电压的,如何用它来测量通过电流表的电流？
2. 在校准电流表时,要使通过电流表的电流在电表的整个量程内按要求变动,如何才能达到这个目的？
3. 作电流表的校正曲线,校正值 ΔI 如何计算？如何由电表的指示值,根据校正曲线得到相应的准确电流值？
4. 能否设计一个电路,用电位差计校准一块量程为3 V的电压表？

四、参考文献

[1] 张兆奎.大学物理实验[M].上海:华东化工学院出版社,1994.
[2] 潘人培.物理实验教学参考书[M].北京:高等教育出版社,1990.

实验4.8 电学元件伏安特性的测量

一、实验目的

1. 了解分压器电路的调节特性.

2. 掌握电学元件伏安特性测量的基本方法.

3. 学会分析伏安法中电表内外接引入的误差,正确选择测量电路.

二、设计要求

1. 设计外接法和内接法测量两只阻值相差较大的电阻 R_1 和 R_2 的电路.试分析 R_1 和 R_2 分别适合哪种测量电路.

2. 设计测量二极管正反向特性曲线的电路.对于不同型号的二极管,电压、电流的参数不同,实验前应先了解被测二极管的规格,选择正确的测量范围及电表量程.

三、思考题

1. 如何测出电压表和电流表内阻 R_V 和 R_A?

2. 测量之前,如何选定电表量程? 为什么量程不能选择太大或太小?

四、参考文献

[1] 周殿清.大学物理实验教程[M].武汉:武汉大学出版社,2005.

实验 4.9 用霍耳效应法测量通电线圈的匝数

一、实验目的

1. 掌握霍耳效应及其用它测量磁场的原理.

2. 了解霍耳效应实验仪的构造和使用方法.

3. 利用霍耳效应仪测量通电线圈的匝数.

二、设计要求

1. 利用已知磁场测定霍耳片的霍耳灵敏度 K_H.

2. 测绘通电线圈轴线上的磁感应强度分布曲线.

3. 测出通电线圈的匝数.

三、思考题

1. 霍耳效应存在着多种副效应,它们会造成系统误差.在实验中应采取什么措施来减小由此造成的误差?

2. 现有一个通以电流 I,单位长度匝数为 n 的长直螺线管,其中的磁感应强度是否可以求出? 试写出计算公式.对于实验仪中有限长的螺线管,在它的什么部位,磁感应强度才可以近似认为是在长直螺线管中的磁感应强度?

3. 已知霍耳片的工作电流 I_H、霍耳片所在磁场的磁感应强度 B,测出霍耳电位差 U_H.如何由这些数据求出霍耳灵敏度 K_H? 试写出计算公式.

4. 通电线圈轴线上的磁感应强度分布曲线大致上呈什么形态? 如何根据分布曲线

确定线圈所在的位置以及线圈中心的磁感应强度？

5. 线圈中心的磁感应强度 B 与通过的电流 I、线圈的匝数 N、线圈的半径 R 间存在着下述关系：

$$B=\frac{\mu_0 NI}{2R}$$

其中，$\mu_0=4\pi\times10^{-7}\ \mathrm{T\cdot m\cdot A^{-1}}$为真空中的磁导率.你能根据这个关系式由已知条件求得匝数 N 吗？

四、参考文献

[1] 潘人培.物理实验教学参考书[M].北京：高等教育出版社，1990.

实验 4.10　利用霍耳效应法测量半导体材料的电学参量

一、实验目的

1. 了解霍耳效应法测量半导体材料的电学参量的原理.
2. 设计相应的实验方案，测量提供的半导体材料的电学参量.

二、设计要求

根据实验室提供的半导体材料，设计测量该材料电学参量(霍耳系数、电导率、载流子数密度)的实验方案，配置仪器，拟定实验步骤，测量数据，并分析数据得到测量结果.

三、参考文献

[1] 朱俊杰，刘磁辉，林碧霞，等.范德堡方法在 ZnO 薄膜测试中的应用[J].发光学报，2004，25(3)：317-318.

实验 4.11　利用霍耳传感器测量重力加速度

一、实验目的

1. 了解和掌握霍耳传感器的原理以及工程应用中的霍耳传感器的种类.
2. 通过设计霍耳传感器摆动装置、摆动次数计数电路和摆动时间计时电路测量重力加速度.

二、设计要求

在物理实验中通常采用单摆法和落球法测定重力加速度，在利用单摆法测量周期过程中,将单摆从平衡位置引开,让其自由摆动,当摆动至平衡位置时开始计时,测量 100 个摆动周期所需要的时间,并用平均法计算单摆的周期.由以上可知,影响实验数据误差的因素主要为实验者的测量时间的反应快慢,以及数摆球摆动次数可能出现的错误.如果利用霍耳传感器对实验装置做一定的改进,将大大提高实验的精度,减小实验误差,并减缓实验者的疲劳程度.

整个实验装置总体分成三个部分:霍耳传感器摆动装置、摆动次数计数电路和摆动时间计时电路.工作原理如下:在摆球的平衡点正下方安装一个贴片式开关型霍耳传感器,将摆球的底部打孔并塞入同样大小的磁铁或磁钢;当摆球通过单摆的平衡点时,摆球内的磁场作用于霍耳片,霍耳传感器输出一个低电平信号,该信号经整形电路整形后,同时启动计时电路计时和计数电路计数,当计数次数达到预置的次数时,计数电路输出一个进位信号让计时电路停止计时,并在数码管上静止显示时间.由于单摆完成一个周期的摆动需要经过平衡位置两次,实际上计数电路包括一个 2 分频电路,所以根据显示的时间和次数便可得到平均周期.

三、思考题

如何设计摆动次数计数电路和摆动时间计时电路?

四、参考文献

[1] 贺安之,阎大鹏.现代传感器原理及应用[M].北京:中国宇航出版社,1995.
[2] 赵新民,王祁.智能仪器设计基础[M].哈尔滨:哈尔滨工业大学出版社,1999.
[3] 彭志华.大学物理实验[M].长沙:湖南师范大学出版社,2001.

实验 4.12 用示波器测量电容

一、实验目的

1. 熟悉示波器的工作原理,掌握其使用方法.
2. 了解容抗和感抗的概念,掌握 *RC* 电路放电规律,掌握 *LC* 并联电路和 *RLC* 串联电路总阻抗的计算方法,掌握 *RC* 串联电路总电压与电容 *C* 上电压间相位差的计算方法.
3. 利用示波器测量电容器的电容 *C*.

二、设计要求

设计一种或几种方法,利用示波器测量电容器的电容 *C*,可供选择的元器件有:阻值已知的电阻一只、电感已知的电感器一个、信号发生器一台、示波器一台、导线若干.

三、思考题

1. 如何用示波器来测定信号的电压值及周期信号的频率?
2. 在 *RC* 串联电路中,*R* 两端电压瞬时值 $u_R=iR$,*C* 两端电压瞬时值 $u_C=iZ_C$,总电压

瞬时值为 u,则 u 是否等于 u_R 加上 u_C？总电压的最大值(或有效值) U 是否等于 R 两端电压的最大值(或有效值) u_R 加上电容两端电压的最大值(或有效值) u_C？

3. 根据 RC 电路充放电规律,当 $t=\tau$ 时,u_C 的值应为 E 的多少倍？根据这个关系是否可测量 τ？如可以,试设计测量线路.

4. 由 LC 并联电路的总阻抗表达式分析,当 ω 满足什么条件时总阻抗达到最大.此时并联电路谐振,流过并联电路的总电流最小.能否根据这个关系把谐振时的信号频率 ω_0 测出来？试设计测量线路.

5. 由 LC 串联电路总阻抗的表达式分析,当 ω 满足什么条件时总阻抗达到最小,此时串联电路谐振,流过电路的电流最大(在电压不变的前提下).能否根据这个关系把谐振时的信号频率 ω_0 测出来？试设计测量线路.

四、参考文献

[1] 茅中良.常用电子测量仪器使用与维修手册[M].上海:上海科学技术出版社,1993.

[2] 潘人培.物理实验教学参考书[M].北京:高等教育出版社,1990.

实验 4.13　简易永磁风力发电机的设计与制作

一、实验目的

1. 了解风力发电机的工作原理,加深对电磁理论的理解.
2. 设计制作一台取材容易、成本低的简易风力发电机模型.

二、设计要求

1. 设计简易风力发电机模型结构.
2. 根据现有实验条件,画出各部件结构图.
3. 将各部件组成一台完整简易的风力发电机,并测量相关参数.

三、思考题

如何获得该风力发电机的发电效率？

实验 4.14　简易声控开关的设计与制作

一、实验目的

1. 了解声控开关的工作原理,掌握简单电子线路的设计.
2. 利用较易获得的电子元器件设计并制作一个简易声控开关.

二、设计要求

1. 设计一个简易声控开关的电路图.
2. 根据电子线路图,用所需电子元器件及相关工具制作完成该声控开关.

三、参考文献

[1] 高平.电子线路设计基础[M].北京:化学工业出版社,2007.

实验 4.15　用多种方法测量凹透镜的焦距

一、实验目的

1. 通过测量透镜焦距加深对薄透镜成像规律的认识.
2. 学习光路分析和调节技术.
3. 测量凹透镜的焦距.

二、设计要求

1. 用给定的实验仪器:光具座(或光学导轨)、带遮光罩的光源、箭形孔板、待测透镜、平面反射镜、观察屏等,设计测量凹透镜焦距的多种方案并实施.
2. 画出简单的原理性光路图,并简要说明.
3. 设计数据表格,正确处理数据并分析误差.

三、思考题

1. 在光具座上,如何对光学器件进行同轴等高调节?
2. 在用自准直法测焦距的实验中,当透镜从远处移近物屏时,为什么能在屏上出现两次成像?哪一个才是透镜的自准直像,如何判断它?
3. 用自准直法测量凹透镜焦距时怎样消除透镜光心偏离支座中心线所带来的误差?

四、参考文献

[1] 丁慎训,张连芳.物理实验教程[M].2 版.北京:清华大学出版社,2002.

实验 4.16　自组透射式幻灯机

一、实验目的

1. 了解幻灯机的基本结构和工作原理.
2. 掌握透射式投影光路系统的调节方法.

二、设计要求

设计并组装一台透射式幻灯机，并画出光路图.

可选用的仪器及元件有：光学平台、带有毛玻璃的白炽灯光源、幻灯底片、白屏、干板架、底座和二维调整架若干、凸透镜（焦距分别为 4.5 mm、6.2 mm、15 mm、45 mm、50 mm、70 mm、150 mm、190 mm、225 mm、300 mm）.

三、参考文献

[1] 丁慎训，张连芳.物理实验教程[M].2 版.北京：清华大学出版社，2002.
[2] 吴强.光学[M].北京：科学出版社，2006.

实验 4.17　用劈尖法测量细丝的直径

一、实验目的

1. 观察劈尖等厚干涉条纹.
2. 测量细丝直径 d.

二、设计要求

1. 利用读数显微镜、两片光学玻璃和一根细丝，调出等厚干涉条纹.
2. 导出计算细丝直径的公式，并解释公式中各量的物理意义.
3. 拟定实验步骤，列出数据表格.已知钠光波长 $\lambda=589.3$ nm，求细丝直径.（提示：由于干涉条纹很多，为了简便，可先求出单位长度的暗条纹数 N_0，再测出两玻璃板交线处到细丝处的距离 L.）
4. 若读数显微镜精度 $\Delta_{仪}=0.004$ mm，求细丝的不确定度 u_d.

三、思考题

1. 牛顿环与劈尖干涉条纹有何异同？
2. 本实验看到的干涉条纹是位于何处的？该条纹是定域的还是非定域的？

四、参考文献

[1] 肖苏.物理实验教程[M].合肥：中国科学技术大学出版社，1998.

实验 4.18　测定未知光波波长及角色散率

一、实验目的

1. 了解光栅的主要特性，观察光线通过光栅后的衍射现象.

2. 测定 $k=\pm1$ 时汞灯两条黄谱线波长，并求出光栅的角色散率 D(已知绿谱线的波长为 546.1 nm).

二、设计要求

1. 调节分光计使其达到正常工作状态.写出调节分光计的主要步骤.

2. 正确放置光栅，说明光栅放置要达到什么要求.

3. 利用绿谱线测定光栅常量 d，并测出两条黄谱线波长(测定 $k=\pm1$ 时的谱线)，自拟数据表格.

4. 根据测得的两黄光波长，计算角色散率 D.

5. 设光栅常量 d 的相对不确定度为 0.1%，请估算波长的相对不确定度.

三、思考题

1. 用光栅方程进行测量的条件是什么？在实验中如何判断是否已满足条件？

2. 光线不垂直于光栅平面，而是成 θ 角，公式 $d\sin\phi=k\lambda$ 应做如何修正？

3. 用氦氖激光(波长 $\lambda=632.8$ nm)垂直入射到 500 条每毫米的平面透射光栅上时，最多可看到几级光谱线？

四、参考文献

[1] 姚安居.大学物理实验教程[M].北京：兵器工业出版社，1996.

[2] 潘人培.物理实验教学参考书[M].北京：高等教育出版社，1990.

实验 4.19 测量空气折射率

一、实验目的

1. 学习组装迈克耳孙干涉仪.

2. 掌握在迈克耳孙干涉仪上测量气体折射率的原理及方法.

二、设计要求

推导在迈克耳孙干涉仪上测量空气折射率的公式，利用给出的元件在光学平台上组装迈克耳孙干涉仪，并测量在一个大气压下空气的折射率.

可选用的元件如下：氦氖激光器、扩束镜($f=6.2$ mm)、分束镜、平面反射镜、玻璃气室、气压表、吹气球、可变孔径二维调整架、白屏、二维调整架、底座若干.

三、参考资料

WSZ 系列光学平台实验讲义(自编).

四、参考文献

[1] 吴强.光学[M].北京：科学出版社，2006.

实验4.20 分光计上的综合设计性实验

一、实验目的

1. 进一步熟悉分光计的原理和调节方法.
2. 利用分光计设计完成一些物理量的测量.

二、设计要求

分光计是基本的光学实验仪器,通过精确测量光线偏转角进行介质折射率、光波波长、色散率、微小角度等物理量的测量.

查阅资料,自拟两到三个实验方案,根据实验原理和测量方法,配置仪器及附件,确定实验内容,拟定实验步骤,完成数据处理和分析,撰写实验报告.

三、参考文献

[1] 张雄.分光仪上的综合与设计性物理实验[M].北京:科学出版社,2009.

实验4.21 液体折射率的测定

一、实验目的

1. 掌握各种测量液体折射率的方法和原理.
2. 比较不同方法的测量结果,分析各种方法的优缺点.

二、设计要求

利用实验室现有的仪器及光学元件,设计多种方法测量液体折射率,写出实验原理和理论计算公式,研究测量方法,写出实验内容和步骤;比较、讨论各种方法的优缺点;撰写实验报告.

三、参考文献

[1] 张雄.分光仪上的综合与设计性物理实验[M].北京:科学出版社,2009.
[2] 丁慎训,张连芳.物理实验教程[M].2版.北京:清华大学出版社,2002.

实验 4.22 内调焦望远镜的组装及放大倍率的测定

一、实验目的

1. 通过内调焦望远镜的组装,了解望远镜的基本构造和工作原理.
2. 进一步学习光具组组合的基本原理、各种透镜组焦距的测量方法及其条件分析.
3. 进一步掌握光学系统的共轴调节技术,并学习望远镜放大倍率的测量方法.

二、设计要求

自行设计实验方案,设计测量透镜组焦距的方法,并测量望远镜放大倍率.

三、思考题

选用上面介绍的方法实测组装望远镜的放大率,与设计值比较,分析测量值的误差.

四、参考文献

[1] 国家质量监督检验检疫总局.测量不确定度评定与表示:JJF 1059.1-2012[S].北京:中国标准出版社,2012.
[2] 刘智敏.误差与数据处理[M].北京:原子能出版社,1981.
[3] 李化平.物理测量的误差评定[M].北京:高等教育出版社,1993.
[4] 马清茂.物理实验教程[M].武汉:武汉测绘科技大学出版社,1999.
[5] 潘守清.大学物理实验[M].大连:大连海事大学出版社,1998.
[6] 沈元华,陆申龙.基础物理实验[M].北京:高等教育出版社,2003.
[7] 丁慎训,张连芳.物理实验教程[M].2 版.北京:清华大学出版社,2002.
[8] 周殿清.大学物理实验[M].武汉:武汉大学出版社,2002.

实验 4.23 阿贝成像原理和空间滤波

一、实验目的

1. 理解空间频率和空间频谱的概念.
2. 从信息传递的角度理解透镜成像的过程.
3. 学会用低密度光栅验证阿贝成像原理.
4. 学会用 θ 调制的方法进行假彩色处理.加深对光信息处理原理的理解.

二、设计要求

1873 年,阿贝提出“二次成像理论”,即阿贝成像原理.阿贝成像原理认为物是一系列不同空间频率的集合,入射光经物平面发生夫琅禾费衍射,在透镜焦面(频谱面)上形成一系列衍射光斑,各衍射光斑发出的球面次波在像面上相干叠加,形成像.阿贝成像理论揭示的物理成像过程中频谱的分解与综合,使得人们可以通过物理手段在频谱面上改变物体频谱的组成和分布,从而达到处理和改造图像的目的.

空间滤波是在光学系统的频谱面上放置适当的滤波器,改变物的频谱结构,按照预定的需要使像得到改善的技术.

设计用低密度光栅验证阿贝成像原理的实验装置,利用 θ 调制的方法进行假彩色处理.

三、思考题

1. 如果有一张细节比较模糊的照片,能否通过空间滤波的方法加以改善?

2. 如何用阿贝成像原理来理解显微镜和望远镜的分辨本领受限制的原因?能不能用增加放大倍数的办法来提高其分辨率?

3. 在透镜前焦平面上放一块 100 条每毫米的光栅,在后焦平面上可以看到一排衍射极大值,如果透镜焦距为 5 cm,光波波长为 632.8 nm,其相应的空间频率是多少?

四、参考文献

[1] 崔益和,殷长荣.物理实验[M].苏州:苏州大学出版社,2003.

实验 4.24 θ 调制和颜色合成

一、实验目的

1. 了解空间滤波的概念.
2. 掌握一种颜色合成的方法.
3. 利用光学元件组成 θ 调制光路并观察颜色的合成.

二、设计要求

θ 调制假彩色编码属于空域调制,它是对一张本无色彩的图像,利用空域调制和空间滤波技术,使其实现图像彩色化.其原理是对输入图像的不同区域分别用取向(θ 角)不同的光栅进行调制,当用白光照明时,频谱面上得到色散方向不同的彩色带状谱,其中每一条带状谱对应被某一个方向光栅调制的图形的信息.频谱面上彩色带状谱的色序是按衍射规律分布的.如在该平面上加一适当的滤波器,则可在输出面上得到所需要的彩色图像.滤波器的结构实际上是一个被打了孔的光屏,孔分布在彩色带状谱中所需波长的位置,其他波长的光波均被挡住,于是在像平面上便得到预期的颜色搭配.

根据 $4f$ 系统设计 θ 调制光路并画出光路图,调节 θ 调制频谱滤波器上滑块的过光宽度和过光位置,使白屏上的像出现蓝色的天空、红色的房子和绿色的草地.

可选用的仪器及元件有:光学平台、带有毛玻璃的白炽灯光源 S、准直镜 L_1(f_1 =

225 mm)、θ 调制板(或三维光栅)、傅里叶透镜 L_2(f_2 = 150 mm)、傅里叶透镜 L_3(f_3 = 150 mm)、θ 调制频谱滤波器、白屏、干板架、二维调整架和底座若干.

三、参考文献

[1] 卞松龄,刘木兴.傅里叶光学[M].北京:兵器工业出版社,1989.
[2] 吴强.光学[M].北京:科学出版社,2006.

实验 4.25 激光散斑干涉计量

一、实验目的

1. 了解激光散斑的形成原理与激光散斑干涉计量的原理.
2. 学会拍摄二次曝光散斑图,掌握利用散斑图测量位移的方法.

二、设计要求

设计用激光散斑干涉测量物体微小位移的实验方法.

三、思考题

1. 一直径为 88 mm 的钢质圆盘绕中心转动一很小的角度,如何用激光散斑法测量转盘的转角? 画出实验光路图.
2. 从散斑图干涉条纹的取向上能否判别被测物体的位移方向?
3. 激光散斑位移测量法对全息台的防震有没有要求?
4. 显影、定影处理好的干板是否要进行漂白?

四、参考文献

[1] 崔益和,殷长荣.物理实验[M].苏州:苏州大学出版社,2003.

实验 4.26 全息光栅的制作

一、实验目的

1. 了解制作全息平面光栅和复合光栅的原理和方法.
2. 学会全息台上光学元件的共轴调节技术、扩束与准直基本方法.
3. 熟练地获得和检验平行光,并用几何光学和物理光学方法测定全息光栅的光栅常量.

二、设计要求

自行设计实验方案,制作全息平面光栅和复合光栅,并测定全息光栅的光栅常量.

三、思考题

1. 马赫-曾德尔干涉仪光路一般适合制作几线对每毫米至 400 线对每毫米的低频全息光栅，而制作高于 400 线对每毫米的光栅就比较困难. 试设计制备高频全息光栅（γ = 1000～2000 线对每毫米）的光路.

2. 在马赫-曾德尔干涉仪光路上做怎样的修改就可以拍摄、制作全息光栅?

3. 制作全息光栅成败的关键在哪里? 结合实验谈谈你的体会.

四、参考文献

[1] 国家质量监督检验检疫总局. 测量不确定度评定与表示: JJF 1059.1-2012[S]. 北京: 中国标准出版社, 2012.

[2] 刘智敏. 误差与数据处理[M]. 北京: 原子能出版社, 1981.

[3] 李化平. 物理测量的误差评定[M]. 北京: 高等教育出版社, 1993.

[4] 马清茂. 物理实验教程[M]. 武汉: 武汉测绘科技大学出版社, 1999.

[5] 潘守清. 大学物理实验[M]. 大连: 大连海事大学出版社, 1998.

[6] 吕斯骅, 段家忯. 基础物理实验[M]. 北京: 北京大学出版社, 2002.

[7] 沈元华, 陆申龙. 基础物理实验[M]. 北京: 高等教育出版社, 2003.

[8] 是度芳, 贺渝龙. 基础物理实验[M]. 武汉: 湖北科学技术出版社, 2003.

[9] 丁慎训, 张连芳. 物理实验教程[M]. 2 版. 北京: 清华大学出版社, 2002.

[10] 杨述武, 王定兴. 普通物理实验[M]. 北京: 高等教育出版社, 2000.

[11] 周殿清. 大学物理实验[M]. 武汉: 武汉大学出版社, 2002.

实验 4.27 自组多种干涉光学系统并测量光波波长

一、实验目的

1. 掌握光的干涉理论及产生相干光的方法.

2. 掌握利用干涉法测量光波波长的原理和方法.

二、设计要求

利用光学平台上提供的元件，自组多种干涉光学系统并测量光波波长.

三、参考文献

[1] 吴强. 光学[M]. 北京: 科学出版社, 2006.

四、参考资料

WSZ 系列光学平台实验讲义（自编）.

实验 4.28　可变焦透镜设计

一、实验目的

1. 掌握液晶空间光调制器的基本工作原理,测量液晶空间光调制器的调制特性曲线.

2. 了解菲涅耳波带片的基本原理,设计基于液晶空间光调制器的菲涅耳波带透镜.

二、设计要求

1. 在掌握液晶空间光调制器的基本工作原理的基础上,测量液晶空间光调制器的振幅和相位特性曲线,从而得出液晶灰度与相位延迟的对应关系.

2. 在此基础上利用软件设计系统所需要的菲涅耳波带片,对该成像系统的成像特性进行计算机模拟研究.

3. 研究菲涅耳波带透镜的原理,设计基于液晶空间光调制器的菲涅耳波带透镜.

4. 进行实验验证并分析.将设计的液晶菲涅耳透镜进行实验验证,观察动态聚焦的范围和效果.

三、思考题

1. 什么是振幅调制特性? 什么是相位调制特性?

2. 软件设计的菲涅耳波带片与液晶屏上显示的波带片的尺寸关系是什么?

3. 波带片焦点测量时的注意事项是什么?

四、参考文献

[1] 王新久.液晶光学和液晶显示[M].北京:科学出版社,2006.

[2] 谢毓章.液晶物理学[M].北京:科学出版社,1988.

实验 4.29　利用白光偏振干涉测量光学玻璃内应力

一、实验目的

1. 了解白光偏振干涉理论及产生白光偏振干涉的方法.

2. 掌握白光偏振干涉的颜色与光学玻璃内应力大小的对应关系,设计白光偏振干涉测量光路.

二、设计要求

1. 利用卤素灯、准直透镜、偏振片、零级全波片、白屏等设计白光偏振干涉测量光路.

2. 在白屏上得到彩色的干涉色图像,根据颜色分布的不同确定玻璃内应力的分布情况.

三、思考题

光路中,全波片的作用是什么?

四、参考文献

[1] 梁铨廷.物理光学[M].北京:电子工业出版社,2010.
[2] 汤顺青.色度学[M].北京:北京理工大学出版社,1990.
[3] 汪相.晶体光学[M].南京:南京大学出版社,2009.

实验 4.30 利用塔尔博特效应测量光栅常量

一、实验目的

1. 了解塔尔博特效应的原理.
2. 设计塔尔博特效应测量光路,并测量光栅常量.

二、设计要求

1. 利用氦氖激光器、物镜、准直透镜、光栅、带测微螺杆的一维平移台、白屏等设计塔尔博特效应测量光路.

2. 在白屏上得到塔尔博特效应图像,根据光栅相邻两自成像间的距离计算光栅常量.

三、思考题

试分析塔尔博特效应适合测量的光栅常量范围.

四、参考文献

[1] 陈家璧,苏显渝.光学信息技术原理及应用[M].北京:高等教育出版社,2009.
[2] 苏显渝.信息光学[M].北京:科学出版社,2011.
[3] 吕迺光.傅里叶光学[M].北京:机械工业出版社,1988.

实验 4.31 太阳能电池的应用

一、实验目的

1. 了解和掌握太阳能电池充电和放电的基本原理.
2. 利用太阳能电池组成应急电路和光通信电路的原理和电路设计.

二、设计要求

仪器设备:白光光源碘钨灯(220 V/100 W)、光具座、带暗盒的太阳能电池、JK-7 型传感器专用信号源、黑色有机玻璃遮光罩、电阻箱 1 只、数字式万用表 1 只、九孔实验板、专用导线、各种盒式元器件等.

根据上述提供的仪器设备,选择合适的仪器组合完成下面的设计内容.

1. 利用太阳能电池板对法拉电容进行充电,模拟光伏电能的产生和储存过程,当电容充电充足后约等于 5 V,即相当于一个电池组,可以对外供电.分析相应的电路图,并在九孔实验板上连接相应的元件完成电路.

2. 利用专用的集成升压模块、晶体管组成两种直流升压电路,把利用法拉电容获得的 5 V 电压作为输入电压,经过升压电路后获得 9~12 V 的电压.分析电路图并在九孔实验板上完成电路.

3. 利用升压电路获得的 9~12 V 的电压作为电源,分别利用光敏晶体管和光敏电阻组成光敏应急电路,分析电路图并在九孔实验板上完成电路.

4. 利用升压电路获得的 9~12 V 的电压作为电源,利用发光二极管和光敏晶体管组成简单的音频信号的光通信电路,分析电路图并在九孔实验板上完成电路.

三、思考题

1. 法拉电容有哪些特点? 如何满足使用时的耐压要求?
2. 在设计两种升压电路时选择元器件要注意哪些问题? 在电路连接上有哪些区别?
3. 光敏电阻和光敏晶体管的工作原理和特点是什么?
4. 光通信电路的信号传输原理是什么?

四、参考文献

方荣生.太阳能应用技术[M].北京:机械工业出版社,1985.

实验 4.32　手机摄像头焦距的测量

一、实验目的

1. 通过手机摄像头焦距的测量加深对薄透镜成像规律的认识.
2. 掌握测量手机摄像头焦距的方法.

二、设计要求

1. 查阅测量手机的相关参数,利用直尺,设计方案,测量出该手机摄像头的焦距.
2. 画出简单的原理性光路图,并做简要说明.
3. 设计数据表格,正确处理数据并分析误差.
4. 写出完整的实验报告.

三、思考题

1. 在手机照片文件中可查看到摄像头的焦距值,有些焦距注明是等效焦距,如何利用等效焦距计算出摄像头的实际焦距值?

2. 测量方案中,物距的取值与测量精度之间有何对应关系?

3. 实验过程中,哪些环节容易引入误差?

四、参考文献

[1] Jun Wang, Wenqing Sun. Measuring the focal length of a camera lens in a smart phone with a ruler[J].The Physics Teacher, 2019, 57: 54.

附表

附表 1　国际单位制的基本单位

量的名称	单位名称	单位符号
长度	米	m
质量	千克(公斤)	kg
时间	秒	s
电流	安[培]	A
热力学温度	开[尔文]	K
物质的量	摩[尔]	mol
发光强度	坎[德拉]	cd

附表 2　包括 SI 辅助单位在内的具有专门名称的 SI 导出单位

量的名称	单位名称	单位符号	用 SI 基本单位和 SI 导出单位表示
[平面]角	弧度	rad	1 rad = 1 m/m = 1
立体角	球面度	sr	$1\ \mathrm{sr} = 1\ \mathrm{m^2/m^2} = 1$
频率	赫[兹]	Hz	$1\ \mathrm{Hz} = 1\ \mathrm{s^{-1}}$
力	牛[顿]	N	$1\ \mathrm{N} = 1\ \mathrm{kg \cdot m/s^2}$
压力,压强,应力	帕[斯卡]	Pa	$1\ \mathrm{Pa} = 1\ \mathrm{N/m^2}$
能[量],功,热量	焦[耳]	J	1 J = 1 N · m
功率,辐[射能]通量	瓦[特]	W	1 W = 1 J/s
电荷[量]	库[仑]	C	1 C = 1 A · s
电压,电动势,电位,(电势)	伏[特]	V	1 V = 1 W/A
电容	法[拉]	F	1 F = 1 C/V
电阻	欧[姆]	Ω	1 Ω = 1 V/A
电导	西[门子]	S	$1\ \mathrm{S} = 1\ \Omega^{-1}$
磁通[量]	韦[伯]	Wb	1 Wb = 1 V · s
磁通[量]密度,磁感应强度	特[斯拉]	T	$1\ \mathrm{T} = 1\ \mathrm{Wb/m^2}$
电感	亨[利]	H	1 H = 1 Wb/A
摄氏温度	摄氏度	℃	1 ℃ = 1 K

续表

量的名称	单位名称	单位符号	用 SI 基本单位和 SI 导出单位表示
光通量	流[明]	lm	1 lm=1 cd·sr
[光]照度	勒[克斯]	lx	$1\ lx=1\ lm/m^2$
[放射性]活度	贝可[勒尔]	Bq	$1\ Bq=1\ s^{-1}$
吸收剂量 比授[予]能 比释动能	戈[瑞]	Gy	1 Gy=1 J/kg
剂量当量	希[沃特]	Sv	1 Sv=1 J/kg

附表 3　常用物理常量

物理量	符号	数值	单位	相对标准不确定度
真空中的光速	c	299792458	$m\cdot s^{-1}$	精确
普朗克常量	h	6.62607015×10^{-34}	J·s	精确
约化普朗克常量	$h/2\pi$	$1.054571817\cdots\times10^{-34}$	J·s	精确
元电荷	e	$1.602176634\times10^{-19}$	C	精确
阿伏伽德罗常量	N_A	6.02214076×10^{23}	mol^{-1}	精确
摩尔气体常量	R	$8.314462618\cdots$	$J\cdot mol^{-1}\cdot K^{-1}$	精确
玻耳兹曼常量	k	1.380649×10^{-23}	$J\cdot K^{-1}$	精确
理想气体的摩尔体积（标准状态下）	V_m	$22.41396954\cdots\times10^{-3}$	$m^3\cdot mol^{-1}$	精确
斯特藩-玻耳兹曼常量	σ	$5.670374419\cdots\times10^{-8}$	$W\cdot m^{-2}\cdot K^{-4}$	精确
维恩位移定律常量	b	2.897771955×10^{-3}	m·K	精确
引力常量	G	$6.67430(15)\times10^{-11}$	$m^3\cdot kg^{-1}\cdot s^{-2}$	2.2×10^{-5}
真空磁导率	μ_0	$1.25663706212(19)\times10^{-6}$	$N\cdot A^{-2}$	1.5×10^{-10}
真空电容率	ε_0	$8.8541878128(13)\times10^{-12}$	$F\cdot m^{-1}$	1.5×10^{-10}
电子质量	m_e	$9.1093837015(28)\times10^{-31}$	kg	3.0×10^{-10}
电子荷质比	$-e/m_e$	$-1.75882001076(53)\times10^{11}$	$C\cdot kg^{-1}$	3.0×10^{-10}
质子质量	m_p	$1.67262192369(51)\times10^{-27}$	kg	3.1×10^{-10}
中子质量	m_n	$1.67492749804(95)\times10^{-27}$	kg	5.7×10^{-10}
里德伯常量	R_∞	$1.0973731568160(21)\times10^{7}$	m^{-1}	1.9×10^{-12}
精细结构常数	α	$7.2973525693(11)\times10^{-3}$		1.5×10^{-10}
精细结构常数的倒数	α^{-1}	137.035999084(21)		1.5×10^{-10}
玻尔磁子	μ_B	$9.2740100783(28)\times10^{-24}$	$J\cdot T^{-1}$	3.0×10^{-10}

续表

物理量	符号	数值	单位	相对标准不确定度
核磁子	μ_N	$5.0507837461(15)\times10^{-27}$	$J\cdot T^{-1}$	3.1×10^{-10}
玻尔半径	a_0	$5.29177210903(80)\times10^{-11}$	m	1.5×10^{-10}
康普顿波长	λ_C	$2.42631023867(73)\times10^{-12}$	m	3.0×10^{-10}
原子质量常量	m_u	$1.66053906660(50)\times10^{-27}$	kg	3.0×10^{-10}

注:表中数据为国际科学联合会理事会科学技术数据委员会(CODATA)2018年的国际推荐值.

附表4　液体的黏度

液体	温度/℃	η/(μPa·s)	液体	温度/℃	η/(μPa·s)
汽油	0	1788	葵花子油	20	50000
	18	530	甘油	-20	134×10^6
甲醇	0	817		0	120×10^6
	20	584		20	1499×10^3
乙醇	-20	2780		100	12945
	0	1780	蜂蜜	20	650×10^4
	20	1190		80	100×10^3
乙醚	0	296	鱼肝油	20	45600
	20	243		80	4600
水	0	1787.8	水银	-20	1855
	20	1004.2		0	1685
	100	282.5		20	1554
变压器油	20	19800		100	1224
蓖麻油	10	242×10^4			

附表5　20 ℃时常用固体和液体的密度

物质	密度 ρ/($kg\cdot m^{-3}$)	物质	密度 ρ/($kg\cdot m^{-3}$)
铝	2698.9	窗玻璃	2400~2700
铜	8960	冰	880~920
铁	7874	甲醇	792
银	10500	乙醇	789.4
金	19320	乙醚	714
钨	19300	汽车用汽油	710~720
铂	21450	氟利昂-12	1329

续表

物质	密度 $\rho/(kg \cdot m^{-3})$	物质	密度 $\rho/(kg \cdot m^{-3})$
铅	11350	变压器油	840~890
锡	7298	甘油	1260
水银	13546.12	蜂蜜	1435
钢	7600~7900	石蜡	870~930
石英	2500~2800	泡沫塑料	22~33
水晶玻璃	2900~3000		

附表 6　标准大气压下不同温度的水的密度

温度 t/℃	密度 $\rho/(kg \cdot m^{-3})$	温度 t/℃	密度 $\rho/(kg \cdot m^{-3})$	温度 t/℃	密度 $\rho/(kg \cdot m^{-3})$
0	999.841	17	998.774	34	994.371
1	999.900	18	998.595	35	994.031
2	999.941	19	998.405	36	993.68
3	999.965	20	998.203	37	993.33
4	999.973	21	997.992	38	992.96
5	999.965	22	997.770	39	992.59
6	999.941	23	997.538	40	992.21
7	999.902	24	997.296	41	991.83
8	999.849	25	997.044	42	991.44
9	999.781	26	996.783	50	988.04
10	999.700	27	996.512	60	983.21
11	999.605	28	996.232	70	977.78
12	999.498	29	995.944	80	971.80
13	999.377	30	995.646	90	965.31
14	999.244	31	995.340	100	958.35
15	999.099	32	995.025		
16	998.943	33	994.702		

附表 7　水的沸点(℃)随压强 p(mmHg)的变化表

p	0	1	2	3	4	5	6	7	8	9
730	98.83	98.92	98.95	98.99	99.03	99.07	99.11	99.14	99.18	99.22
740	99.26	99.29	99.33	99.37	99.41	99.44	99.48	99.52	99.56	99.59
750	99.63	99.67	99.70	99.74	99.78	99.82	99.85	99.89	99.93	99.96
760	100.00	100.04	100.07	100.11	100.15	100.18	100.22	100.26	100.29	100.33

附表 8　海平面上不同纬度处的重力加速度

纬度 φ/(°)	g/(m·s^{-2})	纬度 φ/(°)	g/(m·s^{-2})
0	9.78049	50	9.81079
10	9.78204	60	9.81924
20	9.78652	70	9.82614
30	9.79338	80	9.83065
40	9.80180	90	9.83221

注:上述数值根据公式 $g=9.78049(1+0.005288\sin^2\varphi-0.000006\sin^2 2\varphi)$ m·s^{-2}计算(与经度无关).

附表 9　某些金属和合金的电阻率及其温度系数

金属或合金	电阻率/(μΩ·m)	温度系数/℃$^{-1}$	金属或合金	电阻率/(μΩ·m)	温度系数/℃$^{-1}$
铝	0.028	42×10^{-4}	锌	0.059	42×10^{-4}
铜	0.0172	43×10^{-4}	锡	0.12	44×10^{-4}
银	0.016	40×10^{-4}	水银	0.958	10×10^{-4}
金	0.024	40×10^{-4}	武德合金	0.52	37×10^{-4}
铁	0.098	50×10^{-4}	钢(0.10%~0.15%碳)	0.10~0.14	6×10^{-4}
铅	0.205	37×10^{-4}	康铜	0.47~0.51	$(-0.04\sim+0.01)\times10^{-3}$
铂	0.105	39×10^{-4}	铜锰镍合金	0.34~1.00	$(-0.03\sim+0.02)\times10^{-3}$
钨	0.055	43×10^{-4}	镍铬合金	0.98~1.10	$(0.03\sim0.4)\times10^{-3}$

注:电阻率跟金属中的杂质有关,因此表中列出的只是 20 ℃时电阻率的平均值.

附表 10　不同金属或合金与铂(化学纯)构成热电偶时的热(温差)电动势

(热端在 100 ℃,冷端在 0 ℃时)

金属或合金	热电动势/mV	连续使用温度/℃	短时使用最高温度/℃
95%Ni+5%(Al,Si,Mn)	−1.38	1000	1250
钨	+0.79	2000	2500
手工制造的铁	+1.87	600	800
康铜(60%Cu+40%Ni)	−3.5	600	800
制导线用铜	+0.75	350	500
镍	−1.5	1000	1100
80%Ni+20%Cr	+2.5	1000	1100
90Ni+10%Cr	+2.71	1000	1250
银	+0.72	600	700

注:1. 表中热电动势的"+"或"−"表示电极与铂组成热电偶时,其热电动势是正或负.当热电动势为正时,处于 0 ℃的热电偶一端的电流由金属(总合金)流向铂.

2. 为了确定用表中所列任何两种材料构成的热电偶的热电动势,应取这两种材料的热电动势的差值.例如,铜−康铜热电偶的热电动势等于[+0.75−(−3.50)]mV=4.25 mV.

附表 11 标准化热电偶

名称	型号	100℃时的热电动势/mV	使用温度/℃		热电动势对分度的允许误差/℃			
			长期	短期	温度	允差	温度	允差
铂铑-铂	WRLB	0.643	0~1300	1600	≤600	±2.4	>600	±0.4%t
铂铑-铂	WRLL	0.340	0~1600	1800	≤600	±3	>600	±0.5%t
镍铬-镍硅	WREU	4.10	0~1000	1200	≤400	±4	>400	±0.75%t
镍铬-康铜	WREA	6.95	0~600	800	≤400	±4	>400	±1%t

附表 12 20 ℃时常用金属的杨氏模量

金属	杨氏模量 E/(10^9 Pa)	金属	杨氏模量 E/(10^9 Pa)
铝	69~70	锌	78
钨	407	镍	203
铁	186~206	铬	235~245
铜	103~127	合金钢	206~216
金	77	碳钢	196~206
银	69~80	康铜	160

注：杨氏模量与材料的结果、化学成分及其加工制造方法有关.因此，在某些情形下，E 的值可能与表中所列的平均值不同.

附表 13 固体的线膨胀系数

物质	温度或温度范围/℃	线膨胀系数 α/(10^{-6}℃$^{-1}$)
铝	0~100	23.8
铜	0~100	17.1
铁	0~100	12.2
金	0~100	14.3
银	0~100	19.6
钢(0.05%碳)	0~100	12.0
康铜	0~100	15.2
铅	0~100	29.2
锌	0~100	32
铂	0~100	9.1
钨	0~100	4.5
石英玻璃	20~200	0.53
窗玻璃	20~200	9.5
花岗石	20	6~9
瓷器	20~700	3.4~4.1

附表 14 在不同温度下与空气接触的水的表面张力系数

温度/℃	$\sigma/(10^{-3}N\cdot m^{-1})$	温度/℃	$\sigma/(10^{-3}N\cdot m^{-1})$	温度/℃	$\sigma/(10^{-3}N\cdot m^{-1})$
0	75.62	16	73.34	30	71.15
5	74.90	17	73.20	40	69.55
6	74.76	18	73.05	50	67.90
8	74.48	19	72.90	60	66.17
10	74.36	20	72.75	70	64.39
11	74.07	21	72.60	80	62.60
12	73.92	22	72.44	90	60.74
13	73.78	23	72.28	100	58.84
14	73.64	24	72.12		
15	73.48	25	71.96		

附表 15　常用光谱灯和激光器的可见光波长

元素	波长 λ/nm	元素	波长 λ/nm	元素	波长 λ/nm	激光器	波长 λ/nm
氢(H)	656.28H_α (红) 486.13H_β (蓝绿) 434.05H_γ (蓝) 410.17H_δ (蓝紫) 397.01H_ξ (紫) 388.90H_ε	汞(Hg)	690.62- 671.62- 623.44 (橙) 612.33- 589.02- 585.94- 579.07+ (黄) 578.97+ 576.96+ (黄) 567.59-- 546.07++ (绿) 535.40- 496.03 491.60 (蓝绿) 435.84++ (蓝) 434.75 433.92- 410.81- 407.78 (蓝紫) 404.66- (蓝紫)	钠(Na)	589.59++ (黄) 589.00++ (黄) 568.83 568.28 650.65(红) 640.23(橙) 638.30(橙) 626.65(橙) 621.73(橙) 614.31(橙) 588.19(黄) 585.25(黄)	He-Ne (氦氖)	632.8 (橙红)
氦(He)	706.52(红) 667.82(红) 587.56(黄) 501.57(绿) 492.19(蓝绿) 471.31(蓝) 447.15(蓝) 402.62(蓝紫) 388.87(紫)					Ar(氩)	528.70 514.53+ 501.72 496.51 487.99+ 476.44 472.69 465.79 457.94 454.50 437.07
						红宝石	694.3+ (深红) 693.4 510.0 360.0

附表 16 某些物质的折射率

A. 某些气体的折射率

气体	分子式	n	气体	分子式	n
空气	—	1.000292	氨	NH_3	1.000379
氢	H_2	1.000132	二氧化硫	SO_2	1.000686
氧	O_2	1.000271	一氧化碳	CO	1.000334
氮	N_2	1.000296	二氧化碳	CO_2	1.000451
氦	He	1.000035	硫化氢	H_2S	1.000641
氖	Ne	1.000067	甲烷	CH_2	1.000144
氩	Ar	1.000281	乙烯	C_2H_4	1.000719
氯	Cl_2	1.000768	水蒸气	H_2O	1.000255

注:表中给出在标准状况下,气体对波长约等于 0.5893μm 的 D 线的折射率.

B. 某些液体的折射率

液体	t/℃	n	液体	t/℃	n
水	20	1.3330	酒精	20	1.3614
丙酮	20	1.359	乙醚	22	1.351
氨水	16.5	1.325	甲醇	20	1.329
苯	20	1.501	甲苯	20	1.495
	20	1.654	四氯化碳	15	1.46305
二硫化碳	18	1.6255	硝酸(99.94%)	16.4	1.4397
二氧化碳	15	1.195	硫酸(±2% H_2O)	23	1.429
三氯甲烷	20	1.446	盐酸	10.5	1.254
甘油	20	1.474	加拿大树胶	20	1.530

注:表中给出的数据为液体对波长约等于 0.5893μm 的 D 线的折射率.

附表 17 某些物质中的声速

物质	$v/(\mathrm{m\cdot s^{-1}})$	物质	$v/(\mathrm{m\cdot s^{-1}})$
空气(0℃)	331.45	水(20℃)	1482.9
一氧化碳(CO)	337.1	酒精(20℃)	1168
二氧化碳(CO_2)	259.0	铝(Al)	5000
氧(O_2)	317.2	铜(Cu)	3750
氩(Ar)	319	不锈钢	5000
氢(H_2)	1279.5	金(Au)	2030
氮(N_2)	337	银(Ag)	2680

附表 18 不同温度下干燥空气中的声速($v=v_0\sqrt{1+t/T_0}$)

室温 t/℃	0	1.0	2.0	3.0	4.0	5.0	6.0	7.0	8.0	9.0
$v/(\mathrm{m\cdot s^{-1}})$	331.450	332.050	332.661	333.265	333.868	334.470	335.071	335.670	336.269	336.866
室温 t/℃	10	11	12	13	14	15	16	17	18	19
$v/(\mathrm{m\cdot s^{-1}})$	337.463	338.058	338.652	339.246	339.838	340.429	341.019	341.609	342.197	342.784
室温 t/℃	20	21	22	23	24	25	26	27	28	29
$v/(\mathrm{m\cdot s^{-1}})$	343.370	343.955	344.539	345.123	345.705	346.286	346.866	347.445	348.024	348.601
室温 t/℃	30	31	32	33	34	35	36	37	38	39
$v/(\mathrm{m\cdot s^{-1}})$	349.177	349.753	350.328	350.901	351.474	352.040	352.616	353.186	353.755	354.323

参考文献

[1] 华中工学院,天津大学,上海交通大学.物理实验[M].北京:高等教育出版社,1981.

[2] 李相银,姚安居,杨庆.大学实验物理教程[M].南京:东南大学出版社,2000.

[3] 丁慎训,张连芳.物理实验教程[M].2版.北京:清华大学出版社,2002.

[4] 方建兴,江美福,魏品良.物理实验[M].苏州:苏州大学出版社,2002.

[5] 崔益和,殷长荣.物理实验[M].苏州:苏州大学出版社,2003.

[6] 周殿清.大学物理实验教程[M].武汉:武汉大学出版社,2005.

[7] 江美福,谈利琴.大学物理实验[M].苏州:苏州大学出版社,1998.

[8] 马文蔚,周雨青.物理学教程[M].2版.北京:高等教育出版社,2006.

[9] 刘小廷.大学物理实验[M].苏州:苏州大学出版社,2005.

[10] 杨述武,王定兴.普通物理实验[M].北京:高等教育出版社,2000.

[11] 孙秀平.大学物理实验教程[M].北京:北京理工大学出版社,2010.

[12] 秦艳芬.大学物理实验[M].北京:清华大学出版社,2012.

[13] 陆廷济,费定曜,胡德敬,等.大学物理实验[M].上海:同济大学出版社,1996.

[14] 陈聪,李定国,刘照世,等.大学物理实验[M].北京:国防工业出版社,2008.

[15] 丁益民,徐扬子.大学物理实验:基础与综合部分[M].北京:科学出版社,2008.

[16] 吴泳华,霍剑青,浦其荣.大学物理实验:第1册[M].2版.北京:高等教育出版社,2005.

[17] 李学慧,刘军,部德才.大学物理实验[M].4版.北京:高等教育出版社,2020.

[18] 国家质量监督检验检疫总局.测量不确定度评定与表示:JJF 1059.1-2012[S].北京:中国标准出版社,2012.

郑重声明

读者意见反馈

为收集对教材的意见建议，进一步完善教材编写并做好服务工作，读者可将对本教材的意见建议通过如下渠道反馈至我社。

咨询电话　400-810-0598

反馈邮箱　hepsci@pub.hep.cn

通信地址　北京市朝阳区惠新东街4号富盛大厦1座
　　　　　高等教育出版社理科事业部

邮政编码　100029

防伪查询说明

用户购书后刮开封底防伪涂层，使用手机微信等软件扫描二维码，会跳转至防伪查询网页，获得所购图书详细信息。

防伪客服电话　(010) 58582300